# 学前儿童发展心理学

洪文梅　张元元　王珍琪　主　编

中国纺织出版社

## 内容提要

本书是编者在全面性、客观性、发展性等原则的指导下，充分结合学前儿童发展心理的最新研究成果的基础上编写而成的，是多年研究成果的结晶。

本书共包括学前儿童心理发展的理论基础、学前儿童生理发展、学前儿童感知觉发展、学前儿童注意发展、学前儿童记忆与想象的发展与培养、学前儿童思维发展、学前儿童语言发展、学前儿童情绪发展、学前儿童的游戏心理发展、学前儿童的个性发展、学前儿童的社会性发展、学前儿童心理健康教育、学前儿童常见的心理问题与矫治十三章内容。

全书内容丰富完整，观点新颖明确，论述科学严谨，融系统性、针对性、时代性、实用性、可读性于一体。既可供从事学前教育的教师、研究人员参考使用，也可供所有对学前教育感兴趣的普通人士使用。

**图书在版编目(CIP)数据**

学前儿童发展心理学/洪文梅，张元元，王珍琪主编.--北京：中国纺织出版社，2019.5

ISBN 978-7-5180-3482-6

Ⅰ.①学… Ⅱ.①洪… ②张… ③王… Ⅲ.①学前儿童一儿童心理学一发展心理学 Ⅳ.①B844.12

中国版本图书馆 CIP 数据核字(2017)第 075395 号

责任编辑：姚　君　　责任印制：储志伟

中国纺织出版社出版发行

地址：北京市朝阳区百子湾东里 A407 号楼　邮政编码：100124

销售电话：010－67004422　传真：010－87155801

http://www.c-textilep.com

E-mail:faxing@c-textilep.com

中国纺织出版社天猫旗舰店

官方微博 http://www.weibo.com/2119887771

北京云浩印刷有限责任公司印刷　　各地新华书店经销

2019 年 5 月第 1 版第 1 次印刷

开本：787×1092　1/16　印张：22

字数：535 千字　定价：99.00 元

# 前　言

在当代社会中，随着科学技术水平的不断发展与进步，心理科学显示出了越来越重要的社会价值。由于学龄前是个体生长发育最旺盛、变化最快、可塑性最强的时期，因而有关学前儿童发展的心理学更是受到了心理学家、教育学家和儿童家长的极大关注。

学前儿童是指 0 到 6 岁的、尚未达到国家规定最低入学年龄要求的儿童。个体在学龄前阶段所养成的习惯或者形成的态度会伴随其一生，也会深深影响其将来的发展。学前儿童大多有一颗赤子之心，他们纯真质朴、天真无邪，这既是他们的自然属性，也是人类的本源。在成长发育的过程中，由于受到大千世界形形色色的干扰和影响，学前儿童的自然属性渐渐淡化，社会属性渐渐增长，这虽然是人类成长的必然，但也很容易使学前儿童主动感知、认识世界的过程被强加他控，甚至被严重歪曲，致使学前儿童身心发展失衡，出现一些心理问题，对学前儿童未来的发展产生直接影响。由此可见，家长和学前教育工作者都必须了解学前儿童的心理发展特点，促进学前儿童身心健康发展。我们编写这本《学前儿童发展心理学》，对学前儿童心理发展进行了系统的研究，对于学前教育实践工作的开展具有一定的理论指导意义。

本书内容共分为十三章。其中，第一章对学前儿童心理发展的理论基础进行了简要的阐释；第二章对学前儿童生理发展进行了较为系统的论述；第三章对学前儿童感知觉的发展进行了专门的研究；第四章对学前儿童注意的发展进行了深入的研究；第五章对学前儿童记忆与想象的发展与培养进行了专门的探讨；第六章对学前儿童思维的发展进行了系统且深入的研究；第七章对学前儿童语言的发展进行了专门的研究；第八章对学前儿童情绪的发展进行了深入的分析；第九章对学前儿童游戏心理的发展进行了深入的研究；第十章对学前儿童的个性发展进行了详细的论述；第十一章对学前儿童的社会性发展进行了系统的研究；第十二章对学前儿童心理健康教育进行了专门的探究；第十三章对学前儿童常见的心理问题与矫治进行了深入的分析与研究。从整体上来看，本书以理论与实践相结合的研究方法，对学前儿童心理发展的理论基础进行了简要的介绍，并对学前儿童的感知觉、思维、语言、情绪、个性、社会性等方面的发展进行了系统且深入的探讨。

本书的主编由兰州城市学院幼儿师范学院洪文梅、大连职业技术学院张元元、商洛学院王珍琪担任，副主编由绥化学院赵华兰和刘佰桥担任。全书由洪文梅、张元元、王珍琪统稿。具体分工如下。

第一章，第二章，第三章，第六章：洪文梅；

第八章，第九章，第十章：张元元；

第十一章，第十三章：王珍琪；

第五章，第七章：赵华兰；

第四章，第十二章：刘佰桥。

在本书的编写过程中，我们大量参考了国内外有关学前儿童心理发展的相关研究成果，吸收了很多专家学者的研究成果，在此表示衷心的感谢！由于编者能力有限，书中难免会存在一些疏漏之处，在此恳请广大读者、专家学者不吝指正，以便我们在日后对本书做进一步的修改与完善。

编　者

2016 年 10 月

# 目　录

# 第一章　学前儿童心理发展的理论基础

学前时期是人一生发展过程中相当重要的一个时期。学前儿童的心理发展对其未来的成长有着直接的影响，对学前儿童的心理发展进行关注是非常有必要的。在当今学术界，研究者从不同角度对学前儿童的心理发展进行了大量的研究，并且已经取得了丰富的理论成果。本章内容主要从学前儿童心理发展的基本规律及其影响因素出发，对学前儿童心理发展的理论基础进行概要的阐释。

## 第一节　学前儿童心理发展的基本规律

学前儿童心理发展的规律是指个体从出生到入小学前的心理发展的本质联系和本质特征。只有掌握了学前儿童心理发展的一般规律，才能更深刻地理解学前儿童心理发展的基本特点，预测学前儿童心理发展的趋势，把握学前儿童心理发展的年龄特点，从而更自觉地引导和促进学前儿童心理的发展。

### 一、学前儿童心理发展的含义

发展是儿童心理成长的核心体现。学前儿童心理发展是指学前儿童从不成熟到成熟的整个成长过程。学前儿童的心理每时每刻都在发生着变化，这种变化与发展是逐渐、连续而有规律的。它不仅包括量的变化，还包括质的变化；不仅包括语言和认知方面的发展，也包括情感、意志、个性、社会性等方面的发展。学前儿童心理的发展从总体方向上看是进步的、提高的，在心理过程或个性方面，都向着更高级的方向发展变化。

### 二、学前儿童心理发展的特征

#### （一）连续性

学前儿童心理发展从根本而言是一个连续的、不间断的过程，是一个不断从量变到质变的发展过程。这种变化表现在两个方面，一是心理的先前发展是后来发展的基础，而后来发展是先前发展的结果。比如，学前儿童的思维发展，先是直觉动作思维，再是具体形象思维，然后是抽象逻辑思维。这些思维的发展是有内在联系的，如果没有先前的发展，就没有后来的进步。二是高一级的心理发展水平包容着先前的心理发展水平。如学前儿童的抽象逻辑思维能力有了初步的发展后，并不意味着具体思维的消失，在思维过程中具体思维照样发挥着重要的功能与作用。

### (二)阶段性

学前儿童心理发展的连续过程又是由一个个具体发展阶段组成的。在一定的社会和教育条件下，学前儿童从出生到成熟大约经历了新生儿期、乳儿期、婴儿期、幼儿期。这些时期也就是一些不同的年龄阶段。不同的发展阶段的学前儿童表现为不同的心理过程的质的差异，也表现为不同的主导活动和不同的心理能力。在具体行为上，又表现为不同的行为特征。学前儿童心理发展的这些阶段既是相互联系的，又是相互区别的。一个时期接着一个时期，是不可逾越或倒退的。

### (三)方向性

学前儿童心理发展在正常情况下总是具有一定的方向性和顺序性，是不可逆、不可逾越的，按由低级到高级、由简单到复杂的顺序进行。例如，学前儿童各种心理机能中，感知觉的发展最早，然后是运动机能、情绪、动机和社会交往能力的发展，而抽象思维的出现和发展最迟。同样言语的学习，往往先掌握口头言语，然后掌握书面言语。

尽管学前儿童个体的心理在发展过程中会出现个别差异，心理发展的速度也存在加速或延缓的问题，但发展的方向和顺序不会改变。

### (四)不平衡性

学前儿童心理的发展并不是等速的，发展具有不平衡性。这种不平衡性主要表现在以下三个方面。

第一，不同年龄阶段，学前儿童心理的发展具有不同的发展速度，比如新生儿的心理，可以说是一周一个样；满月以后，是一月一个样。可是周岁以后，发展速度就缓慢下来，两三岁以后的儿童，前后变化一般就不那么明显了。

第二，学前儿童心理活动的各个方面并不是均衡发展的。比如，学前儿童感知觉等认识过程在出生后迅速发展，而逻辑思维的发展要经历相当长的时间。

第三，不同学前儿童具有不同的心理发展速度。比如，有的孩子刚刚 1 岁零 2 个月就会说话，有的孩子已经 2 岁了，还没有开口说过话。比如著名科学家爱因斯坦就是直到 3 岁多才会说话。

### (五)个别差异性

尽管学前儿童心理发展遵循着颇为一致的规律，表现出共同性，但对于每一个儿童而言，由于遗传素质、教育条件以及社会环境的不同，其发展又表现出相对特殊性，即个别差异。例如，有的学前儿童言语能力强，有的学前儿童操作能力强，还有些学前儿童擅长与人交往等。

## 三、学前儿童心理发展的趋势

世界的物质处于永恒不断的变化发展之中。人的心理现象也在不断发展变化。作为学前儿童的心理更是每时每刻都在发生着变化，且这种变化具有一定的规律性。学前儿童处在成长期，其身心变化是进步的、不断提高的。客观来说，学前儿童心理发展的过程中也存在着一定的发展趋势。

### （一）从简单到复杂

在心理学中，把人的心理称为意识。人的心理的个体发展从出生的一刻就已经开始了，但是，学前儿童最初的心理活动，只是非常简单的反射活动，以后在周围环境的影响下，神经系统逐渐发展，脑的机能逐渐完善，个体的各种心理现象越来越复杂化。这种发展趋势主要表现在两个方面，即从笼统到分化、从不齐全到齐全。

#### 1. 从笼统到分化

学前儿童最初的心理活动是笼统、弥漫而不分化的。无论是认识活动还是情绪，发展趋势都是从混沌或暧昧到分化和明确。说得更明白点，就是学前儿童的心理活动最初是简单和单一的，到后来逐渐发展得更为复杂和多样化。例如，幼小的婴儿只能够笼统地分辨颜色的鲜明和灰暗，到了 3 岁左右，才可以辨别各种基本的颜色。又如，婴儿不但对碰到他嘴唇的乳头等东西产生吸吮反应，而且对一切碰到他嘴附近脸颊的东西也做出吸吮反应，经过一段时间后，才慢慢只对碰到嘴唇的东西作吸吮反应。再如，最初婴儿的情绪只有笼统的愉快和不愉快之别，之后经过几年的时间才逐渐分化出喜爱、高兴、惊奇、恐惧、厌恶、痛苦以及妒忌等各种复杂而多样的情绪情感。

从整体上来说，学前儿童动作的发展表现为由笼统到分化、由粗到细。学前儿童先学会大肌肉、大幅度的粗动作，在此基础上逐渐学会小肌肉的精细动作。例如，在婴儿出生四五个月时，其想要拿面前的玩具，通常是用他的手臂甚至整个身体去拿，更谈不上用手指去拿玩具了。随着神经系统和肌肉的发育，再加上学前儿童自身的自发性练习，其动作逐渐产生分化，能逐步控制身体各个部位小肌肉的动作。学前儿童用手握铅笔自如地一笔一画写字，往往要到六七岁才能做到。

#### 2. 从不齐全到齐全

相关科学研究表明，学前儿童的各种心理活动在出生时并非已经齐全，而是在发展过程中逐渐形成。例如，在婴儿出生的头几个月里，他还不会认人；到 1 岁半之后，学前儿童才开始真正掌握语言；在 1 岁半以前，幼儿还没有想象活动，也谈不到人类特有的思维；到学前儿童 6 岁左右时，其个性才初具雏形……由此可见，从婴儿到成长为真正的社会人，学前儿童的心理过程和个性特征先后出现并得到不断发展。客观来说，学前儿童各种心理过程的出现和个性特征形成的次序都是从无到有，从不齐全到齐全，服从由简单到复杂的发展规律。

### (二)从具体到抽象

客观来说,学前儿童的心理活动在最初时是非常具体的,随着学前儿童心理活动的发展而变得越来越抽象和概括化。从认识的过程来看,婴儿最初出现的是对物体的某个个别属性反映的感觉,随着其不断成长,逐渐出现带有概括性的知觉。知觉是对事物的各种属性综合的、概括的反映。由记忆表象再发展到产生具有概括化、间接化的思维,整个认识过程遵循从具体到抽象的发展规律。单从学前儿童思维的发展过程也典型地反映了这一趋势。学前儿童思维的发展遵循先出现直观动作思维,再有具体形象思维,最后发展到抽象逻辑思维占优势。[①] 幼小的学前儿童对事物的理解总是非常具体形象的。例如,他认为儿子都应该是小孩,因而不理解长了胡子的叔叔怎么能是儿子。具体来说,整个学前期儿童的思维基本上都处于这样的具体阶段,抽象逻辑思维在学前末期才开始萌芽发展。

### (三)从零乱到成体系

学前儿童的心理活动最初是零散杂乱的,心理活动之间缺乏有机的联系,而且非常容易变化。例如,幼小儿童一会儿哭,一会儿笑,一会儿说这,一会儿说那,这些都是其心理活动还没有形成体系的表现。正因为不成体系,学前儿童的心理活动非常容易变化。随着学前儿童年龄的不断增长,其心理活动也逐渐组织起来,有了系统性,形成了整体,有了稳定的倾向,表现出每个人特有的个性。例如,有的学前儿童喜欢绘画,无论何时何地,经常会表现出对绘画活动持久的兴趣。

### (四)从被动到主动

学前儿童心理活动最初是被动的,心理活动的主动性后来才发展起来,并逐渐提高,直到成人所具有的极大的主观能动性。学前儿童心理发展的这种趋势主要表现在两个方面,一方面,是从主要受生理制约发展到自己主动调节;另一方面,是从无意向有意发展。

#### 1. 从主要受生理制约发展到自己主动调节

学前儿童的心理活动在很大程度上受到生理方面的制约和局限,其中大脑和神经系统发育成熟度对心理活动发展的制约和局限表现得更为突出。例如,年龄较小的学前儿童自制力很差,这与其生理未发育成熟有着直接的关系。

两三岁的学前儿童注意力往往难以集中,这也主要是由于生理上不成熟所致。随着生理发展的逐步成熟,特别是学前儿童大脑和神经系统的逐渐发育,受生理发育成熟度的制约和局限越来越小,心理活动的主动性也逐渐增长。

四五岁的孩子在有的活动中(如自发的游戏)注意力集中,而在有的活动中(如在做作业的过程中),其注意力却很容易分散。

到了学前时期末期,学前儿童表现出个体心理活动主动的选择与调节能力大大增强。例如,大多数大班学前儿童能够在一段时间和一定场合控制和调节自己的情绪,等到他认为在合

① 罗家英:《学前儿童发展心理学》,北京:科学出版社,2011 年,第 18 页。

适的场合才表现出来。

2. 从无意向有意发展

(1)无意

所谓无意，是指直接受外来影响支配，又被称为不随意。例如，安静的环境下突然一声巨响，人们都会不由自主地将目光投向声源，看看究竟发生了什么事情。

(2)有意

所谓有意或称随意，是指受自己的意识支配控制。例如，学前儿童为了完成老师布置的家庭作业，即使有好看的电视节目也不去看，而将注意力集中在作业上。

相关研究表明，学前儿童心理活动是由无意向有意发展的。婴儿的原始反射是本能活动，是对外界刺激的直接反应，完全是无意识的。例如，婴儿会紧紧抓住放在他手心的物体，这种抓握动作完全是无意识的，是一种本能活动。随着学前儿童年龄的增长，其内心逐渐开始出现了自己能意识到的、有明确目的的心理活动，进而发展为不仅能意识到活动目的，还能够意识到自己的心理活动进行的情况和过程。例如，大班学前儿童不仅能知道自己要记住什么，而且知道自己是用什么方法记住的，这就是有意记忆。

从人的发展的角度来说，学前儿童最初的心理活动包括注意、记忆、情绪等都是无意的，在之后的成长过程中，不断向着有意性发展，并出现了有意注意、有意记忆等。最初没有意志活动，随年龄的增长，逐渐形成意志，心理活动的自觉性不断提高。

从整体上来看，学前儿童心理发展的几个趋势，即学前儿童心理的发展是按照从不齐全到基本齐全、心理活动从笼统到开始分化、从非常具体到出现抽象概括的萌芽、从完全被动到最初的主动、从非常零乱到成体系的趋势进行的。需要专门强调的是，这几条发展线索绝不是简单地并行的，它们之间有密切联系。心理活动的复杂化、抽象概括化和主动化密不可分，表现在同一个体身上，逐渐形成个性体系。① 学前儿童处于发展的早期阶段，反映出的心理发展状况更明显地体现了上述发展趋势。

## 四、学前儿童心理发展的年龄特征

所谓学前儿童心理发展的年龄特征，就是指学前儿童心理发展的各个不同年龄阶段所形成和表现出来的那些一般的、典型的和本质的心理特点。为了更好地了解学前儿童心理的发展特征，本节内容将对学前儿童心理发展的年龄特征进行详细的分析与探究。

### (一)3岁前学前儿童心理发展的年龄特征

1. 婴儿期

婴儿期是指个体从出生至1岁期间的这一阶段。在出生后的第一年里，人在心理方面的发展非常迅速。具体表现为以下两个方面。

---

① 罗家英:《学前儿童发展心理学》,北京:科学出版社,2011年,第20页。

(1)心理活动的发生与发展

①做好掌握语言的准备

在婴儿阶段，虽然还没有产生语言，但是已为说话做了多方面的准备。相关研究表明，婴儿对语言的刺激非常敏感，在婴儿出生后不到10天的时间里，婴儿就能够区别语音和其他声音，并明显地表现出对语音的偏爱，尤其偏爱母亲的语音。婴儿对语音的感知是学前儿童语言发展的重要准备。当婴儿出生6个月以后，会喜欢发出各种声音，如牙牙学语、反复嘟囔。到了7个月大的时候，婴儿还会用不同的声音招呼别人。例如，当东西掉在地上的时候，婴儿会发出不高兴的叫声，示意让别人捡起来。再过一段时间后，婴儿开始能够听懂一些简单的词，当有人问:“妈妈呢?”他就会把头转向妈妈，这意味着婴儿的语言理解能力初步开始发展。

总的来说，婴儿阶段是人的言语萌芽期，婴儿从理解别人的说话和牙牙学语的过程中为掌握语言做准备。

②出现最初的认知活动

婴儿认知活动的发生，突出表现在感知的发生和视觉、听觉的发展上。[①] 婴儿的视线可以追随移动的物体，等婴儿稍微再大一些的时候，他还可以学会主动寻找视听的目标。例如，当大人给他看一个漂亮的玩具时，他会一直盯着看，如果将这个玩具拿走，他就会东张西望，四处寻找玩具。再如，当婴儿听到他不熟悉的小铃铛声时，他也会寻找。婴儿正是在对事物的追随、定向活动中来认识其所接触到的世界的。随着婴儿的视觉和听觉活动能力的不断发展，他逐渐可以学会分辨自己熟悉的人和陌生人。当一个他不认识的人要抱他时，他会辨认出来，甚至大哭，稍大一点儿的婴儿还会尽力挣脱。认生是婴儿认知能力发展过程中的重要变化。

在认知水平的发展过程中，婴儿的手眼协调动作开始产生和发展。他们不但可以通过眼看、耳听来认识世界，同时也可以用手去拿他所看到的东西。在最初的时候，当婴儿看到物体时，他还不能够准确地去拿，只是手在物体旁边乱晃，却不能拿到该物体。当婴儿稍微长大一些的时候，就逐渐能够沿着自己的视线去抓所看见的东西，在这个时候，婴儿的动作就已经有了方向和目的，在他想拿东西的时候就能够拿到。婴儿已能对物体的大小、形状产生知觉。在此时，婴儿已经产生了深度知觉。

综上所述，我们可以发现，人在其婴儿时期出现了最初的认知活动。

③情感初步发展

相关的心理研究表明，婴儿的情绪发展在很早的时候就已经表现出来了。通常情况下，婴儿最初的情绪表现主要与其生理需要是否得到满足有关。例如，在饥饿的时候，婴儿就会哭闹，而当他吃饱的时候，则会发出“咿咿呀呀”的满足的声音。

婴儿不仅具有表达情绪的能力，还有识别他人情绪的能力。在日常生活中，我们可以发现，对于10个多月的婴儿来说，当他看到别人发怒时，会表现出明显的不安。微笑是婴儿最初的社会性行为，婴儿通过微笑与成人进行交流，希望引起成人对他的积极反应。婴儿对成人的交往性微笑及其对成人的依恋，都是婴儿社会性发展的萌芽。从这个角度来说，我们在与婴儿相处的过程中，必须正确地对待婴儿的依恋行为，和婴儿进行积极的交往，这样才有利于婴儿健康地成长。

---

① 郑春玲:《学前儿童心理健康教育》，北京:中央广播电视大学出版社，2012年，第24页。

随着婴儿的逐渐成长，其情绪逐渐出现分化，而且具有一些社会性的反应。在两三个月大的时候，婴儿就会开始对与他交往的人做出选择。例如，婴儿很早就能够辨认出母亲的面孔；在半岁左右的时候，婴儿开始对他最接近的人产生依恋。这种依恋具体表现为：当他所接近的人要离开时，他就会紧张、哭闹，感到不安；当他最接近的人在身边时，他就表现出愉快、舒适，有安全感。

(2)适应新生活，认识周围世界，开始与人交往

在婴儿出生之前的一段时期内，其处于一个安全舒适的胎内环境，而出生后其生存环境转入了一个变化多端、充满刺激的全新的胎外环境，这对于婴儿来说是一个巨大的变化。在婴儿出生的头一个月，其首先必须要适应新的外界环境，能独立地进行维持生命的活动，如自己吮吸吃奶等；其次，他还必须要适应温度的变化，接受外界光、声音等各种各样的刺激。在这个时期，婴儿的生长是非常迅速的，其体重、身长都会得到显著增长。

婴儿出生后不久，会出现一些条件反射。例如，当妈妈把他抱成喂奶的姿势时，他就会做出吸吮反应。人后天学会的一切本领都是条件反射。条件反射的出现对婴儿适应生活有重大意义。

伴随着婴儿的出生，其还会产生许多无条件反射活动，这更多地表现为婴儿在饮食方面的反射以及防御反射。例如，婴儿一出生就能够吃奶，这被称为吸吮反射；婴儿的嘴巴只要一接触到奶头，就会主动寻找，这被称为觅食反射；当婴儿的鼻腔受到刺激时会打喷嚏，眼睛受到刺激时会做出眨眼的反应，这被称为防御反射。

婴儿出生后，逐渐能够注视进入他视野的物体。在婴儿出生第二周到第三周的期间，他会开始具有注意听声音的能力。当听到特殊的声音时，婴儿会安静下来。到了婴儿出生第四周到第五周的时候，如果有成人在说话，他会停止吃奶，安静地注意听。

婴儿出生后，其与成人的交往也随之开始。满月的孩子看到人脸时会发出微笑，甚至还会手舞足蹈起来。再大一些的孩子会表现出明显的与人交往的需要，当身边没有人时他会哭，当有人陪伴的时候就会表现得很愉快。

### 2. 幼儿前期

这里所说的幼儿前期，是指人在1岁到3岁的时期。在这一阶段，是学前儿童学会走路、学会说话的一个重要时期。在幼儿前期，学前儿童在心理方面得到了进一步的发展，其具体表现为以下两个方面。

(1)出现新的心理活动

①学会说话

幼儿前期，学前儿童的语言能力有了突破性的发展。这时学前儿童能够说出一些简单的词语和句子，对语言的理解水平也有了较大的提高。

一般情况下，学前儿童首先理解的词通常是他经常接触到的物体的名称，如“饭饭”等；其次，是像“爸爸”“妈妈”之类的对成人的称呼；最后，是玩具和衣服的名称，如“球球”“帽帽”等。除此之外，孩子还可以学会对人的身体的称呼，如“嘴”“眼”“手”“耳”等。

学前儿童在1岁半以前，其发音还很不准确，说话喜欢用叠音，如“手手”“车车”“帽帽”之类的言语。在这个阶段，学前儿童所说的句子也大多很不完整，常常是以词代句，或是句子非

常简单，如“妈妈要！”“没！没！”遇到这种情况，一般只有经常带他的人才能够听得懂他所说的话。

3岁左右是学前儿童掌握最基本语音的阶段。在与成人不断的言语交流活动中，学前儿童的语言能力有了明显的提高，往往可以在不知不觉中就能说出一千多个词语，而且也能够说出一些较为完整的句子。

②思维出现

由于表象的出现，幼儿前期的孩子已能根据已有的记忆表象对事物进行最初的概括和推理。比如，他能够把性别、年龄不同的人分类，能把年纪大的男人称作“爷爷”，把小男孩称作“哥哥”，把小女孩称作“姐姐”等。2岁以后，他还能对一些简单的事物做出判断。例如，成人说：“天黑了，宝宝该睡觉了。”他会说：“月亮为什么不睡？”该时期学前儿童的思维具有直观行动性，即边行动边思维。例如，孩子抱着娃娃时看见了小勺，这才会想到喂娃娃。

③想象开始萌芽

通过长期的观察研究，人们发现，孩子在2岁左右时就已经能够在操作物体的时候进行简单的想象活动。例如，当孩子拿着玩具娃娃时，他会学着成人的样子拍娃娃睡觉。再如，这个时期的孩子会拿一只筷子当作小提琴学着拉，嘴里还不时地哼哼着。由于想象活动开始萌芽，使得孩子的游戏活动能力初露头角。在幼儿前期，表象的发生使学前儿童的认识活动出现了重大的变化。例如，当妈妈不在眼前时，他会想妈妈，而不是像婴儿那样，只在妈妈出现的时候才要找妈妈。

(2)独立性开始出现

在孩子2岁左右时，由于其已经开始能够独立行走，就变得不那么顺从了。例如，虽然其走路还不稳当，可你拉他一下他是不接受的，嘴里还说“我自己，我自己”。再如，这个时期的孩子常常在吃饭时把饭弄得满脸、满身，也不让成人帮一下，当成人不管他时，他又高高兴兴地乱吃起来。这些都说明孩子的独立性开始出现。独立性的出现是学前儿童心理发展非常重要的一步，是人生头两三年心理发展成熟的集中表现，也标志着孩子的自我意识开始出现。在这个时期，学前儿童意识到了“我”和他人的区别，心理水平有了很大程度的提高。

### (二)3～6岁学前儿童心理发展的年龄特征

#### 1.3～4岁学前儿童的心理发展特征

3岁到4岁期间是儿童学前时期的初期阶段，这个年龄段也是幼儿园小班孩子的年龄。在这个时期，儿童的主要特点具体表现为以下几个方面。

(1)生活范围扩大

对于3岁以后的学前儿童来说，由于在生活和活动上发生了重大的变化，其通常会进入一个新的社会环境——幼儿园。新的幼儿园环境对学前儿童有着极大的影响，最突出的影响是使学前儿童的活动范围从只和亲人接触的小范围扩大为有更多老师、同伴的新环境。对于少数没有进入幼儿园的孩子来说，由于活动能力的提高，他们也开始扩大活动范围，接触到了更多的人和事。

客观来说，这个年龄阶段的学前儿童具备了扩大生活活动范围的条件。这具体表现在以下几个方面。

第一，在孩子 3 岁时，其动作已经比较自如，能够进行各种游戏活动，而且其语言能力已基本发展起来，能够向别人表示要求和愿望，能与别人进行初步的交流活动。

第二，孩子成长到 3～4 岁期间，其活动精力更加充沛，睡眠相对减少，而神经活动的兴奋性则得到了很大幅度的增强。

第三，他们的身体比以前更加结实、健壮，身高和体重都明显增加。

由于生活范围的扩大，进而引起了学前儿童心理上的许多变化，使他们的认识能力、生活能力以及人际交往能力都得到了迅速发展。

(2)情绪作用大

在学前时期，情绪对学前儿童的影响很大，尤其对 3～4 岁期间的学前儿童的影响作用更大。这个年龄段的孩子常常会因为一件微不足道的小事而哭起来。在这种情况下，孩子往往听不进大人对他讲的道理，但是，如果父母或幼儿园教师用玩具或活动转移他的注意力，他会破涕为笑。

在这个时期，学前儿童的情绪还很容易受周围人的感染。我们经常可以发现，刚入幼儿园的孩子很容易哭闹，如果有一个小朋友哭起来，其他的小朋友也会跟着哭起来。有时看见别人笑，他们也会莫名其妙地跟着笑起来。

3～4 岁的学前儿童的情绪很不稳定，很容易受外界环境的影响。学前儿童刚到幼儿园时总是哭个不停，妈妈越不走，孩子越哭。妈妈一走，老师带着小朋友玩游戏，他也就高兴地随着其他的小朋友们一起玩起来。但是，一旦妈妈不放心，再一露面，孩子又会马上哭起来，不让妈妈走。

总的来说，这个年龄阶段的孩子的行为非常容易受到情绪的影响，且容易冲动。幼儿教师一定要善于理解学前儿童的这一心理特点，并对其进行引导，这样才更有利于学前儿童的个人成长。

(3)认识依靠行动

3～4 岁学前儿童的认识活动往往依靠动作和行动来进行。在这一时期，他们的认识特点是先做再想，而不是想好了再做。例如，一个 3 岁孩子拿着一支笔在乱画，至于画什么，他也不去想，突然他看见自己的笔下出现了一个大圆圈，于是就说“我的苹果”。这个时期的孩子在听别人说话或自己说话时，也往往离不开具体的动作。例如，听到故事中说“小鱼游呀游”，他就会把身子晃来晃去。

3～4 岁孩子的注意也与动作联系在一起。例如，孩子在玩插片游戏时，拿到一个黄颜色的，于是才注意到它，说：“咦！我有这种颜色的。”由于学前儿童的注意很容易随着动作而分散，所以教师在组织三到四岁的学前儿童进行活动时，要尽量减少他们手中的无关玩具。例如，当孩子在画画的时候，其手里就不应该拿着玩具，因为这样很容易分散他对画画的注意力。

(4)爱模仿

3～4 岁的学前儿童具有很强的模仿性，同时其对成人的依赖性也很大。在这一阶段，学前儿童主要模仿的是一些表面现象。学前儿童常常模仿老师，他们对老师说话的声调、坐的姿势等都会模仿，由此可见，幼儿教师的言传身教对于学前儿童有着非常重要的意义。除此之外，很多小孩子看到别人有什么，自己也就想要什么。在幼儿园小班的“娃娃家”里，有些小孩子看见别人当爸爸,自己也要当爸爸,他们才不管家里有几个爸爸呢!

模仿是3～4岁之间学前儿童的主要学习方式,他们主要是通过模仿他人来掌握和学习别人的经验的。例如,小班的小朋友在进行用剪刀剪小金鱼的活动时,老师表扬某个小朋友真能干,剪了三条小金鱼,结果许多其他的小朋友都说:“我也要剪三条!”

由于3～4岁的学前儿童爱模仿,所以在这个年龄阶段形成良好的行为习惯非常重要,这些习惯常常是在学前儿童的模仿中形成和巩固下来的。在学前儿童进行各种各样模仿活动的过程中,许多不良的行为习惯也会随之形成,出于这方面的考虑,家长和幼儿教师都要注意自己在孩子面前的一言一行。

2.4～5岁学前儿童的心理发展特征

4～5岁期间是学前中期,也是幼儿园的中班年龄。通常情况下,4岁至5岁期间的学前儿童与3～4岁的学前儿童相比,其心理方面有了很大的发展。这个年龄段的学前儿童表现出活泼好动的特点,能够有具体形象的思维,能够遵守游戏规则,还可以自己组织游戏,其具体表现如下。

(1)活泼好动

活泼好动是学前儿童的天性,这一特点在学前中期表现得尤为突出。4岁至5岁期间的学前儿童总是处于不停的活动中,他们明显地比3～4岁的学前儿童能动、能说、能跑。一般来说,小班的孩子往往比较听话,更顺从老师,其活动量也没有中班的孩子大。相比之下,学前中期的孩子对什么都感到新鲜、好奇,总是看看那儿,摸摸这儿,思维活跃,动作灵活,但是,学前中期儿童的自我控制能力还不强,因此,这个时期的孩子通常表现出相当高的活动积极性,时刻处于活动状态,不知疲倦,更能表现出童趣,但是他们往往会让幼儿园的老师感觉到“不好带”。

(2)开始能够遵守规则

在4～5岁期间的学前儿童普遍能够在日常生活中遵守一定的行为规范和生活规则。例如,他们会遵守进餐、盥洗和午睡中的生活规则;还知道不能在室内大喊大叫、追跑,遇到人多时要排队,不乱扔东西等。

在进行集体活动时,四五岁的学前儿童已经可以初步遵守集体活动规则。比如说,他们能认真听别人讲话,不随便插嘴,发言前举手,等等。在游戏过程中,4～5岁的学前儿童已经能够理解一些游戏规则,与他人合作游戏时,在一定的要求下可以做到不破坏游戏规则。

学前儿童规则意识的建立有助于学前儿童合作游戏的开展和游戏水平的提高,也有助于他们社会性的发展。

(3)思维具体形象

具体形象思维是学前儿童思维的主要特点,这一特点在学前中期表现得最为典型。科学研究表明,4～5岁的孩子主要依靠头脑中的表象进行思维,他们的思维是非常形象和具体的。客观来说,四五岁的学前儿童思维的具体形象性表现在很多方面,从听故事到理解事物,从掌握数的概念到解决问题等,都有一定的表现。例如,在幼儿园里,如果老师问小朋友:“床、桌子、椅子和被子这四种东西中,哪三种应该放在一起?”他们大多会回答说:“床、被子和椅子放在一起。”之所以这样回答,是因为被子放在床上,椅子放在床的旁边,这是这个时期的学前儿童依照他们具体的生活经验做出的答案。

(4)开始自己组织游戏

对于学前儿童来说,游戏是其主要活动形式。与小班的孩子相比,4～5 岁的孩子就更会玩了,4 岁左右是学前儿童游戏蓬勃发展的时期,这个时期的孩子不但爱玩,而且也会玩。他们已经能够理解和遵守游戏规则,能够自己组织游戏、确定游戏主题。因此,中班孩子的活动内容和活动目标都可以在孩子的参与下与其共同制定。一旦确定下来之后,孩子们就能够自己进行分工以及安排角色等游戏活动。

由于学前中期的儿童已经能够遵守一定的规则,所以这个时期幼儿的合作水平也开始提高。在共同游戏的过程中,学前中期的儿童逐渐开始结成一定的同伴关系,初步学习与他人相处,学前儿童的社会性也得到了进一步的发展。

*3.5～6 岁学前儿童的心理发展特征*

5～6 岁期间属于学前时期的晚期阶段,也是幼儿园的大班年龄。在这个阶段,学前儿童的心理发展表现出以下几个方面的特征。

(1)好学好问

学前晚期儿童好学好问的特点突出表现为他们非常爱问各种各样的问题,而且一定要弄个水落石出。客观来说,学前儿童普遍都有很强的好奇心,但是,5 岁以后孩子们的好奇心与之前相比有着明显的不同,他们不再满足于了解事物的表面现象,还想要知道事物的原因,要知道“为什么”。例如,年幼的孩子会问:“谁是好人？谁是坏人?”这个时期的学前儿童不仅要知道谁好谁坏,而且更想知道为什么你说他是好的。他们有着强烈的求知欲和认识事物的兴趣。

5～6 岁期间的学前儿童的认知水平有了很大程度的提高,他们非常喜欢智力活动。一旦学到一种技能或知识时,他们就特别兴奋,见了谁都想要讲。在一些智力活动中,他们还能有较强的坚持性。比如,有的孩子对认字感兴趣,竟然用小型积木拼摆出“警察”两个字,而且得意洋洋;有的孩子下象棋能够一直坚持到底。总的来说,强烈的求知欲、好问好学是这个时期学前儿童的一个非常明显的特征。

(2)开始掌握认知方法

对于 5～6 岁期间的学前儿童来说,他们已经出现了有意地自觉控制和调节自己心理活动的行为,在认知活动方面,无论是观察、注意、记忆,还是思维、想象等,他们都有了一定的方法。

在观察图片时,他们不再是偶然看到哪儿就看哪儿,而是按一定的规律有顺序地去看。在注意事物时,5～6 岁期间的学前儿童能够采取一定的方法帮助自己集中注意力。例如,在幼儿园大班,有的孩子在某处看书时,发现这个地方很闹,他就会自动找个安静的地方去看书。在记忆一些事物时,学前晚期的儿童也会采取一定的方法。例如,在“跟读数字”的测验中,孩子会一边听任务,一边默默地跟着念,有意地努力记住这些东西。

在解决问题时,学前晚期的儿童会事先计划自己的思维和活动过程。例如,有一个大班开展了这样一个主题活动:怎样使班里的某个住院的小朋友高兴？他们想出了许多办法,其中一个孩子说:“写封信,就说我们现在有很多好玩的游戏和玩具,让他快快治好病和我们一起玩。”

但是,另一个孩子却说:“不行,让他知道我们有好玩具玩,他自己现在玩不成,他一定更难过了。”从这里我们可以发现,大班的孩子在解决问题的思维过程中已经开始运用一定的方法,从而使问题更好地得到解决。

除此之外,学前儿童对认知方法的掌握还表现在他们的绘画活动中。他们能够事先思考,想一想再画,也能够有意地去想象画面,进行构思。

(3)抽象能力开始萌芽

5~6 岁期间的学前儿童的思维仍然是具体形象的,但是初步的抽象逻辑思维也开始萌芽。在这一时期,孩子已能够对事物进行分类,能对事物的关系做出判断并正确排出顺序,有了初步的序的概念。例如,给他看几幅有情节的故事图,图中介绍一个小孩子从起床到吃早饭的活动,图的顺序被打乱后,5~6 岁期间的孩子能够对顺序错误做出判断,而 3~4 岁期间孩子则不能做到这一点。再如,4 岁的孩子往往还不会独立分类,还弄不清“车子”和“卡车”这两个概念的区别与关系;而 5 岁以后,学前儿童就能够按照高一级的概念(如交通工具、水果等)来进行分类了。

5~6 岁期间的学前儿童能初步掌握一些抽象的概念,如“困难”“勇敢”“左”“右”等;能初步理解一些数的概念,如知道数字 3 的实际含义;也能初步抽象概括地掌握类的含义,如能把各种车放在一起,将它们作为同一类事物来看待。

5~6 岁期间的学前儿童已能够对事物做出简单的因果判断。比如,孩子在“手纸和厚布哪个沉得快”的小实验中,发现手纸沉得比较快。为什么手纸轻却沉得快呢?有的孩子对这一现象能做出正确判断,他会进行分析说:“因为纸吸水快,所以手纸比厚布沉得快。”

5~6 岁期间的学前儿童的抽象能力还表现在对事物的记忆上,他们已经能按类别进行识记。例如,让孩子记一些实物:车子、桌子、橘子、船、苹果、梨。有的孩子在回忆时会自言自语地说:“还有什么水果呢?”这说明他们在记忆时已能够抽象概括出类来,按类别进行识记。

(4)个性初具雏形

在学前晚期,儿童的个性发展已渐具雏形,这主要表现为以下三个方面。

第一,5~6 岁期间的学前儿童在情绪上能够克制自己,其情绪变化比以前要小得多。遇到不高兴的事情时,这个年龄阶段的孩子会长时间闷闷不乐,但能克制自己不大哭大闹。到了这个成长阶段,学前儿童的思想感情也不那么外露,所以,家长和幼儿教师有时还不易猜透他们真实的想法。

第二,5~6 岁期间的学前儿童已对事物有了自己比较稳定的态度,他们爱憎的态度比较明确,看问题也开始有自己的见解,有了一定的独立性。

第三,5~6 岁期间的学前儿童开始对自己的行为进行思考。他们有时会对自己的行为产生顾虑。例如,有一位大班的老师在客人来参观之前,反复叮嘱孩子要表现得好一些,结果有些孩子产生了怕自己说不好话的心理,一直很紧张。

相关研究表明,在学前儿童 5~6 岁期间,其个性已经开始形成,这些初步形成的个性对学前儿童的成长有着相当大的影响。但是,对于这个阶段的学前儿童来说,他们的个性只是处于初步形成时期,其可塑性非常大,环境和教育都能对其发展产生极大的影响。

## 第二节 学前儿童心理发展的影响因素

学前儿童心理发展受制于许多因素，其中，生物学因素提供了学前儿童心理健康的基础和前提条件，而心理因素和社会因素是学前儿童心理健康的外部条件，起着非常重要的作用。①生物学因素包括遗传、孕期状况、出生时的状况、意外伤害和疾病等；心理因素包括需要、动机冲突、自我意识、情绪、气质等；社会因素包括家庭和幼儿园等。本节内容主要对学前儿童心理发展的影响因素进行系统且深入的探究。

### 一、影响学前儿童心理发展的生物学因素

影响学前儿童心理健康的生物学因素涉及诸多方面，其主要包括父母的遗传、母亲的孕期状况，以及儿童出生时的状况、意外伤害和疾病等其他因素。

#### （一）遗传

所谓遗传，就是指经由基因的传递，使后代获得亲代的特征。生物学上说："人之初，受精卵。"换句话说，就是每个人的生命都是从一个细胞开始的。

遗传是婴幼儿身心发展的物质前提和必要条件，它为学前儿童心理发展提供了潜在的动力和生物前提。大量的相关实验研究表明，遗传是影响学前儿童心理发展的一个相当重要的因素，诸如婴儿孤独症、儿童精神分裂症和儿童多动综合征等儿童期发育障碍和精神疾患的发生和发展都与遗传密切有关。

1. 由遗传因素引起的心理问题

总的来说，影响学前儿童心理发展的遗传因素通常分为三大类，即由先天遗传因素直接引起的心理问题、由某一遗传性缺陷间接引起的心理问题，以及由环境起主导作用、遗传起轻微作用而引发的心理问题。其具体表现如下。

（1）由先天遗传因素直接引起的心理问题

在这里以唐氏综合征的得病原理为例。唐氏综合征，又称"先天愚型"，这是小儿最为常见的由常染色体畸变所导致的出生缺陷类疾病，该病是由先天因素造成的具有特殊表型的智能障碍。患儿的病症主要表现为智能障碍、体格发育落后和特殊面容，还可能伴有多发畸形。在进行各项活动的过程中，患儿表现为样子呆傻，智力严重缺陷，反应时间长，语言和算术能力较差，对言语的理解力也很差。相关研究表明，唐氏综合征患者和精神病患者的子女的患病率比正常人高，许多精神病患者生的孩子虽交给别人抚养，但仍然会患精神病。

---

① 刘文：《幼儿心理健康教育》，北京：中国轻工业出版社，2008年，第29页。

(2)由某一遗传性缺陷间接引起的心理问题

有些研究表明,男性反社会行为的某些形式,可能与性染色体中存在过多的 X 或 Y 有关。客观来说,父母的生殖细胞会把基因传给下一代,如果含有致病基因,传给后代则会发展成为遗传性疾病。例如,人类语言能力发展的基本条件是听觉器官、脑组织和发音器官正常,而如果由于遗传因素使其中一个要素出现问题,就很可能会导致学前儿童的语言障碍。

(3)由环境起主要作用、遗传起轻微作用引发的心理问题

学前儿童某些方面的发展同时受到遗传和环境的影响,其中环境起主要作用,遗传起轻微作用。以学前儿童语言能力的发展为例,对于学前儿童语言的发展而言,其首要条件是遗传,但是起主要作用的还是环境。在日常生活中,我们可以发现,有的学前儿童说话早,有的学前儿童说话晚,这就是最好的证明。因为语言发展早晚受到遗传、环境和学前儿童本身气质的影响。

2. 科学看待遗传对学前儿童心理发展的影响

遗传因素对学前儿童心理发展有着相当重要的影响。在日常生活中,我们必须科学地看待遗传对学前儿童心理发展的影响,既不否认遗传的作用,也不夸大遗传的作用。

(1)遗传为儿童心理健康提供了生物前提和自然条件

遗传素质是学前儿童心理发展的生物前提和自然条件,绝对不能没有这个条件。生来没有大脑的无脑畸形儿是不可能产生心理活动的,而脑发育不全的学前儿童的智力水平也要远远落后于正常学前儿童。在这种情况下,遗传素质不仅是必要条件,而且是决定因素。除此之外,由遗传带来的解剖生理特征,特别是中枢神经系统的特征,在学前儿童心理发展上也有着很重要的作用。

(2)不可夸大遗传的作用

如上所述,遗传对学前儿童心理发展有着重要的影响。但是,绝不能夸大遗传的作用。因为遗传虽然为学前儿童的发展提供了自然前提和可能性,但其不可能决定学前儿童心理的最终发展。从根本上来说,对于生长发育健康的学前儿童来说,遗传素质仅提供了一个物质前提,并不决定学前儿童的心理发展。人类发展的实践证明,每个学前儿童的心理发育是各不相同的,但是其遗传素质却极其相似。相关研究表明,双胞胎在大脑结构和机能上并无重大区别,但他们的心理发展却表现出很大的区别,在智力水平、兴趣爱好、性格特点、活动能力等方面都有着明显的差异。事实上,一些天才人物的遗传素质和一般人相比也没有太大的区别。例如,对爱因斯坦的大脑解剖研究表明,他的大脑重量、结构与一般人相近。但是,一个言语器官生来很健全的学前儿童,如果出生以后完全不与人类社会接触,就不可能学会说话,甚至不可能形成人的心理。

从总体上来说,遗传对学前儿童心理的发展有一定的影响作用,但是,遗传只是学前儿童心理发展的一个必要条件,而不是决定条件。客观来讲,学前儿童心理向什么方向发展,并不是取决于遗传,而是取决于环境和教育。

(二)孕期状况

先天素质是遗传基因和胎儿发育过程中的环境因素之间相互作用的结果。孕妇的健康状

况及其子宫环境直接或间接影响胎儿的心理健康。具体来说，影响胎儿发育的环境是多方面的。例如，母亲孕期的营养状况、身体健康状况、用药状况和情绪等都可以通过子宫对胎儿发育产生影响，不良的子宫环境所造成的某些缺陷可能成为学前儿童发育过程中的障碍，导致学前儿童异常心理的产生。例如，如果孕妇缺碘导致甲状腺功能低下，就容易使小儿患呆小症；孕妇在妊娠早期患风疹，就可能引起胎儿畸形、智力低下。

1. 情绪状态

孕妇的情绪状态会对学前儿童的心理健康产生影响。相关研究表明，孕妇过激的情绪会导致细胞的新陈代谢发生变化，血液合成物也会发生变化，这些物质通过胎盘对胎儿的神经系统产生不良影响，甚至造成胎儿畸形。在怀孕期间，如果孕妇受到精神刺激，特别是突发的重大刺激，会导致心理紧张，往往会因此而引起胎儿发育的异常。

2. 营养不良

孕妇营养不良可能产下低体重儿，低体重儿有可能出现脑细胞减少、智力发展迟缓、脑功能异常等问题，对学前儿童的心理健康产生不可挽回的影响。妊娠妇女患病和使用药物不慎，也会给学前儿童的心理健康带来损害。例如，学前儿童的多动症就有可能和母亲孕期患有高血压、肾炎、贫血、关节炎、低热和感冒等病症有关。

(三)其他因素

1. 出生时的状况

母亲的分娩过程也是影响学前儿童心理发展的一个重要因素。科学研究表明，婴儿早产、出生时缺氧和体重过低都是影响学前儿童心理发展的重要因素。如果分娩过程中出现难产、胎盘过早剥离、脐带过长绕颈等情况，则会导致胎儿在出生时缺氧，损伤胎儿的脑组织，从而可能会使孩子在婴幼儿时期智力和动作的发展明显落后于同龄儿童，但多数学前儿童在入学后能够赶上正常的发展水平，只有缺氧极其严重的儿童仍继续保持落后状态，部分儿童因缺氧导致的脑损伤或肺功能缺陷，可能持续终身。

相关研究表明，早产儿和出生低体重儿在身心发展方面发生问题或存在困难的可能性要远远超过正常儿童。其中，婴儿出生时的体重与其出生后的健康和心理发展的关系最为明显。多数出生体重低于 1 500 克的学前儿童在发展过程中会遭遇诸如易患疾病、注意力分散、活动过度、动作不协调、学习困难等一些难以克服的困难，体重越低，困难也会越严重。

2. 疾病和意外伤害

科学研究表明，疾病和意外伤害引起的脑损伤可能会直接引起学前儿童失语、痴呆、昏迷、意识障碍等，从而影响学前儿童的心理健康。除此之外，疾病和意外伤害造成的残疾、并发症和后遗症等情况，也可能会间接影响到学前儿童的心理健康。例如，耳聋、失明、瘫痪、四肢残缺等会使学前儿童产生自卑、情绪低落等心理障碍和异常行为，甚至导致智力低下。

疾病影响学前儿童心理发展的程度取决于疾病的种类、病情，抢救处理是否及时，有无并发症和后遗症；意外伤害影响学前儿童心理发展的程度取决于脑损伤的部位、范围，有无并发症，抢救治疗效果。由此可见，加强安全和健康教育、预防疾病和意外伤害的发生是保护学前儿童心理发展的重要措施。

## 二、影响学前儿童心理发展的心理因素

影响学前儿童心理发展的心理因素涉及许多方面，其主要包括需要、自我意识、动机冲突、情绪和气质等。

### (一)需要

从心理学角度来看，人的行为受动机驱使，而动机则是建立在需要的基础上的。需要反映人对生存、发展条件的一定要求和欲望，人在活动中不断地产生需要和满足需要。

#### 1. 需要层次理论

人从一出生就开始产生需要，随着学前儿童身心的发展以及与社会接触面的扩大，其需要也逐渐变得更为复杂。美国著名的人本主义心理学家马斯洛按照需要的不同发展水平，把人的需要概括为生理的需要、安全的需要、爱与归属的需要、尊重的需要和自我实现的需要这五个层次。在马斯洛的需要层次理论中，生理的需要是人的需要中最基本的需要，主要包括吃、穿、住、睡、性等。在生理的需要获得相当程度的满足之后，安全的需要就随之而生。安全的需要的内容包括免于危险和孤独，寻找保障，免受他人侵犯。人的爱与归属的需要是社会性需要，包括亲子之爱、同胞之爱、异性之爱、友谊和爱情等。以上三个层次的需要获得满足之后，个体的尊严和价值就产生了。尊重的需要包括自尊和被人尊重两个方面，所谓自尊，是指人的自信、自强、追求成功等；所谓被人尊重，其主要包括受人注意、接受、支持、承认、赞许等。人自我实现的需要是最高层次的需要，这是人生追求的最高境界。

#### 2. 学前儿童的低层次需要

一般来说，学前儿童的年龄越小，其对于较低层次的需要也就越迫切。学前儿童对食物、水、氧气、休息、睡眠、衣着和运动等方面的基本生理需要十分敏感。当环境不能及时提供条件以满足他们的这些需要时，就会使他们产生紧张状态或消极情绪。在婴儿出生以后，其除了明显地表现出对生理需要的追求外，也以一种较原始的方式显示出对安全的需要，比如说，婴儿对于惊吓可以表现出消极的情绪反应。出生几个月以后，婴儿可以表现出与人亲近的迹象，以及有选择的喜爱感。随着学前儿童年龄的增长，其逐渐产生对独立、自主、尊重和受表扬的需求。

#### 3. 学前儿童的高层次需要

对学前儿童较高层次需要的满足能够产生更为理想的效应。实践证明，虽然剥夺学前儿童高层次的需要不会像剥夺其低层次的需要那样引起学前儿童强烈的不安，然而高层次需要的满足代表了一种普遍的健康趋势。马斯洛认为，低层次需要的满足可以避免疾病，高层次需

要的满足则有利于积极的健康。例如，对学前儿童食物、衣着和安全方面需要的满足最多只会使他们产生一种如释重负的感觉，却不能像爱的满足那样可以增进其心理健康，产生具有深远影响的作用。高层次的需要比低层次的需要具有更大的价值，因此，经常出现人们为了满足高层次需要而放弃低层次需要的满足的情况。例如，有的学前儿童为了与伙伴们之间的友谊，宁可把自己想吃的食物或者是想玩的玩具让给别人，这样的学前儿童一般很少以自我为中心，其心理健康的水平也相对较高。

### (二)自我意识

自我意识是人的个性的一个组成部分，其标志着人的个性形成水平，也是推动人的个性发展的重要因素。个性是一个复杂的、多层次的动力结构，自我意识是使组成个性的各个部分整合、统一起来的核心力量。自我意识是特殊的认知过程，是主体对自己的反映过程，因而渗入了主体本身的情感和意志活动。人的自我意识对其心理活动和行为起着重要的调节作用。

美国人本主义心理学家罗杰斯提出，个体的自我概念包括知觉、意见、态度、价值观等，是个体的一种主观感觉，但是，个体对自己的认识未必与自己的客观情况相符合。个人认识以自我概念为依据来评价自己处世待人的经验，如果经验与自我概念不符，就会产生焦虑和情绪困扰。由此可见，自我概念和理想的自我之间的差异代表了个人心理适应的一个指标，这两者之间越接近，说明个人的适应就越好，心理就越健康。

从总体上来说，个体的自我意识主要有三种形式，分别是自我认识、自我评价和自我调节。

#### 1. 自我认识

在早期阶段，学前儿童对自身的认识往往局限于自己的身体特征，以后会逐渐转到对自己心理的和被社会接受的认识。当学前儿童能够对心理和身体、个体主观的自我和外部事件、智力及动机特征和身体部分之间做出区别时，学前儿童就开始认识到自己具有独特的思想和情感，感觉到自己与别人的不同，并把自己与别人进行比较。

俄国心理学家伊·谢·科恩认为，自我认识的各种认知过程受到记忆容量、记忆方向、注意容量以及选择水平、语言发展等心理素质的制约。在出生到出生后 3 个月期间，婴儿逐渐对外部社会客体发生兴趣，并能够从纯情感方面对自己与他人进行区分；从出生 3 个月到 8 个月期间，婴儿便能记住“我”和“他”的区别，并可以在某些场合认识自己；从出生 8 个月到 12 个月期间，婴儿开始区别自己的某些外部属性；1～2 周岁的学前儿童开始可以在不同情况下认识自己的特征，如年龄、性别等。客观来说，学前儿童的自我认识都起始于这种最简单的自我认知过程，但是，自我认知和对自己属性的初步认识并不等于作为内省过程的自我意识，学前儿童开始了解自己，比能够思考这种了解要早得多。

正确地认识自我是学前儿童使自己的行为适应环境的一个基本条件。学前儿童的自我认识虽然不够成熟和稳定，但是，其对于学前儿童人格的发展和行为的适应性具有重要的影响。学前儿童一般是根据别人的评价和态度来认识自己的，有时也会在与别人的比较中认识自己，还有的时候，则是根据自己在生活中的成功和挫折来认识自己的。事实上，这些内外的各种因素都有可能会导致学前儿童歪曲对自己的认识，使学前儿童对自己的认知与其自身的实际情况产生较大的差距。从人的发展角度来说，学前儿童自我认识的不适当的发展会在很大程度上影响到其一系列的态度、信念和价值观，从而影响其自我评价，还会与其心理顺应的机能障碍相联系。对于自我认识不适当的学前儿童来说，在遇到动机冲突或挫折时，其往往会自觉或不自觉地以一些消极的心理防御机制来缓解内心的困扰和不安，陷入回避矛盾、自欺欺人的境地。

2. 自我评价

所谓自我评价，就是指个体对自己一些特征的评定。它一方面要受到个体认识水平的限制，另一方面又经常伴随着个体主观的情绪性。

大量的研究表明，学前儿童在做自我评价时，往往会以自己的情绪体验作为评价的依据。大多数学前儿童都表现为过高地评价自己。随着学前儿童年龄的增长，其自我评价才逐渐接近客观事实。学前儿童到了一定的年龄，若仍未调整过高评价自身的状况，就很可能会阻碍其个性的健康发展，对于这些自信心过高的学前儿童来说，其通常只注意到成功而不考虑困难，如果行为的结果与他们的预期不符，或者说是别人对他们的评价不高，就会使他们产生强烈的情绪困扰。

自我评价过低的学前儿童缺乏自信心，表现出低度的自我尊重，只为自己确定很低的目标，常常表现为沉默寡言、不善交往、行为退缩、情绪抑郁。这样的学前儿童很难适应复杂多变的社会生活，他们在个性特征和行为的发展上会出现种种问题和障碍。在实际生活中，学前儿童过低评价自己的现象比较少。

3. 自我调节

人的自我意识的发展必须体现在自我调节上。人不仅要正确地认识自己、评价自己，还要能够掌握和调整自己的认识活动、情感态度和动作行为，只有这样，才能逐渐形成良好的个性特征，维持心理的健康。

学前儿童的行为在很大程度上是受各种环境的直接制约而产生的。例如，成人的指示、奖励和惩罚，他人的期望，同伴的压力等。但是，随着学前儿童自我意识的发展，即使在没有环境压力的情况下，学前儿童也会以某种方式监督和控制自己的行为。例如，学前儿童可以用较高的标准要求自己，或者可以为了较长远的目标而放弃眼前的需求，或者可以通过情绪的调整使自我和环境之间获得平衡。有良好的自我认识和自我评价，又善于在各种动机冲突或挫折情境中做自我调节的学前儿童，其心理的发展就更容易达到健康水平。

(三)动机冲突

动机是在需要的基础上产生的，两者之间有着不可分割的联系。人的需要是人类生存和发展所依赖的条件，而动机则是这些需要的具体表现。动机推动人们为满足某种需要而积极活动，是人类活动的内在原因。

动机冲突的心理现象十分复杂，为了便于研究，心理学家将它概括为四种类型：双避式冲突、双趋式冲突、趋避式冲突和双重趋避式冲突。在日常生活中，这些类型的动机冲突具体表现如下。

1. 双避式冲突

在现实中存在两种威胁，但迫于情势，只能躲开其中之一，这样在做抉择时，就会产生双避式冲突的情境。例如，一群孩子正在户外游戏时，天空忽然下起了大雨，他们就暂时躲进附近的一间小屋内。天色逐渐变黑，但是雨依然下个不停，这些孩子既害怕继续待在伸手不见五指的小屋里，也害怕冒着倾盆大雨跑回家，但是，他们必须选择其中之一。

2. 双趋式冲突

所谓双趋式冲突，就是指在现实中存在两个同样具有吸引力的目标，但是由于条件限制而无法同时获取这两个目标，因而导致的心理上产生难以取舍的冲突情境。例如，一个正在专心地为娃娃“打针”的小女孩，看到老师又搬来了诱人的玩具汽车，她既很想去“开汽车”，但是又舍不得放下手中的娃娃，心理上出现了双趋式冲突。

3. 趋避式冲突

对于同一个目标，个体既因为它可能满足自己的某种需要而欲趋近，又因其可能造成威胁而想要躲避，在这种既有吸引力又有排斥力的矛盾情境下，就产生了趋避式冲突。例如，父亲买了一盒包装非常漂亮的糖果，准备当作礼物送人，孩子看到了很想吃，但是又怕打开后父亲会惩罚他，在这种情况下，他就陷入了趋避式冲突之中。

4. 双重趋避式冲突

个体有两种选择，但这两种选择又都是利害参半，这就会使其陷入双重趋避式的心理冲突之中。例如，某孩子在幼儿园里违反了纪律，班里的老师决定惩罚他，让他选择，或者是在班里向大家公开承认错误，或者是抄写100个生字。这个孩子就会在心里面考虑：抄写生字不会被人取笑，但很麻烦；公开承认错误比较省事，但很失面子。

对于学前儿童来说，动机冲突的现象是经常发生的，这是干扰学前儿童心理正常发展的一个非常重要的因素。虽然学前儿童的动机冲突并不是很复杂，对冲突的解决和处理也比较容易，但是，有些动机冲突若得不到及时、妥善的解决，就会对学前儿童造成过于强烈的情绪波动，从而给他们的心理健康带来威胁。

(四)情绪

情绪是人的一种复合状态，它是体验，又是反应；是冲动，又是行为。它包括人在生理和心理许多水平上的整合，与其他心理过程有广泛的联系。相关研究表明，情绪是影响人的心理健康、导致人的心理异常和障碍的一个主要中介环节。由生理、心理变化以及环境刺激等因素而造成的各种情绪反应，可以导致包括神经系统和内分泌系统在内的生化系统的变化，使人的机体、心理活动和行为方式也产生相应的变化。

(五)气质

所谓气质，就是指由生物因素决定的相对稳定而持久的心理特征，是行为的表现方式，其具体体现为行为的速度、强度、灵活性等动力特点。学前儿童各方面的气质特点具有一定的年龄稳定性，婴儿时期的某些气质特点会持续到入学甚至成年以后。但学前儿童的气质特点也不是一成不变的，其生活所处的环境可以在很大程度上改变学前儿童某些方面的情绪反应模式。

气质对学前儿童的行为、情绪、个性发展具有非常重要的影响作用。这主要表现为以下几个方面。

#### 1. 气质与学前儿童的言语发展

学前儿童在情绪、交往方面的气质特点与其言语发展具有一定的联系。一般来说，情绪积极、外向、对人友好的学前儿童在2岁左右便会表现出言语技能发展的优势，这种优势可以一直保持整个学前时期及入学以后。

#### 2. 气质与认知能力发展的关系

学前儿童在兴趣和坚持性等方面的气质特征与其在学业和认知能力方面的发展有着密切的联系。这种联系在婴儿还是两三个月大的时候就已经有所体现，坚持性较好的婴儿建立操作性条件反射的速度较快。在出生的头一年，婴儿所表现出的坚持性水平与其学前儿童时期的智商、成绩有着明显的联系。入学以后，学前儿童较高的坚持性水平继续与其较高的智商、学业成绩、学习能力相关，而注意力分散、适应性差、对新环境消极逃避等气质特点则常常与低水平的学业成绩相关。

#### 3. 气质对学前儿童心理发展的间接影响

学前儿童的气质通过对周围人的影响，可以间接影响其心理的发展。婴儿的气质特点也会对其抚养人的养育活动产生直接的影响，父母总是倾向于采取与婴儿活动水平、生活节律相适应的喂养方式和亲子交往模式。除此之外，学前儿童的气质特点也会影响到同伴对他们的反应方式。例如，过于活跃的学前儿童往往比较容易与同伴发生冲突，因而会遭到同伴的排斥和拒绝。

#### 4. 气质对学前儿童社会行为的影响

气质对学前儿童的社会行为有重要影响。活动水平高的学前儿童与同伴交往的积极性、主动性往往比较高，但是，由于其攻击性行为，所以与同伴的冲突一般也比较多；羞涩、内向的学前儿童经常安静地站在同伴旁边观看同伴游戏，很少主动与同伴交谈，同时也经常对同伴的行为做出消极的回应。

## 三、影响学前儿童心理发展的社会因素

一些社会因素也会影响学前儿童的心理健康。在当前阶段下，影响学前儿童心理发展的社会因素主要是指家庭和幼儿园。

(一)家庭

在学前儿童心理发展过程中,家庭是最重要、最基础的环境,是人生的奠基石。家庭环境对学前儿童心理发展的影响主要表现在两个方面:一方面,表现在生物性的遗传影响上;另一方面,也表现在家长的情感态度、个性、价值取向及心理品德对孩子的影响上。良好的家庭环境是学前儿童心理发展的重要条件和保证。其中,家庭的结构、家庭的经济地位、家长的期望、父母的抚养方式、父母的心理健康状况,都与学前儿童心理发展有着十分密切的关系。

1. 家庭的结构

家庭中不同的人际交往与学前儿童心理发展有着密切的关系。首先,由父母和孩子组成的核心型家庭成为现代社会主要的家庭组成形式。这种家庭组成对孩子的健康成长最为有利,父母双方可以为学前儿童提供两种行为的行为范例,这对他们适当的性别拒绝的发展有益。其次,扩展型家庭(除了父母和子女外,还包括其他家属的家庭)对学前儿童心理发展的影响取决于家庭中的人际关系或家庭气氛。保持良好的家族传统,亲子和谐,这对孩子的心理健康极为有利。再次,单亲家庭(由父亲或母亲及其子女组成的家庭)随着离婚率的上升而增多。大量研究表明,生活在单亲家庭中的学前儿童,其心理健康取决于单亲家庭中家长处理问题的态度。如果父母双方都从孩子的角度考虑问题,共同养育孩子,那么孩子心理障碍的发生率就低;反之,如果父亲或母亲独自一人担负着双重责任,同时缺乏社会支持,孩子就会出现心理健康问题,因为他们承受着比同龄人更多的压力,受到更多的消极影响。最后,家庭中孩子的数目过多和太少都会影响学前儿童的心理健康。

2. 家庭的经济条件

家庭的经济条件与学前儿童心理发展的关系是比较复杂的。适当优越的经济条件可以为学前儿童的心理发展提供良好的环境。经济条件太差可能对学前儿童心理发展造成两种结果:一种是学前儿童因为生活贫困,过早地承担了生活的重担,养成了积极、独立的健康心理;另一种表现为儿童精神发育迟滞、具有品行障碍以及青少年犯罪等。

3. 家长的期望

在学前儿童的成长过程中,父母的期望起着至关重要的作用,它是一种必不可少的教育手段。客观来说,适当的期望可以促进学前儿童的发展,而过高的期望则会给学前儿童的学习、性格,甚至价值观和人生观带来一系列的负面影响。只有适度的符合客观情况的期望值才能使学前儿童得到更好的发展。如果对学前儿童的期望值过高,则会给他们带来巨大的压力,甚至使其产生各种心理问题。

4. 父母的抚养方式

学前儿童心理能否得到健康的发展,在很大程度上取决于亲子互动和亲子关系的性质,而亲子关系的性质又体现在父母对其子女的抚养方式上。父母的抚养方式一般分为四种类型:威望型、独断型、忽视型和放纵型。研究表明,父母的抚养方式与学前儿童的社会性发展关系密切。

(1)威望型

威望型抚养方式的父母对学前儿童严格要求又高度接受。这一类父母在学前儿童的心目中有威望,不独断,也不过分放纵学前儿童。这种抚养方式对于学前儿童社会性的发展十分有利。在这种抚养方式下成长的学前儿童一般是具有积极、友好的特点。

(2)独断型

独断型抚养方式的父母对学前儿童要求严厉,并且在情感上排斥。这一类父母对学前儿童的需求缺乏反应,并且严厉、粗暴、武断。在这种抚养方式下生活的学前儿童多属于冲动、急躁型的儿童。学前儿童长大后一方面会表现出诚实、有礼貌、谨慎、负责的特点,另一方面又表现出羞怯、自卑、敏感和对人屈从等特点。

(3)忽视型

忽视型抚养方式的父母对学前儿童的要求不理会,并且在情感上忽视。这一类父母不重视与学前儿童的关系,忽视他们的要求和情感的反应。在这种家庭环境下生活的学前儿童长大后多表现出依赖、退缩、过分期望得到别人的注意和赞许等特点。

(4)放纵型

放纵型抚养方式的父母对学前儿童高度接受,并且要求很少。这一类父母虽然与学前儿童有亲密的关系,但是对于学前儿童过分溺爱和放纵。在这样的家庭环境中成长的学前儿童往往是冲动和攻击型的,他们容易注意力不集中,情绪不稳定,缺乏自制力和主见,没有很高的抱负,经受不了批评,缺乏是非观念,任性。

美国心理学家皮克曾对儿童的性格特征与父母对子女的抚养方式之间的相关性进行了专门的研究。其研究结果表明,儿童良好的性格特征与信任、民主、容忍的抚养方式有较高的相关性;儿童的意志坚强程度与父母的信任程度呈正相关,与父母的严厉程度呈负相关;儿童的敌对行为与严厉的教养方式有相关性。

#### 5. 父母的心理健康状况

父母的心理健康水平与孩子的心理健康发展水平是密切相关的。父母患有精神疾病或人格有缺陷,会使其子女处于很不利的地位。相比之下,父母心理健康水平较高,则其子女产生心理问题的可能性就越小。同父母心理健康的子女相比,父母心理健康水平低的孩子产生心理问题的危险性会显著升高。一方面,父母的心理健康会直接影响家庭的人际关系和气氛,心理健康的父母大多能为孩子营造一个人际关系和谐、轻松愉快的家庭氛围。另一方面,父母的心理特点和健康状况会影响到其对孩子的培养和教育。父母的心理健康状况不良,也往往会对孩子产生一些不合理的期望,对其进行不当的教养。

### (二)幼儿园

在现代社会中,幼儿园的园风、物质环境、人际关系、保育及教育的方法和特点对提高学前儿童心理发展水平和社会适应性有重要的影响。幼儿园的教学内容、教学方法、教师和幼儿园的气氛都与学前儿童的心理健康密切相关。幼儿园心理健康教育是幼儿园教育中的主要方面,它渗透在其他教育领域中,与其他教育领域共同促进学前儿童心理的发展。这些教育领域包括幼儿园课程、幼儿园环境、社会交往关系等。

### 1. 幼儿园课程

幼儿园课程是促进学前儿童全面发展的一种重要的教育手段和方法。幼儿园课程是一个有结构的框架,它的内容包括学前儿童学习的内容,为达到预定的课程目标这些学前儿童所经历的学习过程,为帮助学前儿童达到这些目标教师应当做的事情,教学情境和学习情境等。

在幼儿园教育活动实践中,要从整体上对学前儿童进行教育,必须要把学前儿童发展的各个方面看作一个整体。幼儿园课程只有提供这样的内容,才能真正地促进学前儿童的身心全面发展,使他们形成健康的心理、良好的人格。

### 2. 幼儿园环境

从整体上来说,可以把幼儿园的环境分为两个方面,即人文环境和物理环境。

(1)幼儿园的人文环境

幼儿园作为学前儿童接受教育的主要场所,其环境的好坏对学前儿童生理及心理的影响不容置疑。幼儿园的人文环境主要体现在幼儿园的气氛及人际关系等方面,它对学前儿童心理及行为的发展产生实实在在的影响。

在所有影响学前儿童心理发展的幼儿园人文环境因素中,幼儿园的人际关系是其中最重要的因素之一。大量的相关研究表明,学前儿童与教师之间的关系紧张是引起学前儿童心理出现问题的最主要的原因。教师整天与孩子在一起生活和活动,其情绪的稳定与人格的完整是影响学前儿童心理发展的一个重要因素,教师的个性也在很大程度上影响着孩子们的行为。除此之外,幼儿教师对学前儿童的不公正、偏心、无同情心、蛮横粗暴、挖苦和讥讽等行为更会给学前儿童的心理健康造成极大的损害。

(2)幼儿园的物理环境

幼儿园的物理环境是影响幼儿心理健康的另一个主要方面,它包括幼儿园的自然环境(如声、光、绿地、空气等)和人工设施(如房屋建筑、玩具、活动场地等)。活动空间是影响学前儿童心理发展的一个重要物理环境因素。人员密度过高的幼儿活动室有可能使学前儿童的攻击性行为增多,不主动参与活动的比例提高,社会交往行为减少。出于这方面的考虑,幼儿园在编班的时候切忌人数过多,以 25 人左右为宜。

### 3. 社会交往关系

学前儿童已经开始建立社会交往关系,其主要包括师幼关系、亲子关系和同伴关系三个方面。

(1)建立良好的师幼关系

幼儿教师要树立正确的教养态度,尊重学前儿童,建立良好的师幼关系。师幼关系是幼儿园中重要的人际关系。一方面,教师要允许学前儿童犯错误。由于经验、能力的限制,学前儿童总会犯这样那样的错误,这是他们心理发展所必须经历的,也是很正常的。另一方面,教师要对每个学前儿童都充满信心。教师要经常用肯定的语气、欣赏的眼光去看待每个孩子身上的每一点微小的、值得赞赏的地方。孩子将会从老师的眼神中得到支持和鼓舞,从而促进其自身健康、全面地发展。

(2)引领家长建立良好的亲子关系

学前儿童有大量的时间是在家里度过的,因而家长以及家庭对其心理发展的影响是最直接的,学前儿童心理上所表现出来的许多心理问题,从根本上来说就是源自于家庭。在当前阶段下,我国的学前儿童家长普遍缺乏心理健康教育方面的知识和技能,因此,各大幼儿园应该要指导家长运用正确的家教方法,促进其良好亲子关系的建立。具体来说,幼儿园可以通过各种途径进行宣传工作,组织家长学习学前儿童心理健康教育的理念和方法,使家长能够全面认识健康的内涵。

(3)促使学前儿童建立良好的同伴关系

学前儿童在生活中接触最多的群体之一是园内同伴,良好的同伴关系既是促进学前儿童心理发展的条件,又是衡量学前儿童心理健康的标准之一。幼儿教师要引导学前儿童建立良好的同伴关系,共同创建和谐集体。具体来说,幼儿教师可以通过辅导活动让学前儿童了解同伴的长处,通过开展各种各样的游戏活动增进孩子们之间的交往,鼓励学前儿童互相帮助,使其学会关心同伴,这样才能促使学前儿童更好地形成积极、健康的人格。

# 第二章　学前儿童生理发展

学前儿童各年龄阶段生理发展的主要特征，主要包括新生儿、乳儿、婴儿和幼儿的生理发展状况。其中，本章就学前儿童各年龄阶段大脑和神经系统的结构和机能的发展顺序和特征等问题，进行重点的分析和归纳。

## 第一节　学前儿童的生长发育

鉴于研究学前儿童生长发育的重要性与必要性，本节主要对学前儿童生长发育的含义、规律、影响学前儿童生长发育的因素，以及学前儿童生长发育的特点进行分析。

### 一、学前儿童生长发育概述

（一）学前儿童生长发育的含义

生长发育是学前儿童区别于成人的一个重要特征，指的是人从受精卵到成人的成熟过程。具体而言，生长是指“身体各个器官以及全身的大小、长短和重量的增加与变化，是机体在量的方面的变化，是能观测到的”，可以表现为体重增加、手脚变大、个子变高等。发育是指“细胞、组织、器官和系统功能的成熟与完善，是机体在质的方面的变化”[①]，可以表现为 1 岁和 15 岁时肾的发育较为显著。可见，学前儿童的生长和发育二者紧密相关，学前儿童的身体生长是发育的物质基础，而生长的量的变化可在一定程度上反映身体器官、系统的成熟状况。

（二）学前儿童生长发育的规律

学前儿童的生长发育是一个极其复杂的过程，虽然在这个过程中，学前儿童的生长发育受制于环境、营养、体育锻炼、疾病等因素而出现一定的个体差异，但更多的是呈现共性，具有一定的规律。学前儿童生长发育的规律是指学前儿童这一整体在其生长发育过程中呈现的一般现象。学前儿童的生长发育状况是反映其健康状况的一面镜子，家长和学前教育工作者必须了解、研究和掌握学前儿童生长发育的共同规律，结合学前儿童各年龄阶段的具体情况，采取必要的卫生措施，提高学前儿童的健康水平。具体而言，学前儿童身体生长发育的主要规律

① 郦燕君：《学前儿童卫生保健》，北京：高等教育出版社，2007 年，第 47 页。

如下。

1. 学前儿童生长发育的连续性

学前儿童的生长发育是一个具有连续性的过程，在这一过程中既有量的增加，也有质的飞跃，从而形成了不同的发展阶段。根据这些特点及生活环境的不同，可以把学前儿童的生长发育过程划分为不同的年龄期，且各个年龄期均按顺序衔接。

需要注意的是，任何年龄期都是人为规定的，学前儿童生长发育的实际过程中在相邻年龄期之间并没有明显的界限。

2. 学前儿童生长发育的相互关联性

学前儿童身体各系统的发育时间和速度各有不同，但作为一个整体，各系统的发育是互相联系、互相影响、互相适应的。在学前儿童发育过程中，任何一种对机体起作用的因素都可能影响到多个系统。例如，适当的体育锻炼不仅能促进骨骼肌肉的发育，也能促进呼吸系统、循环系统和神经系统的发育。

3. 学前儿童生长发育的阶段性

学前儿童生长发育的每个阶段都有自己的特点，呈现出阶段性特征。学前儿童生长发育的各个阶段是有序衔接的，前一阶段的发育为后一年龄期的发育奠定必要的基础，任何一个阶段的发育如果受到不良因素的影响都会在一定程度上影响到下一个阶段。例如，学前儿童在出生时只能吃流质食物，只会躺卧和啼哭，到1岁时就发生了明显的变化，一般能够吃多种普通食物，且开始会走路和说单词。但在这之前必须经过一系列的变化，如在吃固体食物之前必先能吃半流质食物；在学会走路之前必先经过抬头、转头、翻身、直坐、站立等步骤；在说单词之前，必须先学会发音，学会听懂单词。其中任何环节如果出现障碍，都会影响整个婴儿期的发育。

4. 学前儿童生长发育的程序性

学前儿童的生长发育有一定的规律和共性，其身体各部分的生长发育都遵循一定的程序，这就是学前儿童生长发育的程序性。通常情况下，学前儿童的生长程序遵循由简单到复杂、由低级到高级、由粗到细、由近到远、由上到下的规律。例如，处在胎儿期的形态发育的顺序是：头部先发育，然后是躯干，最后为四肢。再如，婴儿期的动作发育的顺序是：开始是抬头、转头，然后发展到取物，再发展到翻身、直坐，最后发展到爬行、站立、行走。这种由头部开始逐渐延伸到下肢的发展趋向被称为“头尾发展规律”。

5. 学前儿童生长发育的个体差异性

学前儿童的生长发育有共同的特点，按一般规律发展，但是由于学前儿童的先天遗传素质与后天的环境条件并不完全相同，就导致学前儿童在身体的形态以及机体的功能上都存在着明显的个体差异。每个学前儿童的体形（高矮胖瘦）、生理功能（强弱）和心理特点（智愚）都是各不相同的，没有两个学前儿童的发育水平和发育过程是完全一样的。先天因素会影响到学前儿童发育的可能性，后天因素决定了学前儿童发育的现实性。

从整体上看，学前儿童的生长发育经历的过程是比较稳定的，在没有极其特殊的环境条件的前提下，学前儿童个体特征异于群体特征的程度是有限的。

需要注意的是，学前儿童生长发育的个体差异性决定了对学前儿童的生长发育状况进行评价会有很大的困难。在评价某个学前儿童的生长发育状况时，应该考虑到个体发育的差异性，将他们以往的情况与现在的情况进行比较，观察其发育动态，才能得出相对科学、可靠的结论。

### 6. 学前儿童生长发育的不均衡性

人体的生长发育并不是始终平稳发展的，在发育过程中会呈现一定的不平衡性。学前儿童的生长发育速度是快慢交替的，其发育速度曲线随着年龄呈波浪式上升的状态。在整个生长发育期间，学前儿童全身的多数器官、系统有两次生长突增高峰，第一次在胎儿期，第二次在青春发育初期，而且女性比男性大约早两年出现。

由于学前儿童身体各部的生长速度并不完全相同，因此，其身体各部分的生长幅度也不一样。例如，一个人在出生后的整个生长发育过程中，头部增大了1倍，躯干增长了2倍，上肢增加了3倍，下肢增加了4倍(图2-1)。身体形态从出生时的头颅较大、躯干较长和四肢短小，慢慢发育到成人时的头颅较小、躯干较短和四肢较长(图2-2)。

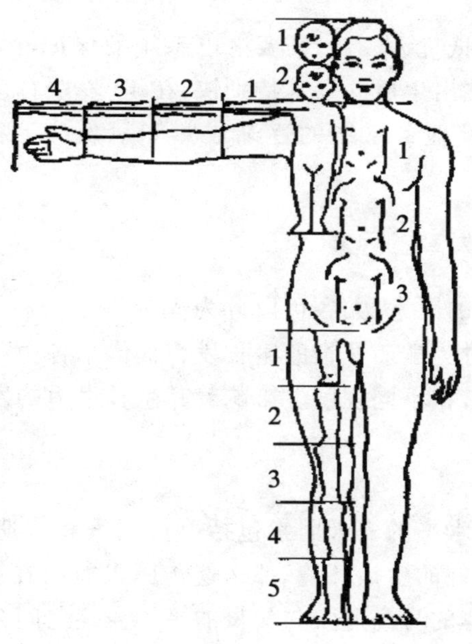


图2-1

学前儿童生长发育的不平衡性主要表现在以下几个方面。

(1)神经系统领先发育

通常情况下，学前儿童的神经系统，特别是大脑的发育在整个发育过程中一直处于领先地位。学前儿童在出生时脑重约350克，相当于成人的25%，但同时期的体重仅为成人的5%；在6岁时，学前儿童的脑重已相当于成人的90%。在学前儿童的生长发育过程中，伴随着大脑的迅速发育，其他各种器官、组织也是发展比较快的。

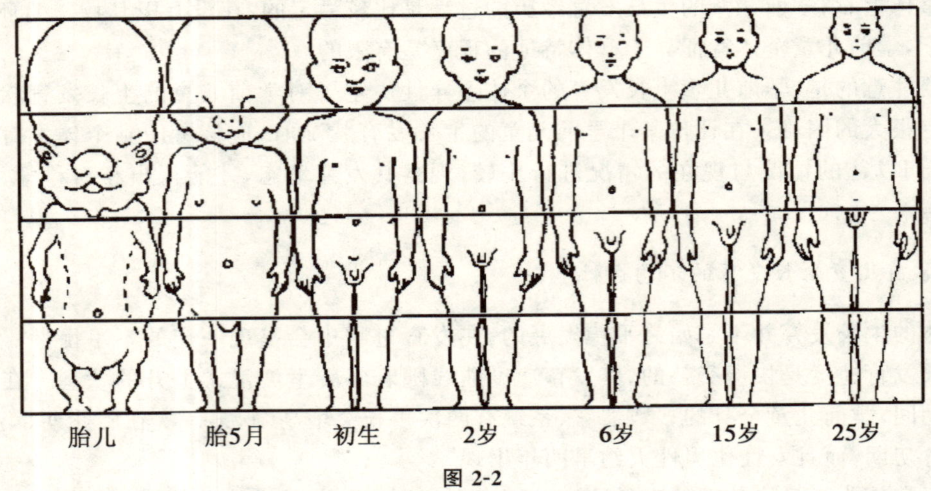


图 2-2

(2)生殖系统发育较晚

学前儿童的生殖系统发育也很不平衡，在10岁以前，学前儿童的生殖系统发育一直很缓慢。但是，进入青春期后，儿童的生殖系统会迅速发育，并逐渐达到成人水平。

(3)淋巴系统发育得最快

由于学前儿童对疾病的抵抗力较弱，需要淋巴系统的保护，因此，学前儿童的淋巴系统是优先发育的，而且淋巴系统在出生后的发育特别快，在10岁左右达到高峰，几乎达到成人时期的200%。10岁以后，随着其他各系统的逐渐成熟和对疾病的抵抗力增强，淋巴系统逐渐萎缩。

(三)影响学前儿童生长发育的因素

影响学前儿童生长发育的因素，大致可以分为先天因素和后天因素。先天因素决定了学前儿童生长发育的潜力，同时为学前儿童的生长发育提供了各种可能；后天因素则决定了学前儿童生长发育的现实可能性，在不同程度上影响着其生长潜力的发挥。

1. 先天因素

影响学前儿童生长发育水平的先天因素包括遗传因素和非遗传因素。一般而言，如果学前儿童在生长过程中处在较好的生活环境，那么遗传因素就会在很大程度上决定其生长发育的状况。比如，学前儿童个体的身高通常与父母的平均身高之间存在着较高的遗传度。此外，学前儿童的其他生长特点，如生长突增模式、性成熟早晚、月经初潮年龄等，不仅与家族遗传有关，还与种族遗传相联系。在日本长大的美国儿童虽然与日本人有着相近的生活环境，但其腿长却高于同等身高的日本儿童。

非遗传因素，如学前儿童家长的孕期状况、药物的使用和性别等，也会在相当程度上影响学前儿童的生长发育。如果孕妇严重营养不良可能会引起婴儿流产、早产，孕妇对药物的使用也有特别说明。

2. 后天因素

归纳而言，影响学前儿童生长发育的后天因素，主要包括以下几方面。

(1)营养

全面、合理、充足的营养是学前儿童生长发育中最重要的物质基础。学前儿童正处于生长发育的关键阶段，必须不断从外界摄取足够的热能和各种营养素，用来满足生长发育的需要。由于学前儿童的生长发育极为旺盛，所需大量热能。如果按千克体重计算的话，学前儿童每天约有15%～23%的热量用于生长发育，这要比成年人多消耗2～3倍热量。

学前儿童的膳食如果营养丰富且平衡，就能大大促进学前儿童的生长发育；反之，如果学前儿童缺乏营养、膳食不合理，则不仅会引起儿童生长发育迟滞，还会影响到学前儿童的智力发育，严重者甚至会导致学前儿童出现各种营养缺乏症。相关研究表明，早期营养对学前儿童智力发育有决定性的影响。在妊娠后期至出生后半年的时间内，如果持续出现营养不良，将会严重影响学前儿童脑组织的正常发育，甚至可能造成永久性损害，即使在日后营养状况得到改善，体格逐渐发育完善，也难以完全弥补其智力缺陷。而在婴幼儿期严重营养不良的，会导致学前儿童头围小、智商低、情感淡漠，6～7岁时会出现阅读、书写困难、理解力差、学习能力低下，严重影响学前儿童的智力活动。

需要注意的是，营养过剩或不平衡会导致肥胖，这同样会影响学前儿童的生长发育。

(2)体育锻炼

处在生长发育关键时期的学前儿童不仅需要丰富、合理的营养，而且需要适当的体育锻炼。体育锻炼是促进学前儿童身体发育、增强体质的一个有效手段，能有效促进其呼吸系统的发育、提高其心肺功能水平。经常参加体育锻炼的学前儿童，肺活量会显著增大，对各种病菌侵袭有着较高的抵抗力，上呼吸道感染性疾病的发生率也会明显减少。

此外，体育锻炼可以促进学前儿童的心血管系统发育，提高其功能水平，促进运动系统的发育。经常参加体育锻炼的学前儿童在相同的年龄段，其平均身高往往超过那些不进行体育锻炼或很少进行体育锻炼的学前儿童。长期的体育锻炼还可以使学前儿童的关节韧带变得更坚韧、结实，增强关节灵活性，明显改善其身体素质，减少疾病，促进营养物质的消化吸收，使其食欲大增，心情愉快，精神饱满，学习积极性提高。

需要注意的是，学前儿童在进行体育锻炼时，要综合考虑并合理利用各种自然因素，如空气、日光、水等，这样可以有效增强体质、促进生长发育。这些温和、反复的刺激还可以加速机体代谢，提高机体免疫力。

(3)疾病

在学前儿童的生长发育过程中，不可避免地会直接受到各种疾病的影响。特别是由于学前儿童的身体素质差、抵抗能力弱，更容易受到疾病的侵袭。任何疾病都会对学前儿童的生长发育产生影响，但影响程度不同，这主要取决于疾病的性质、严重程度、所累及的范围、病程的长短、是否留下后遗症等因素。例如，小肠内寄生的蛔虫可以引起食欲不振、消化不良、偏食、消瘦、生长迟滞等。

影响学前儿童生长发育的疾病还有心理疾病和各种地方病，此外，也不可忽视小儿糖尿病、肾炎、风湿病、结核病、肝炎等对学前儿童生长发育的不利影响。

总之，防止学前儿童疾病的关键在于早期发现、及时治疗，这对保证儿童发育正常是十分重要的。

(4)生活作息制度

人体的各组织、器官和系统的活动都有一定的周期和规律。科学、合理的生活作息，可以保证学前儿童的健康生长发育。要根据学前儿童的年龄特点，合理安排生活作息制度，做到有规律、有节奏。也就是说，一方面要能够保证充足的睡眠时间，丰富的营养，定时进餐；另一方面要有足够的户外活动和适当的学习时间，这样可以有效的促进其生长发育。

此外，社会、家庭、气候和季节、环境污染等因素对学前儿童的生长发育也有一定的影响。

## 二、学前儿童生长发育的特点

学前儿童的生长发育是一个持续性的动态过程。在这个过程中，随着学前儿童年龄的增长，其解剖、生理、心理等功能都会在不同阶段表现出与年龄相关的规律性。有鉴于此，可以将学前儿童年龄分为以下几个时期，以便于熟悉掌握其生长发育的特点。

### (一)胎儿期的生长发育特点

从受孕到分娩的280天(约40周)，称为胎儿期。该期特点是：胎儿完全依赖母体生存，组织器官正在形成，母体的身体状况、情绪、营养、卫生环境、生活活动等均可影响胎儿的生长发育。因此，这一阶段应注意孕期保健，孕妇的生活要有规律，防止各种疾病等，以保证胎儿正常的生长发育。

### (二)新生儿期的生长发育特点

胎儿分娩出到出生后28天，称为新生儿期。该期的基本特点是：从胎内依赖母体生活转到胎外独立生活，其生活环境急剧变化，全身各系统功能从不成熟转变到初建和巩固。

需要注意的是，刚出生的新生儿，必须独立进行维持生命的活动，自主呼吸、自己吃奶、消化和排泄，以积极适应新的、变化了的外部环境。由于新生儿体内器官的生理功能尚不完善，要经过一系列的调整，付出很大的努力，才能适应新的环境，需要特别护理和保健。

### (三)婴儿期的生长发育特点

从出生29天至1周岁为止，称为婴儿期，亦称乳儿期。该期的基本特点是：这是学前儿童生长发育最快速的阶段，机体各器官快速生长发育，机能快速增长，身长会在一年中增长50%，体重增大2.2倍，头围增加12厘米。开始长出乳牙，从吃奶逐渐过渡到吃饭。脑部发育也很快，初步开始学会听懂一些简单的话和说一些简单的词，能有意识地发几个音，交流喜怒哀乐的感情。到了1周岁，已经基本学会行走。

需要注意的是，在婴儿期内，婴儿各方面的功能都快速发展，其身体内外都发生明显的变化，对营养和能量的需求相对较大，但消化机能较弱，很容易患消化及营养紊乱疾病、出现腹泻。与此同时，婴儿来自母体的免疫力逐渐消失，对疾病的抵抗力较差，应按时进行预防接种和健康检查，避免环境中不良因素的影响，培养良好的卫生习惯，注意合理调配营养，适时增加辅食。

(四)幼儿前期的生长发育特点

1周岁至3周岁，称为幼儿前期。处在这一时期的学前儿童生长发育的主要特点是：身长和体重增长减慢，中枢神经系统的发育速度加快，智能发育较快，骨骼钙化过程加速，是进行早期教育的良好时期。此外，囟门在1岁左右开始闭合；乳牙在2岁左右全部出齐，由母乳转为普通食物喂养。开始学习跑、跳，到3岁时走、跑、跳都能运用自如。

需要注意的是，由于这一时期儿童有着强烈的好奇心和不完善的识别危险的能力，容易发生危险，故而成年人要多加保护。活动范围扩大，接触传染病的机会增多，但免疫力仍然较低，容易患传染性疾病。该期仍应注意调配膳食，加强预防接种，以保证生长发育的需要。

(五)幼儿期的生长发育特点

自3周岁至六七岁入小学前为幼儿期，相当于幼儿园阶段。处于这一年龄段的学前儿童体格发育减慢，但四肢增长速度加快，中枢神经系统的功能会逐渐趋于完善，语言和行为的发展出现了飞跃，智力发展增快，理解能力逐渐加强，求知欲强，好奇、好问、模仿性强。此外，学前儿童运动的协调能力逐渐完善，可以开始从事一些较细致的手工操作和轻微的劳动，也能学习简单的文字、图画及歌谣等，为进入小学学习奠定基础。

需要注意的是，这一时期虽然学前儿童对各种疾病的抵抗力已大幅增强，但因生活范围扩大，他们会较多地接触疾病，受伤的机会也显著增多，仍需做好卫生保健工作，加强户外活动，进行体格锻炼，增强体质，同时发掘学前儿童的智力潜能，供给充足的营养，进行安全教育，培养其良好的卫生习惯和道德品质。

## 三、学前儿童生长发育的评估

关于学前儿童生长发育的评估，本书在这里主要对学前儿童生长发育的标准、生长发育的评价指标、生长发育的评价方法进行分析。

(一)学前儿童生长发育的标准

学前儿童生长发育标准是指评价个体或集体儿童生长发育状况的统一尺度，通常通过一次大数量(横剖面)发育调查，搜集发育指标的测量数值，经过统计学处理，所获得的资料即可成为该地区个体和集体儿童发育的评价标准①。

需要注意的是，由于儿童生长发育过程一直受遗传和环境的影响，致使不同地区的儿童生长发育水平呈现出一定的差异，再加上各个不同的历史年代，各地区卫生事业的状况及人群的平均营养水平不同，因此，生长发育标准只能在一定地区和一定的时间内使用，是相对的、暂时的。

① 郦燕君：《学前儿童卫生保健》，北京：高等教育出版社，2007年，第49页。

## (二)学前儿童生长发育的评价指标

通常情况下,评价学前儿童生长发育的指标主要有以下几个。

### 1. 形态指标

评价学前儿童生长发育的形态指标指身体及其各部分在形态上可测出的各种量度,包括身高、体重、头围、坐高、胸围等。其中,身高和体重是最基本的形态指标,易于测量,而且能比较准确地评定学前儿童的生长发育状况。

(1)身高(身长)

身高指的是人在站立时颅顶距离地面的垂直高度,未满 2 周岁的学前儿童可以用卧位测量,又被称为“身长”。身高方面表现出的个体差异较大,可以为准确评价学前儿童全身生长的水平、发育特征、生长速度等,提供可靠的参考信息。

(2)体重

体重指的是人体各器官、系统、体液重量的总和,能够在一定程度上反映学前儿童骨骼、肌肉、体脂肪和内脏重量增长的综合情况,是反映学前儿童生长发育状况最重要、最灵敏的指标,它和身高相结合,可以用来评定学前儿童的营养状况和体型特点。

(3)头围

头围指的是绕头一周的最大长度,通常情况下从前额的鼻根到后脑的枕骨隆突的距离最长。头围可以反映学前儿童大脑发育的状况,也是脑积水、小头畸等的主要诊断依据。在出生后头两年,对头围的监测特别重要。

(4)坐高

坐高指的是人的头顶到坐骨结节的长度,可以反映人体躯干的生长发育状况以及躯干和下肢的比例关系,是人体形态结构与发育水平的一个重要指标。随着学前儿童年龄的增长,下肢的增长速度不断加快,而坐高占身高的比例不断降低。

(5)胸围

胸围表示的是胸廓的围长,可以间接反映胸廓的容积及胸部骨骼、肌肉和脂肪层的发育情况,也可以在一定程度上说明学前儿童身体形态的发育以及营养物质摄入的状况、体育锻炼的效果。

### 2. 生理功能指标

学前儿童的生理功能指标是指身体各器官、各系统在生理功能上可测量出的各种量度。与学前儿童的形态发育相比,生理功能发育更加迅速,其变化范围更广,对外环境的影响也更敏感,受体育和劳动锻炼的影响程度更大。

具体而言,常用的生理功能指标有以下几个。

第一,呼吸频率、呼吸差、肺活量、肺通气量等,这是反映呼吸功能及其发育状况的指标。

第二,握力、拉力、臂肌力等,这是反映骨骼肌肉系统的指标。

第三,脉搏、心率、血压等,这是反映心血管系统功能的指标。

通过这些指标可以有效地对学前儿童的生长发育状况进行全面评价。

3. 心理指标

心理包括思维、想象、感知觉、记忆、言语、动机、兴趣、情感、性格、行为及社会适应力等多个方面，因此，心理指标通常也包含很多项，这些指标可以通过一些专门设计的测试量表获得，如智力测验、记忆测验等。

(三)学前儿童生长发育的评价方法

学前儿童身体生长发育的评价应包括发育水平、发育速度、发育匀称程度三个方面的评价，相应的评价方法是多种多样的，但是任何一种方法都不能完全满足对生长发育进行全面评价的要求。因此，在运用这些方法时，不仅应结合评价的目的选择适当的方法，还需要将评价结果与身体检查等情况结合起来进行综合分析。目前，常用于评价学前儿童生长发育的方法有以下两种。

1. 估计法

估计法是指根据人们在长期的社会生活中不断观察、积累起来的实践知识、经验，粗略地估计学前儿童的生长发育情况。这种方法比较适合于估计学前儿童的体重、身高(身长)、头围、胸围的生长发育情况。

(1)体重

学前儿童出生时的正常平均体重为2.5～4千克，在出生头三月，其体重增长速度最快，一般每月可以增长600～1 000克。3～6月，一般月增长量为600～800克。6～12月，平均每个月增长300克。1岁后学前儿童生长速度明显减慢，1～3岁的学前儿童平均每月体重增长只有150克。

学前儿童的体重可以根据下列公式进行粗略的计算。

0～6月体重(克)＝出生体重＋月龄×600

7～12月体重(克)＝出生体重＋月龄×500

2～7岁体重(千克)＝年龄×2＋8

(2)身高(身长)

学前儿童在出生时一般身长为50厘米，出生后第一年身长增长最快，1～6月的儿童平均每月增长2.5厘米，7～12月平均每月增长1.5厘米，第二年平均年增长10厘米，第三年平均年增长4～7.5厘米。2～7岁学前儿童的身高可以根据下列公式进行粗略的计算。

身高(厘米)＝年龄×5＋75

(3)头围

学前儿童的头围在出生后第一年增长最快。个体在出生时头围平均为34厘米，在1岁时达到了46厘米，第二年增加平均2厘米，第三年平均增长1～2厘米。3岁时学前儿童的平均头围达到了48厘米，基本与成年人相同。据此，可以估计学前儿童的头围是否发育正常。

(4)胸围

学前儿童的胸围在出生后的第一年增长最快，平均增加12厘米；第二年增加3厘米；以后每年约增加1厘米。据此，可以估计学前儿童的胸围是否发育正常。

2. 离差法

离差法指的是将学前儿童的发育数值和标准的均值及标准差进行比较，以对学前儿童生长发育状况进行评价的方法。其理论依据是，正常学前儿童的生长发育状况大多是呈正态分布的，而这个正态分布范围又与均值和标准差呈一定的关系，这说明学前儿童的发育水平比较集中地分布在均值的上下。

具体来说，运用离差法进行评价时又有以下几种形式。

(1)发育等级评价法

发育等级评价法是以均值($\overline{X}$)为基准值，以其标准差($S$)的离散距，将发育水平分为五个等级，制定出五等级评价标准表(表 2-1)。一般而言，学前儿童的身高、体重在 $\overline{X}+2S$ 以内可以视为正常水平，如果在此范围之外则可能会出现异常，需要连续观察以便下结论。

**表 2-1　常用五等级评价标准**

| 等级 | 标准 |
|---|---|
| 上等 | ($\overline{X}+2S$)以上 |
| 中上等 | ($\overline{X}+S$)至($\overline{X}+2S$) |
| 中等 | ($\overline{X}+S$)至($\overline{X}-2S$) |
| 中下等 | ($\overline{X}-S$)至($\overline{X}-2S$) |
| 下等 | ($\overline{X}-2S$)以上 |

发育等级评价法最常用的指标是身高和体重，这种评价方法简单易行，可以直观地反映学前儿童发育的好坏，在集体中还可以看出不同发育水平的比例。但是，这种评价方法不能用来评价学前儿童的体型和生长发育动态，也不能用来判断学前儿童是否正常或健康。

(2)发育曲线图评价法

发育曲线图评价法的理论基础与发育等级评价法基本相同，只是用曲线图来表示，即将不同性别、不同年龄组学前儿童的某项发育指标的均值、均值±1 个标准差和均值±2 个标准差，分别标在坐标纸上，连成 5 条曲线，以此作为评价学前儿童生长发育的标准，然后将各个学前儿童发育指标的实测值分别按年龄标在曲线图上，如此就能根据它所处的位置予以评价(图 2-3)。

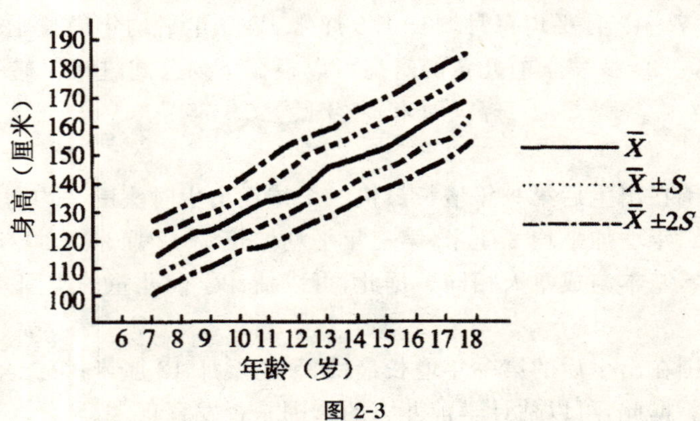


图 2-3

发育曲线图评价法可以简单、直观地评价学前儿童的生长发育，便于连续观察，还可用于评价其发育动态，也可以用于追踪观察某项发育指标的发育趋势和发育速度。这种评价方法的唯一缺点是不能同时评价几项指标说明学前儿童发育的匀称情况。

(3)体型图评价法

体型体态评价法的原理与曲线图评价法相同，只是学前儿童通常要每岁用一张图，图上列出几项指标(如身高、体重、坐高、胸围)的标准，即均值得±1 个、±2 个、±3 个标准差的绝对值。在进行评价时，先将它们连成线，用个体对均值的离差进行各发育标志的分等评价，以及体重、胸围对身长的比例的印象(图 2-4)。

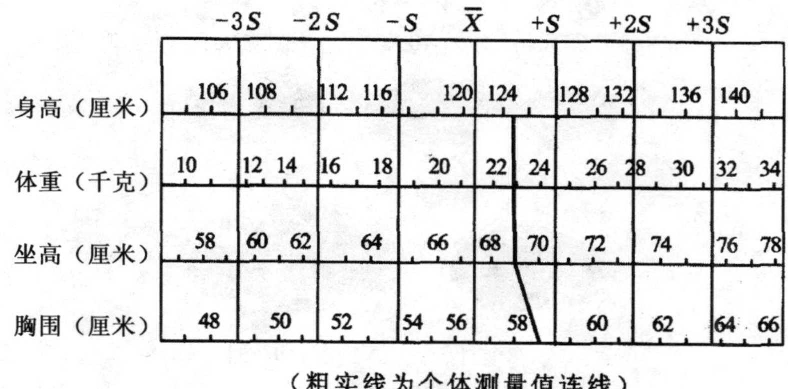


(粗实线为个体测量值连线)

图 2-4

体型图评价法能够较为简便地评价学前儿童多项发育指标的发育水平，并能粗略地评价各发育指标间的关系。但是，这种评价方法难以准确评价发育的匀称程度，同时也不能用于发育动态的评价。

# 第二节　学前儿童神经系统结构和机能的发展

关于学前儿童神经系统结构及其机能的发展，本节将对学前儿童各年龄阶段，即新生儿期、婴儿期、幼儿前期、幼儿期的神经系统结构和机能的发展进行分析。

## 一、新生儿期神经系统结构和机能的发展

### (一)脑和神经系统的结构初具雏形，但神经系统功能还很不完善

人在刚出生后的一段时期内，身体各系统的发展表现出显著的不平衡性。脑和神经系统的发育比人体其他器官和组织的发育要早，年龄越小，神经系统发展越快，学前期已接近成人。

其实，在胎儿期，神经系统就在不断地发展着。其中，怀孕后第 10～18 周是胎儿脑细胞生长的高峰，也是大脑发育的第一个高峰，对个体将来智力的发展有很大影响。胎儿首先发展的

是神经系统的低级部位，此后大脑两半球发展起来。6～7个月时，胎儿脑的基本结构已初具雏形，已经基本上具有跟成人的脑一样的沟和回，以及皮质上的六层结构（图2-5、图2-6）。但是，这只是大脑形态上的初步发展，脑细胞的内部组织结构，如胎儿神经纤维的增长，还远远没有达到成熟的程度。正是由于这种情况，很多实验研究表明：胎儿还不能形成条件反射。人刚刚降生时，主要是依靠皮下中枢实现无条件反射，从而保证他的内部器官和外部条件的最初适应。总之，在人出生前，神经系统还没有发育完全，脑的结构比较简单，神经系统的功能很不完善。

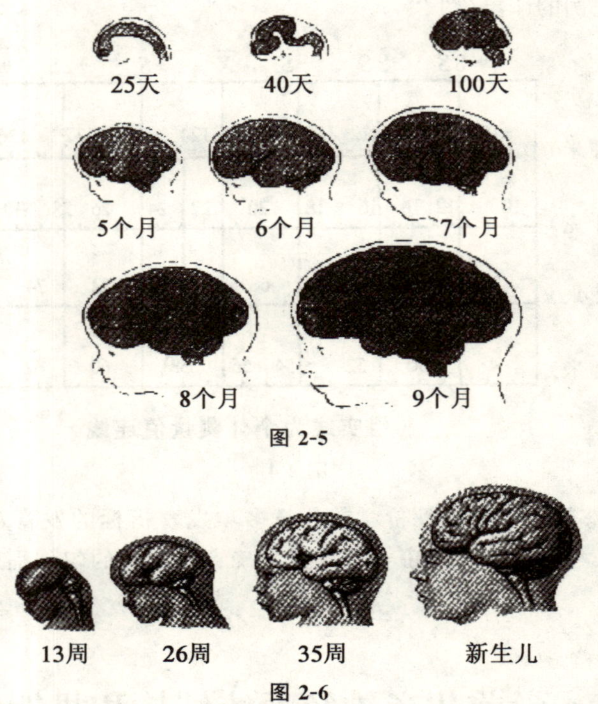


图 2-5



图 2-6

人刚出生时的脑重只有350克，相当于成人脑重的25%～30%。脑细胞的体积还很小，神经纤维的长度和分支也不发达，神经纤维还未髓鞘化。具体而言，新生儿神经系统功能的不完善主要表现在以下几方面。

1. 保护性抑制明显

新生儿每天约有80%的时间处于睡眠状态，这是保护性抑制的突出表现。“当刺激超过一定的强度或持续时间过久时，神经细胞就会产生疲劳，导致大脑皮层的兴奋性降低，从而进入抑制状态，这种因刺激物的作用过强或持续时间过久，超过大脑细胞的工作能力限度所引起的限制称为超限抑制。”①超限抑制能够保护大脑皮层细胞、神经细胞，使其不因兴奋过度而受损伤，也称保护性抑制。对新生儿来说，外界的刺激通常是“超负荷”的，所以以睡眠保护自己。

① 罗家英：《学前儿童发展心理学》，北京：科学出版社，2011年，第39页。

### 2. 神经兴奋与抑制过程转换不明显

人的高级神经活动过程表现为兴奋和抑制两种对立的过程，在某些条件下需要兴奋以发起某些活动，而在另一些条件下需要抑制以停止一些不必要的活动，这样能够使兴奋引起的反射活动更精确完善，还能够使脑神经受到必要的保护，因而也是有机体认识事物的生理基础。新生儿在睡眠时间里，往往睡眠不稳，周期较短。即使在清醒时间里，新生儿的兴奋容易泛化，很难对外界事物做出准确的反应。比如，身体的一个部位受刺激，就会引起全身性的动作反应。这些表现都和新生儿神经系统的不成熟，以及新生儿大脑皮层的兴奋与抑制活动不完善有关。

### 3. 神经系统的调节功能差

新生儿动作混乱，没有秩序，这也是新生儿神经系统不成熟的表现。比如，有些新生儿呼吸、心跳、肠胃活动常常不规则，两只眼球的运动也不协调。所以，新生儿要适应环境的变化，需要依靠无条件反射实现本能活动。

## （二）新生儿重要的无条件反射

无条件反射是由遗传得来的、不学就会的、本能性的反射，是固定的神经联系。新生儿天生就有无条件反射能力。无条件反射的中枢是中枢神经系统的低级部位，具有十分低的适应性，但它是形成条件反射的自然前提。

具体而言，新生儿的无条件反射主要有以下几种。

### 1. 食物反射

食物反射是最基本的无条件反射，包括觅食、吸吮、吞咽等反射。比如，当乳头或类似乳头的东西碰到新生儿的嘴唇或脸颊时，新生儿就会立即转头张嘴，做吸奶动作。

### 2. 防御反射

防御反射也是最基本的无条件反射，为新生儿维持生命活动所必需。人出生后的头几天，就能对温度刺激、痛觉刺激等产生泛化性的反应。比如，当强光刺激眼睛时，新生儿会自动闭上眼睛或将头自动转向背光处。

### 3. 定向反射

人在刚出生后两周左右的时间内，就能对强烈的刺激产生定向反射，即当新异刺激，如强光或大声出现时，会自动把头朝向它，或停止正在进行的活动。这种反射对新生儿认识世界具有重要意义，和食物反射、防御反射一样具有生存适应的生物学意义。

### 4. 惊跳反射

惊跳反射，又叫搂抱反射或摩罗反射，当新生儿突然失去支持，或受到大声刺激时，往往表现为惊恐状态，如仰头、双臂伸直、挺身、手指张开，又迅速收回胸前，紧握拳头等，做搂抱状。

约在出生后4个月,这种反射消失。

#### 5. 抓握反射

抓握反射,又叫达尔文反射,当物体接触新生儿手掌时,他们的手就会紧紧握住不放,力量可以把身体吊起来。大约到4～5个月时,这种反射就会消失。

此外,新生儿的无条件反射,还包括巴宾斯基反射、游泳反射、行走反射、击剑反射、巴布金反射、蜷缩反射等。人出生后几个月,这些无条件反射会相继消失。如果过了一定年龄还继续出现,就表明其发育不正常。

总之,无条件反射保证了新生儿最基本的生命活动,但无条件反射具有刻板性、固定性,适应性很低,不足以使新生儿应付面临的复杂多变的环境。为了更好地适应环境和生存,新生儿的反射逐渐信号化,在无条件反射基础上逐渐形成条件反射。

### (三)条件反射的出现和心理的发生

#### 1. 条件反射形成的基本条件

(1)大脑皮层处于成熟、健全、正常状态

条件反射是大脑皮质的高级神经活动,是通过高级神经中枢实现的,是暂时神经联系,它的形成要求大脑皮质一定的兴奋、抑制机能的发展、优势兴奋中心及其联系的形成。幼儿刚刚出生的几天里,虽然在大脑结构上已经开始形成人脑的规模,但是它的重量、容积(尤其是机能方面)还远远发展得不够。因此,就不容易在大脑皮质上形成比较稳定的优势兴奋中心。如果大脑皮质结构和机能及分析器没有达到一定的发展水平,条件反射是不可能立刻建立的。这就是说,健全的大脑也是形成条件反射的一个基本前提条件。

(2)具备基础反射

基础反射是指某种条件反射的建立,必须以另一种反射为基础。条件反射的基础反射可以是无条件反射或已经巩固了的条件反射,其生理强度比条件刺激物相对大一些。只有巩固了基础反射,新的条件反射才能顺利建立起来。

新生儿最先形成的条件反射都建立在无条件反射的基础上。对于学前儿童来说,随着其身心的不断成长,条件反射可以建立在已经巩固了的条件反射的基础上。比如,有人提倡从小把孩子放到水里学游泳,其就是以无条件性的游泳反射为基础,建立条件反射,学会游泳。

(3)条件刺激物和无条件刺激物的多次结合

暂时神经联系的接通、条件反射的建立,需要条件刺激物和无条件刺激物的多次结合,同时作用。新生儿最初的条件反射,需要条件刺激物和无条件刺激物结合的次数更多。

(4)条件刺激物适当的强度

据相关研究,太弱或太强的刺激物都不利于条件反射的建立,主要表现在弱的条件刺激物很难引起学前儿童的兴奋,超强的条件刺激物容易引起学前儿童的抑制。只有适当强度的条件刺激物,最有利于引起学前儿童兴奋,从而建立条件反射。

### 2. 条件反射的出现和形成

由于刚出世的新生儿的神经系统的特点，其并不能立即建立条件反射。据相关研究表明：新生儿在出生后10天左右，会产生明显的条件反射。这时在幼儿醒着和舒适的时候，自发的整体性的动作就活跃起来。同时，由于儿童的大脑皮质和分析器发展到一定的成熟程度，因而开始有可能在外界刺激影响下，为适应环境的变化，在无条件反射的基础上形成条件反射。

新生儿的条件反射分为自然条件反射和人工条件反射两种，其中自然条件反射指在日常生活中自然形成的条件反射，人工条件反射是指在实验室里人为地创造条件建立的条件反射。

相关研究表明，学前儿童最早的自然条件反射是由母亲的喂奶姿势所引起的、由皮肤感受器刺激而产生的食物性的自然条件反射。在这种条件反射出现后，每当母亲把他抱起来，他便停止哭喊，转头去寻找奶头，嘴也跟着动起来，这就是对吃奶姿势的食物性条件反射。

总之，条件反射是有机体在后天的生活实践中学会的反射，其总是在一定条件下出现，总会同一定的条件刺激物形成一定的条件联系。这种原来不能引起有机体反应的无关刺激物，如果与能引起某些反应的刺激物多次结合，就能够引起有机体的这种反应，这就标志着条件反射得以建立。

### 3. 新生儿条件反射的特点

(1)条件刺激物和无条件刺激物必须多次结合才能形成条件反射。

(2)条件反射形成之后不稳定，如果不继续练习，则容易消退。

(3)条件反射不易分化，新生儿对相似刺激都做同样反应，具有泛化现象。

新生儿条件反射的特点，说明了条件反射虽然已经开始形成，但还是很低级的，适应性很差。

### 4. 条件反射对新生儿的意义

条件反射的出现，对新生儿最初生活具有重大意义。无条件反射是一种本能活动，而条件反射包括人后天学会的一切本领。条件反射的出现与大脑的成熟度有关，形成的机制是暂时神经联系的接通，暂时神经联系既是一种生理现象，也是一种心理现象，因为它是在神经系统内所发生的生物物理和生物化学的变化，同时揭示了刺激物的信号意义，并支配了有机体的行为，有机体根据条件刺激物的信号意义做出反应活动，这就是心理活动的过程。

实际上，刚刚出生的孩子不能产生条件反射，而早产儿在其正常出生之前，已经能够形成对吃奶姿势的条件反射。这是因为条件反射是在一定条件下形成的，具有极大的可塑性和灵活性。条件反射是生命有机体适应胎外环境所必需的，复杂多变的胎外环境迫使新生儿产生更多、更灵活的适应机能，这种机能就是条件反射，它对于有机体的生存和发展至关重要。

从心理学上讲，条件反射是一种联想。对孩子来说，条件反射一旦建立以后，许多事物都会变得有意义。由条件刺激物联想到无条件刺激物，并根据条件刺激物的信号意义做出应答性行为，这样就会极大地增强孩子应付外界环境刺激的能力。可以说，条件反射的出现是新生儿心理活动的发生标志。

## 二、婴儿期神经系统结构和机能的发展

### (一)婴儿期神经系统结构的发展

在婴儿期,学前儿童脑的发育比身体其他部位发育更快,婴儿期神经系统结构的发展主要表现在以下几方面。

#### 1. 脑重明显增加

由于脑细胞的体积和神经纤维的增长,婴儿脑的重量不断增加。新生儿的脑重量平均为390克,相当于成年人的1/3。在出生后的第3个月,脑细胞数目不断增加,可持续到1岁半,以后就很少增加了。9个月时,婴儿脑重量增加到660克左右。1岁学前儿童的脑重量可达900克,3岁学前儿童的脑重量增加到1 000克,7岁学前儿童脑重量达1 280克,已经基本上接近成人的脑重。可以说,婴儿期是脑重增加最快的时期。

由于脑细胞数目的多少与学前儿童智力发育水平的高低有十分密切的关系,因此,要注意使学前儿童摄入各种营养素,促进其智力正常发育。

#### 2. 神经突触的数量和长度不断增加

婴儿期,脑细胞的体积显著变大,以保证皮质细胞形成联系的神经突触,树突的分支显著增多,轴突变长,并且以不同的方向深入皮质各层,使得大脑皮层的厚度增加,因而婴儿的脑重也得以增加,皮层的沟和回也开始增多和加深。这就为学前儿童跟外界环境发生复杂的、暂时的神经联系,形成更复杂的条件反射提供了物质的前提和可能性。

#### 3. 神经髓鞘化的逐渐形成

在婴儿期,学前儿童的神经纤维开始了髓鞘化过程,这是脑内部成熟的重要标志。神经纤维髓鞘形成以后,能够保证神经冲动沿着一定的通道迅速、准确地传导。

相关研究表明,人的神经系统各部分神经纤维的髓鞘化是逐步进行的,较早完成的是感觉神经,其次是运动神经,这也是婴儿动作发展落后于感觉发展的一个重要原因。全部皮质神经纤维的髓鞘化,需要经过多年时间才能完成。

### (二)婴儿期神经系统机能的发展

在婴儿期,学前儿童神经系统机能的发展主要表现为以下两方面。

#### 1. 皮质兴奋机能增强

皮质兴奋机能增强,主要表现在以下两方面。

第一,学前儿童的睡眠时间逐渐减少,由新生儿期的每天睡眠20小时,1岁时已减少到每天约14小时;清醒时间不断增加,每天醒着的时间长达7～8小时。这样学前儿童积极活动的时间就逐步增多,从而为形成更多、更复杂的暂时神经联系,为学前儿童的心理发展创造了十

分有利的条件。

第二，比起新生儿期，人在婴儿期时形成条件反射较为容易，条件反射形成之后也较为巩固。

2. 皮质抑制机能发展

皮质抑制机能的发展，标志着大脑机能的发展，它能够使大脑有可能更细致地分析综合外界刺激。对于学前儿童心理发展而言，皮质抑制机能是学前儿童认识外界事物和调节、控制自身行为的生理前提。

概括而言，皮质抑制机能大致可以分为以下两类。

(1)无条件抑制

无条件抑制产生于神经系统的低级中枢，是与生俱来的、被动的。新生儿已经有无条件抑制，它主要有以下两种形式。

①外抑制

外抑制是指外界环境和机体内部的额外刺激，制止了正在进行的活动。例如，身体不适妨碍了学前儿童注意的集中。

②超限抑制

超限抑制，又称保护性抑制，前面已经讲过。

(2)条件抑制

条件抑制，也称内抑制，产生于大脑皮层高级中枢，是出生后逐渐形成的、后天训练的、主动的结果，它主要有四种形式。

①消退抑制

条件反射建立后，如果条件刺激不再受无条件刺激物的强化，皮层逐渐产生抑制过程，其已建立的条件反射就会逐渐丧失，而不再引起反射行为。例如，出生后严格按照作息制度生活的婴儿，就会对喂奶时间形成条件反射，每逢喂奶时间就产生食欲。如果另换一个环境，婴儿到了吃奶时间却吃不到奶，那么原来形成的条件反射就会逐渐消失。据研究表明，出生后两个月的孩子会出现明显的消退抑制。

消退抑制有利于学前儿童适应新环境，能够帮助他们矫正不良习惯，在生活和学习活动中具有非常重要的意义。

②分化抑制

在条件反射形成的初期，条件刺激物本身以及与之相似的刺激物常常引起反应，这叫条件反射的泛化。如果只强化原来的条件刺激物，而忽略类似的刺激物，那么经一段时间的训练，对类似刺激物的反应就会逐渐减弱甚至消失。这种只对条件刺激物进行精确反应，对相似刺激物不予反应的过程就是分化抑制。相关研究表明，人在出生后的大约第一个月的后半月，就出现了明显的分化抑制。例如，如果在抱着婴儿的时候，上下摇晃，就给吃奶；左右摇晃，就不给吃奶，他也能很快学会对左右摇晃不再期待吃奶的动作。不过这种分化抑制的形成，最初是非常缓慢的。

分化抑制是学前儿童精确的辨别力发展的基础。

③延缓抑制

延缓抑制是指条件刺激物出现后，延缓一段时间，再用无条件刺激物进行强化，经过训练，反应出现的时间就会有所延缓。例如,开始时,婴儿看到保育员做喂奶前的准备工作,常常就会急不可耐地伸小手要奶瓶,但保育员不能马上满足他们的需要。这样经过若干次以后,有些婴儿就能安静地等待保育员做完喂奶的准备工作,这就是延缓抑制。延缓抑制现象大约在学前儿童半岁左右才出现。

延缓抑制机能的发展为学前儿童更准确地反映客观事物,形成有意动作创作了有利条件,对于婴儿心理活动和行为的发展意义重大。

④狭义的条件抑制

条件反射形成后,如果只在条件刺激物单独出现时给予强化,而在条件刺激附加物出现时不予强化,经过多次训练,附加的无关刺激物常常会使原来的条件刺激物也失去信号意义,这就是狭义的条件抑制。4个月的婴儿,已表现出这种形式的条件抑制。

## 三、幼儿前期神经系统结构和机能的发展

### (一)幼儿前期神经系统结构的发展

在幼儿前期,学前儿童的神经系统结构的发展主要表现在以下两方面。

第一,脑发育比身体发育快,脑重量持续迅速增加,神经纤维持续增长,神经突触的数量不断增加,突触联系一直增多。

第二,神经纤维联系的髓鞘化过程快速进行,条件反射形成的速度与巩固程度不断得到提高。

### (二)幼儿前期神经系统机能的发展

具体而言,在幼儿前期,学前儿童神经系统机能的发展主要表现在以下两个方面。

#### 1. 皮质抑制机能发展

幼儿前期的各种皮质抑制在婴儿期发展基础上继续发展,但抑制过程比较微弱,尤其是在学前儿童清醒状态下抑制过程远弱于兴奋过程。随着神经系统的日益成熟、动作的发展以及言语的形成和发展,学前儿童的神经过程在幼儿前期不断得到锻炼,皮质抑制机能得以迅速发展。

幼儿前期内抑制的发展,促使学前儿童大脑皮质的分析综合活动日趋精细准确,在很大程度上增强了心理活动和行为的调节作用,使得婴儿期兴奋过程占据绝对优势的状况有了初步的改善。这样学前儿童就有可能长期从事某项活动,并开始根据成人的指示来支配和约束自己的行为。

然而,从总体上而言,在幼儿前期,学前儿童的兴奋和抑制过程极不平衡,兴奋过程远远强于抑制过程,无条件抑制也大大强于条件抑制。另外,学前儿童活动的高度不稳定性和冲动性也是由于兴奋和抑制过程的不平衡性造成的。

#### 2. 第二信号系统形成和发展

巴甫洛夫提出人脑有以下两种信号系统,一是第一信号系统,是以现实事物作为条件

刺激物而形成的暂时神经联系系统，这种信号是体刺激物的信号；二是第二信号系统，是以语词作为条件刺激物而建立的暂时神经联系系统，这种信号是抽象的信号。人类具有这两种信号系统，而动物只有一种信号系统，相当于人的第一信号系统，这是人类区别于动物的主要特征。

(1)第二信号系统的形成

婴儿期是第一信号系统迅速发展的时期，学前儿童所建立的条件反射基本上都是有具体刺激物作为信号物的。例如，婴儿看见妈妈的形象就表现出高兴的表情，而妈妈的形象就属于具体刺激物。由于第一信号系统是以具体事物作为条件刺激物的，因而是以直观形式，如感觉、知觉、表象等来直接反映现实的。

真正的第二信号系统活动是在幼儿前期开始形成和发展起来的。在婴儿末期，学前儿童只能对个别的词发生反应，而且这些词的信号十分接近第一信号，并不具有多少概括性，因而不宜归为第二信号系统活动。

在第二信号系统活动中，语词是一种“信号的信号”，总是标志着一定的事物，故而能够作为具体的条件刺激物的信号而形成条件反射。例如，有的学前儿童形成了看到浴盆、听到“洗澡啦”这句话就哭叫，想逃避洗澡的反应，这就是第二信号系统的活动。因为在这里，“洗澡”这个词是条件刺激物——“浴盆”的信号，而“浴盆”的形象又是无条件刺激物——“洗澡不舒服”的信号。

与第一信号系统相比，人类第二信号系统建立的意义和起的作用较大，这主要是由以下几个原因导致的。

第一，语词是具体刺激物的信号，借助于语词，可以反映不在眼前的事物，因而扩大了心理反应的范围。

第二，通过语词，有机体能够对自己发出用来控制和调节自己行为的各种指令。

第三，语词具有概括性，凭借语词，心理反应可以深入到事物的本质特征及事物之间的规律性联系。

可以说，正是第二信号系统的存在才使人的心理以其抽象概括性和自觉能动性而在很大程度上优于动物心理，才使得人脑的反应机能达到最高水平。

此外，第二信号系统是在第一信号系统基础上形成的，第一信号系统和第二信号系统总是联系在一起的，人的心理的产生与发展是两种信号系统的协同活动。

(2)两种信号系统活动的发展阶段

相关研究表明，学前儿童两种信号系统活动的发展大体上可以分为以下几个阶段。

①直接刺激引起直接反应的阶段

这一阶段，学前儿童只能以自身的动作来应答具体刺激物。例如，看见想吃的、想玩的就用手去抓。七八个月以前的学前儿童多处于这一阶段。

②语词的刺激引起直接反应的阶段

这一阶段，8 个月以后的儿童开始能够对少数语词发生一定的动作反应，例如，当问“爸爸在哪儿?”的时候，儿童会转向爸爸或引起寻找爸爸的动作。但“在哪儿”这个词不具有概括性，跟第一信号很接近，不能代替一类事物而起作用，不是真正的第二信号系统的刺激。例如，儿童对“爸爸在哪儿?”这个短句会反应以后，对“爷爷、奶奶在哪儿?”等则不一定能反应，还需要分别形成新的暂时神经联系后才能反应。

③直接刺激引起词的反应的阶段

这一阶段，1 岁到 1 岁半的儿童对熟悉的事物能够做出词的反应。例如，看到小猫会发出“喵喵”的喊声，但这时的词也不一定具有概括性。因“喵喵”只是自己家猫的“专有名称”，还不能包括所有代表猫的象声词。

④语词的刺激引起词的反应的阶段

这一阶段，对于 1 岁半以后的儿童而言，语词开始成为代表一类事物的具有概括性的刺激物，因而真正的第二信号系统的活动开始形成和发展起来。

总之，第二信号系统的形成和发展，使学前儿童心理具有了抽象概括性和自觉能动性。并且，学前儿童借助语词的作用逐渐形成多级的、复杂的条件反射，为学前儿童心理日益复杂化奠定生理基础。

## 四、幼儿期神经系统结构和机能的发展

### (一)幼儿期神经系统结构发展

在幼儿期，学前儿童神经系统结构的发展主要表现为以下几个方面。

#### 1. 脑重量继续增加

学前儿童出生时，脑重量仅为 390 克，3 岁时达 1 000 克，7 岁时可达 1 280 克，相当于成人脑重量的 90%以上。

#### 2. 神经纤维髓鞘化基本完成

这就为学前儿童神经传导更加迅速、准确提供了生理基础。

#### 3. 神经纤维增长

2 岁之前，学前儿童的脑神经纤维较短，且多是水平方向。2 岁以后，学前儿童的脑神经纤维出现了向竖直方向延伸的分支。在幼儿期，学前儿童的神经纤维分支继续增多、增长，这就为形成复杂的、众多的暂时神经联系提供了物质基础。

#### 4. 整个脑皮质达到相当的成熟程度

大脑半球表面有许多褶皱，凹陷部分称为沟或裂，皱起的部分称为回。大脑表面几个主要的沟或裂将皮层分为枕叶、额叶、颞叶和顶叶四个大区(图 2-7)。这四个区在机能上有不同的分工：视觉中枢在枕叶；运动和语言运动中枢在额叶；听觉中枢在颞叶；躯体感觉中枢在顶叶(图 2-8)。

另外，学前儿童整个大脑皮质各区域按照一定的顺序成熟，枕叶最早成熟，其次是颞叶、顶叶，额叶是最晚成熟的。

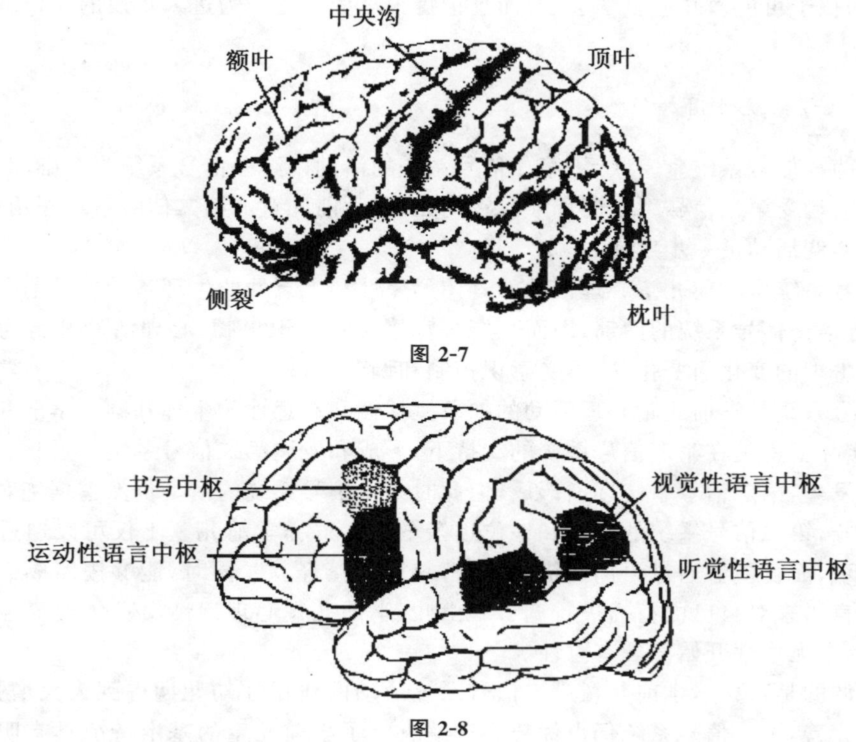


图 2-7

图 2-8

(二)幼儿期神经系统机能的发展

在幼儿期,随着学前儿童脑结构的成熟,脑的机能也随之发展起来,这主要表现在以下几个方面。

1. 大脑皮层兴奋与抑制过程加强

在幼儿期,学前儿童兴奋过程的加强表现为睡眠时间相对减少,6 岁学前儿童的睡眠时间减少到每天约 11～12 小时,其他时间处于清醒状态,这就使得学前儿童有更多的时间去接触各种事物,从中获得新知识,增长聪明才智。

学前儿童抑制过程的加强,使其可以逐渐学会有意识地控制自己的行为,使得自己的行为趋于理性化,为培养良好的学习习惯、形成优良的个性品质创造必要的条件。同时,也为学前儿童精确认识事物能力的发展提供生理基础。

从总体上看,虽然学前儿童的皮质抑制机能有一定的发展,但兴奋和抑制过程还是不平衡的,兴奋强于抑制。

2. 条件反射明显发展

在幼儿期,随着学前儿童脑结构的成熟和机能的发展,条件反射明显容易建立,且越来越复杂、巩固。这意味着学前儿童在这一时期能够比较快地学习新知识,比较牢固地掌握新知识。例如,对于一首新儿歌,两三岁的孩子往往需要教十几、二十几遍才能学会,而且容易忘记;四五岁的孩子可能教几遍就学会了,而且记得很牢固。这就为进入正规的学校教育奠定了生理基础。

3. 第二信号系统作用加强

人类的两种信号系统紧密联系,第二信号系统的活动以第一信号系统为基础和支柱,第一信号系统的活动受第二信号系统的调节。在幼儿期,学前儿童的第二信号系统作用加强,两种信号系统的协调活动进一步发展。

第一信号系统是学前儿童心理活动的具体形象性和无意性的生理基础。学前儿童学会说话之前,只有第一信号系统的活动,因而只能去直接感知认识事物,心理活动和行为是随外界事物或个体生理的变化而变化的,不受意识控制和调节。

第二信号系统是学前儿童心理活动的抽象概括性和有意性的生理基础。学前儿童掌握语言的过程,实际上就是在第一信号系统的支持下,形成和发展第二信号系统的过程。随着学前儿童语言的发生,第二信号系统逐渐形成,但此时第一信号系统的活动仍然占据绝对优势。随着年龄的增长,第二信号系统的作用和地位逐渐增强。这样学前儿童不仅可以通过直接接触事物获得知识,而且能够通过语词的描述、讲解获得间接经验。同时,能够按照成人的言语指示和自己的言语来对自己的行为进行调节。由此,学前儿童心理逐渐由具体形象性开始发展抽象概括性,由无意性开始发展有意性。

需要强调的是:第一,学前儿童第二信号系统活动的作用在幼儿期得到大大增强,但其发展仍然很不完善,第一信号系统仍占优势。这就决定了学前儿童的基本特征具有明显的具体形象性和无意性;第二,学前儿童两种信号系统在幼儿期容易发生脱节现象。例如,学前儿童通常能够复述成人讲过的某些词句,但并不能真正理解它的意思,或者行为不受言语的支配。这种现象只有当学前儿童思维和意志过程的发展达到一定水平时才能得到改变。在学前儿童教育中,要充分认识这一特点。

## 第三节 学前儿童动作的发展

动作发展是学前儿童智力发展的一个表现。学前儿童动作的发展首先是反射性动作的发展,而后在此基础上,个体全身大肌肉活动的大动作和主要涉及手部小肌肉活动的精细动作也随之发展起来,它们保证了学前儿童的健康成长,满足了学前儿童探究世界的需要。本节内容主要对学前儿童动作的发展进行较为详细的论述。

### 一、学前儿童先天反射性动作的发生发展

先天反射性动作又称无条件反射,是种族发生发展过程中建立并遗传下来的一些为数有限的基本动作能力,主要表现为固定的刺激作用于一定的感受器引起的恒定活动。先天反射性动作从个体胎儿期开始出现,是人类一生动作发展的最早形式,对个体的生存和发展有重要意义。

### (一)先天反射性动作的适应和发展价值

先天反射性动作是个体赖以对外界进行适应并实现后继发展的最早能力。从胎儿期起，个体就已经具备一系列反射性动作以适应胎内的生活；出生后，新生儿主要通过皮层下中枢控制的先天反射获得营养和保护；随着个体年龄的增长，先天反射动作的练习还有利于个体自主控制动作的发生和发展。

除上述适应价值外，由于先天反射性动作和个体神经系统发展具有紧密联系，因此它在临床上经常成为新生儿神经系统发展状况检查的重要指标。如果反射性动作的时间表严重偏离平均水平或某些反射缺失、明显减弱、动作不对称，则提示个体神经系统的发展可能出现了异常。例如，拥抱反射的缺失或不对称，就是婴儿有脑瘫或其他神经性损伤的典型表现之一。但值得注意的是，婴儿在哭、闹或者注意力不集中等状态下，也可能对刺激不做出反应或者做出不适宜的反应。此外，给予的刺激是否恰当也会影响婴儿的反射。因此，反射检查必须由受过严格训练的专业人员在适当的时间、场合实施。

### (二)先天反射性动作的分类

先天反射性动作是胎儿期和新生儿期最主要的动作形式，也是人类对自身能力进行研究较早、描述较为详细的领域之一。面对种类繁多、形式多样的先天反射性动作，不同研究者从不同角度对其进行了分类。

根据某类先天反射性动作的表现是否贯穿生命始终可将其分为两类。一类是贯穿生命全程的反射动作，生来就有且终生保持。另一类指在出生后约一年内就会全部消失的暂时性先天反射动作，此类反射又可分为原始反射(primitive reflexes)和姿势反射(postural reflexes)两种。原始反射通常在胎儿期就已出现，出生后 6 个月左右时消失，包括吸吮反射、觅食反射、拥抱反射等多种动作，能够保证新生儿获得营养和安全保护。姿势反射大多能够保持到出生后第一年末，包括游泳反射、恢复平稳反射、降落伞反射等动作，帮助婴儿在环境中保持平衡、协调的姿势。

根据先天反射性动作对个体生存和发展的意义，我们可以将其分为三类。第一类为对个体具有较为持久的生物学意义、生来就有且毕生保持的反射，如角膜反射、瞳孔反射、吞咽反射、定向反射，它们对人体组织具有一定的保护作用。第二类为对个体生存无明显生物学意义、多数在出生后半年内便逐渐消失的反射，如寻找反射、吸吮反射、抓握反射、踏步反射、游泳反射，它们可能在人类进化过程中有过一定的生物适应意义。第三类为对临床诊断具有重大价值的反射，如巴宾斯基反射，它在新生儿期呈阳性反应，一般一年左右完全消失，但在睡眠和昏迷中仍可出现，如果清醒状态下继续存在，则可能出现脑性病变。

### (三)主要的先天反射性动作

#### 1. 抓握反射

抓握反射又称为掌心反射、达尔文反射。这种反射具体表现为：当用手指、铅笔或木棒触及新生儿手掌时，新生儿会立即紧紧地抓住不放，这时若试图将物体拿开，新生儿强大的握力可以使他整个身体悬挂片刻,早产儿也能抓紧物体直至身体被提起。研究者推测此反射与灵长目种系进化过程中遗传下来的某些特性有关,即灵长目动物刚出生时就会紧紧抓住母亲身上的长毛。妊娠5个月的胎儿就有抓握反射,出生后第5周达到最强,这时婴儿能双手同时握物,其握力可达到2.2千克。随着大脑皮层对下级中枢抑制作用的加强,此反射一般在出生后4个月左右消失。

2. 强直性颈部反射

强直性颈部反射又称四肢紧张性反射,分为对称和不对称两种。不对称的强直性颈部反射表现为:新生儿仰躺着的时候,使他的头转向一侧,就会看到该侧的手臂和腿伸直,另一侧的手臂和腿弯曲起来,呈现出类似击剑者的姿势。因此也有研究者称之为"击剑反射"。不对称的强直性颈部反射在婴儿出生后的数周内能阻止其由仰卧滚向俯卧,从而避免婴儿由于俯卧而窒息。事实上,多数婴儿醒着的时候,其姿势都类似这种情况。此反射在婴儿出生后3个月左右时消失。对称的强直性颈部反射表现为:将婴儿低着的头抬起时,可见其手臂伸直,双腿屈曲的现象;而使其低头屈颈时,动作则相反。

3. 吸吮反射

学前儿童的吸吮反射动作具体表现为:用乳头或手指触碰新生儿口唇时,新生儿会相应出现口唇及舌的吸吮动作。吸吮反射是最强的反射之一,当新生儿开始吸吮时,其他活动都会被抑制。此反射约在婴儿出生后3～4个月时自行消失,逐渐被主动的进食动作所代替,但睡眠中的自发吸吮动作仍可持续较长的时间。

4. 巴宾斯基反射

此反射由法国神经学家巴宾斯基首先发现。这种反射具体表现为:用火柴或大头针等物的钝端由脚跟向前轻划新生儿足底外侧缘时,其大拇指会缓缓上翘,其余各指则呈扇形展开。它在出生6～18个月左右时逐渐消失,但在睡眠和昏迷中还可引发此反射。2岁后,婴儿出现与成人相同的脚底反射,若再出现巴宾斯基反射,一般为锥体束受损的表现。

5. 摩罗反射

摩罗反射又称拥抱反射。这种反射具体表现为:当新生儿遇到突然刺激时(如当新生儿突然失去支持或受到高声、疼痛等刺激时),就出现头朝后仰、背稍微向前弓、双腿挺直、经常伴有身体的扭动和双臂向两边伸展的动作,然后再慢慢向胸前合拢呈拥抱的姿势,同时发出哭声。这在新生儿采取仰躺的姿势时表现得最清楚。这种反射也可能是种系发生现象,它显示了幼畜伸出四肢抓母畜的能力。正常新生儿出生时就有此反射。出生后4个月左右时消失,并逐渐被另一种与之类似并终生保持的反应形式——惊跳反射所替代。两者都由突然、强烈的刺激所引起。不同的是,前者随个体成熟而逐渐消失,而后者属于前庭反射,个体终生保持。

6. 恢复平稳反射

此反射使新生儿在翻身、坐或者站立时能自动调节头颈、四肢和躯体在空间的位置关系以保持身体平衡。这种反射主要有三种表现。一是当身体和头部的朝向不同时,会自动调整为相同的朝向,3个月左右时达到最强。二是俯卧时和仰卧时抬头,10个月时达到最强。三是在婴儿出生7～12个月后,在坐或立时能自动调整头、躯干和四肢在空间的位置关系,以保持头颈、身体的正直。一般而言,除严重脑性疾病的患儿外,新生儿都有恢复平稳反射。

#### 7. 踏步反射

又称行走反射或者无意识步行。正常新生儿处于清醒状态时,用两手托住其腋下使之直立,并使上半身稍向前倾,脚触及床面,他就会交替伸脚,做出似乎要向前行走的动作,看上去很像动作协调的行走。早产儿也有此反射,但他们往往是脚尖着床,与足月新生儿用整个脚或脚跟着床的步行动作不同。此反射在新生儿出生后不久出现,6～10周时消失。若婴儿4个月以后仍有此反射,则可能患有脑部疾病。

#### 8. 游泳反射

学前儿童的游泳反射具体表现为:把新生儿俯卧放在水中,他就会用四肢做出协调得很好的类似游泳的不随意动作。这种反射可能也是种系发生过程中遗传下来的,与个体在母体内的液体环境有关。6个月后此反射消失,若再将婴儿放入水中他就会挣扎乱动;直到8个月后,婴儿才可能出现随意的游泳动作。

#### 9. 降落伞反射

降落伞反射指6～9个月的婴儿悬空时出现的一种似乎要阻止下降的姿势。这种反射具体表现为:当用手抱住婴儿胸腹部使其离开床面悬空时,突然使婴儿向下运动,婴儿两手手臂立即伸展,手指呈扇形散开,呈现出似乎要阻止下降的姿势。此反射出现后终生存在。如果反射运动中婴儿两侧肢体明显不对称,则可能患有轻度偏瘫。1岁的婴儿若无此反射,则可能患有四肢瘫痪或痴呆。

## 二、学前儿童大动作的发展

反射动作只是人类个体最初的运动形式。个体在出生大约4周后,出现了更高级的脑皮层控制的自主动作。根据所涉及的全身各部分的活动,可以将其分为有关个体全身大肌肉活动的大动作(gross motor)和主要涉及手部小肌肉活动的精细动作(fine motor)。

就大动作的发展过程而言,个体首先具备的是头部和躯干部分的基本自主控制能力,随后爬、走等自主位移动作的发展也相继趋于完善,最后才发展跑、跳及其他技巧性大动作技能。这些自主动作不仅是学前儿童神经、肌肉系统发育成熟的重要标准,也是个体适应生存、实现自身发展所必不可少的条件。

### (一)头颈部和躯干控制的发展

头颈部的控制和躯干的控制是学前儿童最早出现的自主运动,也是更复杂动作发展的基础。

1. 头颈部控制

人类自主动作的获得是从头部开始的。刚出生时，头颈部只存在一些先天反射性动作。到出生第一月末，随着神经、肌肉系统的发育，由皮层控制的、有意的（或者说自主控制的）头颈部运动逐渐显现。2～3个月时，婴儿能在俯卧时自主地向左右转头。3个月时，婴儿通常能在坐和站立的状态下自主将头竖直。近5个月时，婴儿能在俯卧状态下将头抬起。

虽然头部自主动作并不完全是身体大幅度的动作，但对婴儿来说，这是他们扩大视线范围、拓展可探索环境的最早途径。头部自主控制能力使婴儿在逐渐获得直立姿势的复杂过程中，能较全面地审视周围的环境状况，了解自己的身体位置，为身体控制的进一步发展创造了条件。

2. 躯干控制

婴儿获得头部控制能力后，开始由上至下地发展躯干部分的自主控制能力。这一发展过程大约在婴儿出生2个月后开始，此时婴儿已经能在手臂的帮助下俯卧抬胸。需要指出的是，在此之前，有时婴儿也会偶尔地利用手臂支撑抬起胸部，但在此过程中，手臂的支撑并不是完全有意识的，其发挥的作用也是有限的，因此这并不表明婴儿已经能有效地自主控制手臂的运动。

在俯卧抬胸的动作之后，婴儿在出生约3个月后出现了翻身（由仰卧转为俯卧）动作。婴儿自主控制的翻身动作模式，最初一般显示为仰卧翻身。逐渐地，躯干控制模式发展得更为全面、灵活，首先表现为头部的姿势不仅可以由仰改为俯，也可以自主地由俯转为仰。紧接着，肩部、躯体上部、躯体下部的自主控制运动也进一步得到完善。约8个月时，婴儿既能仰卧翻身，也能俯卧翻身。

在翻身动作之后，婴儿发展了一个重要动作——独立坐。3个月大的婴儿在外力的帮助下已经能够扶坐；随着腰部控制能力的发展，5个月大的婴儿坐立时已不需要腰部支撑物的帮助，但由于背的下半部和腹部的控制力较差，婴儿必须用手抓住外物以维持坐姿的平衡；7个月时，不管是在仰卧还是俯卧状态下，婴儿都可以自己独立坐起来；在近8个月时，婴儿可以在不需要任何帮助的情况下独立坐直。自主坐立能力的获得更进一步地解放了婴儿的双手，使婴儿的手眼协调能力和双手协调自主控制动作在此基础上得到迅速发展。

另一种重要的初步自主动作是直立姿势。在非直立的状态下，婴儿双手的使用是受限制的，无法用双手够取物体或使用工具。直立姿势使婴儿的双手能够解放出来去从事更有自主选择性的够、抓、放等活动。直立姿势获得的最重要标志是独立站立姿势的获得。约9个月时，婴儿开始表现出将自己由坐的姿势向上拉的倾向，婴儿经常想让自己扶着其他物体站起来。因此可以观察到，婴儿常常会在家具的附近尝试自己站起来，并偶尔伸手去扶一下家具来维持身体的平衡。到1岁时，婴儿通常都能独立站直，这是行走动作发展的前提。头颈、腰、腹等部位自主控制能力的发展，为个体自主位移能力的获得提供了重要基础。

（二）爬行动作的发展

随着翻身动作的日益熟练及手部和腿部力量的提高，个体出现了最早的自主位移动作——爬行，这是个体在俯卧状态下的重要自主运动形式。

就婴儿爬行时期躯干与地面的距离而言，爬行可分为腹地爬和手膝爬两种姿势。一般而言，婴儿刚开始学习爬行时为腹地爬，表现为婴儿的胸腹部着地，先将手伸向前方的地面，然后用手臂弯曲的力量拖动身体前进，腿儿乎不发挥作用。由于在爬行动作的发展初期腿向前蹬的力量不够，并且婴儿的手向前推的力量往往大于往后拖的力量，婴儿还可能出现向后退爬的阶段，但这种移动方式存在的时间非常短暂。随着手臂力量的发展，婴儿的肩部和胸部离开了地面，并且已经能利用腿部弯曲的力量有目的地向前移动，但在爬行中仍用腹部作为支撑点，即表现为腹地爬的姿势。在 7～9 个月时，随着腿的有效使用和手部力量的增强，婴儿逐步由腹地爬向手膝爬发展，表现为腹部逐渐离开地面以及腿部力量参与爬行的过程。当婴儿的躯体上抬到一定高度时，腿就可以在躯干下方弯曲，更有力地蹬地爬行。婴儿的身体姿势最终发展为除去四肢外的整个身体都离开地面而悬空。在此之后，婴儿的爬行运动逐渐发展得更为自主和成熟，成为探索环境、与环境互动的有效活动方式。

相对而言，腹地爬所要求的身体平衡控制是较小的，上下肢的动作也相对不受约束。因此对婴儿来说，腹地爬的姿势比较容易。但是由于腹部蹭地，爬行速度较受限制，且腹部蹭地也可能引起婴儿的不适感。手膝爬时，婴儿的腹部离开地面呈现悬空的状态，需要更强的臂部力量以及动作协调水平，但是位移的速度相对较快，也没有腹地爬过程中由于摩擦而产生的不适感。因此手膝爬是对婴儿能力要求更高、也更为有效的俯卧姿势的位移方式。

从婴儿爬行时两侧对称性的角度，还可以将婴儿的爬行模式分为两种。一种为同侧爬行模式，指婴儿在爬行时身体同侧的肢体与对侧的肢体交替运动，即婴儿左手运动的同时左腿也运动，然后再换为右手和右腿的同时运动；另一种为对侧爬行模式，指婴儿爬行时身体一侧的上肢与对侧的下肢同时运动。对侧爬行模式是较为有效的爬行方式，一般在对侧爬行之前会出现同侧爬行的姿势，但约有 20％的婴儿只具有同侧爬行而没有对侧爬行的经验。

在过去较长的时期内，研究者认为这种与年龄密切相关的爬行动作的变化与神经系统的成熟有关。但近年来的研究指出，婴儿的爬行动作在开始的时间以及姿势上都存在很多的个体差异性，神经系统成熟因素不能完全解释这种个体差异，个体本身的多种因素都会对婴儿的爬行动作产生重大影响。其具体如下所述。

首先，因为爬行动作的发展与重力对抗有密切联系，所以婴儿腹地爬和手膝爬开始的时间与其身体形态相关。体型瘦小的婴儿倾向于比肥胖婴儿更早开始爬行动作。

其次，因为婴儿总是运用双臂推动身体前进，必须具备足够的臂部力量以克服来自躯干与地面摩擦以及躯干本身重力的阻碍，所以臂部力量的差异是影响爬行动作发展的因素之一。

再次，个体动机是影响婴儿爬行动作发展的另一个重要因素。腹地爬过程中婴儿必须以很强的动机来克服腹部与地面摩擦而产生的不适感。有研究显示，随着手膝爬姿势的获得，大多数婴儿都逐渐发展起更高的用手和膝盖移动的动机。

最后，相关研究表明，练习也是婴儿爬行动作迅速提高的重要影响因素之一。当婴儿的爬行经验（包括个体主动进行的爬行活动和客观任务所要求的爬行动作）达到一定程度时，手膝爬的技巧性就会得到大大提高。这种爬行经验并不局限于某种特定的爬行姿势，即一种姿势的练习经验可以部分迁移到其他动作姿势中去。此外，练习还可以增强婴儿的臂力，提高腹部对阻力的克服能力，增强手和膝盖在爬行活动中克服重力的能力。

总之，爬行动作是个体发展过程中获得的第一个自主位移动作。婴儿在空间环境中的自由移动，一方面扩大了婴儿接触和探索环境的范围，增加了与环境互动的机会，从而有利于他们对问题解决能力的发展；另一方面，婴儿在爬行中通过自己的努力达到目的，这种目的性行动使婴儿的运动技能和意志都得到锻炼。但由于婴儿发展的个体差异性，在实际的爬行动作发展中，不同个体的爬行姿势及其发展过程都各不相同，比如有的婴儿只出现腹地爬，有的婴儿只表现出手膝爬的姿势，有的婴儿甚至在学会行走之前都不会表现出爬行动作。

(三)行走动作的发展

行走是成熟个体高度自动化的动作技能之一。婴儿直立姿势的获得为行走的发展提供了可能。一般而言，婴儿在周岁过后就能发展起独立行走的动作。但此时需要注意的是，虽然婴儿也可以发展起独立行走的动作，但是他们的行走动作与成人有很大区别。从生理发展的成熟程度来看，行走动作与神经系统的成熟、躯体平衡能力的发展、肢体控制能力的发展、肢体肌肉的强壮程度、视动协调能力等因素密切相关，而婴儿在这些方面的能力与成人相比有很大不足。从行走的形态学角度看，婴儿为维持独立行走中的身体平衡，其行走动作具有以下特点：频率快而步子小，脚趾向外张开，全脚掌着地（而不是像成人那样只是脚趾和脚跟着地），手臂抬到较高的位置摆动，行走中两腿的分开程度较大，这些与成人行走的成熟模式相比均存在很大差别。

行走是学前儿童自主位移动作发展的必要阶段，也被认为是神经系统、肌肉组织进一步成熟和学前儿童心理发展的具有里程碑意义的动作。行走进一步解放了个体的双手，使精细动作有机会得到进一步发展。同时，学前儿童的活动范围进一步扩大，主动探知环境的愿望进一步得到增强，有利于学前儿童心理能力的发展。关于我国婴儿期学前儿童躯体动作发展的顺序见表 2-2。

**表 2-2　婴儿躯体动作的发展**

| 躯体动作项目 | 常模年龄(月) | 躯体动作项目 | 常模年龄(月) |
|---|---|---|---|
| 独走几步 | 13.7 | 双脚跳 | 26.7 |
| 自己能蹲 | 13.9 | 能组织活动 | 27.1 |
| 会跑不稳 | 16.7 | 不扶栏杆上下楼 | 28.1 |
| 踢球 | 17.6 | 手臂举起投掷 | 29.3 |
| 双手扶栏杆上下楼 | 19.3 | 跳远 | 30.5 |
| 跑能控制 | 19.8 | 从楼梯末层跳下 | 31.7 |
| 自己上下矮床 | 20.0 | 独脚站 | 33.4 |
| 一手扶栏杆上下楼 | 23.9 | | |

## 三、学前儿童手部精细动作的发展

手部的精细动作能力是指个体主要凭借手以及手指等部位的小肌肉或小肌肉群体的运

动，在感知觉、注意等多方面心理活动的配合下完成特定任务的能力。手部精细动作能力的发展对于学前儿童适应生存及实现自身发展具有重要意义。对处于发展早期的学前儿童而言，他们面临多种发展任务（如写字、画画和够取物体），精细动作能力既是这些活动的重要基础，也是评价学前儿童发展状况的重要指标。

抓握动作是个体最初和最基本的精细动作，在此基础上又发展起写字、绘画和生活自理动作技巧。手部动作的获得扩展了学前儿童获得环境信息的途径，丰富了学前儿童探索环境的形式，使学前儿童的探索行为更为主动和有效。

#### （一）抓握动作的发展

抓握动作是最基本的手部动作之一，是各种复杂的工具性动作发展的基础。

通过日常的观察可以发现，约从 3 个月起，婴儿开始了一种不随意的手的抚摸动作，经常无意地抚摸被褥、亲人或玩具。到第 5 个月左右，他就开始发展起自主、随意的抓握动作。6 个月以后，其手的动作有了进一步的发展，主要表现为：学会拇指和其余四指对立的抓握动作，抓握动作过程中眼手逐渐协调，开始学习分析隐藏在物体当中的复杂属性和关系等。

动作发展领域的研究者应用特定工具在实验室里对抓握动作进行了研究，总结出抓握动作发展过程的阶段性特征。Halberson 设计了一个边长 1 英寸大小的红色立方体作为实验工具，通过观察记录不同年龄阶段的婴儿抓握这个红色立方体的动作特征，来描述和分析婴儿在出生 16～52 周后抓握动作的发展过程。他认为，任何阶段的抓握动作都包括四种连续的动作过程：第一，视觉搜索物体；第二，接近物体；第三，抓住物体；第四，放开物体。依据婴儿在这四种动作过程中的表现，他具体描述了 4～13 个月婴儿抓握动作发展的过程，认为抓握动作的发展是逐渐由最初的肩、肘部的活动发展成为成熟阶段的指尖活动的过程，可以分为以下九个阶段。

第一阶段：在约 4 个月大时，婴儿够不着红色立方体。

第二阶段：发生在 5 个月初，婴儿能够触碰到红色立方体，但却不能抓握。

第三阶段：被称为原始抓握。发生在 5 个月末，婴儿用手臂圈住立方体，然后再在另一只手或者胸部的支撑帮助下使立方体离开支持表面，但这一动作过程中手指的精细肌肉运动不占据主要地位，并不是真正意义上的抓握动作。

第四阶段：约 6 个月大的婴儿已经有真正意义上的抓握动作，能够弯曲手指“包住”立方体，然后用手指的力量稳稳地抓住立方体。

第五阶段：出现在婴儿约 7 个月大时，动作形式与第四阶段的动作非常相似。不同的是，婴儿这时手指的力量已能克服重力作用，使立方体离开地面。婴儿在抓握时其拇指保持与其他四指平行，同时用力抓握立方体。

第六阶段：婴儿表现出初步的“对指”能力，即抓握过程中拇指与其他四指相对（拇指的指腹与其他四指的指腹相对）。

第七阶段：出现在婴儿约 8 个月大时。抓握过程中，婴儿的手在立方体一侧放下，拇指接触立方体的一个平面，食指、中指接触与拇指所在立方体的平面平行的另一个平面，然后在 3 个手指的共同“努力”下抓起立方体。

第八阶段：发生在婴儿约 8～9 个月大时，抓握时拇指与食指相对，可用两个手指抓起立方体。

第九阶段:区别于前8个阶段中“抓”的动作要使用手指所有部位的情况,13个月左右的婴儿可以拇指与食指、中指相对,用指尖抓起立方体。

由此可见,婴儿从不成熟的抓握模式发展到成熟的对指抓握模式,要经过一个复杂的过程。就手部的动作而言,婴儿最初是没有对指抓握能力的,够取物体时一般拇指向下或在与手背平行的高度弯曲,这时婴儿即将实施的抓握形式是相对于“对指抓握”的不成熟的抓握形式。只有当婴儿的手接近立方体时,其拇指预先表现为向内弯曲,对指抓握的成熟手势才可能产生。

有研究者认为,虽然 Halberson 详细而严密地描述了个体抓握动作发展的各个阶段,但他在实验研究中仅提供给婴儿一个1立方英寸的红色立方体,所考察的动作维度也很有限,所以这种认识仍不够全面。如果提供给婴儿多种体积和形状的立方体,并增加动作考察维度,那么人们对有关个体抓握动作的发展可能将有更深入的认识。

Newell 等考察了在提供各种不同尺寸的立方体的情况下婴儿抓握动作的表现。其实验结果显示,立方体尺寸的大小,特别是立方体尺寸与被试手的尺寸之比,是影响被试抓握动作表现形式的重要因素;成人和婴儿都会倾向于用拇指和食指抓取尺寸小的立方体,用拇指、食指和中指抓取尺寸中等的立方体,而在抓取大尺寸的立方体时用上所有的手指;成人比婴儿更倾向于用单手抓取物体。Scully 等则对比了4～8个月大的婴儿抓握不同形状和尺寸的物体时的动作。结果发现,4个月大的婴儿具备了根据物体尺寸大小选择使用单手还是双手来抓取物体的能力;个体在抓握动作中的手指使用不仅随物体尺寸的增大而增多,同时还受物体形状的影响;4～8个月的婴儿在抓握动作中还没有表现出右手(或左手)优势;所有的被试都能根据物体尺寸大小决定手指使用数量,但年龄越小的被试手指使用的状况越不稳定。Newelt 等的后续研究显示,手指动作的年龄区别在于,越小的被试需要越多的触觉信息来决定其使用的抓握模式,而8个月大的婴儿则可以使用视觉信息来做出判断。

由于人们生活水平的提高和对学前儿童动作发展的日益重视,今天的学前儿童抓握动作的发生发展可能稍早于 Halberson 研究中描述的时间表,抓握动作的发展阶段和时间顺序可能与 Halberson 所描述的有所不同,但学前儿童抓握动作发展所遵循的“由中间到两端”的发展顺序,以及动作发展的大致顺序依然存在。目前,研究者更为重视从动作任务特点出发,考察抓握动作发展及其表现形式的变化。

### (二)绘画和写字动作的发展

绘画和写字都是手部运用笔类工具进行活动的技能,是学前儿童的重要发展任务和能力要求之一。只有具备一定的绘画和书写能力,学前儿童才能有效地进行书面学习,从而掌握大量的间接经验。

#### 1. 握笔姿势和动作的发展

无论是绘画还是书写,都必须以灵活运用手中的笔类工具为前提。一般而言,2～6岁是学前儿童握笔动作技能迅速发展的阶段。这一阶段中,学前儿童不断地尝试绘画、书写,大部分家长也会在这一时期注意让学前儿童模仿学习绘画和书写中所必需的握笔动作。

从学前儿童抓握笔的手的姿势发展来看，最早抓握笔的动作包括整个手和手臂的运动，表现出“手掌向上的抓握动作”，即学前儿童在抓握笔的时候掌心向上，手掌和手指一起活动来抓握笔。用这种笨拙的握笔动作形式，学前儿童很难进行有目的的绘画和书写动作。随着在绘画、书写活动中偶然性的尝试以及在教师、家长的指导下不断学习调整握笔动作，学前儿童“手掌向上抓握”的握笔动作逐渐被“手掌向下抓握”的动作所取代，拇指和其他四指开始在绘画和书写技能中起到越来越重要的作用。

从学前儿童对握笔姿势进行调整的部位看，刚开始学会握笔的学前儿童一般会通过手臂和肘部的运动来调整笔的位置，但在手指的协调运动能力发展后，学前儿童逐渐更习惯于用手指来调整握笔姿势和笔的位置，手臂和肘部的运动频率迅速下降。此外，学前儿童握笔的部位逐渐向笔尖位置靠拢。2～3 岁的学前儿童表现为握住笔尖的部位时，一开始依靠肩关节的活动来进行绘画和书写，然后逐渐发展为用肘部来控制笔的运动，最后发展为用手指的活动来控制笔的运动。

综合已有研究可以发现，随着年龄的增长，学前儿童所采用的动作模式及技能特性的发展遵循“经济性原则”：一方面，学前儿童握笔部位逐渐向笔尖靠拢；另一方面，在运笔动作更为成熟的同时，身体坐立的姿势趋于垂直，这种姿势减少了手臂的支撑作用，使手的运动更为自由。换言之，学前儿童在握笔绘画和书写的动作中，离躯干中线越近部位的活动越来越少，而躯干远端肢体的活动越来越频繁。

2. 绘画技能的发展

一般而言，大多数学前儿童在 15～20 个月时就开始出现无规则、无目的的乱涂乱画。虽然这种最初的尝试可能只是偶然出现的，但因为受到动作的视觉效果和家长称赞等反馈信息的强化后，绘画动作发生的频率逐渐上升。随着手部动作控制能力的发展以及练习经验的增多，学前儿童从最初漫无目的地涂抹开始有目的地画画，绘画动作的速度开始放慢，手的动作也不再紧张而变得自然。

Kellogg 通过对儿童绘画行为的自然观察，将其发展分为以下四个阶段：第一，乱涂阶段(scribbling stage)，主要是获得绘画所必需的手眼协调能力。第二，组合阶段(combining stage)，主要是图形的出现和混合。儿童开始学描绘螺旋、十字等基本几何图形，大约 2 岁的儿童能画出一系列的螺旋和圆圈；在动作的协调控制能力和目的性加强后，儿童能对正方形、长方形、三角形等基本图形进行较为精确的临摹和绘画；在此之后，开始出现简单组合几个几何图形的绘画。第三，集合阶段(aggregate stage)，这一阶段出现的不仅是混合了几个简单图形的较为复杂的图形，而是几个图形、图像的组合，例如同时有人物和图形的图片。第四，图画阶段(pictorial stage)，发展到这一阶段，儿童在绘画中所混合的图形的数量增多，图画的内容也更为复杂，儿童的绘画动作更为精确、复杂。

相关研究表明，所有儿童的绘画能力的发展都会经历这几个阶段，但达到每一个阶段的具体年龄具有较大的个体差异性，很多因素在绘画能力的发展过程中起着重要作用。家庭环境是影响绘画发展的重要因素之一，在家长的有意训练下，学前儿童的绘画能力可以发展得更好。例如，让书画工具更早地出现在学前儿童的生活游戏中，并为学前儿童提供大量观摩成人绘画的机会。在这样的家庭环境和教养方式下，学前儿童的绘画动作发展得更早，绘画所能达到的水平也更高。

3. 书写技能的发展

绘画能力的初步发展是学前儿童书写技能发展的前奏，其绘画练习经验也有利于学前儿童书写技能的获得。一些研究表明，只有在绘画能力逐渐发展到能完成九种图形后，学前儿童才真正具备文字书写技能所需的必要基础。作为基础技能的九种图形是水平线、垂直线、圆圈、正十字、右角平分线、正方形、左角平分线、交叉线和三角形。学前儿童大约在4岁11个月就能达到完成以上九种图形的水平。需要指出的是，Berry等学者研究的是拼音文字的书写，而我国的汉字属于表意文字，汉字的形状结构要比拼音文字复杂得多，学前儿童学习书写汉字时对其精细动作技能的要求要高一些，因此将此结论运用到汉语儿童身上时应谨慎。

从学前儿童书写技能的发展过程来看，4岁左右的学前儿童开始具备书写字母和数字的能力。他们通常可以书写可辨认的数字和字母，但这些字母和数字笔画歪斜、东倒西歪、间距不一，每个字母和数字都比正常书写的字体大几倍。到5～6岁时，学前儿童已经会书写自己的名字。但是5岁学前儿童书写的字母和数字在字形上仍很不规则，所写的字母和数字字形仍然偏大，而且在书写一行字母时，后面的字母会越写越大。6岁学前儿童书写的字母和数字还是东倒西歪、参差不齐，字形虽然比5岁学前儿童小，但还是明显大于正常人书写的字母。7岁时，学前儿童书写的字母和数字字形明显变小，小学二年级的儿童更是表现出较高的书写水平。但即使到了小学三年级，还是有一部分儿童表现出字母书写困难的问题。

值得我们注意的是，书写是一个感知、运动的复杂过程，书写过程的顺利完成需要很多因素的密切配合。因此在判断个体是否具有书写困难时，还需要考察书写过程中的其他影响因素。例如，书写活动的进行和完成在很大程度上依赖于视觉信息的指引和反馈。视觉感知信息和运动器官间的协调与配合是完成既定任务的重要保证。对学前儿童视动整合能力的研究发现，虽然有的学前儿童在单纯的视觉能力和动作能力上都不存在障碍，但这些学前儿童在学习写字、临摹几何图形等方面仍有较大的困难。由此得出，视动整合能力是顺利完成书写任务的前提。Sovik和Maeland等人的相关研究都表明，视动整合能力对书写技能的准确性具有良好的预测能力。

（三）生活自理动作的发展

基本的生活自理能力是家庭和社会对学前儿童提出的早期重要发展任务之一，包括穿衣、洗漱、进食等基本技能，它们包括了多种类型的动作。

这些在成人看来很简单的生活自理行为，对处于发展早期的学前儿童而言，却要在他们付出极大努力、达到一定发展水平后才能做到。例如穿衣技能，只有当动作技能的控制能力发展到一定水平后，学前儿童才能使身体各部分进入相应的衣服空间里去。学前儿童要把一只手伸到袖子的尽头或者把一条腿伸到裤管里都不是简单的任务，需要视动整合能力和灵活的双手活动进行协助。不同自理动作的发展对个体能力的要求是不一样的，因此其发展过程也各有差异。各种生活自理动作技能的典型出现时间见表2-3。

表 2-3　学前儿童自理动作技能的发展

| 动作技能名称 | 获得时间(月) |
| --- | --- |
| 稳稳地拿住茶杯 | 21 |
| 穿上衣和外套 | 24 |
| 拿稳勺子不打翻 | 24 |
| 在帮助下穿衣服 | 32 |
| 穿鞋 | 36 |
| 解开够得到的纽扣 | 36 |
| 扣上纽扣 | 36 |
| 独立进餐,几乎不洒食物 | 36 |
| 从水罐中倒水 | 36 |
| 洗手、洗脸并擦干 | 42 |
| 独立穿衣服 | 43 |
| 系鞋带 | 48 |
| 刷牙 | 48 |

在考察生活自理能力时需要注意的是,由于个体的生活自理能力比其他动作能力更多受到社会习俗、文化传统、父母抚养方式等环境因素的影响,因此表现出相当大的个体差异性。例如,在众多生活自理技能中,穿衣技能是人们研究较多的技能之一,不同研究对于穿衣技能的出现时间有不同结论。Frankenburg 等在用 Deven 发展筛查量表进行测查时观察到,32 个月的学前儿童能在成人指导下穿衣服,42 个月的学前儿童不再需要指导和帮助,就能独立地穿好衣服。而 Knobloch 和 Pasamanick 对格赛尔的研究数据重新分析后发现,24 个月的学前儿童能自己穿上一件简单的上衣外套,36 个月的学前儿童能自己穿鞋,48 个月的学前儿童能在指导和帮助下脱衣服、穿衣服和系鞋带。再如,进食动作技能是与特定的社会文化背景密切相关的一种生活自理动作。筷子是中国、韩国、日本等东亚国家应用最广泛的餐具,而西方国家主要的餐具是刀叉,因此不同国家学前儿童在进餐技能的发展上表现出明显差异。上述结果启示我们,在对待不同研究者得出的关于自理动作能力的结论时,要明确研究所在的地域文化背景、选取的被试和采用的工具等具体条件,才可能进一步进行比较和分析。

综上所述,在先天反射性动作之后,包括坐、爬、走、抓握等在内的自主控制动作逐渐发展起来。由于自主控制动作的发生发展必须以神经、肌肉等生理结构的成熟为基础,所以它是学前儿童早期身心发展状况的重要外在行为特征。而且自主控制动作是有意识、有目的的活动,在动作实施过程中主体必须坚持目标、通过意志努力克服所遇到的困难和障碍以达到特定目的,因此它有利于个体良好个性的发展。此外,皮亚杰认为,儿童的智力来自于主体对客体的动作,是主体对客体相互作用的结果,自主动作为儿童认知发展带来了有益经验。因此我们认为,自主控制动作的意义不仅仅在于它本身是学前儿童早期重要的发展内容之一,更重要的是,学前儿童在借助自主动作探索环境的过程中,其认知和社会性也有可能得到进一步的发展。

## 四、学前儿童动作发展的规律

学前儿童的动作是在神经中枢、神经、肌肉的控制下进行的,因此学前儿童动作的发展与其身体的发展、神经系统的发展密切相关。学前儿童身体的发展有先后顺序,其动作的发展也表现出一定的时间顺序。在学前儿童早期,动作的发展在某种程度上标志着心理发展的水平,动作的发展同时也促进学前儿童心理的发展,因此在学前儿童智能发育检查中,大(粗)动作和精细动作的发展是检查的一个重要方面。学前儿童动作发展是有客观规律的,每个学前儿童动作发展的顺序大致相同,时间也大致相近。具体来看,其规律表现在以下几个方面。

第一,从整体的动作到局部的、准确的、专门化的动作。学前儿童最初的动作是全身性的、笼统的、弥散性的。比如,满月前的学前儿童受到刺激后,会边哭喊边全身乱动。以后,学前儿童的动作逐渐分化,向着局部化、准确化和专门化的方向发展。

第二,从上部动作到下部动作。学前儿童最早发展的动作是头部动作,其次是躯干动作,最后是脚的动作。学前儿童最先学会抬头,然后学会俯撑,翻身,坐和爬,最后学会站和走。任何一个学前儿童动作的发展总是依照抬头—翻身—坐—爬—站—行走的顺序进行的,这种发展趋势可称为"首尾规律"。

第三,从中央部分的动作到边缘部分的动作。学前儿童最早出现的是头的动作和躯干的动作,然后是双臂和腿部的有规律的动作,最后才是手的精细动作。这种发展趋势可称为"近远规律",即靠近头部和躯体的部分先发展,然后才是远离身体中心部位动作的发展。

第四,从大肌肉动作到小肌肉动作。学前儿童生理的发展是先从大肌肉开始,然后延伸到小肌肉。从四肢动作看,先是学会臂和腿的动作,即活动幅度较大的所谓粗动作,以后才逐渐学会手和脚的动作,特别是手指的精细动作。手部动作和感知觉之间的协调配合活动则更晚,比如视动协调、我国学前儿童的筷子使用技能等。这种发展趋势可以称为"大小规律"。

第五,从无意动作到有意动作。学前儿童动作发展的方向是越来越多地受心理、意识支配。动作发展的规律也服从于学前儿童心理发展的规律,从先天反射的无意识动作向有高度控制的技能动作发展,从刻板、模式化的动作向着越来越灵活的动作发展。

# 第三章　学前儿童感知觉发展

感觉和知觉是人类复杂心理活动的基础，是一切信息加工的资料来源，是认识活动的开端。对于儿童来讲，感知觉是他们认识世界的首要手段。但长期以来，人们一般都认为新生儿和婴儿是软弱无能的、消极被动的个体，他们的感觉器官极不完善。美国心理学之父詹姆斯认为，婴儿一生下来，眼睛、耳朵、鼻子、皮肤和内脏就同时受到刺激，他们感到整个世界闹哄哄的，一片混乱。鉴于他的声望，这一观点被当作事实接受了下来。但新近的研究推翻了詹姆斯的断言。许多研究采用创新的方法，发现新生儿、婴儿具有非凡的能力，其中一些能力甚至在胎儿期就已发挥功能。

## 第一节　感觉、知觉的基本内涵

### 一、感知觉的含义

#### (一)感觉的概念

人们在生活中总是要接触各种客观事物，每一种客观事物有着各种各样的属性，其中的每一种属性称之为个别属性。当事物呈现在人们面前的时候，事物的这些个别属性就成为作用于人的各种感觉器官的刺激物。感觉器官接受了相应的刺激，经传导神经传至大脑皮质的一定区域，脑就对事物的某种个别属性做出反映，这种反映就叫作感觉。感觉是人脑对直接作用于感觉器官的客观事物的个别属性的反映。例如当一个苹果放在人们的面前，人们用眼睛看，能知道它的颜色、形状；用鼻子闻，能知道它的气味；用嘴咬，能知道它的味道；用手摸，能知道它的表皮是光滑的，有点硬硬的。苹果的颜色、形状、气味、味道、硬度和光滑等都是苹果的个别属性，人们的头脑接受加工了这些属性，进而认识了这些属性，这就是感觉。

感觉除了反映客观事物的个别属性以外，还反映机体本身的状况。例如，人们能够感觉到身体的姿势，四肢的运动，内部器官的舒适、疼痛等。“吃药以后，我感觉舒服多了”“从飞机上往下跳的时候，我感觉在飞一样”“我感觉好饿啊”等就是感觉对机体本身状况的反映。

#### (二)知觉的概念

感觉反映了客观事物的个别属性，但任何客观事物的个别属性都不是孤立存在的，而是由多种属性有机结合起来构成一个整体。例如，当一个苹果放在面前的时候，人们绝不会单纯地看到它的颜色，闻到它的气味，尝到它的味道，摸到它的表面，而是在反映苹果的这些个别属性的同时，就认识到了这是“苹果”，在人们头脑中产生了对苹果的整个形象的反映，这种反映就叫作知觉，知觉是人脑对直接作用于感觉器官的客观事物的整体反映。知觉的实质是回答作用于感官的事物“是什么”这个问题的。

### (三)感觉和知觉的关系

感觉和知觉是有区别而又紧密联系的心理过程。

#### 1. 感觉和知觉的区别

感觉反映的是事物的个别属性，知觉反映的是事物的整体。

#### 2. 感觉和知觉的联系

感觉和知觉都是人类认识世界的初级形式，都是人脑对直接作用于感觉器官的客观事物的反映，离开了客观事物对人的作用，就不会产生相应的感觉与知觉。

(1)感觉是知觉的基础

事物的整体是事物个别属性的有机结合，反映事物整体的知觉也是反映事物个别属性的感觉在头脑中的有机结合。要知觉整个物体，就必须首先感觉到它的色、形、味等各种属性以及物体的各个部分。由此看来，没有感觉也就没有知觉，知觉是在感觉的基础上产生的，要以头脑中的感觉信息为前提。感觉越精细、越丰富，知觉就越正确、越完整。

(2)知觉是感觉的深入和发展

事物的整体是事物个别属性的有机结合，事物的个别属性总是离不开事物的整体而存在，所以当人们一经感觉某一事物的个别属性时，就会马上知觉到该事物的整体。例如在实际生活中，人们绝不会脱离苹果而孤立地看苹果的颜色，任何颜色必然是某种物体的颜色，当人们感受到某种物体的颜色或其他属性时，实际上已经知觉到该物体的整体。所以人总是以知觉的形式直接反映事物，感觉只是作为知觉的组成部分存在于知觉之中，很少有孤立的感觉，离开知觉的纯感觉是不存在的。因此，人们常把感觉和知觉连在一起，统称为感知觉。

另外，知觉还包含其他一些心理成分。例如，过去的经验以及人的倾向性常常参与在知觉过程中，因而当人们知觉同一个对象时，可以做出不同的反映。例如一座山，画家知觉它为写生的对象，着重反映它的造型；地质学家知觉它为矿藏资源的特征，着重的兴趣在于如何去挖掘、开发；旅游学家知觉它为美丽的风景区，兴趣在于如何去开发这片丰富的旅游资源。

## 二、感觉和知觉的功用

### (一)感知觉是认识的开端，是获得知识的源泉

人对客观世界的认识是从感知觉开始的，从理论上讲是从对客观事物的个别属性的认识开始的。通过感知觉，人们获得了关于周围事物的特性以及自己身体方面的最初的感性知识。人类的知识无论是来自自身经历的直接经验，或是通过阅读书本得到的间接经验，都是先通过感知获得的。正如列宁所说：“不通过感觉，我们就不知道任何事物的任何形式，也不知道运动

的任何形式。"感觉所提供的内外环境的信息，是人们获得知识的源泉，人类的知识无论多么复杂，也都建立在通过感知而获得的感性知识的基础上。

(二)感知觉是一切心理现象的基础，也是个体与环境保持平衡的保障

感知觉是比较简单的心理过程，但它却给高级的复杂的心理过程提供了必要基础，在感知的基础上，人们才能形成记忆、想象、思维等一系列较复杂的心理过程，才能对客观事物做更进一步的认识，感知觉不仅为形成记忆、思维、想象等心理过程提供了材料，也是动机、情绪、个性特征等一切心理活动的基础。没有感知觉，外部刺激就不可能进入人脑中，也就不可能产生人的心理。在感觉剥夺实验中，人在感觉完全隔绝的情况下，记忆、思维、言语能力都出现了不同程度的障碍，甚至还产生了幻觉与强迫症状，使正常的心理活动受到破坏。"感觉剥夺"实验充分说明了当人的感觉被剥夺或感知觉缺损不能正常感知时，人的心理就会出现异常，人们就会出现严重的心理障碍甚至难以生存，所以说，感知觉对于维护人的正常心理、保证人与环境的平衡起着极为重要的作用。

## 三、感觉和知觉的种类

(一)感觉的种类

根据产生感觉的分析器的特点和刺激物的不同来源，可以把感觉分为外部感觉和内部感觉两大类(表 3-1)。外部感觉是由外界刺激引起的，反映外界事物的个别属性，其感受器都位于身体的表面或接近身体表面的地方，包括视觉、听觉、嗅觉、味觉、肤觉等，其中，视觉和听觉在人的生活中最为重要，研究表明，人所获得的外界信息有 90% 以上来自视觉和听觉。内部感觉是由机体内部发生变化所引起的，反映的是人身体位置、运动和内脏器官状态及其变化的特征，其感受器位于肌体的内部，包括运动觉、平衡觉和机体觉。

**表 3-1　感觉的种类**

| 种类 | 感觉种类 | 适宜刺激 | 感受器 | 反映属性 |
|---|---|---|---|---|
| 外部感觉 | 视觉 | 可见光波 | 视网膜的视锥细胞和视杆细胞 | 黑、白、彩色 |
| | 听觉 | 可听声音 | 耳蜗的毛细胞 | 声音 |
| | 味觉 | 溶于水的有味的化学物质 | 舌上味蕾的味觉细胞 | 甜、酸、苦、咸等味道 |
| | 嗅觉 | 有气味的气体物质 | 鼻腔黏膜上的嗅细胞 | 气味 |
| | 肤觉 | 机械性、温度性刺激，伤害性刺激 | 皮肤和黏膜上的冷、痛、温、触点 | 冷、痛、温、触、压 |
| 内部感觉 | 运动觉 | 机体收缩、身体各部分位置变化 | 肌肉、肌腱、韧带、关节中的神经末梢 | 身体运动状态、位置的变化 |
| | 平衡觉 | 身体位置、方向的变化 | 内耳、前庭和半规管的毛细胞 | 身体位置变化 |
| | 机体觉 | 内脏器官活动变化时的物理化学刺激 | 内脏器官壁上的神经末梢 | 身体疲劳、饥渴和内脏器官活动不正常 |

(二)知觉的种类

根据不同的划分标准,可以把知觉划分为不同的种类。具体而言,根据知觉是起主导作用的分析器,可以把知觉分为视知觉、听知觉、嗅知觉、味知觉和肤知觉等。根据知觉对象不同,可以把知觉分为物体知觉和社会知觉。物体知觉主要是对事物的知觉,主要包括空间知觉、时间知觉和运动知觉。社会知觉是对人的知觉,主要包括对他人的知觉、自我知觉和人际关系的知觉。

# 第二节　学前儿童感觉的发展

感觉是眼耳鼻舌、皮肤、肌肉、关节等感觉器官的神经组织接受外部世界或有机体内部的刺激,并通过内导神经将刺激信息传入脑中枢的过程。感觉的发展主要包括视觉、听觉、触觉的发展。新生儿出生后就能接受光、声、嗅觉、味觉、触觉的刺激,表现出视觉、听觉、嗅觉、味觉和触觉等方面的反应。在这里,本节内容主要对学前儿童感觉的发展进行系统且深入的探究。

## 一、视觉的发生发展

在婴儿所有的感觉器官中,眼睛是最活跃、最主动、最重要的感官。眼睛对光线的反映产生视觉。对新生儿来说,除了睡眠时间,他们都在积极地运用眼睛察看环境,收集信息。有研究报告称,8 个月至 2 岁的学前儿童在清醒时有 20%的时间在注视他们眼前的事物。对于学前儿童而言,视觉为其提供了大量、重要的信息。

在个体生命的最初几个月,视觉发展非常之快,6 个月婴儿的视觉功能在许多方面已接近成人。

(一)视觉集中

从婴儿眼的结构来看,婴儿的视网膜、杆体细胞和锥体细胞在出生时已经发展得很好,不存在明显的“盲区”。但新生儿在最初的 2～3 周内,眼肌协调能力差,双眼协调比较困难,视觉的焦点很难随客体远近的变化而变化,难以形成视觉集中。出生 3 周后,婴儿开始将视觉集中在物体上。视觉集中现象在婴儿出生后 2 个月表现得比较明显:能自己改变焦点,并对鲜艳明亮的物体,尤其是对人脸容易产生视觉集中,表现出意味深长的偏好。4 个月时,婴儿的眼能改变晶体的形状,以看清不同距离的客体。2 个月的婴儿开始用眼睛追随缓慢物体的水平运动,3 个月时能追随物体做圆周运动,这种能力在头 6 个月中一直在持续提高。

哈尼斯等人研究了儿童对视觉模式的适应能力发展。当婴儿正注视一个视觉目标时,实验者用视网膜镜对他们进行研究。视网膜镜可以使实验者观看眼睛和检查眼睛的水晶体。结果发现:当一个目标物距新生儿的眼睛 20 厘米时,新生儿的眼睛不再变化。也就是说,眼睛的水晶体不再调节眼睛与物体的位置。当婴儿年龄为 2 个月时,他们的眼睛开始调节与物体的距离。到婴儿 4 个月时,眼睛调节的能力达到成人的水平。

随着婴儿的成长，视觉集中的时间和距离都逐渐延长。3～5周的婴儿仅能对1～1.5米处的物体注视5秒钟，3个月的婴儿能对4～7米处的物体注视7～10分钟。5～6个月的婴儿能注视较远处的运动物体，如街上的汽车灯。

婴儿视觉集中的性质也在发生变化。婴儿最初注视客体的性质较为被动，总是由客体的刺激引起。3个月以后，婴儿能主动搜寻视觉刺激物。

新生儿的视野比成人狭窄。对0～5个月的婴儿来说，他们的视野在中心线左右25°～30°内（成人视野的双眼重合区为60°～70°），视线上下为10°。新生儿眼球的天然焦距为17厘米。

（二）视敏度

视敏度（俗称视力）是眼睛区分对象形状和大小的能力。视力主要依靠晶状体的变化来调节。学前儿童的晶状体调节功能差，难以对视觉对象进行有效聚焦，投射到视网膜上的形象比成人模糊，因而他们的视敏度比成人低。

按照斯尼伦标记，正常成人的视敏度为20/20，新生儿的视敏度则为20/200～20/600，也就是说，成人在200或600英尺①的远处看得清的东西，新生儿要移近到20英尺处才能看清。婴儿的视敏度最好也只是正常成人的1/10。因此，在新生儿的眼里，母亲的面容是模糊不清的。但这样有限的视力也许对他们来说已经够用了，并不能阻碍他们探索环境的兴趣。

由于婴儿的年龄较小，无法用视觉检查图来检查他们的视敏度，所以研究者主要采用两种方法来测量婴儿的视敏度。

方法一：利用间隔排列的黑白条纹图。图案上黑白条纹愈窄，就愈难看出是有条纹的图案，而只看成是灰色的图片。因此，当图案上的条纹很窄时，如果一个人的眼睛仍能将其看成是有条纹的图案，则表明视敏度高。视觉越敏锐，对小的物体、远的物体、物体的细节的分辨能力也愈强。美国心理学家罗伯特·范茨等人让新生儿看一个条纹图和一个灰色图，发现婴儿更喜欢看条纹图；但是当条纹图上的条纹非常窄时，婴儿对两个图形的注视不再表现出偏爱。

方法二：视觉运动震荡法。视觉运动震荡法是测量眼球遇到物体轮廓时的不自主运动的方法。当条纹变得越来越窄时，如果一个人的眼睛仍能对条纹图的轮廓产生眼球的不自主运动，则表明其视敏度高。

上述两种方法的研究结果比较一致。如范茨等人发现新生儿看距离25厘米的图上的0.16～0.32厘米的条纹时，视敏度达到了20/400；他们用视觉运动震荡法也发现新生儿的视敏度为20/400。

学前儿童的视敏度是随年龄的增长而发展的。美国心理学家范茨1961年在特制的观测室里采用注视时间为指标研究婴儿的视敏度，发现“可分辨的最细纹的宽度，在生命的头半年随着年龄的增长而稳定地递减”。因此，6个月以下是学前儿童视力发展的敏感期。3个月的婴儿已经能像成人那样对物体聚焦，6个月的婴儿视敏度达到20/100，2岁学前儿童的视敏度接近成人水平，4～5岁后学前儿童视力趋于稳定。

弱视是学前儿童视觉发育过程中的一种常见病。根据有关研究和经验，治疗弱视的最佳

① 1英尽＝30.48厘米

时期是3～5岁。

(三)颜色视觉

颜色视觉是指区别颜色细微差别的能力，也称辨色力。这种能力的获得也是一个逐步发展的过程。

新生儿的世界里只有黑、白、灰三种颜色。婴儿3个月左右才开始具有最初的颜色视觉。斯梯布尔用“颜色偏爱法”给婴儿呈现两个亮度相等的色盘，一个是彩色的，另一个是灰色的，以测定婴儿对两个色盘的注视时间。研究发现，3个月的婴儿对彩色色盘的注视时间比灰色色盘长一倍。这说明3个月的婴儿已经能区别颜色。

一般认为，在出生后2～3个月的时间里，婴儿就能够分辨所有的基本颜色了。婴儿从4个月起，开始对颜色有分化性反应，能辨别彩色和非彩色。波长较长的暖色，如红、橙、黄，比波长较短的冷色，如蓝、紫，更容易引起婴儿的喜爱，红色物体特别容易引起婴儿兴奋。

有人研究婴儿视网膜上的颜色视觉感受器即锥体细胞后发现，新生儿一出生就带有全套三色(蓝、绿、红)的感受器，但在婴儿最初的3个月中，来自蓝色锥体细胞的信息未能得到有效利用，因而其对蓝色不如对其他颜色敏感。这就是说，一个穿红色衣服的婴儿比一个穿蓝色衣服的婴儿更感到自己“出色”。

还有人研究发现，4个月的婴儿对光谱的知觉分为四个基本类型：蓝、绿、黄、红。婴儿对同一类型中颜色的差异(如大红与浅红、深黄与浅黄)区分并不明显。但婴儿对跨越光谱边界的“混合色”(如蓝绿、黄—红)与基本类型颜色的区分是明显的。研究者认为，婴儿对光谱的知觉是不连贯的，他们只是将可见光分为蓝、绿、黄、红四个类型。

普莱尔用让2岁左右的儿童学习颜色名称的方法研究儿童的颜色视觉。结果发现：到34个月为止，儿童“对4个主要颜色，黄和红比绿和蓝叫对要早得多”。3岁儿童对各种颜色的色度难以辨别。从4岁起。他们逐步学会区别各种色调的明度和饱和度。小学一年级的儿童平均能辨别三种色度的红色和两种色度的黄色，但难以辨别蓝、绿色的色度。

学前儿童在识别颜色的过程中，一般先认识颜色，然后才学会标志颜色的词。将标志颜色的词与相应的颜色联系起来需要一个发展过程。大约从4岁起，学前儿童能将基本颜色与其名称联系起来。5～7岁的学前儿童能正确地命名常见颜色。有研究认为，5岁是学前儿童颜色命名和再认能力发展的转折点。

学前儿童的颜色视觉有个别差异，也有性别差异。一般说来，女孩的颜色辨别能力比同龄的男孩强。学前儿童的颜色视觉能力通过适当的学习可以得到大幅度提高。

颜色视觉方面的一个重要缺陷是色盲。色盲有许多种类，最常见的是红绿色盲，患者不能辨别红色和绿色。色盲是一种伴X隐性遗传病，一般由男性患者通过他的女儿传给他的外孙。色盲患者约占总人口的3%～4%。

## 二、听觉的发生发展

现代生理心理学研究表明，胎儿在6个月时听觉感受器基本成熟，听觉分析器的神经通路(除丘脑皮质外)均在9个月以前完成髓鞘化。这些都为胎儿听觉的发展提供了物质基础。妊娠期第 20 周的胎儿已经具备听觉能力，第 25 周的胎儿能对声音刺激做出反应。

(一)听觉敏度

新生儿出生后就能听到声音。有关研究发现，新生儿听觉阈限在最好的情况下要比成人高 10～20 分贝，最差时要比成人高 40～50 分贝。对成人来说，听觉的绝对阈限主要是根据他们听到声音的频率来定义的。低频(小于 100 赫兹)或高频(大于 10 000 赫兹)声音比中等频率的声音在听的时候需要更多的能量。研究者想知道婴儿听觉阈限在声谱上的变化情况，他们用整个声谱(从 200 赫兹到 19 000 赫兹之间)将婴儿、儿童和成人进行对比。结果发现：对于低频率(200 赫兹)的声音来说，婴儿的听觉阈限高于成人；对于中等频率(1 000 赫兹)的声音来说，婴儿的听觉阈限与成人接近；对于高频率(10 000 赫兹)的声音来说，婴儿的听觉阈限高于成人。新近的研究表明，人在低频和高频处的听觉能力于 20 岁以前一直是不断提高的，且对高频声音的敏感性首先成熟。

听觉除了要求听见"声音"，还要求能辨别声音的差异。差异包括声音的强度、频率、持续时间及定时。婴儿对这些差异具有一定的敏感性，最典型的表现是低频声音对婴儿的安抚作用。这种现象早在胎儿时就表现出来了。当然，婴儿的辨别不如成人精细，但其辨别能力随年龄增长而提高。苏联心理学家英多维茨卡娅的研究表明，大多数 4 岁的学前儿童难以出现对两个音的复合刺激物的分化反应。而 5～7 岁的学前儿童在第一次实验中就能建立和巩固这种分化反应。

相关研究表明，儿童听觉敏度的增长速率在不同年龄阶段有所不同，它在 4～9.5 岁期间发展较慢，以后发展相对较快。在 4～9.5 岁期间，儿童的听觉阈限下降 3～4 分贝，而在 9.5～12.5 岁期间下降 6～7 分贝。

(二)听觉定位

听觉定位能力是在新生儿出生后不久就表现出来的。利文撒尔和利皮斯特以出生 1～4 天的新生儿为被试，让他们的一只耳朵对一种声音适应 10 秒钟，然后再把声音转移到另一只耳朵。测量新生儿对声音反应的指标是：脚的动作、身体运动和呼吸。结果发现，当声音从一只耳朵移到另一只耳朵后，新生儿对此做出了积极反应，即脚的运动增加、呼吸加快且身体的运动也增多。

进一步的研究结果让人感到意外：新生儿对声音的定位能力比 2～3 个月的婴儿要好，但 2～3 个月的婴儿又比 4 个月的婴儿要差。这可以从哈里斯等人的研究中得到证明。他们以 4 名婴儿(A、B、C、D)为被试，从他们一出生就开始进行追踪研究，一直到他们长到 120 天时为止，每 20 天对每个被试测验一次，结果如图 3-1 所示。

婴儿听觉定位的发展有别于视觉集中的发展，表现出令人费解的 U 形路线。新生儿出生后 5 分钟就表现出听觉定位的能力，即能感受到不同方位发出的声音，但在 2～3 个月时，这一能力却有所下降，直到 4～5 个月时才逐渐恢复这种能力。早期的定位有可能是一种皮层下的原始反射，而后来重新出现的定位能力是来自皮层相对成熟的反应，具有更多的认识功能。

（三）听觉偏好

在最初的几个月里，言语在婴儿大脑左半球引发较大的电活动，而音乐则在右半球引发较大的电活动，这一点与成人是一致的。这就意味着在婴儿早期，大脑两半球已经出现处理不同信号的特异化，并能辨别语言和非语言。

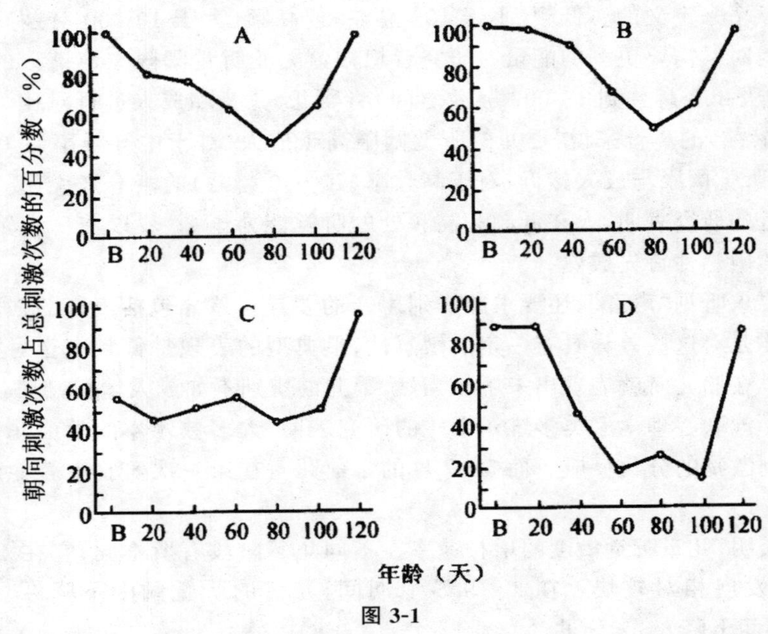


图 3-1

学前儿童在听觉辨别能力不断进步的同时，也表现出听觉偏好。康登和桑德以出生 1～2 天的新生儿为被试，让他们听成人的说话声、英语和汉语的录音带、断续的元音和敲击声。结果表明，新生儿在听到成人说话声、英语和汉语的录音带时有明显的同步动作反应，但是对于断续的元音和敲击声没有同步反应。这个研究表明，新生儿对人类的声音有明显的偏爱。

有研究表明，12 小时的新生儿能区别与语言有关的输入和其他非语言的听觉输入。婴儿特别注意人的嗓音，尤其是女性的嗓音，对自己母亲的声音更是敏感。即使是出生只有 3 天的新生儿，仅仅与母亲有过很少接触，也能表现出对母亲声音的偏好。Andre Thomas 和 Autgaerden 以 10～12 天的新生儿为被试，让他们的母亲或照顾者和陌生人叫新生儿的名字。结果发现，当新生儿的母亲或照顾者叫他们的名字时，新生儿对叫声有反应；当陌生人叫他们的名字时，新生儿对叫声没有任何反应。De Casper 和 Fifer 用高振幅吸吮技术，以 20～30 天的新生儿为被试，研究了他们对自己母亲和陌生人声音的区分能力。结果发现，当新生儿听到自己母亲的声音时，吸吮的速度加快。婴儿的这种反应具有明显的适应性，它能鼓励母亲与自己交谈、提供更多的关注和爱，有助于发展自己的情感、智力和社会性。

（四）听觉辨别

2～3 个月的婴儿能区分“ba”和“pa”两个相近发音，这种精细的分辨能力是先天的。如同婴儿将光谱分为 4 种基本类型一样，其也能把语音分为相应的基本语音单位。Eimas 等人以

1个月的婴儿为被试,采用习惯化—去习惯化方法,研究了他们对“pah”和“bah”这两个相近音的区别。首先给他们嘴里放一个奶嘴,用于记录他们的吸吮反应,同时让他们听一个音“bah”。婴儿首次听到这个音时,用力、快速地吸吮奶嘴;随着该音呈现时间的延长,婴儿逐渐习惯化,吸吮奶嘴的次数降低。这时用“pah”音代替“bah”音,婴儿吮吸奶嘴的次数又明显增加。这表明1个月大的婴儿就能区分“pah”和“bah”这两个音。通过研究发现,2个月的婴儿能区分如“pa”和“ba”,“ma”和“na”,“s”和“z”等相似的声音。

婴儿还会很快学会识别他经常听到的单词。4个半月的婴儿听到自己的名字时会转过头去,而对其他人的名字,即便是很相像的名字也不会转头。这么小的婴儿显然还不知道这名字就是他本人的,但由于经常听到而对它非常熟悉。婴儿的听觉辨别能力不仅表现在语音知觉中,也表现在音乐听觉中。值得注意的是,婴儿对语音的辨别由于得到经常的使用,因而这种能力得到了保持;而其音乐听觉如果不常使用,就会变得越来越弱。

婴儿对声音的回应有助于他们对环境作视觉性、触觉性的探索,有利于他们的社会交往。

学前儿童的听觉影响着语言的获得、思维的发展和人际交往的开展。成人要高度重视保护儿童的听觉器官和听觉功能。对于婴儿的听力来说,孕妇或婴儿滥用药物,如链霉素等,是一个危险因素。此外,复发性中耳炎也是导致学前儿童听力损伤的普遍原因。相关研究表明,学前儿童在6个月到3岁期间最容易患中耳炎。中耳炎会导致学前儿童语言发展滞后,对他人的言语反应迟缓,注意力下降,严重的导致听力丧失,对其个人的发展极为不利。此外,尽力减少环境中的噪音也是保护学前儿童听力的重要措施。

## 三、触觉的发生发展

触觉是学前儿童认识世界的重要手段。人从出生时起就有触觉反应,一些天生的无条件反射,如吸吮反射、防御反射、抓握反射等,都可以说是触觉的表现。2岁以前,触觉在认知活动中占有主要的地位。学前儿童主要是依靠触觉或触觉与视觉、听觉等其他感知觉的协同活动来认识世界的。

### (一)口腔的触觉

口腔触觉出现较早,学前儿童对物体的触觉探索最初是通过口腔的活动进行的,后来才是手的触觉探索。最初的本能的吸吮反射和觅食反射固然是一种口腔的触觉活动,新生儿和婴儿的口腔触觉探索还可以通过学习、训练而得到发展,并且在获取信息方面起重要作用。

Allen记录了婴儿的口腔触觉探索活动,发现3个月的婴儿对熟悉之物吸吮的速度逐渐降低,然而换了新的物体后,则用力加快吸吮。这说明口腔的触觉能区别不同的物体。

通过口腔的触觉探索可以进行学习。卡尔尼斯和布鲁纳对5～12周的婴儿进行实验。每当一组婴儿用嘴吸吮时,立即呈现电影片,结果这组婴儿学会高频率地吸吮;而另一组婴儿在吸吮被抑制时呈现电影片,结果他们学会不进行高频率的吸吮。这说明口腔的触觉探索可用作建立条件反射,因此我们认为当婴儿的其他探索方式没有发展起来时,口腔触觉探索可以是一种学习方式。

在整个人生的第一年,婴儿的口腔触觉都是一种探索手段。柯普研究了8～9个月婴儿的探索行为。当婴儿前面出现某个物体时，婴儿的行为有几种不同类型：转动手中之物并去观看，动嘴，拿物体去撞桌面或在桌面上滑动。而在这几种行为中，主要是动嘴。

当婴儿的手的触觉探索活动发展起来以后，口腔的触觉逐渐退居次要地位。但是在相当一段时间内，婴儿仍然以口的探索作为手的探索之补充。比如，1～2 岁的婴儿在捡起地上的物体后，也要把它送到嘴里。

（二）手的触觉

学前儿童的触觉探索主要通过手来进行，学前期是手的触觉探索活动产生的时期，其产生和发展经历了以下几个阶段。

1. 手的本能性触觉反应

个体在出生后即有本能性触觉反应，抓握反射即是手的触觉表现。当物体碰到新生儿的手心时，他立即把手指收起，紧握该物体。当这种无条件反射随婴儿的成熟而消失后，婴儿还会出现一些无意性的触觉活动。例如，当手在无意中碰到被子的边缘时，就会沿着边缘抚摸被子。

2. 视触的协调

视触协调主要表现在眼手探索活动的协调上。眼手协调活动的产生是婴儿认知发展过程中的重要里程碑，也是手的真正探索活动的开始。其出现在出生后 5 个月左右，但是婴儿在生后不久已出现眼手协调的先兆，或者说是萌芽。

鲍厄提出，新生儿在适宜的条件下，也会把手伸向看见了的东西。他和别人做了一系列的实验，指出新生儿更多把手伸向立体的东西而不是平面的东西；更多伸向近处的、手能够到的东西而不是较远处的东西。伸手的方向与所见物的方向一致，甚至手的姿势适合物体的形状。

3. 积极主动的触觉探索

7 个月左右，儿童出现积极主动的触觉探索，如挤、用手指摆弄、拖、滚等，它们在双手协调动作产生后才出现。鲍厄、赫恩特发现，7 个月的儿童看见新异物体时，常常用手去抓住，半转动手腕，使物体转动。这样儿童可以看见物体的几个面。再大些时，儿童能用双手把东西转来转去，而且动作都有视觉相伴随。

8 个月以后，触觉在探索中已起明显的作用。哈里斯发现，儿童去寻找用视觉和触觉同时探索过的东西，多于单纯看过的东西；哈里斯又指出，6～14 个月儿童的视觉和触觉总是同步的，大一些的儿童对看见的东西总是去摸，似乎在用触觉肯定所看到的物体特性。

皮亚杰认为，这种将触觉和视觉联合起来并用手完成的对物体的操控是早期认知发展的基本要素。

## 第三节　学前儿童知觉的发展

知觉是对感觉信息的解释过程，是对感觉输入的信息赋予意义的过程。知觉的发展主要包括空间知觉、时间知觉、观察力的发展。本节主要从形状知觉、深度知觉、方位知觉、时间知觉、多通道感知、知觉恒常性等方面来讲述学前儿童知觉的发展。

## 一、形状知觉的发展

形状知觉是人对物体各部分的排列组合的认识。它是视觉、动觉和触觉协同活动的结果。学前儿童在早期就具备了对物体形状和几何图形的分辨能力。

### (一)婴儿形状知觉的发展

美国心理学家范茨设计"注视箱"来研究婴儿的形状知觉的辨别特点。婴儿躺在箱内,可以看见箱顶(距婴儿1英尺)呈现的成对刺激图形。专门的仪器能记录婴儿眼睛注视图形的时间。1961年,范茨对30名1～15周的婴儿进行测试,记录他们对一系列成对的复杂图形注视的时间。成对的刺激包括:两个相同的三角形,一个十字与一个圆,一个方格棋盘图与两个大小不同的正方形,水平条纹形与同心圆靶形。研究发现:(1)当呈现两个相同的三角形时,婴儿对这两个图形注视的时间大致相等。而呈现水平条纹形与一个同心圆靶形时,婴儿偏爱注视后者。(2)复杂程度越高的图形,婴儿注视的时间越长。在同一对刺激中,刺激图形越模式化,婴儿的注视时间越长。甚至出生5天的新生儿也同样表现出对模式的偏好,对社会性刺激比非社会性刺激的注视时间长。

范茨运用脸谱对婴儿进行了形状知觉偏好实验。他向婴儿呈现三张大小相同的脸谱图片(图3-2),第一张图片是模式面孔,第二张是杂乱排列的图形,第三张是上端为黑色的图形。三张图形都足够大,对婴儿不会产生视敏度的问题。而且三张图案中同种颜色的总面积是相等的,使刺激量保持相等。将这三张图形配对呈现给49名4～6个月大的婴儿。研究发现,婴儿大多注视第一张图形,其次也注视第二张图形,而对第三张图形则很少注视(图3-3)。

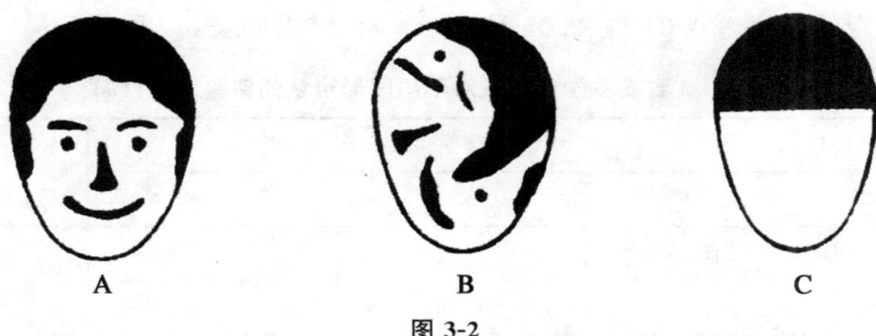


图3-2

研究者认为,婴儿注意面部图形,对他们的生命是有现实意义的。6～7个月的婴儿就开始学会完全根据面部特征辨别不同人的本领。以后,婴儿会以合乎成人面部表情的方式对人脸做出反应。因此,范茨认为,实验结果足以推翻认为幼小婴儿不能被测验和在幼儿身上没有什么可测验的东西的错误观点。"幼小婴儿具有一个模式化的有组织的视觉世界,对于这个世界他用可以自由支配的有限手段给予区别对待的考察。"

### (二)幼儿形状知觉的发展

很小的婴儿已经能辨别不同的形状。3岁儿童已能正确地找出相同的几何图形。对儿童来说，辨别不同的几何图形，难度有所不同。由易到难的顺序是：圆形—正方形—半圆形—长方形—三角形—八边形—五边形—梯形—菱形。幼儿期，儿童的形状知觉和图形辨别逐渐与掌握图形的名称结合。根据何纪全的实验，3～4 岁儿童往往用一些形象的词来称呼集合图形；从 5 岁半开始，儿童正确认知各种图形的人数超过了半数。研究认为，5 岁半是儿童认知平面几何图形迅速发展的时期。

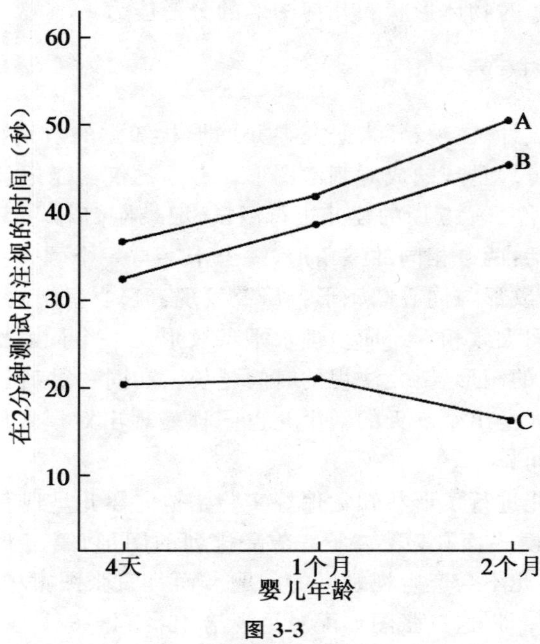


图 3-3

张增慧等利用速示仪，给 3～6 岁的儿童呈现三种图形，它们是十字形结构、半月形结构及四方形结构，呈现的速度为 0.01 秒、0.05 秒和 0.1 秒，结果如表 3-2 所示。

表 3-2　3 到 6 岁学前儿童对不同图形辨认的实验结果(%)

| 年龄 | 呈现时间 | | | 总平均数 |
|---|---|---|---|---|
| | 0.01 秒 | 0.05 秒 | 0.1 秒 | |
| 3 岁 | 11.3 | 21.1 | 85.8 | 22.7 |
| 4 岁 | 26.9 | 41.6 | 64.7 | 44.4 |
| 5 岁 | 38.8 | 62.2 | 79.4 | 60.1 |
| 6 岁 | 57.7 | 80.2 | 91.6 | 76.5 |

从表中可以看出，学前儿童对图形的辨认准确性随年龄的增长而逐步提高；呈现速度对辨认正确率有明显的影响，速度越快，正确率越低；速度对年龄越小的学前儿童影响越大。

## 二、深度知觉

深度知觉是人判断自身与物体或物体与物体之间距离的认知，包括立体知觉和距离知觉。

为了了解儿童深度知觉的发展状况,美国心理学家吉布森和沃克于 1961 年设计了视崖装置,并通过实验证明,6 个月的婴儿便具有深度知觉。因此,视崖装置也成了知觉研究中的一个经典实验装置。视崖装置是这样的:装置的中央有一个能容纳婴儿趴下的平台,平台的两边覆盖着厚玻璃,厚玻璃下覆盖着方格图案的布料。一边的布料与玻璃紧贴,不造成深度;另一边的布料与玻璃相隔数英尺,形成"悬崖"(图 3-4)。实验时让婴儿趴在中间的平台上,而让婴儿的母亲分别站在装置的"深浅"两侧,观察婴儿是否拒绝从有深度错觉的一侧爬向母亲,从而研究婴儿深度知觉是否已经发生。

图 3-4

结果发现,尽管大多数婴儿听到母亲在"深"侧呼唤,他也不过去,或只是哭叫。这说明幼小的婴儿已有深度知觉。

研究者进一步发现,采用其他指标可以在更早的时候发现婴儿的深度知觉。坎波斯、兰格和克罗威茨对 2～3 个月的婴儿进行研究,记录他们的心率,发现俯卧在悬崖装置"深"侧的婴儿,其心率比在"浅"侧时慢,7 个月的婴儿在脸朝下接近平台时心率加快。这很可能是由于婴儿把悬崖作为一种好奇的刺激来辨认。范茨用球形和圆形片对婴儿测验,发现 1～6 个月的婴儿对立体形状更感兴趣。这些研究成果都为婴儿具有深度知觉提供了佐证。人们认为,4 岁的儿童具有了与成人一般准确的深度知觉。

婴儿的深度知觉能力与其早期的运动经验有关,尤其与婴儿爬行的经验有关。早期运动经验丰富的婴儿,对深度更敏感,表现出的恐惧也更少。

## 三、方位知觉

学前儿童方位知觉的发展顺序为先上下,次前后,再左右。一般说来,学前儿童 3 岁能辨别上下;4 岁能辨别前后;5 岁开始能以自身为中心辨别左右;7～8 岁能以客体为中心辨别左右;到了 11～12 岁,左右概念才比较清楚。

在空间知觉的发展中,掌握左右概念要经过长期而复杂的发展道路。不同年龄儿童掌握左右概念的水平能反映出该年龄儿童思维发展的水平。我国心理学家朱智贤等人的研究表明,儿童左右概念的发展有规律地经过三个阶段。

第一阶段(5～7 岁):儿童能比较固定地认识自己的左右方位。例如,儿童能正确辨别自己的左右手,但不能辨别对面人的左右手。

第二阶段(7～9 岁):儿童能初步、具体地掌握左右方位的相对性。例如,儿童能辨别自己对面那个人的左右手。

第三阶段(9～11 岁):儿童能比较概括、灵活地掌握左右概念。这一阶段,儿童完全掌握了左右的相对性。

这个实验结果与皮亚杰的有关实验研究结果在发展阶段上大体趋于一致。实验者尤其注意到,儿童左右概念的发展是和儿童思维发展的一般趋势相符合的。后来,国内又有学者重新研究,认为儿童左右概念的发展已有所提前,6～7 岁是左右概念发展的飞跃期,8～9 岁已有 75%的儿童能比较准确而灵活地掌握左右概念。

## 四、时间知觉

个体对客观事物和事件的连续性和顺序性的知觉就是时间知觉。婴儿主要依靠生理上的变化产生对时间的条件反射,这也可以说是人生最早的时间知觉的表现,比如婴儿对吃奶时间所产生的条件性反应。这是由“生物钟”(生物节奏周期)提供的时间信息形成的。

学前儿童的时间知觉主要与识记的事件相联系。换句话说,对事件的记忆是时间知觉和时间表象的主要信息来源。苏联学者的研究指出,幼儿初期的儿童还不能对短暂时间做出估计,幼儿晚期的儿童通过活动能够学会估计时间。例如在一个实验里,学习活动的教养员首先告诉大班儿童用 3 分钟的时间画图画,并会在他们画画过程的起止时间发出信号。而后要求儿童按教养员的起始信号,开始用 3 分钟的时间画画,检查他们是否学会判断时间。在实验中,儿童重复画同样的画,问及原因,他们回答:“这样将会用和前次相同的时间。”而此过程中儿童掌握的时间确实在 3 分钟左右(2.5～3.5 分钟),最后,再次要求儿童作画 3 分钟,但要求画新的东西,这时儿童对时间的估计出入稍大(约 2～4 分钟)。但是没有很大的出入。实验说明,向儿童提供确定时间间隔的范例,可以使他们较容易地掌握时间,虽然并不十分准确。如果不经过教学活动,则 6～7 岁儿童也不能正确估计时间。

## 五、多通道感知

过去人们认为,婴儿的各种感觉通道之间是不协调的,只有经过几个月的感知运动的协调,才能把来自不同感觉通道的信息加以综合。但是,新近的研究告诉我们,婴儿出生时已经具有多通道感知的能力,如视觉—听觉、视觉—触觉、视觉—动觉之间的联合。

### (一)视觉—听觉联合

研究婴儿视听联系的实验装置是斯佩尔克设计的。让婴儿躺在小椅子上,在他的面前有一个屏幕,正中的上方有一个扬声器。屏幕上出现两张说话的人脸,一张脸的口型与扬声器播出的话语同步,另一张脸的口型则不同步。研究发现,3～4 个月的婴儿能将成人口型和运动节奏与听到的说话声音相对应。婴儿对口型与播出声音相匹配的说话者注视的时间更长。

5～7 个月的婴儿能将听到的高兴或愤怒的声音与看到的说话者的适当面部表情相联系。这些研究成果表明，婴儿具有利用时间同步性将视觉与听觉经验联系起来的能力。

### （二）视觉—触觉联合

梅尔策夫和博顿向 4 周大的婴儿提供两个奶嘴，一个是普通的光滑的奶嘴，另一个是带有颗粒状突起的奶嘴。每个奶嘴都有相应的大个模型。实验时，在不让婴儿看到奶嘴的前提下，让一组被试婴儿用嘴吸吮光滑的奶嘴，另一组婴儿吸有颗粒状突起的奶嘴。然后，再向他们呈现大个的奶嘴模型。研究发现，婴儿对自己吸过的奶嘴形状有明显的视觉偏好，注视的时间比未吸吮的奶嘴时间长。

### （三）视觉—动觉联合

婴儿视觉—动觉联合的典型事例来自新生儿的模仿行为。早在 1977 年，梅尔策夫等人发现，出生 2 天的婴儿能模仿成人所做出的面部表情。1990 年，他进一步指出，新生儿能对各种各样的面部表情做出模仿，这种模仿能力灵活而脆弱。新生儿的模仿方式与成人的模仿方式在很大程度上是相同的，能灵活地将他们看见的身体运动与他们自己感觉到的身体运动协调一致。此外，新生儿天生就有平衡感，并且能转动头部以适应视觉动感，这说明他们的视觉—动觉的联合机能是很完善的。

由此可见，婴儿通过多感觉通道组合信息的能力是很强的。

## 六、知觉恒常性

知觉恒常性是指知觉系统在一定的范围内对客观事物保持稳定的认识，它不随知觉条件或视觉映象模式的改变而改变。学前儿童知觉恒常性是一个很值得探讨的问题，其中主要是视觉恒常性。视觉恒常性包括亮度恒常性、大小恒常性和形状恒常性。

所谓大小恒常性，是指远处的一个物体尽管看起来明显地变小，但在个体的知觉中仍然保持原有的大小。形状恒常性是指个体对一个物体常见形状的知觉不因距离远近引起的透视差异而变化。这两种知觉恒常性在儿童出生后头一年的下半年就以一种近似恒常的形式出现，直到 10～12 岁甚至更晚些时候才趋于完善。皮亚杰指出，形状恒常性大约出现在婴儿出生后的第 9 个月，而大小恒常性则在第 6 个月出现。

有研究者发现，1 周内的新生儿对同种物体的不同大小的知觉有明显的区别。实验采用习惯化—去习惯化法。首先让新生儿习惯于一个离眼睛不同距离的黑白相间的小立方体。然后将这个小立方体与一个大立方体以不同距离同时呈现，发现新生儿对大立方体注视的时间更长，表明新生儿能以物体实际大小为基础区别不同物体。

在鲍尔的一个研究中，婴儿被训练成在一个方向上对一个矩形做头部转动的反应。当他们的头部转动反应达到一定的比率后，就对他们进行有四个刺激的实验。这四个刺激分别是：(1)原方向的矩形；(2)新方向的矩形；(3)新方向的不规则梯形；(4)原方向的不规则梯形（图 3-5）。因此，婴儿的视网膜上产生了全新的视像。实验表明，同一矩形在不同方向上呈现(1)和(2)时，婴儿表现出同样的头部转动；而对(3)和(4)的呈现，婴儿普遍表现出新的反应。

这一结果表明婴儿并没有被视网膜上的视像所迷惑，具有形状恒常性。在 50～60 天的婴儿身上证明有形状恒常性。儿童在 2～11 岁时，具有一种对那些离他们很远的物体并不过低估计其大小的趋势。

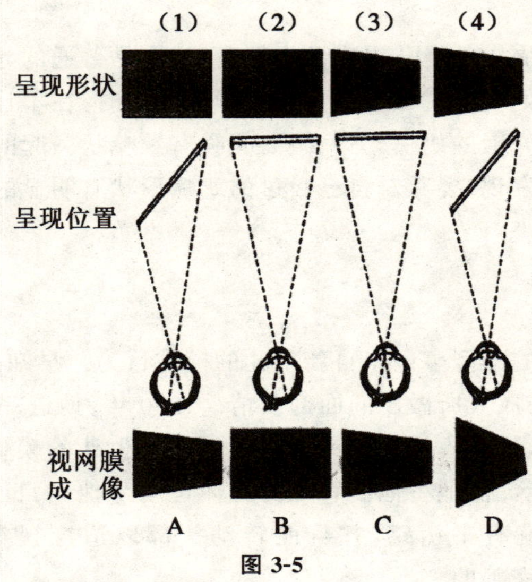


图 3-5

进一步的研究还发现，婴儿对物体的感知是由物体的运动和空间排列所决定，而不是取决于物体的形状和颜色。研究者都注意到，早期婴儿总是喜欢注视一个运动着的物体。因为运动着的物体能提供判断物体特征的重要信息，相对而言，静止物体提供的信息量要少得多。到了 6 个月以后，随着婴儿对各种类型物体的感知经验的积累，他们开始依靠静止线索进行单元区分。

# 第四章　学前儿童注意发展

注意是大家熟悉的一种心理现象。心理学上所说的注意是一种心理状态，是指心理对一定对象的指向和集中。儿童生下来就有注意，随着年龄的发展，注意的选择性、稳定性、广度以及注意的分配等品质也随之发展。

## 第一节　学前儿童注意的发生发展

注意使儿童从周围获得更加清晰、更加丰富的信息，是儿童活动成功的必要条件。儿童在婴儿期不仅出现了注意的最初形态——定向性注意，而且随着年龄的增长，选择性注意也开始发生发展。

### 一、3 岁前学前儿童注意的发生发展

#### (一)新生儿注意的发生发展

新生儿从出生之日起就表现出注意的能力。概括地说，新生儿注意的特点有：定向性注意出现，选择性注意也开始萌芽。

##### 1. 出现注意的最初形态——定向性注意

新生儿大部分时间处于睡眠状态，即使是在非睡眠状态下，他们觉醒的时间也非常短暂。大量观察材料的统计分析指出，除吃奶时间外，90%新生儿的觉醒时间持续不到 10 分钟；在吃奶的情况下，新生儿觉醒时间可达 1 个小时。新生儿这种觉醒时间极短暂的特点，具有十分重要的意义。它有利于维护新生儿的生存，保护尚未成熟的神经系统免受过多的刺激。但是，它同时也在客观上限制了新生儿注意、记忆、学习等活动的发展。

研究表明，当新生儿及婴儿处于适宜的觉醒状态时，外来的新刺激或环境中特别明显的刺激会引起新生儿及婴儿的全身反应，例如眨眼反射、膝跳反射等。这些反射被称为定向反射，是新生儿有注意能力的表现。定向反射的反应表现为新刺激所引起的复合反应，包括血流变化(如肢体血管反射，血流量减少，头部血管舒张，血流量增加等)、心率改变、汗腺分泌、胃的收缩和胃液分泌、瞳孔扩大、脑电变化等等。定向反射所表现出的上述变化，是研究注意的极重要指标。因为：第一，定向反射是婴儿心理活动的外部表现，而婴儿可测定的外部表现极少；第二，这些生理指标可以直接测量，不需用语言报告，而婴儿是没有能力用语言报告自己的心理

内部状态的。

外来的强烈刺激使新生儿暂时停止哭喊或把视线转向刺激物,这就是最初的定向性注意。原始的定向反射是不学而能的生理反应,也是儿童最早出现的最初级的注意。最初的定向性注意主要是由外界事物的特点引起的,也就是无意注意的最初形式。

定向反射性注意在新生儿期出现,在婴儿期较明显,本能的定向性注意在儿童以至成人的活动中都不会消失,比如,突然出现的巨大声响总是会引起本能的“是什么”反射。但是,这种定向性注意占据的地位随着年龄的增长而日益下降。

2. 对刺激物表现出一定的选择性反应——选择性注意开始萌芽

由于研究方法和技术手段的限制,人们难以觉察新生儿和幼小婴儿相对短暂而微弱的心理反应,因而长期以来,人们对新生儿的注意及其他心理活动水平估计偏低。近 20 年来,随着研究方法和手段的不断改进与完善,人们对新生儿的注意等心理活动开展了一系列研究,积累了许多新的材料。这些材料也是对新生儿具有过去人们所不了解或估计不足的潜力的有力的说明。

范兹等人用视觉偏爱法进行研究发现,新生儿的注视(注意)有以下表现。

第一,新生儿对成形的图形比对不成形的杂乱的刺激点或线条注视的时间更长。

第二,对简单明了的图形更加偏爱。

第三,对人脸的注意多于对其他事物的注意。

这表明新生儿已能对刺激物表现出一定的选择性反应,也就是说,选择性注意萌芽了。

黑斯等人采用眼动仪,对新生儿视觉活动进行一系列的实验发现:新生儿已经有了对外部世界进行扫视的能力。当面对不成形的刺激物时,无论是在黑暗状态下,还是在明亮状态下,他们都会有组织地进行扫视,物体的运动、声音大小、节奏和声调的变化,都会吸引和维持新生儿的注意。

研究还发现,新生儿的注意(扫视)表现出以下几个规律。

第一,清醒时,只要光线不是过强,新生儿都会睁开眼睛。

第二,在黑暗中,新生儿也保持对环境有控制的、仔细的搜索。

第三,在明亮的环境中,面对无形状的情境时,新生儿会对相当广的范围进行扫视,搜索物体的边缘。

第四,新生儿一旦发现了物体的边缘,就会停止扫视活动,将视线停留在物体边缘附近,并试图用视线去跨越边缘。如果边缘离中心太远,视线不可能达到边缘,就会继续搜索其他边缘。

第五,当新生儿的视线落在物体边缘附近时,他会去注意物体的轮廓。比如,当新生儿看见一个白色背景上有一个黑色长方形时,他的视线会跳到黑色轮廓上,并在它附近徘徊,而不是在整个视野内游荡。这说明新生儿主要注意对比鲜明的东西,注意轮廓或形状的边缘,而不是注意图案的内容。

黑斯认为,上述规律可归结为一个简单的生物学规则:新生儿的扫视活动是一种生理适应现象,它的作用是保持皮质视觉神经细胞水平的“兴奋程度”。

听觉刺激也会引起新生儿的注意活动,听觉空间定位会影响新生儿的注视。新生儿往往倾向于注视声音刺激来源的方向，而不是视觉刺激的方位。

### (二)1岁前婴儿注意的发展

生后第一年，婴儿清醒的时间不断延长，觉醒状态也较有规律，注意在这时期迅速发展。1岁前婴儿注意的发展主要表现在注意选择性的发展上，其基本特征如下。

#### 1. 注意的选择性带有规律性的倾向

婴儿注意的选择性带有规律性的倾向。这些倾向主要表现在视觉方面，因而也称为视觉偏好。众多研究发现，婴儿注意的选择性有如下主要规律或特点。

第一，偏好复杂的刺激物。

第二，偏好曲线多于直线。

第三，偏好不规则的模式多于规则的模式。

第四，偏好密度大的轮廓多于密度小的轮廓。

第五，偏好集中的刺激物多于分散的刺激物。

第六，偏好对称的刺激物多于不对称的刺激物。

#### 2. 注意的选择性有明显的变化发展过程

有研究指出，头3个月的婴儿对简单几何形体的注意有两个明显的发展趋势。

(1)从注意局部轮廓到注意较全面的轮廓

新生儿在注意(注视)简单的形体时，把焦点集中在形体外周单一的突出特征上，比如方形的边、三角形的角；偶然也出现对轮廓较完全的扫视，但其组织程度尚差。3个月婴儿的注意则已经比较全面。

(2)从注意形体外周到注意形体的内部成分

新生儿在注视某个形体时，如果该形体既有外部成分，又有内部成分，则他很少去注意其内部成分。他的注意倾向于外部轮廓。1个月的婴儿也有时注意刺激物的中央成分，但只有中央成分移到靠近外周轮廓的时候才注意它。可是2个月婴儿的注意就发生了变化，他开始有规则地注视形体的内部成分。

婴儿注视人脸时主要注视脸的边缘，较少去注意脸的中央部分，因而婴儿对母亲的脸和陌生人的脸的扫视很少有区别。幼小婴儿只用很少的时间去注视人脸，即使注视人脸，也主要注视脸的边缘，所以他们不能分辨不同人的脸。

婴儿偏好复杂的刺激物，而且这种偏好有其发展过程。对6周和11周婴儿的研究表明，较大的婴儿比较小的婴儿更多地注意复杂的模式。对3～14周婴儿的视觉偏好进行的纵向研究也说明，较大婴儿对复杂性不断增加的格子模式的偏好呈直线式增长。婴儿的年龄越大，注意复杂的(包含多种成分的)刺激物及其细节的时间越长。在一个实验中，研究者用36秒的时间呈现一系列包括不同数量和不同大小的模式，结果不同年龄的婴儿注视不同模式的时间有所区别。1个月的婴儿对各种模式注视的时间大致相同；4个半月的婴儿则用较多的时间去注视包含数量多而面积小的模式，如注视包含128个小单元(1/4单位)的模式所占的时间约为20秒，而注视包含2个大单元(2单位)的模式则只用了5秒多的时间。

3. 经验在注意活动中开始起作用

对于3个月以后的婴儿,生理成熟对其注意的制约作用已经不像以前那么重要,经验开始对婴儿的注意起作用。6个月以后,婴儿对熟悉的事物更加注意,这在社会性方面更为突出,比如婴儿对母亲特别注意。

格林贝格先测验了婴儿对点子和格子模式的注意,然后对婴儿进行训练。他把婴儿分为三组。第一组在8～10周时看4×4的格子板,到10～12周时看6×6的格子板。第二组看最复杂的格子板。第三组看灰色(无格子)的板。最后,向三个组的婴儿展示最复杂的(24×24)的格子板时,第三组比其他两组注意这个最复杂的模式的时间少得多。总的来说,8～10周的婴儿偏好8×8的格子板,12周的婴儿偏好24×24的格子板。他由此得出结论:即使在这样幼小的年龄,认知的发展也是可以训练的。换句话说,经验在注意的倾向中已经起作用了。

科亨认为,经验只是在保持婴儿的注意中起作用。他研究了4个月婴儿的注意,提出以下观点。第一,4个月婴儿转向格子板的"反应时",更多决定于格子板中格子的大小;而他们注视格子板的持续时间,则决定于格子板中格子的数量。第二,能否吸引婴儿注意,可能主要取决于刺激物的物理属性(粗、大);而能否保持注意,主要决定于刺激的细节或意义。第三,注意的吸引是由先天的控制机制决定的。这种机制使婴儿定向于粗大的模式、大件的物体、活动的东西、亮度的突然变化、大的音响等。吸引注意的因素在婴儿发展过程中变化较少,而注意的保持则因婴儿对物体的熟悉程度而有所变化。注意的吸引没有习惯化现象,婴儿向刺激物转头的反应保持不变,而注意的保持有习惯化现象。

有关婴儿注意的研究大多只测量了保持注意的时间。对于保持注意的机制,一种理论认为3个月前的婴儿,其注意出于感知的对比效应,更多倾向于轮廓密度大的模式;3个月后的婴儿,其注意缘于当前的刺激和已有经验中的知识不一致。

(三)1～3岁婴儿注意的发展

1岁以后,语言和认知的系列发展促使婴儿的注意进一步发展。这一阶段婴儿注意的发展主要有以下几个方面的表现。

1. 注意的发展开始受表象的影响

1岁半到2岁婴儿的表象开始发生。从此,婴儿的注意开始受表象的直接影响。当眼前事物和已有表象或事实与期待之间出现矛盾或较大差距时,婴儿会产生最大的注意。有研究指出,虽然1岁以后婴儿的注意一般不再表现出心率减速的变化,然而在一个对2岁婴儿的实验中,半数以上的被试在看见幻灯片中一个女人把自己的头拿在手里时,都表现出明显的心率减速,产生了最集中的注意。

2. 注意的发展开始受语言的支配

1岁以后,婴儿能说出具有最初概括性意义的真正的词,这标志着语言的初步形成。在1～3岁期间,无论婴儿掌握单词句、双词句或完整句的哪种水平,语词作为第二信号系统的刺激物都具有代表某些事物、动作、要求、陈述、命令等概括性含义。因此,语言活动不仅能够引起婴儿的注意，而且支配着婴儿注意的选择性。比如，当婴儿听到别人说出某个物体的名称时，他便会把注意指向这个物体，不论它的物理强度如何，是否新异刺激，是否能直接满足婴儿机体的需要。

语言的发生发展拓展了婴儿的注意领域。1岁半以后，婴儿开始能够集中注意玩具，看图片，念儿歌，听故事，看电视、电影等等，这为婴儿的记忆和学习活动提供了更为广阔、新颖和丰富的认知世界。

3. 注意的时间延长，注意的事物增加

总的来说，3岁前婴儿注意的时间很短，注意的事物不多。但2岁以后，婴儿在活动中注意的时间逐渐延长，注意的事物逐渐增多，范围也越来越广。例如，他已能注意到爸爸买菜、妈妈做饭、姐姐洗衣服等周围人们的活动。2岁半到3岁，婴儿注意集中的时间进一步延长，最多能集中注意20～30分钟。比如，对适合其年龄特点的电影、电视，其基本上能够坚持看完，而且他注意到的事物更多。注意和认知过程相结合，使婴儿获得了更多的知识。比如，一个2岁半的婴儿自发地说："没有煮过的螃蟹是青的，煮熟了的螃蟹是红色的。"说明他注意观察了生活中的事物。

## 二、3岁以后学前儿童注意的发展

婴儿期的定向性注意和选择性注意都属于无意注意。无意注意是不由自主的、被动的注意，人一出生就有。随着语言和认识过程有意性的发展，儿童在2岁时有意注意开始萌芽。有意注意需要人的意识去支配，是主动的注意，因而出现较晚。到了3岁以后，学前儿童注意的发展呈现无意注意占优势、有意注意初步发展的特征。同时，注意的品质也随着年龄的发展而发展。

### (一)学前儿童注意的发展趋势

1. 无意注意占优势

学前儿童的注意仍然主要是无意注意。但是和3岁前相比，学前儿童的无意注意有了较大发展，主要表现出以下两个特点。

(1)刺激物的物理特性仍然是引起无意注意的主要因素

强烈的声音、鲜明的颜色、生动的形象、突然出现的刺激物或事物的显著变化，都容易引起学前儿童的无意注意。比如电视、电影和各种活动教具较能吸引学前儿童的注意；水里的鱼、天上的鸟，也由于它们活动多变化而容易引起学前儿童的注意。在上课时，如果教室外面有同龄孩子在玩耍，学前儿童则难以保持注意；如果有人在教室里走来走去，也易使学前儿童分散注意；如果大部分学前儿童不注意听老师讲话而互相交谈或玩耍，造成一片喧哗声，教师用提高声音的方法往往并不能吸引学前儿童的注意，突然放低声音或停止说话反而会引起学前儿童的注意。

(2)与学前儿童的兴趣和需要有密切关系的刺激物逐渐成为引起无意注意的原因

学前儿童的生活经验比以前丰富了，对于一些事物有了自己的兴趣和爱好，而符合学前儿童兴趣的事物，容易引起学前儿童的无意注意。比如，有的学前儿童对汽车特别感兴趣，不论在何种场合，他都会去注意汽车及与汽车有关的事情。学前儿童出现了渴望参加成人的各种社会实践活动的新需要，成人的许多活动，如成人开汽车、解放军练兵、民警维持交通秩序、医生看病、护士打针、售货员售货等活动，都常常成为学前儿童无意注意的对象。符合学前儿童经验水平的教学内容和以游戏形式出现的教学方式，也容易吸引学前儿童的注意。

随着知识经验和认识能力的发展，学前儿童逐渐能够发现许多新奇事物和事物的新颖性，即与原有经验不符合之处。在这一时期，新颖性是引起学前儿童注意的重要原因。

2. *有意注意初步发展*

对于3岁以后的学前儿童来说，其有意注意处于发展的初级阶段，水平低，稳定性差，而且依赖成人的组织和引导。在这一时期，学前儿童的有意注意有以下特点。

(1)学前儿童的有意注意受大脑发育水平的局限

有意注意是由脑的高级部位控制的。大脑皮质的额叶部分是控制中枢所在。额叶的成熟，使学前儿童能够把注意指向必要的刺激物和有关动作，主动寻找所需要的信息，同时抑制对不必要刺激的反应，即抑制分心。额叶在大约7岁时才达到成熟水平，因此，学前儿童期有意注意开始发展，但远远未能充分发展。

(2)学前儿童的有意注意是在外界环境特别是成人的要求下发展的

在当代社会中，3岁以后的学前儿童往往会进入幼儿园，也就进入了新的生活环境和教育环境。学前儿童在幼儿园，必须遵守各种行为规则，完成各种任务，对集体承担一定义务。所有这些，都要求学前儿童形成和发展有意注意，服从于任务的要求。因此。各种生活制度和行为规则是使学前儿童有意注意逐步发展的主要因素。

学前儿童的有意注意需要成人的指引。成人的作用在于：第一，帮助学前儿童明确注意的目的和任务，产生有意注意的动机，即自觉、有目的地控制自己的注意，并且用意志努力去保持注意。如果学前儿童能够在头脑中形成目的和任务的表象，认识到其必要性，就能产生完成有意注意活动的强烈愿望，一切与完成任务有关的事物都能吸引他的注意。第二，用语言组织学前儿童的有意注意。成人提出问题，往往能够引导学前儿童有意注意的方向，使学前儿童有意地去注意某些事物。例如，提出“什么东西变了”，可以引导学前儿童去寻找目标；引导学前儿童做一些小实验，如“雨是怎样来的”，可以使学前儿童注意去观察实验过程；组织一些智力游戏，可以使学前儿童注意集中于思考解决问题的方法。

(3)学前儿童逐渐学习一些注意方法

由于有意注意是自觉进行的，保持有意注意需要克服一定的困难，因此有意注意要有一定的方法。学前儿童在成人的教育和培养下，渐渐能够学会一些组织有意注意的方法。例如，用自己的语言来组织注意，用各种动作来保持注意，如为了注意看书，用手指着；为了避免别人的干扰，把自己的椅子移开。

(4)学前儿童的有意注意是在一定的活动中实现的

学前儿童的有意注意，由于发展水平不足，需要依靠活动进行。把智力活动与实际操作结合起来，让注意对象成为学前儿童的直接行动对象，使学前儿童处于积极的活动状态，有利于有意注意的形成和发展。例如，在计算作业上，除了要求学前儿童注意看教师的直观演示以外,还组织学前儿童自己动手去用实物计算,这比单纯看演示更能维持有意注意。在游戏中,学前儿童能够更好地维持有意注意,因为在游戏中学前儿童能够完成一些既具体又明确的实际活动任务。

(二)学前儿童注意品质的发展

1. 注意稳定性

注意的稳定性是指注意在集中于同一对象或同一活动中所能持续的时间。持续的时间越长,注意的稳定性就越高。注意的稳定性是有意注意的一个重要品质。它在个体日常的学习生活中起重要作用,是儿童游戏、学习等活动获得良好效果的基本保证。

(1)学前儿童注意稳定性的发展

有研究报告指出,1 岁婴儿注意看一个玩具的时间仅能维持 2 秒钟,到 2 岁时能注意集中地玩一个玩具的时间已长达 8 秒钟以上。有人曾经在幼儿园观察记录 5～6 岁学前儿童在自由游戏活动中的注意稳定性,发现他们能维持注意于一个单独活动的平均时间大约是 7 分钟。

在良好的教育环境下,3 岁学前儿童能集中注意 3～5 分钟,4 岁学前儿童能集中注意 10 分钟,5～6 岁学前儿童能集中注意 15 分钟左右。如果教师组织得法,5～6 岁学前儿童可集中注意 20 分钟。研究表明:游戏是幼儿最感兴趣的活动形式,在游戏条件下,幼儿注意稳定的时间比一般条件下,特别是比枯燥的实验室条件下长得多。如 2～3 岁婴儿注意持续时间可达 20 分钟,5～6 岁幼儿可达到 96 分钟。但总的来说,学前儿童注意的稳定性不强,特别是有意注意的稳定性水平较低,容易受外界无关刺激的干扰。

(2)影响学前儿童注意稳定性发展的因素

研究表明,影响注意稳定性发展的有活动性质、作业难度和性别这三个因素。有一项研究探讨了个体从事活动时的兴趣对注意稳定性的影响。研究者把 2.5～6.5 岁的幼儿不感兴趣的一个任务给他们,即要求幼儿把一些不同颜色的纸片分别放进不同的盒子里。研究者记录幼儿从事活动的时间和注意分散的时间(即幼儿不分放纸片的时间)。相关研究表明,年龄越大的幼儿,越能够按照成人的要求,从事自己不感兴趣的活动,同时也较少把注意离开这项活动而去做别的事。

Zaporozhets 对幼儿从事游戏活动的最长时间进行了研究。结果发现,3～6 岁幼儿的注意稳定性发展很快。由于游戏能够引起幼儿的兴趣,所以在游戏活动时,幼儿注意持续的时间明显比他们从事不感兴趣活动时的时间长。3 岁幼儿在从事游戏活动时,能够在 20 分钟内注意不分散,5～6 岁幼儿能够在 96 分钟内注意不分散。

另外有研究表明,个体在完成难的作业时,注意的稳定性较强,不易分散。而在性别差异方面,从学前期至小学、初中,各年级女生的注意稳定性均高于男生。

2. 注意广度

注意的广度,又叫注意的范围,是注意的一种重要品质,指人在比较短的时间片断中所能清楚地知觉到的事物的数量。学前儿童注意的广度比较小。

(1)学前儿童注意广度的发展

随着年龄的增长,学前儿童的注意广度逐渐发展。

有一项考察注意范围的研究以速示器为仪器,实验材料是随机点子,材料呈现时间为1/20 秒,考察幼儿在单位时间内能够辨认的点子数量。结果有 73.5%的 4 岁幼儿只能辨认 2 个点子;有 66.6%的 6 岁幼儿已经能够辨认 4 个点子;4 岁幼儿中没有人能辨认出 6 个点子,有 44%的 6 岁幼儿能够辨认出 6 个点子。这表明学前儿童的注意广度发展较快。

Chi 等人以 5~7 岁幼儿和成人为被试,给他们呈现含有不同数目的点子图,同时记录被试做出反应的时间(即从点子图呈现到被试说出是多少点子的时间)。结果发现:要求注意的点子是 4 个时,不仅反应时有明显增长,同时,错误率也随之明显上升。

有人要求 3~6 岁的幼儿观察一个不熟悉的图形,用跟动仪记录他们的注意情况。结果发现:幼儿眼睛扫视的范围和系统化程度都随年龄的增长而逐渐扩大和提高。其中有一项研究是让幼儿完成这样一个任务:研究者给幼儿呈现一个木棍作为标准,要求他们从一些长短不同的木棍中找出与标准木棍长短相等的一根木棍。研究者用眼动仪记录他们完成任务时的眼动过程,结果发现:3~4 岁幼儿只看几根木棍后,便指出一根他们认为是与标准木棍长短相同的木棍,有时幼儿选择是正确的,但更多时候选择是错误的。实验还发现:在完成下一次任务时,3~4 岁幼儿在做选择时,他们的扫视范围并不扩大;4~5 岁幼儿的扫视范围开始扩大,扫视活动开始出现系统化的倾向;6~7 岁幼儿的扫视更加系统化,而且他们的注意更多集中于那些与标准木棍长短接近的木棍上。

国外一项研究表明:6 岁以下的学前儿童在观看少儿电视节目时,往往只专注于节目中的视觉形象,如各种拟人动物角色的衣着打扮、长相和动作表现,而不理会它们之间的对白内容;6 岁以后的儿童不仅对视觉形象感兴趣,而且能同时接受听觉方面的刺激信息——对白。有研究还表明 4~6 岁学前儿童对节目中的重要信息很敏感,看完节目后能回忆起重要的情节内容,而对不重要的情节往往记不起来。看来,学前儿童即使是专注地从事某一项活动,注意也始终是有选择性的。

(2)影响学前儿童注意广度发展的因素

注意的广度有一定的生理制约性。研究发现:在 1/20 秒的时间内,成人一般能注意到 4~6 个相互之间没有联系的黑点,而学前儿童则只能看到 2~4 个。

注意的广度还取决于注意对象的特点以及注意者本人的知识经验。注意对象越集中,排列越有规律,越有内在的意义联系,注意者的知识经验越丰富,注意的范围就越大。例如,10 个胡乱分布的圆点不易把握,如果以 5 个为一组摊成 2 朵梅花形,就很容易看清楚;懂英语的人对英文字母的注意范围比不懂英语的人要大得多。

随着学前儿童生理的发育和知识经验的丰富,其注意范围逐渐增大。但总的来说,学前儿童的注意范围比较小。因此教师在指导学前儿童活动或教学中,要努力做到以下几点。

第一,要提出具体而明确的要求,在同一个短时间内不能要求学前儿童注意太多的方面。

第二,在呈现挂图或其他直观教具时,同时出现的刺激物数目不能太多,而且排列应当规律有序,不可杂乱无章。

第三,要采用各种学前儿童喜闻乐见的方式或方法,帮助学前儿童获得丰富的知识经验,以逐渐扩大他们注意的范围。

3. 注意分配

注意的分配，是指在同一时间内，注意指向两种或几种不同的对象与活动。通俗地说，就是指人在同一时间内，同时注意两个以上的事物或同时从事两种以上的活动。例如，有一位幼儿园老师上音乐课时，她一边弹琴，一边组织学前儿童按音乐做各种动作。忽然她发现一位学前儿童鼻子出血了，她不停止弹琴，只是向那位学前儿童点头示意，把他叫到自己身边，告诉他如何去找另一位老师处理鼻子出血问题。在这整个过程中，她没有中断弹琴和组织全班学前儿童的活动。可见，这位老师注意分配的能力多强。一个善于注意分配的人，能够在同一时间内，花费较少的精力从事较多内容的学习或活动。注意分配是注意的另一种重要品质。

(1)学前儿童注意分配的发展

因为学前儿童有意注意和自我控制力差，又缺乏必要的技能技巧，所以学前儿童注意的分配较差，他们很难实现对注意的分配，常常顾此失彼。例如，学前儿童开始学舞蹈时，注意了脚的动作，双手就一动不动；注意了手的动作，脚步又乱了。又如，3 岁学前儿童在饭桌上想要给别人讲述事情，往往都把筷子或勺子放下后有声有色地讲，不能做到边吃饭边聊天。因此，在进餐时最好避免向学前儿童提出需要他描述事情的问题。

在良好的教育条件下，随着年龄的增长，学前儿童注意分配的能力逐渐提高。例如，3 岁学前儿童自己活动时，顾及不到别人，所以只能单独玩；4 岁学前儿童则可以和别的学前儿童联合做游戏；5～6 岁学前儿童就能参加较复杂的集体游戏和活动，并能和其他学前儿童协调一致。大班学前儿童做操时，既能注意做好动作，又能注意保持体操队伍的整齐；跳舞时，既能努力使舞姿优美，又能注意与歌曲配合一致，并配上适当的面部表情。有人还做过一个实验，让 3～5 岁的学前儿童在幼儿园的院子里寻找一件“丢失”的物品，结果发现年龄较大的 5 岁学前儿童能较有计划地逐处把院子里的每一个角落都找个遍，而年龄较小的学前儿童则毫无计划地东找找、西找找。但即使是学前末期的学前儿童，他们有计划地分配自己注意目标的能力也才刚刚发展，他们还不大会运用注意的策略指导他们的观察活动，如让他们观看一幅内容丰富的图画，他们往往会忽略其中许多重要的细节。

(2)影响学前儿童注意分配发展的因素

注意分配的基本条件就是同时进行的两种或几种活动中至少有一种非常熟练，甚至达到自动化程度。如果几种活动都不熟悉，注意分配就很困难。注意还与注意对象刺激的强度、个人的兴趣、控制力、意志力的强弱等因素有关。

因此，幼儿教师可以从以下几方面提高学前儿童注意分配的能力。

首先，要通过各种活动，培养学前儿童的有意注意以及自我控制能力。

其次，加强动作或活动练习，使学前儿童对所进行的活动比较熟练，至少对其中一种活动掌握得比较熟练，做起来不必花费多少注意或精力。比如，教学前儿童跳舞时，要先教会学前儿童脚的动作，然后在舞步进行中教手的动作。

最后，要使同时进行的两种或几种活动在学前儿童头脑中形成密切的联系。如果教师帮助学前儿童懂得歌词和表演动作之间的联系，使学前儿童既懂得歌词的意思，又理解了自己动作所表达的意思，而且唱和跳的动作都比较熟练，那么学前儿童表演起来就能比较协调、自如、富有感情。

## 第二节　学前儿童注意分散现象研究

由于身心发展水平的限制，一般来说，学前儿童还不善于控制自己的注意，倘若再加上教育上的疏忽失当，就很容易出现注意分散即分心现象。为了防止学前儿童注意分散，应该了解引起分心的原因，对症下药，采取相应的措施加以预防。

### 一、引起学前儿童注意分散的主要原因

（一）无关刺激的干扰

学前儿童以无意注意为主。一切新奇、多变的事物都能吸引他们，干扰他们正在进行的活动。例如，活动室的布置过于花哨，更换的次数过于频繁，教学辅助材料过于有趣、繁多，教师的衣着打扮过于新奇，都可能分散学前儿童的注意。

（二）疲劳

学前儿童神经系统的耐受力较差，长时间处于紧张状态或从事单调活动，便会引起疲劳，降低觉醒水平，从而使注意涣散。引起疲劳的另一原因是缺乏严格的生活制度。有些家长不重视学前儿童的作息制度，晚上不督促孩子早睡，甚至让他们长时间看电视、玩耍，造成睡眠不足，致使第二天无精打采，不能集中精力进行学习活动。

（三）缺乏兴趣和必要的情感支持

兴趣、成功感以及他人的关注等因素可以构成活动的动机。对于学前儿童来讲，这些因素更会直接影响活动时的注意状况：活动内容过难，可能会因缺乏理解的基础和获得成功的可能而丧失兴趣和积极性；过易，也可能会因缺乏新异性、挑战性而减少对他们的吸引力。班额过满，师生之间必要的感情交流太少，学前儿童可能因得不到教师的关注和情感支持而丧失活动的积极性。

需要注意的是，如果家长和幼儿教师对教育过程控制得过多、过死，学前儿童缺少积极参与和创造性发挥的机会，缺少实际操作的机会，教育过程呆板少变化，活动要求不明确等，都可能涣散学前儿童的注意力。

### 二、学前儿童注意的培养

培养学前儿童的注意，可以从以下两点来进行。

（一）防止注意的分散

学前儿童的注意是十分容易分散的，其原因主要包括以下几个方面。

第一,学前儿童的神经系统耐受能力是比较差的,长时间的紧张或者是单调的活动,会引起其大脑的疲劳,进而使注意分散。

第二,不相关的刺激物太多,干扰了学前儿童的正常活动。

第三,生活作息的不合理,使学前儿童休息不好,导致疲劳以及注意的分散。

第四,兴趣、成功感以及他人的关注等是学前儿童集中精力的动机,一旦缺乏相关的情感支持,就会影响到活动的注意状况。

第五,教师没能很好地引导学前儿童进行无意注意与有意注意的转换。

为了使学前儿童注意获得不断地发展,家长和幼儿教师应当采取积极的手段来防止其注意的分散,具体可从以下几个方面入手。

#### 1. 培养良好的注意习惯

首先,在学前儿童学习、游戏时,老师或家长不要随意使唤学前儿童,使其在实践活动中养成集中注意的习惯。

其次,老师或家长向学前儿童提出要求或者是做出嘱咐时,不能反复地讲,否则会使学前儿童分散注意。

最后,教师要善于组织学前儿童开展活动,合理安排活动环节,有效地对其注意进行引导。

#### 2. 排除无关刺激物的干扰

要使学前儿童不受无关刺激物的干扰,就必须为学前儿童创设一个利于保持注意的环境。具体而言,就是活动环境安静、整洁、有次序,使学前儿童能够身心舒适地处于环境之中。

#### 3. 制定合理的作息时间制度

家庭以及幼儿园要为学前儿童制定合理的作息时间制度,并严格按照制度实行,保证其充足的休息与睡眠。

#### 4. 依据兴趣与需要组织活动

这是针对教师的教学质量而言的,学前儿童的教育活动可以是多种多样的,但要选择那些真正符合学前儿童兴趣以及发展需要的活动。具体应该从以下几个方面做起。

首先,在活动的内容上应该贴近学前儿童的生活。

其次,在活动的组织形式中要采取师幼之间、学前儿童同伴之间的相互交流与合作。

再次,活动的方式要应尽可能地“游戏化”,使学前儿童在活动的过程中体验愉悦。

最后,活动的过程要体现学前儿童的自主性,让其进行独立自主的动手动脑活动,并注意活动时间的长短以及活动内容的动静结合。

#### 5. 交替运用无意注意与有意注意

在组织活动的过程中,教师要采用新颖、多变且具有强烈刺激的内容,激发学前儿童的无意注意;还要培养与激发学前儿童的有意注意。只有在无意注意与有意注意之间灵活地交替,才能使学前儿童的大脑活动有张有弛,既能保持注意,最终完成活动,又不会导致疲劳。

## (二)培养注意

### 1. 培养广泛的兴趣

兴趣是学前儿童产生以及保持注意力的主要条件，能够引起其相当大的关注度。学前儿童兴趣的培养，需要家长以及教师利用启发与诱导的方式，应尽可能多地采用不同的方法来培养学前儿童的兴趣，进而形成稳定、集中的注意力。

### 2. 丰富知识经验

学前儿童具有的知识与经验越丰富，就越能形成广泛的兴趣，也就越能扩展注意的广度、稳定性以及良好注意分配等注意品质的发展。因此，教师要使学前儿童获得充实的生活，体会生活中丰富的知识内容，进而提升经验。

### 3. 在游戏中训练注意力

游戏是学前儿童最喜爱也是最主要的活动。游戏不仅能使学前儿童保持心情的愉悦，还能在游戏中设置目标与任务，训练学前儿童将注意力长时间保持在游戏内容上。

### 4. 在成人的指引下培养有意注意

有意注意作为学前儿童注意发展的重要组成部分，培养其有意注意需要在成人的指引之下。首先，成人要帮助学前儿童明确注意的目标与任务，产生注意动机，如在面对“什么东西变了”这一问题时，教师需先引导学前儿童寻找目标。其次，成人要采用语言引导的方式，引导学前儿童的有意注意，如教师组织语言智力游戏，让学前儿童思考解决问题的方法，并利用语言对其注意加以引导。

### 5. 加强个别教育

学前儿童作为一个个活生生的个体，其注意的发展是不同的。比如，有的学前儿童能够长时间地集中注意去看书、听故事、绘画以及做游戏等，但有的却活泼好动，常常处于兴奋的状态，注意力也难以集中。这就需要教师在对学前儿童进行注意培养与训练时，根据个体的差异进行个别的指导与教育。

# 第五章　学前儿童记忆与想象的发展与培养

记忆是人脑保持信息和提取信息的复杂的心理过程。对于学前儿童来说，记忆是他们积累经验的"工具"，对他们知觉、思维、想象、言语等具有十分重要的作用。学前儿童的想象力如同记忆力一样，也是一种非常重要的认知能力。在这里，本章主要对学前儿童记忆与想象的发展与培养进行系统且深入的研究。

## 第一节　学前儿童记忆的发展与培养

### 一、学前儿童记忆的发展

在很长一段时间里，人们都认为，人的记忆发生在新生儿期。但也有研究者认为，在胎儿期就已经产生记忆。我国早教专家刘泽伦曾经对七八个月的胎儿进行了音乐听觉的相关研究，研究结果表明，胎儿有听觉记忆。无论哪种观点，可以确定的是，新生儿已经有了记忆。但是，婴儿的记忆主要是无意记忆，由于大脑发育的不成熟，婴儿的记忆能力很弱，有记忆缺失现象。随着年龄的增长，学前儿童的记忆逐渐发展起来，并呈现出了以下几个主要的发展特点。

#### （一）无意记忆占优势，有意记忆逐渐发展

学前儿童整体心理的有意性都比较低，当然，识记的有意性也就比较低。因此，学前儿童的无意记忆是占据主导地位的。3 岁前儿童基本上只有无意记忆，有意记忆虽已开始萌芽，但很少被运用。在一项有目的的活动中，学前儿童的识记更多的是受对象外部特征的影响，且不能有效运用识记方法。

在学前时期，学前儿童无意识记的效果都优于有意识记。苏联心理学家陈千科进行了如下实验：实验者要求幼儿用 15 张图片在桌上做游戏，图片画的都是儿童熟悉的东西，如苹果、水壶、狗等。在游戏结束后，实验者要求幼儿回忆所玩过的东西，这是对其无意识记进行检查。为了检查幼儿的有意记忆，在同样的实验条件下，实验者要求幼儿记住 15 张图片的内容。实验结果表明，幼儿中期和晚期识记的效果都是无意识记优于有意识记，到了小学阶段，有意识

记才逐渐赶上无意识记(图 5-1)。①

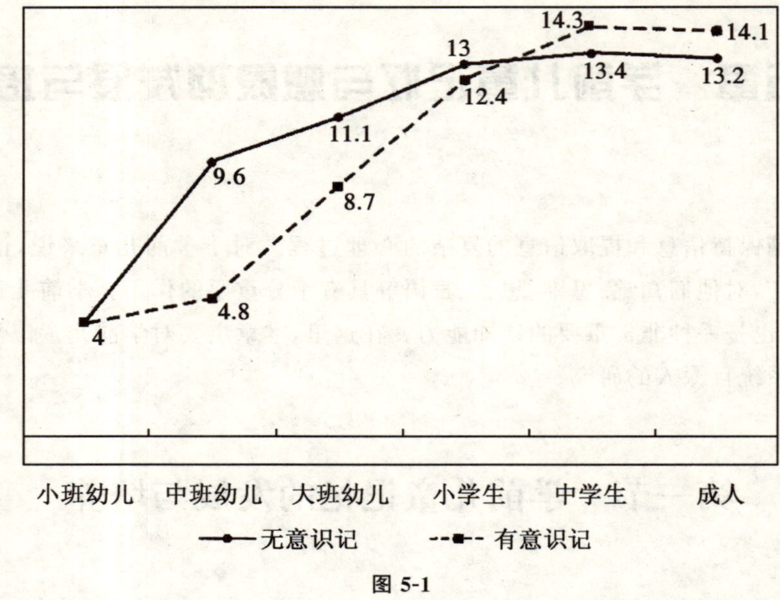


图 5-1

学前儿童的无意记忆是学前儿童在完成感知和思维任务的过程中附带产生的结果，是一种副产物。一般来说，学前儿童的认知活动越是积极，无意识记的效果就越好。

学前儿童的无意识记和有意识记并非是一个此消彼长的过程。在记忆加工能力逐渐提高，认识范围逐渐宽广的前提下，学前儿童的无意识记和有意识记都会随着年龄的增长而不断发展。

有意记忆的发展，是学前儿童记忆发展中最重要的质的飞跃。学前儿童有意记忆是在生活的要求和成人的教育下逐渐产生的。有意识记的效果依赖于对记忆任务的意识和活动动机。在实际生活中，如果成人提出的要求恰当，使学前儿童明确识记的目的和任务，那么学前儿童在完成任务中，有意识记的效果就有可能超过游戏的效果(表 5-1)。

表 5-1　学前儿童在三种不同动机下有意识记的效果

| 年龄(岁) | 完成实验任务 | 游戏 | 完成实际任务 |
|---|---|---|---|
| 3～4 | 0.6 | 1.0 | 2.3 |
| 4～5 | 1.5 | 3.0 | 3.5 |
| 5～6 | 2.0 | 3.3 | 4.0 |
| 6～7 | 2.3 | 3.8 | 4.4 |

另外，记忆的恢复或信息的检索包括再认和再现(回忆)两种形式。在学前儿童记忆的发展中，有意的再认和再现都可以分为三种水平或三个发展阶段，从这二者的发展阶段看，有意

① 陈帼眉:《学前心理学》，北京：人民教育出版社，1989 年，第 132 页。

再现的较高水平比有意识记早出现，也就是说有意再现的发展先于有意识记。

## (二)记忆的理解和组织程度逐渐提高

### 1. 学前儿童容易运用机械记忆

机械记忆是指学习者不了解材料的意义，不理解其间的内在联系，单靠反复背诵达到记忆。人们总是认为，学前儿童主要利用机械记忆。其实，学前儿童期意义记忆也在迅速发展。学前儿童在记忆过程中越来越多地依赖于理解，并把记忆材料加以系统化。

人们之所以认为学前儿童主要运用机械记忆，主要是因为成人大量运用意义记忆。实际上，学前儿童只是相对较多地运用机械记忆，这大概出于三个原因：一是学前儿童大脑皮质的反应性较强，感知一些不理解的事物也能够留下痕迹；二是学前儿童对事物理解能力较差，对许多识记材料不理解，不会进行加工，只能死记硬背；三是学前儿童的经验还不是很丰富，抽象思维不发达，词汇有限。

### 2. 学前儿童意义记忆效果好

学前阶段是个体意义记忆迅速发展的时期，尤其是中班和大班的学前儿童再现识记材料时，会有一定的加工，会按照自己的理解加以改造。学前儿童的意义记忆主要表现在以下几个方面：一是能够运用自己比较熟悉的词语去取代不熟悉的词语，表现出初步的概括性；二是在复述故事的时候，能够在不破坏逻辑关系的范围内对细节进行改动；三是在复述故事的时候，能够删除无关紧要的部分，并加上自己认为合理的情节。

学前儿童对理解了的材料记忆效果也比较好。通常来说，学前儿童对儿歌的识记比不理解的诗词记忆的效果好。相关研究表明，学前儿童对常见物体的记忆效果比不熟悉的无意义图形的记忆效果好。学前儿童识记熟悉的词比无意义音节效果好。

学前儿童之所以对理解了的材料记忆效果较好，主要是因为：意义记忆是通过对材料的理解而进行的，理解能够将记忆的材料和过去头脑中已有的知识经验联系起来，把新材料纳入已有的知识经验系统中，加深了对材料的加工程度；而机械记忆只能把事物作为单个、孤立的小单位来记忆，意义记忆使记忆材料互相联系，从而把孤立的小单位联系起来，形成较大的单位或系统。

从上述两个方面来看，在整个学前阶段，无论是机械记忆还是意义记忆，其效果都随着年龄的增长在不断提高。同时，经有关研究表明，年龄较小的学前儿童意义记忆的效果比机械记忆高得多，而随着年龄增长，这两种记忆效果的差距在逐渐缩小。这种现象并不表明机械记忆的发展越来越迅速，而是由于年龄增长后，学前儿童的机械记忆中加入了越来越多的理解成分，这有力地提高了机械记忆的效果。

## (三)形象记忆占优势，语词记忆逐渐发展

形象记忆主要是根据具体的形象来记忆各种材料；语词记忆则主要是通过语言的形式来识记材料。在儿童语言发生之前，其记忆内容只有事物的形象，也就是说儿童此时的记忆属于形象记忆。在 2 岁以后，学前儿童语言发生后的整个学前阶段，由于成人往往用语言向学前儿

童传授知识经验,向他们提出各种要求,致使学前儿童的记忆逐渐积累了不少语言材料。这便使学前儿童的语词记忆逐渐发展了起来,但形象记忆仍然占主要优势。

另外,从记忆的效果看,学前儿童形象记忆的效果优于语词记忆。这主要是因为,与熟悉的词语相比,学前儿童对熟悉的物体更容易记忆。学前儿童对熟悉物体的记忆依靠的是形象记忆,而形象记忆所借助的形象带有直观性、鲜明性,因此效果最好。

关于此,卡尔恩卡曾经将 3～7 岁的幼儿作为被试,对幼儿形象记忆和语词记忆的效果进行了专门的研究。他让幼儿记住三种材料,分别是幼儿熟悉的具体物体、标志儿童熟悉的物体名称的词、标志儿童不熟悉的物体名称的词。根据研究结果证明,幼儿形象记忆的效果确实优于语词记忆的效果,见表 5-2。

**表 5-2　幼儿形象记忆与语词记忆效果的比较**

| 年龄(岁) | 熟悉的物体 | 熟悉的词 | 生疏的词 |
|---|---|---|---|
| 3～4 | 3.9 | 1.8 | 0 |
| 4～5 | 4.4 | 3.6 | 0.3 |
| 5～6 | 5.1 | 4.6 | 0.4 |
| 6～7 | 5 6 | 4.8 | 1.2 |

从上表中也可看出,学前儿童形象记忆和语词记忆都随着年龄的增长而不断发展,不过,显然语词记忆发展的速度比形象记忆发展的速度要快。

另外,如果对表 5-2 中的数据做一个比较研究,就会发现,学前儿童形象记忆和语词记忆的差别随着年龄的增长在逐渐缩小(表 5-3)。这很大程度上是因为学前儿童语言的发展使形象和词语的联系越来越密切。

**表 5-3　学前儿童形象记忆和语词记忆效果的比率**

| 年龄(岁) | 熟悉的物体 | 熟悉的词 | 两者的比率 |
|---|---|---|---|
| 3～4 | 3.9 | 1.8 | 2.1∶1 |
| 4～5 | 4.4 | 3.6 | 1.2∶1 |
| 5～6 | 5.1 | 4.6 | 1.1∶1 |
| 6～7 | 5.6 | 4.8 | 1.1∶1 |

(四)记忆策略逐渐形成

记忆策略,是指能够增强记忆效果的方法。记忆策略的形成与记忆有意性的发展是联系在一起的。一般而言,当儿童有了自觉完成记忆任务的意识以后,就会产生运用记忆策略的要求,也就会在实践中逐渐形成运用记忆策略的能力。

通常,儿童记忆能力的差异主要反映在运用记忆策略的能力高低上。记忆策略产生于记忆使人对记忆材料做最佳加工的作业中,产生于材料易于使用的情况下。随着儿童年龄和知识经验的增长,记忆策略的使用会越来越频繁。

儿童的记忆策略的发展过程主要包括四个阶段，即无策略阶段（0～5岁）、部分策略阶段（5～7岁）、策略效果脱节阶段（7～10岁）、有效策略阶段（10岁以后）。在这一过程中，儿童使用的记忆策略有视觉复述策略、定位策略、复述策略、组织策略及提取策略等。

对于学前儿童来说，其处于无策略向部分策略发展的阶段，他们运用的记忆策略主要有视觉复述策略、定位策略和复述策略。

1. 视觉复述策略

视觉复述是儿童在记忆过程中最早使用也是最为简单的一个策略，它是指将自己的注意力有选择地集中在所要记住的事物上，从而加强记忆。

有人曾做过这样一项研究，研究者向18～24个月的儿童出示一只玩具大鸟，接着把大鸟藏在枕头下面，并要求儿童记住大鸟的位置。然后研究者宣布自由活动4分钟，并在活动中用其他玩具设法使他们分心。然而，这些儿童在自由活动中经常会中断活动而谈论大鸟的位置，注视着这一位置，并用手指着它，或者是在有大鸟的这个位置周围徘徊或企图掀开枕头。很显然，此实验中，学前儿童是运用视觉复述的方法记住了大鸟的位置。

2. 定位策略

定位策略就是指给目标刺激设计某种特定的标签，以便于记忆的方法。海斯尔等曾做了这样一项研究：实验者让儿童将一个小物品藏在一个有196个格子的棋盘中，并要求儿童尽可能记住物品所藏的位置。结果发现，5岁以上的儿童会倾向于选择那些较有特点的位置去藏物品；而3岁儿童则不会这样干，但有些3岁儿童知道在同一个实验的不同次别里将物品藏在同一个位置会便于以后寻找。① 显然，5岁以上儿童已经懂得使用定位策略。

3. 复述策略

复述策略是指在记忆过程中，通过不断重复需要记忆的内容，以便准确、牢固地记忆的方法。这一策略能够将短时记忆转化为长时记忆，是记忆的一个有效方法。一般来说，3岁儿童还不会使用复述策略，但3岁以后的儿童已经能够逐渐使用这一策略，并且7～10岁的儿童能更有效地使用这一策略。随着儿童年龄的增长，使用复述策略的能力和复述的质量都在提高。

(五)学前儿童的记忆恢复现象

记忆恢复现象，是指个体在学习某种材料时，不能立刻完整地再现所记住的材料，需要经过一段时间后记忆才能完善，然后才开始出现遗忘。巴拉德于1913年最早发现记忆恢复现象。这种现象产生的原因可能是学前儿童神经系统的发育还不完善，大量的新异刺激使神经系统因疲乏转入抑制状态，不能马上恢复识记的材料；到神经系统恢复到兴奋状态时，先前识记的材料又能被回忆出来。

心理学家一般认为，幼儿记忆恢复现象发生在识记以后的1～2天内。在记忆内容复杂和节奏鲜明的材料时，记忆恢复现象表现得尤为经常和突出。可见，记忆恢复现象与识记材料的

① 林崇德，沈立德：《认知发展心理学》，杭州：浙江人民出版社，1996年，第126页。

性质和数量有一定关系。材料难度大,记忆恢复现象就比较明显。另外,年龄小的幼儿,其记忆恢复现象更为显著。

## 二、学前儿童记忆的培养

从上述学前儿童的记忆发展特点来看,学前儿童的记忆力较弱,且正处于逐渐发展阶段。在学前儿童记忆的发展过程中,家长和教师如果能够抓住这些特点,合理组织学前教育活动,在活动中有意识、有计划地培养和发展学前儿童的记忆力,就能够使学前儿童的记忆得到很大的提高,从而促进学前儿童智力的发展。具体来说,要想培养学前儿童的记忆,就应着重从以下几个方面入手。

### (一)帮助学前儿童明确记忆的目的

明确记忆的目的主要是针对有意记忆而言的,有意记忆的形成和发展是学前儿童记忆发展中最重要的质变,因此要注意培养学前儿童的有意记忆。在日常的生活和各种活动中,家长和教师要经常向学前儿童提出明确而具体的任务,提出记忆的要求。例如,老师可经常组织学前儿童专门外出观察一些事物,然后表明:“回来后比比看谁记住的事情多。”通常情况下,如果没有成人的具体要求,学前儿童基本上不会主动去记忆什么,但如果向学前儿童提出具体的要求,使其明确记忆的目的,就很容易调动学前儿童记忆的积极性,从而提高记忆的效果。

### (二)激发学前儿童记忆的兴趣和信心

很多时候,学前儿童并不会主动去记忆,这时候就需要一定的帮助去激发学前儿童记忆的兴趣和信心,从而提高记忆力。一般,当学前儿童处于积极稳定的情绪状态下,兴趣强烈,充满自信心时,记忆的效果比较好。因此,成人应尽量不批评或惩罚学前儿童,不要使学前儿童产生自己笨、记性不好等的自我认识,否则只能加速学前儿童记忆的恶性循环。正确的做法是:成人经常鼓励学前儿童,让他们保持一个良好的情绪状态,并激发他们对记忆材料的兴趣,培养他们记忆的自信心,如此才能逐渐形成一种记忆的良性循环。

### (三)提供丰富的感性材料,采用有趣的教育方式

尽力发展学前儿童的形象记忆和情绪记忆能够有效提高学前儿童的记忆力。要想使学前儿童的形象记忆和情绪记忆得到发展,成人应当努力为学前儿童提供丰富的感性材料,并采用有趣的教育方式。

在整个学前阶段,学前儿童的形象记忆占优势,所以说,那些色彩鲜明、形象生动夸张、内容新颖有趣、活动着的对象,那些能引起学前儿童兴趣和情感体验的事物,更容易使学前儿童记住。基于此,在幼儿园教育活动中,教师就应该努力为学前儿童提供这样的对象或事物,来吸引学前儿童;在解释抽象的概念时,就应当运用具体形象的材料和教具,加深学前儿童对抽象概念的记忆。

（四）帮助学前儿童理解记忆材料，提高学前儿童意义记忆水平

前文已经做过说明，意义记忆的效果优于机械记忆。对记忆材料理解得越深刻，记忆的效果就越好，保持的时间也就越长。因此，在针对学前儿童的活动中，教师和家长都应当善于采用多种多样的方法，尽量帮助学前儿童理解记忆的材料，帮助他们学会从事物的内部联系上去记忆材料。在帮助学前儿童理解记忆材料的过程中，成人还应指导学前儿童在记忆中进行积极的思维活动，以此来加深记忆。例如，在教学前儿童背古诗词时，可先帮助学前儿童了解诗词的内容，然后把诗词串起来编成一个故事讲给孩子听；再通过提问和讲解让学前儿童理解诗词中的关键字、词，并要求学前儿童将记忆的内容与各自的知识经验联系起来。如此便能达到快速记忆的目的。

（五）帮助学前儿童进行及时、合理的复习

学前儿童的记忆保持时间短暂，记忆的精确性差，很容易遗忘。所以，成人十分有必要帮助学前儿童进行及时、合理的复习。

关于幼儿的遗忘，德国心理学家艾宾浩斯曾根据实验，绘制出了有名的“遗忘曲线”（图 5-2）。从图中的遗忘曲线可以看出，遗忘的进程是不均衡的。在学习停止以后的短时期内，遗忘特别迅速，后来逐渐缓慢，再到之后的一段时间内，几乎不再遗忘。可见，遗忘的发展呈“先快后慢”的规律。

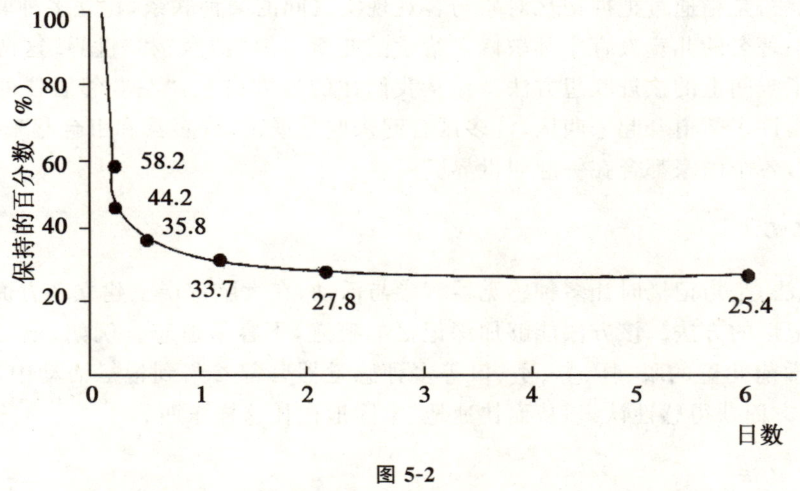


图 5-2

在幼儿园教育活动中，教师应根据遗忘“先快后慢”的规律，帮助学前儿童及时复习，特别要赶在大量遗忘发生之前将学习内容进行巩固。在帮助复习时，要特别注意复习的次数和复习的方法。一般，复习的次数要多，每次复习的间隔要短，以后次数可以逐渐减少，间隔也可以逐渐延长。复习的方式要灵活多变，尽量避免简单、机械地重复；可结合教育和日常生活，采用游戏、谈话、讨论等方法，让学前儿童在活动中对需要记忆的材料进行巩固。另外，学前儿童容易对内容、性质相似的材料形成混淆记忆，因此，教师应让学前儿童对这些内容进行交错复习，以提高其记忆的正确性。

### (六)帮助学前儿童学会多种记忆方法

有效运用多种记忆方法能够最大限度地增强学前儿童的记忆能力。因此,教师在向学前儿童传授种种学习内容的同时,要教给他们一些常用的记忆方法,让他们得以合理利用,甚至创造出一些新的记忆方法来。以下是几种适合学前儿童学习并运用的记忆方法。

#### 1. 比较记忆法

比较记忆法,是指对相似而又不同的记忆对象进行细致的比较和分析,弄清和把握它们各自的特点,以此来帮助记忆的方法。例如,韭菜和麦苗是两种较容易混淆的植物,要想让学前儿童分别记住这两种植物,就应当先引导学前儿童对韭菜和麦苗进行比较,分清二者的异同点。

#### 2. 归类记忆法

归类记忆法,是指把许多同类的事物归为一类,并将其整理成有适当次序的材料系统。比如,把饼干、面包、糖果、水果、冰淇淋等归为食品类,来帮助记忆。这种方法一般都是在学前儿童积累了一定数量的知识材料后进行的。使用归类记忆法能够扩大学前儿童记忆的容量,使材料更容易、更牢固地被记下来。

#### 3. 联想记忆法

联想记忆法,是指通过把握记忆对象与客观现实之间的某种联系,建立多种联想来进行记忆。例如,我国著名的儿童教育家孙敬修在给学前儿童讲解“国家”和“世界”这两个抽象的概念时,就采用了空间上的接近联想方法。他从我们住的地方讲起:“左右邻居住的一长排房子叫胡同或街道,许多街道合起来叫区,许多区合起来叫县或市,许多县和市合起来叫省,许多省合起来叫国家,各个国家都合在一起叫世界。”①

#### 4. 协同记忆法

协同记忆法,是指记忆时让多种感觉器官参与活动,在大脑皮层上建立多方面的暂时神经联系,以帮助记忆的方法。该方法能够加深记忆的痕迹,不容易遗忘。例如,记忆某样吃的东西时,尽量让学前儿童的眼、耳、鼻、手、口等多种感觉器官都参与到记忆活动中,通过看、听、闻、摸、尝等多方面获得感性认识,从而快速地、牢固地记住这样东西。

#### 5. 歌诀记忆法

歌诀记忆法,是指将需要记忆的材料编成歌诀来记忆的方法。该方法能够缩小记忆材料的绝对数量,加大信息浓度,增强趣味性,使学前儿童在轻松愉快的氛围中牢记材料。

#### 6. 整体记忆和部分记忆法

整体记忆较为机械,主要是将材料整体一遍遍地进行记忆,直到完全记住为止;而部分记

① 王保林,窦广采:《幼儿心理学》,郑州:郑州大学出版社,2007 年,第 119 页。

忆是将材料分成几个部分，一部分一部分地记，最后再合成整体记忆。整体记忆主要在记忆材料的数量不多的时候运用，部分记忆则在材料较长时应用。心理学研究表明，人的记忆是以“组块”为单位的，每一个组块内的信息量多少是相对的，并且组块内部的信息是相互联结的，如果将记忆材料分成适当的组块，就能够大大提高记忆效果。部分记忆法就符合这种组块规律。在实际生活中，往往是将两种方法并用，这更能获得较大的记忆效果。

## 第二节　学前儿童想象的发展与培养

想象力也是学前儿童的一种重要的认知能力。本节主要对学前儿童想象发生的时间、学前儿童想象的分类、想象在学前儿童心理发展中的重要作用、学前儿童各类想象的发展等方面的内容进行详细的叙述。

### 一、学前儿童想象的发生及特点

#### (一)学前儿童想象发生的时间

由于1岁以前学前儿童的大脑还不具备加工改造的能力，而想象的发生，需要人脑对已有表象进行加工改造并在此基础上形成新的形象。为此，我们判断，想象的发生时间，应该为1岁以后的婴幼儿。想象的发生与儿童大脑皮质的成熟有关，也和儿童表象的发生、表象数量的积累以及儿童言语的发生、发展有关。

根据相关研究，当学前儿童在1.5～2岁时，才开始萌发出想象的嫩芽。得出这一结论的依据为:此年龄段的儿童常常把生活中一些简单行动或现象迁移到游戏中去。例如，这一时期的婴幼儿看到某些现象或动作时，会产生激动等情绪，有时候还会模仿某些动作，并对某些现象做出反应。由此我们可以得出，1岁半以后的儿童已开始运用表象进行想象了。

#### (二)学前儿童想象所具有的特点

儿童最初的想象，可以说是通过动作和语言实现记忆材料的简单迁移。具体来说，这一时期学前儿童所具有的想象特征表现在以下几方面。

##### 1. 在新情境下激活记忆表象

2岁儿童的想象，几乎完全重复曾经感知过的情境，并在新的情境下将其重新表现出来。例如皮亚杰所列举的典型事例:小女孩曾看见在一所村庄旧教堂的塔尖上悬挂着许多钟，并询问过她的父亲有关教堂的钟的一些知识。在某一天小女孩笔直地站在父亲的书桌旁，并发出震耳欲聋的声音。她父亲就女儿的这一奇怪举止提出了问话，结果小女孩回答说:“不要跟我说话，……我是一所教堂。”生活中还有许多类似的现象，如小孩子模仿生活情境的过家家，打扮自己的宠物或玩具娃娃等。

2. 简单的联想

学前儿童最初的想象是依靠事物外表的相似性把事物的形象联系在一起的，属于较为初级的联想。

3. 没有复杂的想象的情节组合

最初的想象只是一种简单的代替，以一物代替另一物。例如，学前儿童会根据生活中把小女孩称为"小妹妹"的经验，通过想象把玩具娃娃唤作小妹妹，并根据生活情节中的内容模仿相似的动作，并没有更多的想象情节或对这些情节进行重新组合。

（三）儿童想象中的夸张性

1. 主要表现

第一，将事物的某个部分或某个特征过分放大。

学前儿童在想象中，常常会夸大事物的某个部分或某种特征。学前儿童喜欢听童话故事，也与童话故事所具有的夸张性有一定的关系，如大人国、小人国啦，长鼻子公主等。儿童自己讲述事情，也喜欢用夸张的说法："我哥哥可有劲了！天下第一！""我家种的那个瓜长得可大了！天下第一大！"如果此时还有其他小朋友说自己家的瓜比他家的还大，其比划大瓜的手势就会不断扩大，直到两只手臂全张开为止，至于这些说法是否与实际情况相符合，则不会成为讨论的重点。

第二，混淆假想与真实。

学前儿童常常把自己想象的事情当作是真实的事情。比如，有的孩子在玩"过家家"的游戏中，甚至把游戏中的"菜"真吃了。学前儿童在生活中也常常把自己的强烈愿望作为真实。例如，一个孩子告诉老师："我爸爸从国外给我带回一套变形金刚。"经老师了解，他父亲正准备出国留学，确实答应了给这位儿童买这件礼物，但现在还没有买。

2. 出现夸张的原因

第一，自身认知水平的限制。

学前儿童在观察事物的时候，通常只会留意那些具有突出特点的事物或事物的某一方面，而这些特点往往是非本质特点。对于事物的其他隐含的特点，自然不会为儿童所留意。学前儿童记忆中所保持的形象比较贫乏，并且不能完全掌握事物的全部特征，在想象过程中反映的也只能是一些突出的非本质的特征。例如，对于人脸的构成部分，儿童一般只会记住两只大眼睛，脸上的一颗痣等。学前儿童思维概括性不足，因而不能恰当地把握本质特征。思维的相对性差，片面性大，因而往往走极端。这一现象表现在想象中，往往造成了过分夸大，大的东西会更加放大，小的东西会更加缩小。

由于学前儿童认知水平还不太成熟，有时就会把想象表象和记忆表象相混淆。有些学前儿童渴望的事情，经反复想象在头脑中留下了深刻的印象，以至于在记忆中将这一未发生的事情当作真实存在的事情。有时候则由于知识经验不足，将假象和真实现象相混淆。

第二，自身的情绪状况。

处于发展中的学前儿童，这一时期心理特征还不稳定，并表现出较强的情绪性。他感兴趣的东西、他希望的东西，往往在其意识中占据主要地位。例如，儿童对蝴蝶感兴趣，画画时，就会将蝴蝶作为画画的中心；儿童希望自己家的东西比别人强，就会不断夸大自己家里的东西，甚至有时自己也会信以为真。

## 二、想象的类型

想象多种多样，根据不同的标准，可以将想象分为不同的类型。在这里，我们根据新形象的形成有无目的性，可以把想象分为无意想象和有意想象，在此基础上对学前儿童的想象类型进行探讨。

### （一）无意想象

无意想象也称不随意想象，是人们在一定刺激的影响下不由自主地创造出的新形象，这种想象的产生没有预定性、计划性或目的性。例如，当学前儿童看见天空中变化多端的彩云时，脑中就产生起伏的山峦、成群的恐龙、活动的羊群、嘶鸣的奔马等形象；当儿童听教师讲故事时，就会随着教师的描述在自己头脑中形成一定的画面或在头脑中浮现故事情节及其发展等，均属于无意想象，都是无意想象的表现形式。无意想象处于想象的最初阶段，学前儿童的想象多为这一类型的想象。

### （二）有意想象（随意想象）

有意想象是在意识的控制下，根据一定的目的自觉地进行的想象。一般情况下，人们总是根据一定的目的、自觉地进行想象活动。例如，学生在学习过程中为了攻克某个知识点、获得某些知识、完成某项学习任务而进行的想象；工程师和工人为完成建筑图纸而进行的想象；科学家的发明创造、作家创作小说等所进行的想象，都是有意想象。在人们的实践活动中，有意想象发挥着重要作用。

根据有意想象产生的新形象所具有的新颖性、独特性和创造性程度的不同，可以将有意想象分为以下几种类型。

#### 1. 再造想象

（1）再造想象的一般含义

再造想象是根据语言描述或非语言（图样、图纸、符号等）的描绘，通过在头脑中对这些信息进行加工整理而形成新形象的过程。例如，当我们读着马致远的《天净沙·秋思》“枯藤老树昏鸦，小桥流水人家，古道西风瘦马。夕阳西下，断肠人在天涯”时，通过对这首词中的语句进行理解，从而能够在头脑中再现一幅充满苍凉气氛的“秋暮羁旅图”。当我们读着毛泽东的《沁园春·雪》中的“北国风光，千里冰封，万里雪飘……”的词句时，就会在头脑中形成一幅北方寒冬景象。这都是再造想象。

由此我们可以了解到，人们在阅读文艺作品，工人看建筑或机械图纸，学生听教师对课文生动形象的描述时，都会就有关事物进行再造想象。再造想象能够超越时间和空间的限制，并在我们的生活、工作、学习和实践中发挥着重要作用，从而实现更广泛、更深入地认识世界、改造世界。

(2)再造想象的基本特点

第一，再造想象形成的新形象，是根据别人的描述、图或符号的表示等在头脑中再造出来的，突出表现为再造性，在独立性、新颖性、创造性方面的要求较小。

第二，再造想象的新形象因人而异，每个人的阅历、知识经验、兴趣和能力不同，通过再造想象形成的新形象也应该有一定的差异。

(3)进行再造想象需要具备的条件

第一，在头脑中要有丰富的表象。进行想象，首先头脑中就应该有一定的基本素材储备，即一个人的知识阅历。知识阅历和表象越丰富，就越有可能实现再造想象。

第二，为进行再造想象提供的描述及实物标示要具有一定的准确性和生动性。生动准确、鲜明、形象的描述及实物标示更能为人们所理解，进而更容易产生再造想象。例如，教师上课时为了要学生们更好理解“旧社会”的内涵，就应用生动形象的语言来描述旧社会给人们带来的深重苦难等。总之，若对于事物的表述含糊不清，难以在人们头脑中形成清晰的印象，自然也就难以实现再造想象。

第三，对词语与实物标示意义的理解要正确。我们知道再造想象是依赖语言的描述和图样的示意而进行的。例如，学前儿童在看童话故事时，若对于其中的某些字、词、句子、段落等无法了解时，在他头脑中就不会形成栩栩如生的人物形象，也很难形成丰富的再造想象。

2. 创造想象

(1)创造想象的一般含义

创造想象是不依据现成的描述而在头脑中独立地创造出新形象的过程，它具有一定的首创性、独立性和新颖性。在产品创造、技术革新、作品创作时，人头脑所形成的新事物的形象均是创造想象。在人类社会的发展过程中，创造想象发挥着重要作用。“创新是一个民族进步的灵魂，是一个国家兴旺发达不竭的动力。”要创新，首先要有创造想象，创造想象是科学家或艺术家进行创造(创作)活动的必要环节。

(2)进行创造想象应该具备的条件

第一，在头脑中要形成丰富的表象。进行创造想象，首先要对有关事物进行细致观察，以收集和储备丰富的表象材料。已有表象材料的数量和质量对想象起着决定作用。表象材料越丰富，质量越高，人的想象的范围也就越大，想象的程度也就会越深；表象材料越贫乏，其想象越狭窄、肤浅。鲁迅曾说过：“如要创作，第一须观察，第二是要看别人的作品……必须博采众家，取其所长，这才后来能够独立。”例如，有些作者作品中的人物形象，是根据现实生活中的人而创造出来的。

第二，积累必要的知识经验。要进行创造想象，还应该对某些领域有深入的了解，掌握必要的知识。只有对相关领域有深入的研究和了解，才能实现创造。例如，牛顿对物理学的研究，发现了三大定律；达尔文对生物学的研究，写出了《物种起源》；李时珍对医药学的研究，写出了著名的医药书《本草纲目》。由此可以看出，创造出的超出现实生活中的作品，还应该以现实为依据，掌握必要的知识，才能在相应的领域展开想象的翅膀。

第三，利用原型启发。这里所说的原型，指的是起启发作用的事物或带来创造灵感的事物。任何人在某一方面的发明创造或革新，不可能完全超出现实生活中存在的事物，在开始时总要受到某种类似的事物或模型的启发。例如，鲁班从丝茅草割破手得到启发，发明了锯子；阿基米德原理是阿基米德在洗澡时看见水溢出盆外得到启发而发现的等。

原型之所以能够发挥启发作用，是因为事物本身的特点与所创造的事物之间存在着一定的相似之处或共同点，从而为复杂的创造活动拧出头绪。某一事物（原型）能否起到启发作用，与创造者的心理状态有一定的关系，特别是与创造者当时的思维状态有很大的关系。当人的思维积极而又不过于紧张时，往往能激发人进行创造的灵感。

3. 再造想象与创造想象之间的关系

对于再造想象与创造想象之间的关系，我们可以通过下表 5-4 来进行了解。

**表 5-4　再造想象与创造想象的异同和联系**

| 项目 | 再造想象 | 创造想象 |
| --- | --- | --- |
| 不同点 | (1)具有再造性，构造出的形象与原物相符合<br>(2)再造的形象所代表的事物是已被他人创造出的<br>(3)在一般性活动中作用较大 | (1)具有创造性，构造出的形象是崭新的<br>(2)创造的形象所代表的事物是前所未有的<br>(3)在创造性活动中作用较大 |
| 共同点 | (1)都是根据已有表象构造出新形象<br>(2)想象中的事物都是以前没有直接感知过的 | |
| 联系 | (1)再造想象是创造想象的基础，创造想象是再造想象的发展<br>(2)创造想象中有再造想象的成分，再造想象中有创造性的成分 | |

## 三、想象对学前儿童心理发展起到的作用

2～5 岁以后，学前儿童的想象得到了迅速发展，并对其心理发展起到重要作用。可以说，想象贯穿于儿童的各种活动之中。儿童在学习活动、生活活动、游戏活动和劳动活动中，都需要一定的想象来提供支持。

### （一）提高学前儿童的理解能力

学前儿童对事物的理解还处于感性阶段，并往往伴随着想象的参与。想象可以帮助学前儿童学习抽象的概念，理解较为复杂的知识，创造性地完成任务。没有想象就没有理解，而没有理解则不可能掌握知识。

例如，在学习数的组成概念时，教师可以用直观的语言激发儿童进行想象，将数字与学生熟悉的食物、玩具等联系起来，从而让学前儿童发挥想象，建立知识与生活之间的联系，从而理解抽象的数的组成的概念。再如，给儿童讲故事的时候，更需要想象的参与，从而更好地理解

故事的情节和内容。

想象不仅是学习的基础，也是处理学前儿童人际关系的有效方式。只有借助于想象，设身处地地想一想，才能明白他人的处境和心情，产生相应的情感体验，从而实现相互理解、友好相处，这也就是心理学中所说的移情换位法。比如，在幼儿园中，学前儿童有时会为抢夺好的玩具而发生争执。而争执产生的原因在于小朋友都希望得到最好的玩具，从自己的需要和感受出发。此时我们可以引导学前儿童讨论：如果玩具给了其他小朋友你心里会怎么想、如何分享玩具等，通过换位思考减少学前儿童在人际交往中的摩擦。

### (二)发展学前儿童的创造性思维

想象是学前儿童进行理解的基础。没有理解自然就不会对此进行思考，更不能发展自身的创造性思维。对学前儿童来说，创造性思维的核心就是想象。学前儿童创造性思维集中表现在丰富的想象方面。例如，在国际上获奖的"月亮上荡秋千"的儿童画，体现了学前儿童丰富的想象力和创造性思维。想象是学前儿童必不可少的心理品质，在实际生活中，我们应该将培养学前儿童的想象力贯穿于学前儿童的学习和游戏过程中。想象的形象是儿童认识和掌握社会经验的重要方式。学前儿童的想象越丰富，活动就越富有成效，其创造性思维就越能得到有效的培养和发展。

### (三)推动着学前儿童游戏活动的顺利开展

游戏是学前儿童的主导性活动。而要想游戏得以顺利展开，需要在学前儿童的角色游戏、结构游戏和表演游戏中渗透一定的想象。在角色扮演游戏中，儿童要扮演某一角色，首先必须想象自己成为该角色应该具有的言行举止等。在结构游戏中，学前儿童必须对结构材料、结构物体进行想象，利用丰富的想象力其可以随意变换结构物体的功能。例如，学生在玩有关商场买东西的游戏时，不可能真正到商场中来开展游戏，而是通过发挥一定的想象，将某一角落或某一空间当作是商场，从而使得游戏得以顺利进行。学前儿童通过发挥自己的想象能力，进入广阔的想象世界，徜徉于童年乐趣的海洋之中，提高游戏的水平。而学前儿童的智力提升，主要是在游戏活动中进行的。因此，学前儿童的想象具有重要意义。

## 四、学前儿童想象的发展

### (一)总体发展趋势

学前儿童大约从 2 岁开始产生想象，在整个学前阶段，儿童的想象还只是处于初级阶段，还未能进行较高层次的想象。随着学前儿童年龄的增长，他们想象的发展仍然遵循学前儿童心理发展的总的趋势和一般规律：由简单到复杂，由低级到高级，由被动到主动，由片段、某一枝节到成体系。

2 岁左右的儿童，刚刚具备想象的能力，此时想象的内容极其简单和贫乏，想象的水平也较低，因此这一阶段学前儿童的想象可以称为简单的自由联想。随着儿童年龄的增长、生活范围的扩大以及在教育影响下，学前儿童的想象向着更复杂、水平更高的创造想象发展。总而言之，学前儿童想象发展是从简单的自由联想向创造性想象发展，并主要体现在以下几个方面。

1. 从想象的无意性到有意性

学前儿童最开始的想象行为基本上是无意想象为主，无意想象占主导、占优势。随着儿童年龄的不断增长，受教育水平和认知水平不断提高，开始出现有意想象，并逐渐成熟。

2. 从想象的单纯再造到创造

儿童最初的想象一般为再造想象。学前儿童的想象以再造想象为主，再造想象占主要部分。儿童最初的想象和记忆之间的差别很小，根本上与独立的创造扯不上关系。在教育的影响之下，学前儿童的创造想象才得以逐渐形成。

3. 从想象的极大夸张性到合乎逻辑性

学前儿童的想象常常与现实生活相脱离，主要表现为其想象往往具有夸张性的特点，或者分不清想象情境和真实情境。例如，学前儿童想象的一个特点在于，将游戏的情境与真实的情境混淆，误以为向往的事情是现实，把想要做的说成已经做了。随着生活经验的积累和认知水平的不断提高，学前儿童的想象逐渐贴近现实生活，并具有一定的逻辑性，既能够实现想象与现实的区分，又能实现两者的有效结合。

在整个学前阶段，无意想象占据着优势地位。随着学前儿童年龄的增长，有意想象对教育的影响才逐渐得以形成。

(二)无意想象的发展过程

无意想象是最简单、最初级形式的想象，学前儿童的想象主要为这一类型的想象，并表现出以下特征。

1. 想象活动是由外界刺激直接引起的，没有预定目的

处于学前阶段的儿童，其想象活动的发生往往是由外界事物的刺激而实现的，即学前儿童的想象活动是由外界事物决定的，没有预定目的的。在游戏中，随着游戏玩具的出现，在某一实物的刺激下，引发了学前儿童的想象活动，即他是不是在进行想象活动，关键看他的眼前有没有玩具。

有玩具，孩子就能够以此进行想象，否则孩子的大脑就没被激活，就无法进行想象。例如，看见小碗小勺，就会出现要喂娃娃吃饭的想象活动。看见小汽车，就会发生当小司机开汽车的想象活动等。通过为儿童提供简单的"道具"，从而为学前儿童进入广阔的幻想世界提供了道路。如果没有这些简单的玩具，那么他们可能呆呆地站着或坐着，显得无所适从，自然不会进行想象活动。而学前儿童的思维活动需要靠想象进行激活，若不能进行想象，就无法使学前儿童进行思维活动，自然也不可能实现其智力的发展。

2. 想象的主题还没有稳定

教师在引导儿童进行想象教育的过程中，会对小朋友提出一定的要求或目的，从而让儿童

的想象具有一定的稳定性。但是他们的想象过程常常不能为达到预定目的而坚持进行下去，并容易受到外界事物的干扰而中断或改变想象的过程。也就是说，儿童想象的方向常常随外界刺激的变化而变化，想象的主题具有不稳定性。

例如，小朋友正在进行某一游戏，但此时其他小朋友在另外一种游戏中的笑声或欢呼声会干扰这边的小朋友，从而使其加入到其他小朋友的游戏活动中。再如，学前儿童在绘画活动中，本来画的是植物，看见其他小朋友在画动物，自己也跟着画动物等。由此可以看出，学前儿童的想象主题极其不稳定，具有很大的随意性。

3. 想象的内容缺乏一定的系统性

由于学前儿童的想象无预定目的性，想象的主题不稳定，因此其想象内容十分零散，缺乏内在的联系。我们通过观察儿童所描绘的图画可以发现，在同一幅画上，有猫、鸡蛋、大西瓜、小房子、飞机等事物，只要是儿童所感兴趣的，就会集中聚集在同一幅画中。如果他高兴，他还会把这些毫无相干的事物"创编"成一则故事，饶有兴趣地讲给你听。由此我们可以看出，这一时期儿童的想象属于一串无系统的天马行空般的自由联想。

4. 单纯的想象过程

学前儿童的想象没有预定的目的性，因此其想象并不注重最终的结果，而仅仅满足于想象进行的过程。他们对有兴趣的内容愿意不厌其烦地反复进行想象，尽管想象缺乏一定的合理性或缺乏一定的意义。例如，画图画时，他会在一张画纸上，可以重复地画着一个个物体的图形，直到所有空白的地方都画上了才满足。在听故事时，虽然已经听过几遍了，他仍会要求你再讲一遍，并仍然会津津乐道地去听，满足于想象的过程。

5. 情绪和兴趣对想象造成的影响十分明显

学前儿童的情绪常常能够激起某种想象过程或者改变想象的方向，从而使想象体现出明显的情绪性和兴趣性。例如，老鹰捉小鸡的游戏，本应以小鸡被老鹰捉住而告终。可他们同情小鸡，于是便又产生鸡爸爸赶过来，把老鹰啄死、救回小鸡的联想。另外，学前儿童的兴趣也会对想象的过程造成一定的影响。学前儿童对感兴趣的活动，比如"商店"游戏活动，他会长时间地去想象，并对活动保持长时间的专注。

总之，无意想象实际上是一种自由联想性质的想象，并不能明显地体现出意志的因素，对意识水平的要求也比较低，它是学前儿童想象的一种主要而又典型的形式。在教育的影响下，随着语言能力的发展，学前儿童才开始有了有意想象。通常有意想象产生在幼儿大中班时期，并表现在他们能够按照成年人的要求、方向进行想象活动，想象有了简单的预定目的和主题，但此时的有意想象仍然处于初级阶段。

(三)有意想象的发展过程

学前儿童的想象虽然以无意想象为主，但此时也已经萌发了有意想象。在教育的影响下，在无意想象的基础之上，学前儿童逐渐产生了有意想象。到了学前晚期已经出现比较明显的表现：在活动中出现了有目的和有简单主题的想象；想象的主题逐渐稳定；为了实现主题，能够克服一定的困难。但是,学前儿童的有意想象水平还不太成熟。

为了促进学前儿童有意想象的良好发展,幼儿园教师应该有意识、有目的地对学前儿童的想象加以引导和教育。例如,我们可以经常性地组织一些有主题情节的想象活动,启发学前儿童预先明确一定的主题和目的,积极准备相关的材料。另外,在活动的过程中,我们都应该进行及时的语言提示,从而引导学前儿童有意想象的发展。

### (四)再造想象的发展过程

儿童在学前时期,其再造想象的发展体现出以下几方面的特点。

#### 1. 再造想象的进行依赖于成人的语言描述

例如,学前儿童在听成人讲故事时,会根据成人对故事画面或情节的描述来展开自身的想象。如果我们在讲述时再加上直观图象的话,会使学前儿童的想象产生更好的效果。但是,如果单纯看直观的图像,缺乏外在的语言的刺激,也不能使学前儿童进行很好的再造想象。我们可以从儿童游戏中看出这一点来。比如,较小的学前儿童抱着一个娃娃,可能完全不进行想象,只是静静地坐着,当我们走过去说"娃娃要睡觉了!"等话语,这时其想象才被激活。稍大的学前儿童,虽然想象的内容会逐渐复杂,但仍需要借助成人的语言描述。

#### 2. 再造想象会随外界情境的改变而改变

学前儿童想象的这一特点,反映了其再造想象的无意性或被动性。同时也说明学前儿童是以再造想象为主的,缺乏独立性。成人或年长儿童的无意想象可能有其独立性和创造性,而对于年幼的学前儿童来说,由于缺乏丰富的表象储存,再加上意识发展水平低,其无意想象一般是再造的,是对现实生活中某些生活情境或生活经验的再现。

#### 3. 再造想象的发生要以实际行动为必要条件

在学前阶段初期,这一特点表现得尤为明显。例如,当学前儿童在无意地摆弄物体时,偶然地改变了物体的状态,便在头脑中激起了物体的新形象,这就表明了儿童游戏活动中想象的参与。在游戏中,学前儿童要不断地进行对玩具的操作和摆弄,即要有实际的动作,才能够引起或维持想象活动。例如,学前儿童常常不厌其烦地拿着一根小棍玩,就是因为这根木棍可以进行各种动作,激起了其头脑中的各种表象,从而产生了创造活动。

相关研究表明,学前儿童的想象主要是再造想象。

首先,相对于创造想象而言,再造想象属于较低发展水平的想象。

再造想象缺乏一定的独立性和创造性,因此该想象的发生相对来说比较容易。根据想象的内容,可以将儿童的想象类型分为以下几种。

第一,经验性想象。指学前儿童凭借自己的经验和经历而展开的想象活动。比如,让小朋友想象夏天的情境时,中班儿童对此的理解为可以穿裙子,可以吃冰淇淋等。

第二,情境性想象。儿童发生的想象是由画面的整个情境引起的。比如,一个小朋友对冬天的想象是滑冰、打雪仗、堆雪人等。

第三,愿望性的想象。这一想象是指在想象活动中表露出个人的愿望。例如,在一次"长大后要做什么”的主题活动中，有的儿童说要当作家，有的小朋友说要当发明家等。

第四，拟人化想象。这种想象中，儿童把客观物体想象成人，用人的生活、思想和感情等去描述。例如，一个大班的学前儿童观察恐龙图片时，认为恐龙在和他打招呼。

第五，夸张性想象。学前儿童常常喜欢夸大事物的某些特征和情节，这些被夸大的部分常常是他们非常熟悉、印象又特别深刻的事物。例如，小朋友在画风筝的时候，会把风筝描绘得十分逼真，但是对于放风筝的人、周围的环境则描绘得十分模糊。

其次，再造想象与学前儿童的生活需求相符合。

学前阶段是学前儿童不断获取新知的阶段，这一时期学前儿童知识的获得，通常是凭借再造想象来理解间接性知识。学前儿童在看图画、听故事、理解文艺作品和音乐作品时，都要借助一定的再造想象。例如，成人讲故事时说到“下雨了”，小朋友复述时则说“哗啦啦下雨了”。这说明了儿童在听到“下雨”两个字时，进行了有关下雨的想象，从而在头脑中形成了生动的表象。儿童看图和理解物体的空间关系，更要具备一定的空间想象力。例如，学前儿童看着书上所画的模型，再用积木搭建起一幢楼房，这体现了儿童的空间想象能力。

最后，再造想象为创造想象的发生、发展准备了一定的条件。

学前儿童的再造想象和创造想象之间具有密切的联系。再造想象的发展，使学前儿童积累了大量的想象形象，而随着再造想象的不断发展，会逐渐产生进行创造想象所应该具备的因素。学前儿童的再造想象借助一定的条件可以转化为创造想象。

例如，一个小朋友听到另一个小朋友说：“我爸爸出差给我买了一件玩具。”他也说：“我爸爸也给我买了一件玩具。”第一个是记忆的表现；第二个则是他的想象活动，因为事实上是他想象自己的爸爸会给自己买一件玩具。这可以说是一种自由联想，其中既有别人说话引起的再造想象，也体现了自身一定的创造性因素。

生活中，随着学前儿童知识、语言能力和思维能力的发展，学前儿童在再造想象活动中，逐渐开始独立地进行想象，而不再依靠成人生动的语言描述。虽然想象的内容仍带有浓厚的再造性，但体现出了一定的独立创造性。比如，老师要求小朋友画一只小鸡，而有的小朋友会在小鸡旁边再画一些米粒或者一条虫子等。

### (五)创造想象的发展过程

根据想象产生过程的独立性和想象内容的新颖性，可以将再造想象和创造想象区分开来。儿童最初的想象都属于再造想象，基本上属于一种记忆。再造想象在学前儿童期占主导、占优势地位，在再造想象发展的基础上逐渐产生了创造想象。

#### 1. 创造想象产生的标志

当儿童具备一定的创造想象能力的时候，能够从不同于以往或别人的角度出发，独立地对头脑中已有表象进行加工。因此，创造想象的产生，应该依据以下标准来进行判断。

第一，想象的独立性。这类想象不是在外界指导下进行的，也不是单纯的模仿行为，想象过程中受暗示的成分较少。

第二，想象的新颖性。它改变原先知觉的形象，甚至摆脱原先知觉的束缚。记忆表象和知觉原型基本相同，而创造想象的形象更多地来自于新的角度，新的方向，是经过重新加工、组合、改造、联系和联想而形成的，具有明显的新颖性。

2. 创造想象的一般特点

学前阶段是个体创造想象刚开始发生的时期。此时，学前儿童的创造想象具有如下特点。

第一，最初的创造想象可以称为表露式创造，其只是无意的自由联想。从严格意义上来讲，这还不属于创造。

第二，学前儿童创造想象的形象与原型（范例）之间的差别并不大，或者只是在原型的基础上稍加改动。也就是说，这一时期儿童的创造想象既有模仿的部分，但又超出了一般的模仿。

第三，学前儿童创造想象发展表现为：情节逐渐丰富，从原型发散出来的数量和种类的增加，以及能够从不同中找出非常规则的相似。

3. 创造想象的发展水平

契雅琴科通过对幼儿园小、中、大班和小学预备班（年龄在 7 岁以前）的儿童进行研究，发现其创造想象的发展水平可以概括为 6 个不同的层次。该研究的过程为，给学前儿童 20 张图片，上面分别画有物体的某个组成部分，如只有一个窗户的房子，有两只圆耳朵的头等，或者是一些简单的几何图形等，要求学前儿童把每个图形加工成为一张成形的图画，由此来判断儿童创造想象的发展水平。

第一，处于最低水平的创造想象。在这一水平阶段，儿童不能接受任务，不会利用原有的图形进行想象，他们只是任意幻想，在图形旁边另外进行创作绘画。

第二，处于较低水平的创造想象。处于这一水平的儿童，能够对图片进行加工，画出图画，但画出的物体形象（如人物、树等）是粗线条的，只具备抽象的轮廓，并没有具体的细节。

第三，处于一般水平的创造想象。能够画出各种物体，并在细节方面有所体现。

第四，处于较好水平的创造想象。此时，儿童所画的物体不仅能够表现一定的细节，还能体现出一定的想象情节。例如，不仅能绘画出完整的人物，还能从其绘画中看出人物的活动或表情等。

第五，处于较为良好的创造想象。根据想象情节，画出几个物体，并体现出合理的情节联系。例如，绘画出一个女孩带着小狗散步。

第六，处于理想的创造想象。在这一阶段，儿童能够按照新的方式运用所提供的图形。不再把原来的图形作为图画的主要部分，而把它作为想象形象的次要成分。例如，房子不再是绘画的主体部分，而是儿童家庭生活中的一个背景图案等。这种水平的学前儿童，在运用图片所提供的成分去组合想象形象时，较少受知觉形象的束缚，并表现出相当大的自由。

学前期的儿童，其想象中的创造性成分还比较少，并属于一种低级的创造想象。其创造想象的发展受多种因素的影响，如环境因素、教育因素等。在培养儿童的想象力的时候，应该创造一个较为理想的环境和氛围，应给他们以针对性的教育和引导，采取一些切实可行而又有效的方法，从而更好地促进学前儿童创造想象的发展。一般来说，民主、开放、自由、宽松的环境才能促进学前儿童创造想象的发展。例如，教师在进行教育的过程中，可以鼓励他们进行自由地联想和进行发散思维，来激发、培养学前儿童进行创造性想象的意识，从而逐渐培养和发展其创造想象。

总之，整个学前期儿童的想象是无意想象占主导、占优势，有意想象逐渐开始发展；再造想象占主导、占优势，创造想象逐渐开始发展。到了幼儿期，更是其想象极为活跃、更富于幻想的时期。我们应加以保护，更应积极培养教育，以使他们成长为极具创新意识的一代。

## 五、对学前儿童想象的培养

想象是进行发明创造的基础。大胆的创造想象，能够为科学的向前发展和突破提供可能，有了丰富的想象，才能促进时代的不断发展。爱因斯坦说过："想象力比知识更重要，因为知识是有限的，而想象力概括着世界上的一切，推动着进步，并且是知识进化的源泉。"为此，在知识和科技快速发展的今天，应该注重想象的培养，从婴幼儿开始，就应该针对学前儿童想象的发展特点，培养学前儿童丰富的想象。

### (一)扩大儿童视野，使其获得丰富的感性知识和生活经验

想象的水平与一个人所拥有的表象数量和质量有密切的联系，并随着其表象质量或数量的变化而发生改变。对于同一事物，成人和儿童想象的广度和深度都不一样，这主要由于他们已有的知识经验等表象的积累程度各不相同。想象虽然是新形象的形成过程，然而这种新形象的产生需要建立在过去已有的记忆表象基础上，通过对这些记忆表象进行加工而形成想象。

我们可以知道，想象的内容是否具有新颖性，想象是否具有较高的发展水平，主要看这个人所储存的原有的记忆表象的丰富程度。而原有表象丰富与否又取决于感性知识和生活经验的多少。如一次老师带领学前儿童户外活动，有个小朋友当看到蓝蓝的天上的片片白云时，情不自禁地大声喊："老师，我真想采下一片白云，多像一块棉花糖！"还有的小朋友则说道："那不是棉花糖，那是我爷爷放的一群绵羊。"

由此可以看出，知识和经验的积累，是学前儿童想象力发展的基础。学前儿童的想象与其自身的感性知识和生活经验有密切的联系。学前儿童个体的经历不同，想象的角度和内容也会发生一定的区别。在实际教育工作中，教师应该耐心指导学前儿童去感知和认识客观世界，让学前儿童置身于大自然中，多让孩子们去看，去听，去模仿，去观察，通过参观、旅游等活动开阔学前儿童的视野，积累感性知识，增加想象的素材。

### (二)提高学前儿童的语言能力

学前儿童想象力的发展与其语言能力的提高有一定的关系。想象是大脑对客观世界的主观反映，而要正确反映现实世界，需要经过分析综合这一复杂过程。这一过程和语言、思维的关系十分密切，通过言语，学前儿童得到间接知识，丰富想象的内容。学前儿童也能通过言语表达自己的所思所想。

所以在日常生活和教学活动中，教师应该注重培养儿童的语言能力，提高儿童的语言水平，结合文学作品发展学前儿童的想象能力。通过学习故事、诗歌等可以丰富学前儿童的再创造性想象，激发学前儿童广泛的联想。例如，在学习《小鼹鼠要回家》的故事时，教师可以就小鼹鼠克拉在外面蹦蹦跳跳地玩，迷路了向小朋友发起疑问，该如何让小鼹鼠找到回家的路。教师可以通过这一诱导启发式的提问，让学前儿童各抒己见，从而展开丰富的想象。

### (三)借助相关艺术活动发展学前儿童的想象

黑格尔认为,想象是艺术最重要的本领,艺术活动最重要的任务就是激发引导学前儿童的想象力。为此,幼儿园想要培养和提高儿童的想象力,可以开展一系列艺术活动。爱因斯坦说:“孩子们最大的乐趣在于幻想,每一个孩子的心都是一个充满幻想的神奇世界。”教师在教学过程中,应着眼于童心的释放,引发儿童的好奇心和猎奇心理。

#### 1. 借助美术活动激发学前儿童的想象

传统的美术教学侧重于让孩子临摹范画,训练学前儿童的绘画技能,把形象逼真作为评价优秀作品的唯一标准,突出了灌输式教学方法,从而无法培养出具有超凡想象力的儿童。为此,在现阶段的美术活动中,教师要为学前儿童的想象发展插上翅膀。

学前儿童可以通过自由画画,无拘无束地发挥自身的想象力,从而构思出奇特、新颖的作品。教学过程中教师要激发学前儿童的灵感,放飞学前儿童的想象,鼓励学前儿童大胆作画,创造出优秀的作品来。评价学前儿童的美术作品,不能以“像不像”为标准,而应该就小朋友所画的内容进行交流,了解儿童内心的想法。

#### 2. 借助音乐活动培养学前儿童的想象

通过进行音乐舞蹈教学活动,也能够培养学前儿童的想象力。在优美的音乐中,学前儿童的情绪兴奋愉快,想象力得到尽情的发挥。通过对音乐舞蹈的感受,学前儿童可以运用自己的想象去理解所塑造的艺术形象,然后运用自己的创造性想象去表达艺术形象。

### (四)在游戏活动中推动学前儿童想象的发展

在游戏过程中,学前儿童可以通过角色扮演,发展游戏情节,展开自己的想象。比如,在开火车的游戏中,学前儿童会将凳子作为火车,并哼着相关的歌曲,学前儿童自然地置身于自己的想象中,俨然就是一名列车员。经常为学前儿童安排大小肌肉游戏、美工活动、听音乐、听故事、看图画、积木游戏、玩水、玩沙、各种假想游戏等,能够充分调动并激活儿童的思维,从而在愉快的游戏过程中流露出丰富的想象。

玩具在学前儿童想象中具有重要的作用。玩具为学前儿童的想象活动提供了物质基础,能引起大脑皮层的激活和接通,从而使儿童的想象力得以激发。玩具容易再现过去的经验,使学前儿童触景生情,从而展开各种联想,启发学前儿童去创造、去想象;有时学前儿童可以长时间地沉湎于自己的玩具想象中等。这些有趣的游戏,能够活跃学前儿童的想象。

### (五)为学前儿童想象的发生创造有利的条件

教师应该给学前儿童一定的自由空间,包括思想上的、行为上的自由,不要定格学前儿童的思维或扼杀学前儿童具有想象的观念或行为,并尊重学前儿童的异想天开。传统的教育往往直接告诉学前儿童天是蓝的,太阳是圆的,根本没有给学前儿童留下自由想象的空间或余地,扼杀了孩子想象的天性。素质教育倡导开发学前儿童的创造性思维,培养孩子的创造性想象。为此,教师在进行教学过程中,应该让学前儿童自己去寻找问题的答案。

例如,在歌德小的时候,他的妈妈就很注重培养他的想象力。歌德妈妈给他讲述故事的时候,讲一段总是停下来,让歌德自己去想象故事的未来,也许是因为这样,最终使歌德成为世界上著名的大作家。

(六)正确引导学前儿童想象的发展

启发鼓励学前儿童进行大胆想象,并对其加以正确引导,使他们的想象与客观实际联系起来,体现一定的逻辑性。想象是创造的前提,要从小培养学前儿童敢想、爱想的性格和习惯。为此,教师在进行教学的过程中,不要盲目地打击学前儿童的想象积极性,对他们过分夸张的和以假当真的想象要适当加以纠正,也不要逗引学前儿童信口开河。

教师可以用语言对学前儿童的想象活动进行引导,是指想象活动具有一定的目标,并具有一个中心主题。比如当发现学前儿童抱着娃娃呆坐着时,可以跟他说:"你的娃娃是不是生病了?要不要看医生?"这样学前儿童头脑中医生看病的表象就会活跃起来,从而激起想玩医院游戏的愿望,并能主动围绕一个主题进行有意想象。成人也可以提出一些简单的任务,让学前儿童为了完成这一任务而积极想象。这样做一方面可以培养学前儿童有意想象的能力,另一方面也有利于发展儿童的创造想象。

# 第六章　学前儿童思维发展

思维是认识活动的核心，是一种高级的认识过程。思维的发生是学前儿童心理发展的重大质变，它的产生和发展不仅对学前儿童其他认识活动的发展有推动和促进作用，还对学前儿童的情绪情感活动的发展有着非常重要的作用。要促进学前儿童思维能力的发展，就需要对学前儿童思维发展的理论知识有一个较为全面的了解。本章内容主要对学前儿童思维发展及其相关理论进行系统且深入的研究。

## 第一节　学前儿童思维发展概述

学前儿童的智力要得到开发，首先就应培养、发展学前儿童的思维。在这里，本节内容主要对学前儿童思维发展的相关概念进行概要的阐述。

### 一、思维的概述

（一）思维的概念

思维是人脑对客观现实的反映，是人类认识的高级阶段。思维是建立在感性认识基础之上的理性认识的形式，因而具有一定的间接性与概括性，其基本反映了客观事物的本质与相关规律。比如，人们可以通过对水进行研究，进而得出水与温度之间的关系。在 101 千帕下，水的温度降低到 0℃就会结冰；升高到 100℃就会沸腾等。这都是人脑对客观事物真实的反映，并揭示了事物的本质与规律。

（二）思维的一般特点

1. 间接性

人类由于受到感觉器官结构与机能方面的限制、时空的限制以及事物本质的内隐性等影响，在认识世界的过程中，仅凭感官或仅停留在感知觉上，是无法真正或深入了解事物的本质的。这时，就需要借助一些媒介物与头脑一起来进行分析、反映，并得出结论。人类思维所具有的间接性，能使得感官不能直接感知的事物，可借助一些媒介与头脑加工来进行正确的反映。例如，内科医生不能直接看到病人内脏的病变，但是可以借助一系列医疗仪，并对检测结果进行思维加工，进而间接判断出病人的病情。由此可见，人们要认识原始社会人类的生活、原子结构、生命运动、宇宙太空状况以及预测天气等,还需要借助一定的中介手段与思维加工进行间接的认识。

2. 概括性

所谓思维的概括性,就是指思维所反映的是某一事物的共同性质,体现的是事物之间普遍的、必然的联系。因此,人可以通过认识事物的表面现象与外部特征来揭示事物的本质与规律。比如,通过人的大脑思维加工,人能认识到气体的共性:不为人类的肉眼可见、没有一定的体积,且能够自由可流动等,这是空气、氧气、沼气等的普遍特性。比如热胀冷缩的规律,植物与动物、动物与人类的生态平衡关系等,这些都是通过对活动过程进行概括,从而对自然界事物之间的规律与共性进行深刻的认识或反映。

3. 间接性与概括性之间的关系

由于人类自身具备一定程度的概括性的知识经验,因而人能够间接地反映客观事物。同时,随着人的知识经验概括性的增强,其就越能间接地反映客观事物。例如,当人们每次看到月亮月晕时,就可推测出要刮风;当看到柱子的石座("础")潮湿时,就要下雨,在此基础上便有了"月晕而风、础润而雨"的概括性结论。通过这些结论,人们能够间接、准确地推断出天气的变化情况。比如气象工作者根据总结概括,发现气象的规律,才能根据天气资料进行准确的天气预报。

(三)思维与感知觉

尽管思维与感知觉都是人脑对客观现实的反映,但两者之间存在着根本区别。

首先,感知觉是对事物的直接反映,是对信息的接受与识别;而思维却是对客观事物间接的、概括地反映,同时还伴随着对信息的加工与处理。

其次,感知觉所反映的是客观事物的外部特征与外在联系;而思维反映的却是客观事物的本质特征与内在的规律性联系。

最后,感知觉处于认知的感性阶段,其反映事物的范围较小,属于认知的初级阶段;而思维则属于理性认识,其处于认知的高级阶段,可反映任何事物,一般而言,思维反映的范围很大。比如,看见刮风下雨,是人们对直接作用于感官的客观事物外部特征的感性认识;而对于刮风下雨现象产生的原因的认识,则是对客观事物的本质特征与内在规律性联系的间接的、概括的反映。前者是对事物现象的反映,而后者则是对事物本质的、理性的认识。

尽管思维属于更高级、更复杂的心理活动过程,但思维的发生却要建立在大量丰富的感性材料上,在此基础上才能进行思维活动,因此,感性认识是思维活动的源泉。

(四)思维与语言

思维与语言二者之间存在着密不可分、相互依存的关系。感性材料是人的思维活动的基础,只有凭借语言才能够实现。思维与语言之间的关系一般来说主要有以下两方面的内容。

其一,思维活动需要凭借语言来实现。语言是思维结果表达的载体与工具。一旦离开了语言的刺激作用,人脑便不能反映事物的本质属性以及与事物之间的内在联系。比如,"灯"这个词，这是对各种各样的、拥有不同颜色、不同形状、制作材料不相同、能够照明的工具本质属性的概括。假如没有表示现实东西的词，思维就无法进行间接概括的反映。由此可见，人们只有通过语言才能将一类事物的共同的、本质的属性概括出来。

其二，思维是语言的内核，而语言的表达本身也需要一定的思维。这是因为，构成语言的词汇、语法规则等也是思维的结果，词义则是对思维与概念的概括。语言与词的意义，正是靠思维的日益充实与丰富而不断地深化与发展的。①

## 二、思维的主要过程与主要形式

### （一）思维的主要过程

#### 1. 分析与综合

所谓分析，就是指由整体到部分的过程，即在头脑中将事物的整体分解成各个部分、方面或个别特征的思维过程；而综合就是指由部分到整体的过程，即在头脑里将事物的各个部分、方面、各种特征结合起来进行思考的思维过程。比如，在现实生活中，我们将水分子分解为两个氢原子与一个氧原子来认识。这一认识思考的过程也即分析的过程；相反，将一个氧原子和两个氢原子结合起来组成水分子来对水进行思考，这便是综合。

将分析与综合结合起来便是思维过程的基本操作。分析是对事物构成要素的反映，综合则是对事物整体的反映。分析为综合提供了可能，而综合则能在分析的基础上找出事物潜在的普遍规律。

#### 2. 比较与分类

所谓比较，就是指在头脑中对各种事物或现象加以对比，并找出事物（现象）之间存在的共同点或不同点的思维过程。通过比较，能够获得对事物或现象的更好的认识。比如，老师通过引导学生比较菱形与矩形的异同点，从而使学生能够更好地掌握这两个不同的概念。而分类则是指在头脑中根据事物或现象的共同点与差异，把其划分为不同种类的思维过程。比较是分类的基础。比如，通过比较几个图形的异同，我们可将四边相等的四边形归为一组，还能将剩下的图形归为另一组。

#### 3. 抽象与概括

所谓抽象，就是指在头脑中将同类事物或现象所具有的共同的、本质的特征抽取出来，而忽视个别的、非本质特征的思维过程。而概括则是指在头脑中将抽象出来的事物的共同的、本质的特征综合起来，并推广到同类事物中去的思维过程。比如，忽视地域、国家等非本质特征，只将温度作为地域划分标准，才能将常年高温并温度变化幅度很小的地方划分为热带地区。

① 王保林，窦广采：《幼儿心理学》，郑州：郑州大学出版社，2007年，第137页。

#### 4. 具体与系统

所谓具体，就是指将概括出来的一般规律与具体事物相联系起来的思维过程。比如，我们可运用三角形的内角之和等于180°来计算三角形中某一角度的度数。而系统则是指把讲到的知识按照一定的结构、组织、层次进行分门别类，从而组成层次分明的、整体系统的过程。比如，温带气候可分为温带季风气候、温带海洋性气候、温带大陆性气候、地中海气候等。系统知识能够使大脑皮层形成广泛的神经联系，从而使知识易于记忆，也只有掌握了系统的知识结构，才能够真正理解知识并灵活地运用知识。

### （二）思维的主要形式

#### 1. 概念

概念是对事物本质属性进行反映的一种思维形式。比如，“运动”这个概念，其能够反映足球、篮球、跑步、投掷等运动项目所共有的一些本质属性，而每个项目所具有的具体特征，则不进行具体的要求或说明。

概念不仅要能够反映事物的本质属性，同时还应该体现事物一定的内涵与外延。内涵即含义，主要是指概念所反映出来的、事物的本质特征；而外延则是有关这一概念的相关事物。比如，“平面三角形”这个概念的内涵主要指，平面上的三条直线围绕而成的封闭图形；“平面三角形”的外延为：有直角三角形、锐角三角形以及钝角三角形。

概念是人脑对客观事物的主观反映。伴随着实践水平与层次的变化，概念的内涵与外延也会发生相应的变化。比如，在古代武器指的是剑、长矛、刀等，而到了现代，随着科技的发展，武器的内涵也有所变化，如火药、炸弹等。由此可见，概念是人类历史的产物。

#### 2. 判断与推理

所谓判断，就是指某种事物是否具有某种性质的肯定与否的评价的思维形式。比如，“狮子是一种动物”“鸟会飞”等。思维过程的发展需要凭借一定的判断，而思维的结果则是以一定判断的形式呈现出来的。

所谓推理，就是指以已知的判断作为基础，推出新的判断（结论）的思维形式，而推理又可分为两种不同的形式。

第一，归纳推理。它是指从特殊事物中推出一般原理的推理。比如，人们能够从金、银等受热后体积膨胀变化的具体现象中，总结出“金属受热膨胀”的一般原理。

第二，演绎推理。其是指从一般原理到特殊事物的推理，通常需要具备一定的大前提与小前提，从而推断出某一认识。比如，我们了解到“金属是电的良导体”（大前提）与“锡是金属”（小前提），从而得出“锡是电的良导体”这一认识。

概念、判断与推理三者之间存在着非常密切的联系。在概念的形成过程中，判断、推理等思维形式非常重要，其中就是判断的获得也需要经过推理。由此可见，推理是思维的最基本形式。

## 三、思维对学前儿童心理发展的作用与意义

### (一)思维对学前儿童心理发展的作用

第一,思维有助于扩大人的认知范围。人不仅能认识现在,还可以回顾过去、预见未来。人类学家根据古生物化石以及相关材料,能够推知并揭示人类过去进化的规律;地质工作者可根据地球的运动资料,从而对地震与火山爆发做出科学合理的预测。

第二,思维能有助于加深人的认识程度。思维不但可以使人们认识所直接接触到的事物与规律,而且还能把握人们所不能直接感知的事物与规律,从而提高了人们对万事万物的认识。

第三,思维有助于人们在认识世界的基础上改造自然与社会。思维不仅能够使人掌握知识、认识规律,同时还能使人们通过运用知识与规律解决相关问题,从而在改造世界的过程中不断开展创造性活动。

### (二)思维对学前儿童心理发展的意义

#### 1. 思维是学前儿童生活的基础

学前儿童无论是在相互交往的过程中,还是在解决生活中各种问题的时候,都能依赖一定的思维活动。学前儿童的思维只有不断提高,才能对周围的环境与事物有一个更好、更高水平的认识。此外,学前儿童还可对各种情况做出正确的判断与推理,并逐渐认识到事物的本质规律。

#### 2. 思维能够提高学前儿童的认知水平

思维的不断发展能够使学前儿童对事物的认识超越感性认识,而进入理性认识阶段,进而揭示事物的本质与规律。比如,学前儿童看到一幅画,上面有许多树,树上的叶子都是黄色的,地上也有许多黄叶,这属于对事物表面现象的认识;学前儿童根据画面进行思维活动,并进行判断是哪个季节,从而加深了学前儿童对事物的认识程度。

#### 3. 思维能够促进学前儿童情感、意志以及社会性的发展

思维水平的提高,能够使学前儿童的情感体验更为深刻;还能使学前儿童通过对情况的判断,以此对自己的行为及其后果之间的因果关系形成正确的认识,从而增强了自身的责任感与自制力;学前儿童能够理解他人,学会同情、关怀、谦让、互助;对自己和他人的认识,使学前儿童能够正确认识自我,并不断发展自我认识。

总而言之,思维是高级的认识活动,同时也是智力活动的核心,从而能够促进学前儿童心理水平的发展。

## 四、学前儿童思维发展的特征

3 岁左右学前儿童的思维仍保留很大的直观行动性,他们的思维依赖于对事物的直接

感知和自身的行动。尤其是在幼儿园小班初期的绘画和游戏活动中，思维的直观行动性表现得非常明显。随着年龄的增长，学前儿童的具体形象思维逐渐发展起来，并表现出以下特征。

### （一）体现出一定的具体性

学前儿童思维的内容体现出明显的具体性。学前儿童在思考问题时，总是借助于具体事物或具体事物的表象。对于具体的语言，能够较为容易的理解其中的含义，对抽象的语言则不太容易理解，如老师说："喝完水的小朋友把杯子放到柜子里去！"刚入园的小朋友在听到老师说这句话时无所适从。但老师如果说："××，把杯子放到柜子里去！"这时，这位小朋友就能理解老师的意思并做出正确的反应。

### （二）具有一定的形象性

学前儿童依靠事物的形象来思维，体现出一定的形象性。典型的学前儿童思维过程是，具体事物可以在眼前，也可以不在眼前，但必须在头脑中已经形成了对事物的表象。例如，听故事的时候，学前儿童头脑中必须有故事人物的形象，才能对故事的内容有所了解。再如，让学前儿童算一下 2 加 3 等于几，他们可能一时半会答不上来，但如果说 2 个苹果再加上 3 个苹果是几个苹果，孩子们则会较为容易的答出来。学前儿童的头脑中总是装满着各种各样颜色和形状等事物的生动形象，并借助这些形象来展开思维。

到了幼儿晚期，不少学前儿童开始能够对事物的一些本质特征进行初步的认识，并逐渐萌发出抽象思维。大约五六岁时，学前儿童可以仅凭老师的讲述来理解故事的情节。例如，4 岁的学前儿童可以猜出关于"花生""星星"等的谜语；5 岁的学前儿童知道给花浇水能够让花朵更好的生长。当然他们的这种抽象思维能力仍限于简单的抽象思维活动，还缺乏一定的自觉性，并不能够自觉地支配和调节自己的逻辑思维过程。

## 五、学前儿童思维的培养

### （一）对学前儿童思维的培养要结合学前儿童思维发展的特点

结合学前儿童思维发展的特点培养学前儿童的思维能力时，应该注意以下几点。

#### 1. 充分考虑学前儿童初期思维的直观行动性

第一，为学前儿童提供丰富多样的并且可以直接为学前儿童所感知的玩具与活动材料。没有充分的活动材料，就无法使学前儿童的活动得以顺利展开。小班学前儿童的游戏和活动水平很大程度上取决于游戏材料和玩具提供的水平。因此，为了培养学前儿童的思维能力，提高学前儿童的理解能力和认知能力，应该有计划、有目的、合理地提供各种活动材料。

第二，为学前儿童提供活动和操作的条件与机会。教师在组织各种活动的时候，应该鼓励学前儿童亲自动手实践，并让学前儿童在活动中进行思考。

#### 2. 充分考虑学前儿童思维的具体形象性

各种事物在头脑中的形象是学前儿童思维的基础，为此幼儿园开展的活动要坚持直观性原则，通过开展各种活动丰富学前儿童的表象，使学前儿童在各种活动中积累感性经验，并在头脑中形成清晰的印象。学前儿童的思维特点决定了为学前儿童提供活动时要尽可能具体、形象、直观，要重视玩、教具的鲜明、生动性等。

#### 3. 适当地发展学前儿童的抽象思维

在促进学前儿童形象思维发展的同时，还应该重视培养学前儿童的抽象思维。但是抽象思维的发展需要建立在形象思维的基础上。为此，在培养学前儿童抽象思维的过程中，先要让学前儿童形成丰富而又形象的具体概念，在此基础上引导学前儿童抽象思维的发展。

#### 4. 通过观察和操作对学前儿童的思维进行培养

在丰富的活动中培养学前儿童的观察能力，从而让学前儿童能够对具体事物进行分析综合，并逐步培养其分析综合能力，促进其思维的发展。通过观察具体事物，让学前儿童充分感知事物的各个方面，从而对事物进行具体的分析和综合。

让学前儿童实际动手操作，通过对事物进行具体的分析和对比以及分类等，从而实现对具体事物的直接感知，找出物体之间的不同之处，或相同之处，了解事物的特征。通过对物体相同之处的概括与判断，从而实现对事物的分类。例如，在整理物品中，能够获得比较具体物体的经验。通过操作和对具体事物的比较，能够培养学前儿童分门别类的能力。

### (二)提高学前儿童的语言水平，培养学前儿童的思维能力

语言能力与思维能力的发展有着紧密的关系。学前儿童思维的产生和发展，不仅需要借助具体事物的刺激，还需要借助一定的语言，以此来形成概念。事实上，思维很多时候会涉及对一些并不是在眼前出现的具体事物进行想象，教师和学前儿童以及学前儿童和学前儿童之间，经常通过语言来进行交流、讨论。例如，我们要理解对方话语的意思，就应该对别人说的话语内容进行分析、综合、抽象、概括等，从而明白说话人的真正意图。如果学前儿童语言能力强，在与别人进行对话的过程中，就能够运用思维将别人的话语快速地转化为能为自己所理解的概念，从而实现交流的目的。

### (三)鼓励学前儿童积极思考

学前儿童具有很强的好奇心，常常会提出“是什么”或“为什么”的问题，而好奇、爱问恰恰是学前儿童思维活动的具体表现。

当学前儿童遇到不能理解的事情或现象时，他就会就这一现象或事情提出相关的问题。著名科学家爱因斯坦说过：“提出一个问题比解决一个问题更重要。”巴尔扎克也说：“打开一切科学大门的钥匙，毫无疑问的是问号。”我们要了解的是，学前儿童提出“是什么”或“为什么”之类的问题时，表明学前儿童的思维在积极地活动。为此，我们应该鼓励学前儿童多想多问，并对学前儿童的发问保持耐心或用合理的方式解决，从而为学前儿童的思维活动创造宽松的气

氛,激发学前儿童进行思维的积极性。

### (四)培养学前儿童良好的思维品质

从思维品质的深刻性、灵活性、广阔性、敏捷性、批判性五个方面对学前儿童思维的品质进行培养。

思维品质的深刻性。学前儿童善于运用各种思维能力,深入思考问题,发现问题的本质。

思维品质的灵活性。思维的灵活性是思维能力发展的重要标志之一,它要求学前儿童对学过的知识不仅能在情节完全相同的情况下运用,而且能在不同的更广泛的范围内正确地运用。学前儿童的思维刚刚形成,缺乏机变的灵活性。为此,要积极培养学前儿童思维的灵活性,使其思维能够随着条件的变化而进行灵活变通。只有培养学前儿童思维的灵活性,才能使学前儿童掌握更广泛的知识,才能把所学的知识在实践中加以灵活运用,从而实现思维的发展和提高。

思维的广阔性。学前儿童思考一件事,常常是按着一个思路想下去的,但如果受到新的问题的干扰,又会接着这个新思路想下去,缺乏思维的广阔性。为此,在培养学前儿童思维的广阔性的时候,要使其能够抓住问题的本质和事物之间的规律性的联系,广泛地扩展思维;在学前儿童思考过程中不断提出新问题,开阔学前儿童的思路。

思维的敏捷性。我们老师的任务,就是使学前儿童的思维在认识事物过程中反映得越快越好,做到快而准;在认识事物的过程中,能够迅速而正确地做出决定和结论。

思维的批判性。学前儿童要有自己的独立思维,不要把孩子变成老师或家长的应声虫,不应当直接回答学前儿童提出的问题,而应该引导他们学会用自己的大脑去思考、去探索。

### (五)培养学前儿童的创造性思维

当我们遇到难题而百思不得其解时,不能用常规的方法解决时,创造性思维就十分必要了。创造性思维是指以新异、独创的方式解决问题的思维。创造性思维具有如下特征。

第一,结合了发散思维和集中思维。

我们要解决某一创造性问题,首先就应该具备一定的发散性思维,设想解决问题的种种方案;运用集中思维,对各种方案进行分析比较,从而最终确定最佳方案。在创造性思维的过程中,发散思维和集中思维都是非常重要的,然而对于创造性思维来说,发散思维是思维创造性的主要体现,因此相对重要一些。

发散思维是一种开放性的没有固定的模式、方向和范围的思维方式,可以突破思维定势和功能固着的局限,重新组合已有的知识经验,找出许多新的可能的解决问题的方案。没有发散思维就不能打破传统的框框,自然也不能找出解决问题的新方案。发散思维具有以下几个特点。流畅性,指发散思维的量,单位时间内发散的量越多,流畅性越好;变通性,指思维在发散方向上所表现出的变化和灵活;独创性,指思维发散的新颖、新奇、独特的程度。这三个特点有助于人消除思维定势和功能固着等消极影响,为创造性地解决问题提供可能。

第二,体现一定的直觉思维。

许多科学家的发明创造都是从直觉思维开始的。具体来说,直觉思维是指不经过一步步地分析,而迅速地对问题答案做出合理猜测、设想或突然领悟的思维,但是这一思维的结果往往是使用逻辑思维所得不到的预见、捷径，或是解决问题的最佳方案的雏形。

第三，需要创造想象的参与。

创造性思维的成果都是前所未有的，个体在进行思维时需借助创造想象来进行探索和研究。创造性思维只有在创造想象的参与下，才能从最高水平上对现有知识经验进行改造、组合，从而构筑出最佳的新形象。

第四，需要一定的灵感状态。

运用创造性思维时，新的解决问题的思路、方案的产生往往是突然的，它常给人一种豁然开朗、妙思突发的体验，使百思不得其解的问题顿时迎刃而解，这种突然产生新思路、新方案的状态就是我们通常所说的灵感。灵感并不是上天的特别眷顾，而是思考者长期积累知识经验、勤于思考的必然结果。

创新是一个民族进步和国家兴旺发达的不竭动力，陶行知先生曾说过："天天是创新之时，处处是创新之地，人人是创新之人"。为迎合时代的发展要求，应该大力实施创新教育，从富有幻想和好奇心的学前儿童抓起。

#### 1. 保护学前儿童的好奇心和求知欲

科学家爱因斯坦在物理学上取得了丰厚的成就，当人们问他获得成功的秘诀时，他回答说："我没有什么特别的才能，只不过喜欢寻根究底地探索问题罢了。"由此可以看出，积极探索是创造性思维的先决条件。

学前儿童好奇心和探索欲都非常强，他们在不停地看、听、摸、问中，产生求知的兴趣。为此，成人要善于激发学前儿童探索的欲望，保持学前儿童对事物的好奇心，让他们对某些现象或事情和今后的发展等产生好奇心和强烈的探索兴趣，主动地进行探索实验。在强烈的好奇心和大胆的想象中都隐藏着创造性的火花。

学前儿童的创造性思维十分脆弱并且不太稳定，容易受到外界的干扰，所以无论是幼儿园、家庭还是社区都要营造良好的创造性氛围，要给予学前儿童足够的创造空间，鼓励、赞许其创造性思维或行为，充分尊重、宽容、期待他们，使他们敢想、敢为，并且敏锐地捕捉其创新思维的"闪光点"，使其在进行创造性思维过程中具有一定的"心理安全"和"心理自由"。

#### 2. 促进学前儿童感性认识的丰富化

丰富的知识和经验，是创造性思维发展的不竭源泉。学前儿童的知识和经验，大量的是来自日常生活和游戏和感兴趣的各种活动。因此，在平时的教育教学中，要经常地有目的、有计划地引导学前儿童多看、多听、多做、多想、多问、多说，引导学前儿童在活动中去感知、去观察、去探索、去发现问题，从而扩大自身认识的经验范围。

#### 3. 运用启发式提问引发和发展学前儿童的创造性思维

创造性思维更多地表现在解决问题的过程中，教师可以在教学、游戏、劳动及日常生活中不断提出一些富有启发性的问题，引导学前儿童去讨论、去观察、去分析比较判断和推理并寻求解决问题的办法。教师提出的问题新奇而有趣，学前儿童的思维很快活跃起来，从而提出各种解决问题的办法，引发和发展创造性思维。

4. 营造促进创造性思维发展的有利环境

营造轻松、愉快的环境和富有创意、激发幻想的氛围，有助于激发学前儿童创造的欲望，使他们充分发挥自己的创造性，体现新型的思想观念。

5. 在活动中鼓励学前儿童进行创新

教师要给学前儿童提供创新游戏的各种条件，包括场地、时间、材料等，使学前儿童心情愉快，情绪高涨，精神饱满，在游戏活动中体现出灵活性、独创性，促进学前儿童创新思维的发展；不轻易干预学前儿童的活动，鼓励并引导学前儿童独立、创新地开展游戏。

在教育活动中培养学前儿童的创造性想象，美术、音乐、文学等活动本身就是创造性活动，能够提高学前儿童的创造性思维能力，不要片面地追求学前儿童达到一个什么样的水平，而是重视作品的创造性意识，鼓励学前儿童自由创造和表现与众不同之处。

培养孩子的创造性思维，要遵循由简到繁、由易到难的循序渐进的原则，并结合学前儿童的生活环境和学前儿童的发展特点。

## 第二节　学前儿童思维发展理论

心理学家对思维发展进行了大量的实验，并形成了各自的理论流派。在这里，本节内容主要对皮亚杰和维果茨基关于儿童思维发展的理论进行专门的介绍。

### 一、皮亚杰的儿童思维发展阶段性理论

皮亚杰将儿童思维的发展分为四个阶段：感知运动阶段、前运算阶段、具体运算阶段和形式运算阶段。

(一)感知运动阶段(出生至2岁)

这一阶段是智力的萌芽期，是以后发展的基础。皮亚杰认为，这个时期的心理发展决定着心理演变的整个过程。在此阶段，儿童主要是通过感知图式与外界发生相互作用，以此来组织经验，取得与周围环境的平衡。这一阶段亦称动作思维阶段，人的思维在此阶段萌芽。由于新出生的婴儿与2岁儿童的差异很大，因此感知运动阶段被分为六个子阶段。皮亚杰在《智慧的起源》一书中，将这一阶段分为以下六个亚阶段(表6-1)。

**表6-1　感知运动阶段认知发展概况**

| 感知运动阶段 | 典型的适应性行为 |
| --- | --- |
| 1. 反射性方案(出生至1个月) | 新生儿的反射 |
| 2. 初期循环反应(1～4个月) | 在婴儿周围的简单的运动习惯对事情的有限预期 |
| 3. 二期循环反应(4～8个月) | 有目的地在周围世界重复有趣事件的行为；对熟悉行为的模仿 |

续表

| 感知运动阶段 | 典型的适应性行为 |
| --- | --- |
| 4. 二期循环反应的协调(8～12个月) | 集中的或有目的的行为系列;开始评价物理原因;对事物有提高的预期;对稍与婴儿通常表现不同行为的模仿找到在初始位置隐藏的物体(物体的恒常性) |
| 5. 三期循环反应(12～18个月) | 以新奇的行为方式探索物体的特性;对不熟悉行为的模仿;在不同地点寻找物体(AB寻找) |
| 6. 心理表征(18个月～2岁) | 对物体和事情的心理表征;如同对感觉运动问题突然解决;找到已从视觉范围移走的物体(隐蔽位移任务);滞后模仿;做角色扮演 |

*1. 反射性方案阶段(出生至1个月)*

皮亚杰认为新生儿的反射是建立感觉运动智力的基石。儿童此时已具有很多先天的无条件反射的能力。如当食物放进婴儿的嘴里时,婴儿会产生吸吮动作;当物体放到婴儿手中时,婴儿会产生抓握反应;婴儿还会用眼睛注视物体的边缘;将头转向有声音的地方;等等。婴儿在后天重复这些反射性动作时,就逐渐会有练习的因素。反射的练习使原有的反射动作变得协调起来。婴儿在刚出生的第一个月里,就可以调整自己的反应以使其更具适应性。如到第一个月左右,婴儿已能根据放入口中的不同物体而改变吸吮方式。

皮亚杰把第一循环反应称为初始的(primary),同时他认为这些是非常局限的。在所列举的例子中,注意婴儿的适应性是如何根据自己的身体和一些基本需要产生的。皮亚杰认为这一时期的婴儿还不能关心自己的行为对外部世界的影响。

*2. 初期循环反应阶段——第一个习得的适应(1～4个月)*

通过能产生满意结果的行为,婴儿开始获得自愿控制行为的能力。在此阶段,婴儿渐渐地开始发展了一些简单的习惯性动作,将过去那些分离的反射行为整合在一起。比如吸吮他们的手指,将他们的手张开或握紧,或发出咕咕的声音等。此时,婴儿的反射行为对于智力系统的建立已经有了更新的意义,能更好地与客观世界发生相互作用。在这一阶段婴儿也开始能根据外部环境的需求改变他们的行为,比如,他们只是对奶嘴而不是对汤匙张开嘴巴;同时婴儿也显示了对事情的预期的有限的能力,一个3个月大的饥饿婴儿看到母亲进入房间并走向摇篮车时会停止哭泣,这表明预期到喂奶的时刻到了。但仍存在着局限性:行为的整合水平不高,带有非常多的尝试错误的成分,所重复的行为结果一般与身体感觉相关,婴儿集中注意的是自己身体的活动,对外部环境在活动影响下发生的变化还不感兴趣。

*3. 二期循环反应阶段——有目的的动作形成时期(4～8个月)*

在婴儿的视觉和抓握开始协调后,就过渡到这一阶段。在此阶段,婴儿对超出自己身体之外的行为结果发生了兴趣。例如,他们将球扔开,看球滚动,并对此结果发生兴趣。为了能看到这个结果,他们就会重复这个动作。这样,通过动作与结果的相互影响,在婴儿的动作和兴趣之间形成了循环反应。例如，皮亚杰试着在他4个月大的儿子劳伦茨(Laurent)面前悬挂许多玩具娃娃。在偶然碰撞它们后，形成一个迷人的摇摆。渐渐地，劳伦茨建立起“拍打”的感觉运动方案。通过二期循环反应，他们试图重复通过自身活动产生有趣的画面和声音。从某种意义上说，婴儿对自身的动作及动作结果之间的因果关系已经有了最初步的了解。

4. 二期循环反应的协调阶段——手段和目的之间分化并协调的时期(8～12个月)

在这一阶段，婴儿可以协调两个或更多的二级循环反应，形成更有效的联系，其动作也具有明显的目的性。例如，皮亚杰向婴儿展示一件对他有吸引力的玩具，然后把玩具藏在手中或放在手的下面，这个阶段的婴儿能找到这个物体。在这一过程中，他们将两种方案协调起来：“移走”障碍物，“抓住”这个玩具。皮亚杰认为这些方法的系列行为是婴儿开始意识到物理原因，也是解决以后所有问题的基础。婴儿能够找到隐藏的物体，说明他们已经获得了“客体永久性”的概念，也就是对物体恒常性的认识。即当物体从视野中消失时，他能知道并非客体不存在了，而是被藏在了某个地方。但是对物体恒常性的认识还没有最终完成。如果物体从开始隐藏的地点A移到地点B隐藏起来，则婴儿仅仅只是在初始的地点A寻找。由于8～12个月大的婴儿容易犯AB寻找错误，因此皮亚杰认为此时婴儿对物体的恒常性还没有一个清晰的认识。

5. 三期循环反应阶段——通过积极的实践发现了新的方法(12～18个月)

在此阶段，儿童试图寻找一种与客观事物相互作用的新方法，以达到实现目标的目的。他们虽然仍重复某些动作，但不是单纯地重复，而是根据问题情境对每次的动作加以改变，并观察这些改变所带来的结果，从而发现解决问题的途径。所以，12～18个月的儿童已经比以前能更好地解决感觉运动阶段的问题。例如，他们能够通过反转或旋转物体来将一个一定形状的物体通过小洞放下，或是能用棍棒将他们拿不到的物体拿到。在这一阶段，儿童对物体的恒常性有了更深的认识。大一点的儿童开始不只是在一个地方而是多个地方来寻找物体了，因此他们就不再犯AB寻找错误。他们更加灵活的行为方式允许其模仿更多的行为，比如堆砖头、在纸上乱涂、做鬼脸等。

6. 心理表征阶段——通过智力结合形成的新方法(18个月～2岁)

在此阶段，儿童具有了心理表征的能力，可以对自己的行为和外在事物进行内部表征，开始了心理的内化。皮亚杰认为，这个阶段的儿童获得了心理表征能力的两个明显标志是：一个是不用明显的外部尝试动作就能解决问题。随着心理表征能力的发展，初学步的儿童对物体的恒常性的理解达到了一个新的高度——不用明显的外部尝试动作就能解决问题。如同时对一个18～24个月的儿童和一个更小的儿童做同样的实验，首先将一个小物体放到一个盒子中，而盒子被覆盖住，然后在看不见盒子时倒出玩具，并向他们展示盒子是空的。这个阶段的儿童能很容易完成这个隐藏位移任务，找到被隐藏的物体；而比他小的儿童在这种情况下似乎就无能为力了。另一个是延迟模仿能力的产生。即记住并重复不立即出现的模仿对象行为的能力。关于此最有名的例子是皮亚杰的女儿杰奎琳模仿别的儿童发脾气：按计划，在一个下午，杰奎琳去拜访一个小男孩。这个小男孩整个下午心情都不好。当他试图走出栏杆时，尖叫着跺着脚把栏杆推来推去。杰奎琳惊讶地站着看这个小男孩……第二天，她在自己的栏杆车里尖叫着、连续地轻轻地跺着脚也试图移走栏杆。

感知运动阶段，儿童的思维表现局限于自身的动作中。他们虽然也发展了许多解决问题的能力，但这些能力更多的仅具有感知的意义，而不具有心理操作的意义。

### (二)前运算阶段(2～7岁)

在这一阶段，儿童的思维已表现出了符号的特点。他们能通过表象、言语以及其他的符号形式来表征内心世界和外在世界。但其思维仍是直觉性的，而非逻辑性的，且具有明显的自我中心特征。这一阶段儿童的思维活动具有以下特征。

#### 1. 早期的信号功能

这一阶段的儿童在思维发展上最重要的是初步具有了信号表征的能力。儿童运用符号的能力得到发展，开始依赖表象进行思维，是一种“表象性思维”，但还不能进行运算思维。皮亚杰认为，有两种不同的语言符号形式，即象征(symbol)与符号(sign)，它们具有不同的心理学意义。象征是具有浓重个人特色的特殊标志；而符号则是一种用于人际交往的、约定俗成的标记，人们彼此可以共享之。在前运算阶段的早期。儿童主要使用象征来表征世界。如用某种特殊的布片代表枕头；用冰棍代表枪等。虽然他们所用的符号在物理形状上与真实客体具有某些相似性，但仍具有很大的个人特色，不便于交流。随着儿童年龄的增长，他们会越来越多地使用符号来表征外部世界。如用词汇“马”代表真正的马。虽然这两者之间在物理形状上没有任何相似之处，但人们普遍地接受两者之间的联系，并用它进行交流。随着儿童对这两种符号使用的转换，其表征性思维能力获得了进一步的提高。

#### 2. 自我中心性

自我中心是指儿童还不能将自我与外界很好地加以区分。总是站在自己的角度去认识和适应外部世界。当儿童第一次开始描述世界时，他们认为他们的观点就代表着大家的观点，其他任何人都是以与他们相同的办法去观察、思考和感觉的。这种自我中心性体现在该阶段儿童的认知、言语、情感和社会性发展等诸多方面。到4岁左右，儿童言语中的自我中心性才开始有所改变。最初的表现就是儿童之间争吵的出现。只有当一个儿童真正注意到了对方所表达的内容时，他才有可能感到满意或不满意，以至出现争吵现象。皮亚杰认为自我中心主义导致了前运算阶段思维的僵化和非逻辑的特点。年幼儿童的思维进行都是从他们自己的观点出发，以至于他们不会适应来自自然或社会世界反馈的反应。

#### 3. 不可逆性

这个阶段的儿童不能理智地通过一系列步骤，然后变转方向回到原来的出发点。问一个3岁的女孩：“你有姐妹吗?”她说：“有。”“她叫什么名字?”她说：“琪恩。”“琪恩有姐妹吗?”她答：“没有!”关系是单向的，不可逆，不能进行逆向运算。

这一阶段的儿童还没有形成守恒结构。例如，给儿童出示两个装有相同高度水的杯子，问他们这两个杯子内的水量是否相同，一旦儿童认为是相同的，就将一个杯子中的水倒入一个矮的、大的容器中，从而改变了水的外在表现但不改变水的量，学龄前儿童会认为水的量就不一样多了。他们会以下面的方法来解释他们的推理："由于水的高度下降了(也就是说，水的高度在矮的、大的容器中是下降了)"或"那儿的水多是因为水全部倒出来了"。

4. 感知的局限性

它是指当儿童注意力集中在问题的某一方面时，就不能把注意力转移到另一方面。儿童在观察事物时，其注意力往往只集中在事物的较显著的特性上，而忽略了其他方面，而且还倾向于注意事物的静止状态。皮亚杰在许多研究中发现，儿童在观察世界时，首先了解的是事物的静止状态，然后才是事物的转换状态。此阶段，儿童智力发展上有进步，但仍有许多局限性，思维的抽象程度符号很低，不能进行抽象符号之间的逻辑运算。因此，皮亚杰称此阶段为"前运算阶段"。

(三)具体运算阶段(7～11、12岁)

在这一阶段中，儿童的思维已具有了明显的符号性和逻辑性，如已能作如下简单的逻辑推演：如果 A＞B，B＞C，则 A＞C。而且，基本上克服了思维中的自我中心。但此阶段儿童的思维活动，在很大程度上仍局限于具体的事物以及过去的经验，缺乏抽象性。具体有以下特征。

1. 掌握了守恒

这是具体运算阶段的主要指标。守恒是指对事物某一特征(如长度、数量、重量等)的认知不因其他非本质特征的改变(如改变其形状、方向、位置等)而改变，能够把握事物的本质。如皮亚杰设计了各种不同的守恒任务，如数量的守恒、液体的守恒以及固体的守恒等。每一种守恒都包含着三个同样的步骤(图 6-1)。

研究结果表明，进入具体运算阶段后的儿童能够正确解决这类问题。

2. 具有可逆性

可逆性思维的发展是此阶段的主要标志之一。它包括两个特性：逆向性和互反性。可逆思维是进行命题的手段之一，但具体运算阶段的可逆思维只能进行命题内运算，而形式运算阶段的可逆思维能进行命题间的运算，可建立命题系统。

3. 群集运算的产生

由于守恒和可逆性思维的出现，儿童可以进行群集运算。它包括：(1)组合性(A＜B，B＜C，可组合成 A＜C)，即两种关系可组合成一种新关系；(2)可逆性(如 A＋A′＝B，则 B－A＝A′，B－A′＝A)，即合并的两个类或两种关系可以分开，分开是对合并操作的反操作；(3)结合性[如 A＋(B＋C)＝(A＋B)＋C]，即可通过不同运算方法的结合达到同一运算结果；(4)同一性(如 A＋B－B＝A)，即任何一种运算都有一逆运算能与之组合而产生"零运算"；(5)重复性，指质的重复性，质不变，如"人类＋人类＝人类"。

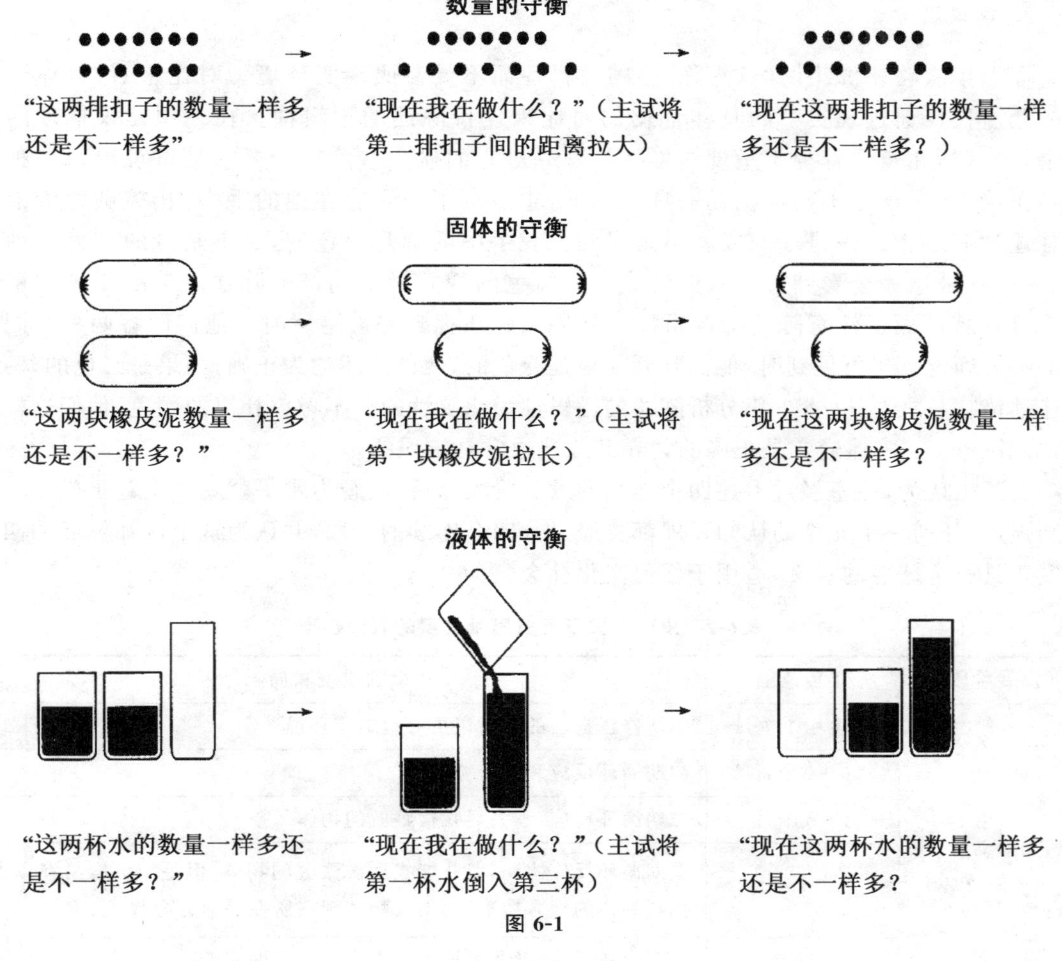


图 6-1

(四)形式运算阶段(11、12～15、16 岁)

在这一阶段,儿童总体的思维特点是:能够进行假设—演绎推理(hypothetico-deductive reasoning)和建议思考(propositional thought)。

1. 能够进行假设—演绎推理

在青少年时期,年轻人才开始能够进行假设演绎推理。当面对问题,他们从所有影响结果的可能因素的一般理论开始,并从可能发生什么的特殊假设中,看哪些在现实中起作用。注意这种问题解决的方式开始于可能性,并持续到现实。在皮亚杰著名的钟摆问题上的成绩就说明这一新的假设演绎方法。假设我们给几个学龄儿童和青少年呈现不同长度的绳子、系在绳子上不同重量的物体和一根用来挂绳子的横木。然后要求他们每一个人指出是什么影响钟摆的速度。形式运算阶段的青少年提出四种假设:(1)绳的长度;(2)挂在绳上的物体的重量;(3)在释放前物体的高度;(4)推物体的力量。然后保持其他因素恒定,一次改变一个因素,他们试验了每一种可能性。最后发现只有绳子的长度引起速度的不同。

2. 建议思考

青少年能够评价建议(口头陈述)的逻辑性而不要参照现实环境。对比来看,具体运算期的儿童仅仅通过现实中的具体证据的对比来评价陈述的逻辑性。在一项建议推理的研究中,主试给儿童和青少年呈现一堆扑克牌并对它们做一些陈述。要求被试说出每一种陈述是正确、错误还是不确定。在一种情况下,主试藏了一张牌在她的手中,让被试评价下面的陈述:"我手中的牌是绿的或者不是绿的。我手中的牌是绿色的,又不是绿的。"另一种情况,主试让被试完全看到持一张红色或一张绿色的牌并做了同样的陈述。学龄儿童注重扑克牌具体特征而不注意陈述的逻辑性。结果当牌在视野外被隐藏时。他们回答两种不同陈述都不能确定。当可见到时,他们判断如果是绿色的,两种陈述均为正确;如果是红色的,两种陈述都错。与之对比,青少年分析陈述的逻辑性为建议性的。不考虑扑克的颜色,他们这样理解:"either…or"陈述通常是正确的,"and"陈述通常是错误的。

皮亚杰认为,儿童经过上述四个连续的发展阶段以后,其智力水平就基本上趋于成熟。他特别强调,任何一个儿童的认知发展都要经过这四个连续的阶段,并认为这个认知发展的四阶段模式具有全球性的意义,适用于任何文化社会(表 6-2)。

**表 6-2　皮亚杰关于儿童思维发展的阶段模型**

| 发展阶段 | 年龄范围 | 典型的成就和局限 |
|---|---|---|
| 感知运动阶段<br>(出生至 2 岁) | 出生至 1 个月 | 不断修正自己的反射以更好地适应环境 |
| | 1～4 个月 | 初期循环反应和动作协调 |
| | 4～8 个月 | 二期循环反应,不去寻找被藏匿的物体 |
| | 8～12 个月 | 二期循环反应协调,婴儿能找到被藏匿的物体,但是他们容易在以前找到物体的地方搜索,而不去物体现在所在的地方寻找 |
| | 12～18 个月 | 三期循环反应,婴儿系统地改变物体掉落的高度 |
| | 18～24 个月 | 真正的心理表征开始出现,延迟模仿 |
| 前运算阶段<br>(2～7 岁) | 2～4 岁 | 符号能力的发展,语言和心理意象的发展,自我中心式沟通 |
| | 4～7 岁 | 良好的语言和心理意象能力;不能对变化状态进行表征,儿童在守恒、类包含、时间、序列及其他问题上只能注意单个维度 |
| 具体运算阶段<br>(7～12 岁) | 整个阶段 | 儿童能够进行真正的心理运算,能对静止状态和变化状态进行表征,能解决守恒、类包含、时间和许多其他问题;在思考所有可能的组合(如溶液混合问题)和变化中的变化问题时,儿童仍然有些困难 |
| 形式运算阶段<br>(12 岁以上) | 整个阶段 | 青少年能够全面思考所有可能性,根据特定事件和假想事件的关系对其进行解释,能够理解运动守恒和溶液混合等抽象概念 |

皮亚杰关于儿童思维发展的理论,虽然产生于半个世纪之前,该理论中还存在着有待于进一步验证的内容,甚至不足之处,但它在今天关于儿童认知发展的领域里仍显示出强大的生命

力。该理论完整地、系统地描述了人类个体从出生到成熟的认知发展的全貌，使人们得以获得关于儿童认知发展的基本认识，并在某种程度上激发了后人的研究热情，使儿童思维发展的研究不断推向新的水平。

## 二、维果茨基思维发展的观点

在对儿童的思维发展研究中，苏联心理学家做出了杰出的贡献，特别是维果茨基起了重要作用。按照维果茨基的理论，儿童和社会环境相互协调，以文化上可接受的方式塑造了认知。当儿童能够进行心理表征时，特别是通过语言、智力发展的自然路线就开始被社会路线所改革，导致独特的人格和更高的认知过程。

### （一）社会文化是影响认知发展的要素

维果茨基强调儿童内在的思维发展的可能性（遗传的和生理的因素）与所处环境的相互作用，强调人际交往对思维发展的影响。他认为，人类自婴儿期开始便生长在一个人类社会中，随着年龄的增长，经儿童期、青少年期至成人，总也离不开人类社会。社会中的一切，包括风俗习惯、宗教信仰、生活中的衣食住行、前辈留下的历史文化、社会制度、行为规范等，构成了人类生活中的文化世界。这个文化世界既影响成人的行为，也影响成长中的儿童。而且任何社会都会有意识地通过各种渠道使下一代接受社会文化的熏陶。儿童随着认知的发展，由外化而逐渐内化，由初生时的自然人逐渐变成社会人，成为一个符合于当地社会文化要求的成员。可以说，儿童的认知发展是在社会学习的过程中进行的。故而改善儿童的社会环境，将有助于儿童认知思维的发展。

维果茨基认为使儿童认知转化的过程有两个特征：一是内部的主观（intersubjective）。它是指两个有着不同理解而着手一项任务的参与者达成一种共同的理解的过程。当每一个参与者按照对方的观点调整时，内部主观性建立了一种共同的交流背景。成人在以儿童的理解能力范围内的方式解释他们自己的理解时试图去促进内部主观性。当这个儿童最终理解了这种解释后，他就能更成熟地接近这种情境。二是脚手架和引导参与。它指在一个教育时期内社会支持质量的不断变化。当儿童对于如何进行下去毫无主意时，成人按照儿童的自我管理能力与成功的暗示进行脚手架式的指导，随后有效的脚手架式指导逐渐地和有意识地撤去支持，并将责任转向儿童。

### （二）认知思维与语言发展有密切关系

维果茨基强调儿童自我中心语言（egocentric speech）的重要性。在儿童早期，成为有效脚手架的父母在他们孩子解决挑战性问题时，让儿童使用更多的自我中心语言，而且当要求儿童自己做相同的任务时，使用自我中心语言，这样儿童就能更好地完成任务。根据观察研究，他认为幼儿期（相当于皮亚杰的前运算阶段）的思维方式是带有自我中心倾向的，此时儿童们在一起谈话时也是以自我为中心的。维果茨基认为，儿童的自我中心语言是调节其思维与行动，从而有助于认知发展的重要因素。他曾设计实验情境，使儿童在有目的的活动中遭遇困难（如让他画图而纸笔不全）。来观察挫折情境对儿童自我中心语言的影响。他在观察时曾作如下记录:儿童绘画需要一支蓝色的笔而找不着时就会自言自语道:"笔在哪里？我需要一支蓝笔。没有关系,没有蓝笔就用红笔好了。用红笔画了然后用水把它打湿,使它变暗一点,看起来就会有点像蓝色。"

维果茨基发现,当儿童面对类似的困难情境时,他的自我中心语言就会成倍增多,表明儿童依赖自我中心语言来帮助自己思维。所以,他认为自我中心语言有缓解焦虑情绪、促进儿童心智发展的作用。

(三)最近发展区

维果茨基将儿童自己实力所能达到的水平与经别人给予协助后所可能达到的水平之间的差距称之为最近发展区。即他认为可以根据儿童在认知作业上的实际表现与需给予协助方可完成的作业(只凭自己是无法独立完成的)之间的差距来估计他的最近发展区。他将此时别人所给予儿童的协助称为脚手架作用(意指协助对发展具有促进作用)。他的最近发展区的设想是针对传统心理测验的缺点提出来的。他认为,智力测验最多只能测量儿童智力的实际发展,而不能测量其智力的发展可能。例如,答错同一试题,可能是粗心,可能是一知半解,还可能是一无所知,故计同一分数是不公平的。在了解了儿童的实际发展水平之后,应进而根据其可能的发展水平,找出其最近发展区,通过成人的协助使儿童的认知思维能力达到最充分的发展。

所以,维果茨基对思维发展理论的又一重大贡献就是强调教育在儿童思维发展中的积极意义,这是以往许多心理学家所忽视的一大环节。

## 第三节　学前儿童的思维形式与思维过程

### 一、学前儿童思维形式的发展

思维形式是指思维的逻辑形式——概念、判断和推理,这些内容,作为思维的结果,主要是形式逻辑的研究对象。思维形式的发展反映着思维的本质规律性。

(一)学前儿童概念的发展

1. 概念的掌握方式

概念是思维的基本形式,是人脑对客观事物的一般特征和本质特征的反映。从结构上说,概念是思维的基本单位。从功能上讲,概念是正确思维的基本条件。掌握词为标志的概念,是逻辑思维发展的表现。学前儿童掌握概念的主要方式,是向成人学习社会上已经形成的概念。但是学前儿童并不可简单地、机械地接受成人所教的概念,成人利用语言工具,通过与学前儿童的语言交际及教学手段,把概念传授给学前儿童,学前儿童则把成人传授的知识纳入自己的经验系统之中,经过概括而形成概念。因此,学前儿童掌握概念的特点与他的概括水平有密切的联系。如有时学前儿童告诉家长他想吃饭,但家长给他做出来他又不吃,实际上他所说的

“饭”是特指一种食品，这个词只代表个别食物的具体名称，还没有达到高一级的概括化。学前儿童掌握概念的另一种方式是在生活实践中形成自己的概念。这种概念掌握的方式类似于成人的“概念的发现”。如学前儿童掌握“星期天”的概念，就是不上幼儿园的日子。

由于学前儿童掌握概念的特点直接受他们概括水平的制约，而学前儿童的概括内容比较贫乏，内涵往往界定不清，反映事物的特征多是外部的、表面的、非本质的，不能反映事物的本质特征。另外，由于外延不恰当，往往是失之过宽（如认为“家具”是“用的东西”）或过窄（如“儿子”只包括小孩）。因此，概念的掌握往往是不准确的。可以看出，学前儿童概念的掌握在广度和深度上都是很差的，他们一般只能掌握比较具体的实物概念，而不易掌握一些比较抽象的性质概念、关系概念及道德概念。

2. 学前儿童掌握实物概念的特点

（1）以低层次概念为主

心理学家刘静和等人曾对4～9岁儿童进行了类概念发展的实验研究。在实验中，向儿童提供28张图片，每张图片中绘有儿童熟悉的、能够辨认的一种物体。这28张图片可以归纳为8个属于第一层次的类概念（即“二级概念”）和4个属于第二层次的类概念（即“一级概念”）具体内容及所属概念名称见表6-3。

**表6-3　图片内容及其所属的概念**

| 图片具体内容 | 二级概念 | 一级概念 |
|---|---|---|
| 白鸽、麻雀、乌鸦 | 鸟 | 动物 |
| 虎、狮、象、熊 | 野兽 | |
| 香蕉、苹果、梨、葡萄 | 水果 | 植物 |
| 萝卜、茄子、白菜 | 蔬菜 | |
| 电车、汽车、三轮车、自行车 | 车 | 交通工具 |
| 轮船、帆船、舢板 | 船 | |
| 书桌、方桌、圆桌、长桌 | 桌 | 家具 |
| 小背椅、扶手椅、沙发 | 椅 | |

这个实验分为要求儿童独立分类、用词概括类的名称和按词拿出某一类物体的图片等。实验结果表明：学前儿童一级概念的发展落后于二级概念。4～6岁三个年龄的表现如下。

4岁儿童尚不能按图片进行二级概念的独立分类，完全不能进行一级概念的独立分类。这个年龄的儿童听完主试的指导语后，有些是不动作，也不言语；有些则乱分，完全看不出他根据什么标准。问他们为什么这样分，也不回答。有的就一个一个地说出物体的个别名称。

5岁儿童可以独立分类，但常常不是以类为标准，而是依靠情境、功用或其他外部特征进行分类。如把桌子和椅子放在一起，说“吃饭时这样放”（按情境分）；把椅子和汽车放在一起，说是“坐的”（按功用分）；把葡萄和茄子放在一起，说是“紫的”（按颜色分）。

6岁儿童已经能够分类。他们常常问：“是车归车一块儿吗？”他们也会调整自己已分好的图片，例如有一个儿童先是把三轮车和自行车放在一起，并说："这都是骑的。"把电车和汽车放在一起，说："这都是开的。"后来又把它们合起来，说："都是车。"表明他们已形成了类概念。

五六岁儿童一级概念独立分类的正确性虽略有提高，但仍然很低，只达到20.8%和25%。因此可以说，整个幼儿期，学前儿童所掌握的概念主要是低层次的概念。

(2)以具体特征为主

下定义是掌握概念的表现之一。陈帼眉等曾用要求儿童下定义的方法研究了3～7岁儿童对实物概念的掌握，研究方法是要求儿童对5个具体名词(灯、鱼、鸟、公园、武器)作解释。结果发现，儿童对实物概念所下的定义可分为七种类型。

第一，不会说。儿童不说话或表示不会。

第二，同义反复。比如要求儿童说出"什么是灯"时，他说"灯灯"或"大灯"。

第三，举出实例。比如解释"灯"时，说"红灯、绿灯、亮灯"。

第四，说出一般性的非本质特征。如说"灯"是"长的"，说"鱼"是"黑色的"。

第五，说出重要特征。比如说灯是"屋顶上挂的""在墙上排的""一个玻璃是圆的，里边特别亮"。

第六，说出功用或习性。如灯是"照亮的、能发光的"，鱼是"给人吃的、在水里游的"。

第七，说出初步概念。如灯是"给人照亮的东西、有电、有用的东西"，鱼是"一种水里的动物"，鸟是"一种飞禽"等。

从幼儿期学前儿童对实物概念掌握的趋势来看，下定义的水平随年龄的增长而有所提高，但学前儿童对具体名词的解释集中于具体特征水平，不会说或不会解释词的人数在4岁所占的比例较大，4～5岁有所缩小，5岁以后明显降低，而达到初步概念(接近下定义水平)的人数，则在5岁以后明显增加。

### 3. 学前儿童掌握数概念的特点

(1)学前儿童数概念的萌芽

根据吕静(1984年)的研究，学前儿童数概念的发生可分为以下阶段。

第一，辨数。对物体大小或多少的模糊认识。比如，1.5～2岁的儿童，有些还不太会讲话，但知道伸手去抓数量多的糖果或大的苹果。

第二，认数。产生对物体整个数目的知觉。2～3.5岁的儿童，还不会口头数数，但是能根据成人的指示，拿出1个、2个或3个物体。

第三，点数。开始形成数的概念。在3.5～4岁才发展起来。

可见，3岁前儿童对数的认识处于知觉阶段，只能说是出现数概念的萌芽。数概念在3岁以后开始形成。

(2)学前儿童数概念的发展

Gelman等人提出，儿童在数东西时采用五条原则。具体如下。

第一，一一对应原则(the one-to-one principle)。一个物体同一个数对应。给儿童呈现一排物体，要求他们数一下物体有多少。在数的过程中，必须指第一个物体，说"1"；指第二个物体，说"2"；指第三个物体，说"3"；以此类推，直到将所有的物体数完。在数的过程中，不能跳过一个物体来数；不能漏掉一个物体来数；不能将一个物体数两遍，更不能将一个物体数许多遍。

相关研究表明，当学前儿童数的数目增大时，他们犯错误的可能性也会明显增大。

第二，稳定顺序原则（the stable-order principle）。总按同一顺序数数。

第三，基数原则（the cardinal principle）。数到最后一个数即为物体的总数。如果一个集合中有 3 个物体，当数到 3 时，也就知道了物体的总数是 3。随着年龄的增加，儿童使用基数原则的能力越强。

第四，抽象原则（the abstraction principle）。一个数代表一个物体，这个物体可以是任何物体，而不是局限于某一特定的物体。

第五，顺序无关原则（the order irrelevant principle）。数物与数数时的顺序没有关系。

Gelman 等人认为，儿童最早掌握一一对应原则，之后掌握稳定顺序原则，之后掌握基数原则和抽象原则，最后掌握顺序无关原则。

儿童掌握数概念需要理解以下三个方面的内容。

第一，数的顺序。一般 3 岁儿童已经学会了口头数 10 以内的数。他们知道数的顺序，但是并不会真正去数物体。如儿童知道 2 在 3 之前，3 在 2 之后，3 比 2 大。

第二，数的实际意义。当儿童学会口头数数以后，逐渐学会口手一致地数物体，即按物点数，如 3 是指 3 个物体。然后学会说出物体的总数，这时可以说儿童掌握了数的实际意义，但是还没有形成数的概念。

第三，数的组成。掌握数的组成是儿童掌握数概念的关键，儿童学会数物体并说出物体总数以后，逐渐学会用实物进行 10 以内的加减。如 4 是由 1＋1＋1＋1、1＋2＋1 或 1＋3 组成的。在实物加减的过程中，儿童知道了 2 或更多的数群可以合并成为一个新的更大的数群，一个数群又可以分成两个或更多的子群，由此形成了数群可分可合的观念。在他的头脑中，数群已不再是由“1 个”集合起来，而是由子集组成。儿童掌握了数的组成以后，就形成了数的概念。

儿童对数概念表现为以下四级水平：第Ⅰ级是“口头数数”的水平。第Ⅱ级是“给物说数”的水平，点数实物，数后说出总数。第Ⅲ级是“按数取物”的水平。第Ⅳ级是掌握数概念的水平。所以说，儿童形成数概念，经历了口头数数—给物说数—按数取物—掌握数概念四个阶段。

### （二）学前儿童判断和推理的发展

#### 1. 学前儿童判断的发展

判断就是肯定或否定概念之间的某种联系，是事物之间或事物与它们的特征之间联系的反映。判断可以分为两大类，一种是感知形式的直接判断，另一种是抽象形式的间接判断。一般认为，直接判断并不参与复杂的思维活动，间接判断才是真正使用概念进行抽象思维的判断。间接判断主要反映的是对象的联系和关系（显然它不是直观的知觉所能解决的）。对象的联系和关系表现在因果、时间、空间、条件等方面，其中制约思维过程的基本关系是事物的因果关系。

学前儿童判断发展变化有以下特点。

（1）判断形式的间接化

从判断形式看，学前儿童以直接判断为主，开始向间接判断发展。直接判断主要是感知形式的判断，不需要复杂的思维加工。他进行判断时，常受知觉线索的左右，把直接观察到的事物的表面现象或事物间偶然的外部联系，当作事物的本质特征或规律性联系。例如，有学前儿童认为“汽车比飞机跑得快”。飞机比汽车快，对于一般成人来说，是间接判断的结果。成人即使没有坐过飞机，根据经验、知识等也能做出正确的判断。而这个学前儿童坚持自己的判断，是因为他是从直接判断得出的。他的理由是“我坐在汽车里，看到天上的飞机飞得很慢”。

李文馥等(1982，1983年)在研究儿童对面积的判断时发现，五六岁儿童在判断两块相等的面积时，大部分依靠直觉判断。他们倾向于认为一块完整面积比被分割开的同样面积大，或反之，如说“一整块大，许多小块小”或“分成两块的就小，一大块的就大”等。7岁以后儿童大部分进行间接推理判断。6～7岁判断发展显著，是两种判断变化的转折点。

(2)判断内容的深入化

从判断的内容来看，学前儿童的判断从反映事物的表面联系，开始向反映事物的本质联系发展，这种发展趋势与判断形式从直接向间接变化的趋势同时进行。幼儿初期往往把直接观察到的物体表面现象作为因果关系。例如，对斜板上皮球滚落下来的原因，3～4岁学前儿童认为是“(球)站不稳，没有脚”。对只有一条腿的桌子是否倒下来的现象，3～4岁学前儿童认为“要倒，是烂的”。这些判断都是根据表面现象或偶然性的联系进行的。在发展过程中，学前儿童逐渐找出比较准确而有意义的原因。例如，“球在斜面上滚下来，因为这儿有小山，球是圆的，它就滚了，如果不是圆的，就不会滚动了”。5～6岁学前儿童，开始能够按事物隐蔽的、比较本质的联系做出判断和推理，如“皮球是圆的，它要滚”“(桌子)断了三条腿，它站不稳”。

在这个过程中，学前儿童的判断从反映物体的个别联系逐渐向反映物体多方面的特征发展。例如，较小的学前儿童说：“火柴在水里浮起来，因为它小。”较大的学前儿童已经知道：“钥匙沉到水里，因为小而且重，水轻。”判断和推理只有在揭示事物之间的本质和规律性联系时，才是正确的。学前儿童起先对事物关系的判断是笼统而不分化的，以后逐渐分化和准确化，由上述事例也可以看出，学前儿童能够把客体(或其特性)之间的联系(或关系)分解出来，并且概括起来，开始反映概括了的规律，分解的深度和概括性也就逐渐提高了。

(3)判断根据的客观化

从判断根据看，学前儿童从以对待生活的态度为依据，开始向以客观逻辑为依据发展。年幼的学前儿童常常不能按照事物本身的客观逻辑进行判断和推理，而是按照“游戏的逻辑”或“生活的逻辑”进行。这种判断没有一般性原则，不符合客观规律，而是从自己对生活的态度出发，属于“前逻辑思维”。例如，3～4岁的学前儿童认为，球会滚下去是因为“它不愿意待在椅子上”，或者是因为“猫会吃掉它”；物体会浮是因为它们“想洗澡”；秤杆为什么要一头翘起，因为“它不乖、它不听话”。他们不会客观地进行逻辑判断。5～6岁的学前儿童在判断面积时，也常常以生活逻辑为直接判断的依据，如“一大块地能玩很多小朋友，几个小块地方只能玩很少小朋友”；“四周都空，地方多大呀！哪儿都能跑着玩，那边一块地太小了，跑不了，一跑，再一跑，就不行了”。

学前儿童逐渐从以生活逻辑为根据的判断，向以客观逻辑为根据的判断发展。在这个过程中，还要经过以事物的偶然性特征(颜色、形状等)为根据，过渡到以孤立的、片面的、不确切的原则为根据(“重的沉，轻的浮”)，然后开始出现一些正确的或接近正确的客观逻辑的判断(“木做的东西在水里浮”)。

(4)判断论据的明确化

从判断论据看,学前儿童从没有意识到判断的根据,开始向明确意识到自己的判断根据发展。在幼儿初期,学前儿童虽然能够做出判断,但是,他们没有或不能说出判断的依据,3～4岁学前儿童或者以别人的论据作为论据,如“妈妈说的、老师说的”,或者只能说出模糊的论据,如“不会漂,它在水里待不住”。他们甚至于并未意识到判断的论点应该有论据。随着学前儿童的发展,他们开始设法找寻论据,但是最初出现的论据往往是游戏性的或猜测性的。在幼儿晚期,学前儿童不断修改自己的论据,努力使自己的判断有合理的根据,对判断的论据日益明确,说明思维的自觉性、意识性和逻辑性开始发展。

2. 学前儿童推理的发展

推理是判断和判断之间的联系,是由一个判断或多个判断推出另一新的判断的思维过程,可以从一般推到特殊(演绎推理),也可以从特殊推到一般(归纳推理)。所有的推理,只有当它能揭示事物之间存在的本质的规律性的联系的时候,才是正确的。学前儿童在其经验可及的范围内,已经能进行一些符合事物客观逻辑的抽象推理,但水平比较低,主要表现在抽象概括性差、逻辑性差、自觉性差这三个方面。

推理可以分为直接推理和间接推理两大类。直接推理比较简单,是由一个前提本身引出某一个结论。如从“讲卫生的小朋友不随地吐痰”这一前提推出“随地吐痰的小朋友不讲卫生”这个结论。间接推理是由几个前提推出某一结论的推理。又可以分为归纳推理、演绎推理和类比推理。

## 二、学前儿童思维过程的发展

学前儿童的思维过程包括分析综合、比较、分类、概括以及解决问题的能力。随着年龄的增加,学前儿童的思维过程也随之不断变化、发展。

### (一)学前儿童分析综合的发展

思维是通过分析综合而在头脑中获得对客观事物更全面更本质的反映的过程。在不同的认识阶段,分析和综合有不同的水平。对事物感知形象的分析综合,是感知水平的分析综合。随着语言在学前儿童分析综合中作用的增加,学前儿童逐渐学会凭借语言在头脑中分析综合。

学前儿童在分析综合活动中还不能把握事物的复杂的组成部分。对3～6岁学前儿童来说,要求分析的环节越少,相应的概括就完成得越好。向学前儿童提出了下述任务:利用工具,从器皿中取出带有金属圈的糖果。器皿旁边放着形状、颜色各不相同的工具,其中只有带小勾的工具才能取出糖果。任务是选择适当的工具。实验分为三个组。第一组,给予形状、颜色都不同的工具。第二组,给予颜色相同、形状不同的工具。第三组,工具的颜色、形状都不同,但颜色鲜明(强刺激)的工具都是适用的工具。无论运用哪个组的工具,都需要分析,但分析的环节(维度)各不相同。第一组需从两个维度进行分析综合——分析形状和颜色两个环节,在这个任务中,形状是本质特征,颜色是非本质特征。第二组由于颜色相同,需要分析的只有一个维度——形状。第三组分析的任务最简单,因为工具的颜色虽然有变化,但鲜明的颜色都适用，即颜色与本质属性(形状)之间有固定联系。实验结果证明，第一组被试完成任务所需要的尝试次数比其他两组多一倍，从尝试动作过渡到完成任务的时间也比其他两组多一倍。

思维过程中分析综合的水平和学前儿童思维的片面性等特点有关。

### (二)学前儿童比较的发展

比较是在思想上把各种事物进行对比，并确定它们的异同。比较是分类的前提，通过比较才能进行分类和概括。

学前儿童对物体进行比较，有以下特点和发展趋势。

#### 1. 逐渐学会找出事物的相应部分

学前儿童起先不善于寻找物体的相应部分。他们常常按照物体的颜色来进行比较。比如，要求学前儿童比较一幅图上的两个孩子。他们会说："小围裙是绿色的，喷水壶也是绿色的。"可以说，他们还不会比较。问一个男童："你大，还是她(站在旁边的女孩)大?"回答："我大，她也大。"说明他还没有形成比较的概念。

4～5 岁的学前儿童逐渐能够找出物体的相应部分，并进行比较。但是他们只能找到两三个相应部分。例如，他们对图上两个孩子作比较时指出："这个孩子戴了帽子，那个孩子没有戴帽子"，"这个孩子手里拿着皮球，那个孩子手里没有拿皮球"等等。说完这些后，他们就去看物体不相应的部分，孤立地说出每个部分的名称或属性。

#### 2. 先学会找物体的不同处，后学会找物体的相同处，最后学会找物体的相似处

学前儿童倾向于比较物体的不同之处。在李普金娜的实验中，让学前儿童比较物体在图片上的形象。在比较两个大小和亮度不同的匙——铅制的匙和钢制的匙时，90%的 5 岁学前儿童只能说出它们的不同，如"一个大，一个小"或"一个发亮，一个不发亮"，而不能说出它们的相似处。在比较图片上的两个男孩时，100%的 5 岁学前儿童只能说出他们的不同，如"一个手里拿着皮球，一个手里拿着水壶"。比较其他物体时，情况也相似，例如，比较两个杯子时说"一个是玻璃样的，一个是铁样的"。

在上述实验中，经过启发教育后，学前儿童能够找出物体的相同之处。但首先仍然是找到颜色的相同，如"这个孩子有蓝色的短裤，这个有蓝色的皮球，这个有红色的帽子，这个有红色的衬衫"等等。稍后，才学会从物体的属性或部分进行比较，如"这个孩子有手，这个孩子也有手"。

找出物体的相似之处，既要找出物体的共同处，又要找出其不同，需要较复杂的分析和综合。这必须在成人的教育下才能学会。一般地说，加入第三种物体，有助于确定两种物体之间的相似点。例如，当学前儿童不会找出两个匙子的相似处时，加上一把尺子，让学前儿童比较三个物体中"哪两样东西相像"时，学前儿童既要分析三个物体的不同处，又可从尺子与两个匙子的明显不同方面看到两个匙子之间的相似处。于是逐渐学会了比较两个匙子。此外，如果要求学前儿童从一堆物体中找出"吃饭用的东西"，而这堆东西中只有两个匙子可以用于吃饭，那么，学前儿童就能通过自己进行的活动，学会比较两个匙子的相似之处。

### (三)学前儿童分类的发展

分类活动表现了学前儿童的概括水平。分类能力的发展是逻辑思维发展的一个重要标志。

王宪钿等人曾对儿童分类中的概括特点进行了实验研究。实验提供绘有单一物体的图片。图片中物体的内容分为交通工具、餐具、玩具、家具、文具、动物、植物等类别。实验要求儿童对交叉搭配的各类物体进行分类,并从三个方面观察儿童的分类水平:(1)按照指导语自己分类;(2)说明分类标准;(3)对各类物体加以命名。

该实验查明了儿童分类的不同类型,以及儿童分类的年龄特点和发展趋势。学前儿童的归类行为可以总结为以下几种情况。

第一,不能分类。把性质上毫无联系的一些图片,按原排列顺序或按数量平均地放入各个木格里,不能说明分类原因;或任意把图片分成若干类,也不能说出原因。

第二,依感知特点分类。依颜色、形状、大小或其他特点分类,如把桌子和椅子归为一类,因为都有四条腿等。

第三,依生活情境分类。把日常生活情境中经常在一起的东西归为一类。例如,书包是放在桌上的,就把书包和桌子归为一类。

第四,依功用分类。如桌、椅是写字用的,碗筷是吃饭用的,车船是运人用的等。儿童只能说出物体的个别功能,而不能加以概括。

第五,依概念分类。如按交通工具、玩具、家具等分类,并能给这些概念下定义,说明分类原因,如说车船等都是载人、运东西的交通工具等。

不同年龄儿童分类情况有所不同。随着年龄增长,从第一类到第五类依次变化。其特点如下:4岁以下儿童基本上不能分类,该年龄组不能分类者占82.3%。5～6岁是儿童处于由不会分类向开始发展初步分类能力的过渡时期。该年龄不能分类的情况已大大减少,而主要依据物体的感知特点和情境联系来分类。5岁儿童的分类活动主要是依据物体的直接的可感知的特性或者在儿童的切身经验中经常发生的联系。5.5～6岁,儿童发生了从依靠外部特点向依靠内部隐蔽特点进行分类的显著转变,可以说是一个发展的转折期,其分类的特点迅速向6岁特点靠近。6岁以后,儿童开始逐渐摆脱具体感知和情境性的束缚,能够依物体的功用及其内在联系进行分类,说明他们的概括水平开始发展到一个新的阶段。

### (四)学前儿童概括的发展

学前儿童概括发展的特点,除了表现在分类活动中,还表现在其他活动中,例如,吴惠龄(1956年)用排除法,对3～13岁儿童的概括特点进行实验研究。把分别画有人、车、马、虎的四张图片摆在儿童面前,让儿童从这四张图片中拿出一张和其他三张不同的图片,然后向儿童提问:“你为什么把那一张拿出来?”“那三张有什么相同的地方?”结果表明:

(1)儿童从四张图片中拿出车,把人、马、虎概括在一起。拿出车的人数百分比随年龄增长而提高,拿出人和虎的百分比随年龄增加而降低,拿出马的,在346个参加实验的幼儿中只有一人。

(2)学前儿童根据人、马、虎的外表属性进行概括的,他们说人、马、虎都有头,有身,有脚等。这种概括随年龄增长而降低。从6岁起,特别是7岁以后,儿童才能根据人、马、虎都是有生命的、活的、能生长的等等本质属性进行概括。

(3)学前儿童根据人或物的功用或作用进行概括。例如,儿童对拿走虎的解释是:人坐车、马拉车。在全部被试中唯一把马拿出去的那个儿童,说是因为他有一次看见马踢了人,引起不愉快的情感。其余儿童都没有拿出马,因为马无论在功用上、表面上或本质属性上都与其他三者有密切的联系和共同的地方。从功用上说,马能拉车,人能骑马;从表面上说,马和虎一样,都有毛,马和人都有头和颈;从本质属性上说,马、虎、人都是活的东西,都是动物。再说,马是儿童生活中常见的动物,它既不像老虎那样可怕,又能为人做工,没有理由把它拿走。

以上实验结果说明,学前儿童的概括水平是处于表面的、具体的感知和经验的概括到开始进行某些内部的、靠近本质概括的发展阶段。

### (五)学前儿童解决问题能力的发展

学前儿童问题解决策略的发展明显地随学前儿童对任务经验的增多而发生明显变化。当学前儿童对一项任务没有什么经验时总常用某一个策略来解决问题。相反,当学前儿童对一项任务有相当的经验时,他就会运用多种策略。为了了解学前儿童问题解决策略的发展,研究者运用一个不为被试熟悉的任务。解决天平问题是最经常运用的研究材料,天平问题规则为研究学前儿童解决问题能力的发展变化过程提供了有效的工具。

#### 1. 学前儿童解决天平问题能力的发展

这里所谓的天平,是西格勒等人用来测查儿童问题解决能力的一种心理学实验装置(图6-2)。天平的中间有一个支点,支点两端是等长的横杆,横杆可以以支点为中心摆动。在两端的横杆上的重物的重量及重物的位置与支点间的距离不等时,横杆将向左侧或右侧倾斜。实验中被试的任务是:根据天平两侧的重物以及重物到支点间的距离等条件,来判断天平将向哪一侧倾斜。

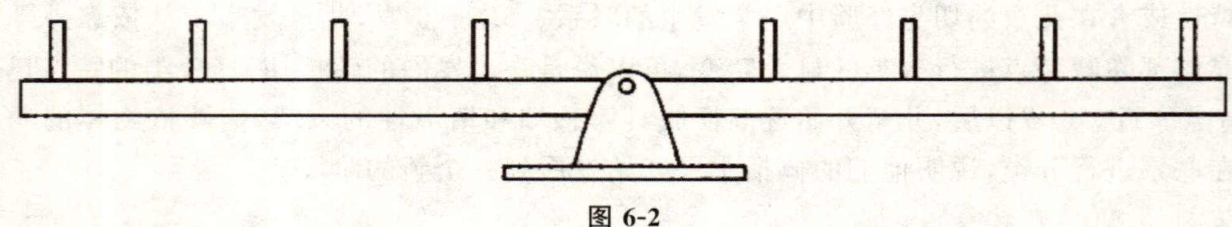

**图6-2**

(1)解决天平问题的规则

通过实验观察,西格勒归纳出儿童在解决天平问题时所用的四条规则。

规则1:如果天平两侧重物重量相等,天平将处于平衡状态;如果天平两侧的重物重量不等,较重的一侧将向下倾斜。

规则2:如果天平两侧重物距离支点距离相等,某一侧的重物较重,这一侧将向下倾斜;如果天平两侧的重物重量相等,重物距离支点较远的一侧将向下倾斜。

规则3:如果天平两侧重物的重量及重物距离支点的距离均相等,天平将处于平衡状态;如果两侧的重物重量相等,但重物距支点的距离不等,距离较长的那一侧将向下倾斜;反之,如果两侧重物距支点的距离相等,而重物重量不等,则较重的一侧将向下倾斜;如果两侧的重物重量及重物距支点的距离均不相等,则出现乱猜或混乱。

规则 4:如果天平某一侧的重物较重,但重物距支点的距离却较短,而另一侧的重物虽较轻,但重物距支点的距离较长,在这种情况下则需要计算力矩(重物的重量×重物到支点的距离),力矩较大的一侧将向下倾斜。

为了了解儿童解决天平问题时使用哪一个规则,西格勒设计了一种"规则评定法"。即将解决问题的方式与不同规则的应用形成某种联系,从儿童对问题的反应方式中可推知他所用的规则。根据上述四个解决问题的规则,将天平问题具体化分为以下六个方面。

第一,平衡问题:在天平两侧的重物重量及重物到支点的距离都相等。

第二,重量问题:两侧的重物到支点的距离相等,但两侧的重物重量不等。

第三,距离问题:两侧的重物重量相等,但两侧的重物到支点的距离不等。

第四,重量—冲突问题:天平一侧的重物较重,而另一侧的重物较轻且距支点的距离较远。这时,较重的一侧将向下倾斜。

第五,距离—冲突问题:天平的一侧重物较重,另一侧的重物与支点间的距离较远。这时,具"较远距离"重物的一侧将向下倾斜。

第六,平衡—冲突问题:天平两侧的重物重量及两侧的重物到支点间的距离均不相等,但两侧的力矩相等。这时,天平仍处于平衡状态。

使用不同规则的儿童在解决上述六种类型的具体问题时,将表现出不同的反应模式。例如,那些使用规则 1 的儿童,能正确解决平衡问题、重量问题和重量冲突问题,而不能解决其他类型的问题;使用规则 2 的儿童,除了在距离问题上回答正确外,其反应与使用规则 1 的儿童类似;那些采用规则 3 的儿童,在三类非冲突问题上回答都正确,而在三类冲突问题上的回答正确率只是达到随机水平(33%的正确率);采用规则 4 的儿童能正确解决所有问题(表 6-4)。

**表 6-4　西格勒解决天平问题研究中应用规则的情况**

| 问题类型 | 规　则 | | | |
|---|---|---|---|---|
| | 1 | 2 | 3 | 4 |
| 平衡问题 | 100 | 100 | 100 | 100 |
| 重量问题 | 100 | 100 | 100 | 100 |
| 距离问题 | 0 | 100 | 100 | 100 |
| 重量—冲突问题 | 100 | 100 | 33 | 100 |
| 距离—冲突问题 | 0 | 0 | 33 | 100 |
| 平衡—冲突问题 | 0 | 0 | 33 | 100 |

(2)儿童解决天平问题能力的年龄差异

西格勒发现,绝大多数 3 岁儿童不能运用任何系统的规则,他们似乎是在猜测或者好像不断地在几种方法之间变换。少数 3 岁儿童和较多的 4 岁儿童能部分运用规则 1,这些儿童都在看到哪边重物重量大就判断下沉,但如果重物重量相等时就乱猜了。绝大部分 5～17 岁的被试则至少能应用上述四个规则中的一条解决天平问题。如 5 岁儿童在解决问题时较多地使用规则1，看到哪边重物重量大就判断为下沉，但如果重物重量相等时就判断平衡。西格勒发现，90%的5岁儿童在24个问题中至少有20个答案遵循规则1;8～9岁的儿童，大多考虑使用更复杂的规则2和规则3;17岁的经常使用规则3。在5～17岁的所有年龄中，都很少有人使用规则4。后来一些研究者也发现了儿童在解决天平问题时应用规则上的这个发展顺序。

2. 儿童在其他方面问题解决能力的发展

儿童在其他方面问题解决能力的发展表现出与上述相类似的特点。例如西格勒进行了一项实验研究，在这项实验中，主试将两个不同尺寸的T字形木棒放置在光源和一个大屏幕之间的不同位置上。要求被试回答的问题是，在将光源打开后，哪一个木棒在屏幕上的投影会更大？结果发现：(1)5岁的被试总是只依据一个维度进行判断，他们认为较大的木棒在屏幕上的投影将会更大。这种判断与其在解决天平问题时总是将注意力集中于天平两侧重物的重量这一单一维度的情况是一致的。(2)8～9岁被试在解决这个问题时，首先是依据特征较为显著的维度进行判断(在这里，即为木棒的大小)，但当这个维度相等时，他们就会考虑第二个维度，即木棒到光源之间的距离。当木棒的大小一样时，木棒距光源的距离越近，在屏幕上的投影越大。8～9岁被试的上述反应与其在解决天平问题时应用规则2的情况相一致。(3)大部分12～13岁的被试和部分成人，虽然在任何条件下都能同时注意到物体大小和其距光源的距离这两个维度，但却不能将这两种因素进行合理整合以形成对问题的正确解释，这与他们在解决天平问题时应用规则3的情况相一致。(4)与解决天平问题一样，只有较少的被试能够应用规则4解决这个有关投影的各种问题。

个体所表现出的上述这种应用解决问题规则的发展顺序，在其他任务中也得到证实，如对温度的判断问题、对幸福和公正的判断问题、因果推理问题和概念形成问题。

3. 儿童问题解决策略的发展

我国许多学者也从不同的角度对学前儿童问题解决策略进行了研究。张智、左梦兰对5岁、7岁、9岁、11岁和13岁儿童进行了问题解决策略发展的研究，他们让儿童解决三个问题：(1)向被试呈现24张随机排列的动物、植物和家庭用具的实物，要求被试用最好的方法及最少的次数向主试提问，尽快猜出主试心里想的是哪一张图，主试对被试只给予“对”或“错”的反馈作为反应，并详细记录被试的每一步反应。(2)向被试呈现从1到10按顺序排列的阿拉伯数字卡片，要求与问题(1)相同。(3)进行Levine的空白实验。首先主试在指导语中排除了图形左右这一维量，让被试明确这是一个四维量的问题，主试心里想的字句具有八种可能性，即大或小、黑或白、X或T、在横杆的上或下，主试在这一次对被试的反应做出正或负的反馈后，紧接着给予被试四次空白尝试的机会，然后再做出第二次反馈，随后又是四次空白尝试机会，以此类推。儿童的策略水平呈基本一致的发展趋势，均呈四级发展水平：(1)零级水平：无策略，儿童依据自己对某一刺激物的偏好或猜测而提出假设，对主试给予的反馈信息不进行反应，不能解决问题，大部分的5岁儿童处于这一级水平。(2)一级水平：虽然可以解决问题，但所应用的策略属低水平的保守扫描策略，被试顺次对每张图片或每个数字提问，大部分的7岁儿童处于一级水平。(3)二级水平：能初步运用分类策略提出假设，缩小了答案的范围。如在第一个问题中儿童会问：“它是动物吗？”在第二个问题中儿童会问：“它是偶数吗？”大多数9

岁儿童处于二级水平。(4)三级水平：能运用高级的分类策略，能对信息从本质上进行编码，形成在概念系统中位于高层次的概念，所用策略带有聚焦性，能迅速排除与答案无关的信息，有效地解决问题，大部分11岁儿童达到了这级水平。此外，儿童问题解决使用策略水平的发展还可表现在：运用策略的灵活性不断增强，能根据不同的实验任务，随时改变和调整策略；推出的假设从单一维度发展到多维度，能更好地建立起关于问题的心理表征；对反馈信息的敏感性逐渐增强。

# 第七章　学前儿童语言发展

语言是人类在社会实践中逐渐发展起来的一种交际工具，也是社会上约定俗成的一种符号系统。从语言的结构构成成分来说，它包括语音、语义、语法三个方面。语音是其物质外壳，语义是其建筑材料，语法是其结构规律。通过语言，人们能够进行正常的交际功能。学前儿童的语言发展主要是指学前儿童对口头语言中的说话和听话能力的获得，更为概括地说就是语言的发展。语言是个体运用语言进行交际活动的过程，它是一个动态的过程，也是一种心理现象。

## 第一节　学前儿童语言发展概述

### 一、学前儿童口语的发展

口语，即口头语言，是人类最早普遍应用的语言形式。学前期是口语发展的关键期，学前儿童口语的发展主要表现在语音、词汇、语法、口语表达能力的发展上。

(一)语音的发展

语音是指语言的声音，它负载着一定的意义，这使得它与杂乱的声音有了本质上的区别。儿童在婴儿时期经历了一个语言准备的过程，在 0～3 个月时，婴儿开始发出简单的音节，如“a”“ai”“ei”“ou”等；在 4～8 个月时，婴儿的发音增多了，能够发一些连续的音节；在 9～12 个月时，婴儿所发的音节不只是同一音节的重复，而是增加了不同音节的连续发音，音调也开始多样化，并且婴儿也开始模仿发音了。

经过上述这样一个准备时期，儿童便逐渐进入了语音的真正发展期。初期，儿童语音的发展主要表现为：所发的连续音节增多，近似词的音节也增多，并且随着近似词音节的增多还能说出一些单词，同时无意义的连续音节逐渐减少。这一时期儿童大约处在 1～1.5 岁之间，这可以说是从无意义音节向有意义词过渡的阶段，一定词的语音对于儿童已经具有一定的概括性意义。

儿童在 4 岁左右才能全部掌握本民族或本地区语言的全部语音，并且发音基本正确。国外心理学家认为，儿童要想获得语音体系，就必须掌握语言的基本单位——音素。每一种语言里的音素都是由一系列的对比分辨出来的(如“p”与“b”，“t”与“d”)，儿童通过区别性的特点对音素加以分类，一旦掌握两个音位之间的区别性特征，他们就能迅速把它扩展到所有按这种特征来区别的音位中去，从而学会掌握音素，而并不需要逐个地掌握音素。[①] 一般来说，儿童在6～8岁时，才能够掌握一些比较复杂的语音。

归纳而言，学前儿童在幼儿期(3～6岁)语音发展的特点主要有以下几点。

第一，在幼儿期，学前儿童能够掌握本民族全部语音，发音不准的儿童人数的百分率随年龄增长而降低。

第二，幼儿期的儿童在发辅音时容易出错，并且大多数集中在"zh""ch""sh""z""c""s""l"，另外还有少部分容易出错的集中在"f""n""g""er""r""ong"等。

第三，学前儿童发音的难点在于发音部位和发音方法的掌握。

影响儿童正确发音的重要因素是语言环境。方言对于4岁以上儿童发音有着非常突出的影响。这就需要幼儿教师通过正确的教学，帮助其更好地掌握发音部位和发音方法。对3～4岁的儿童，可让其多做发音练习，以增强发音能力。

### (二)词汇的发展

#### 1. 词汇数量的增加

幼儿期学前儿童词汇发展的一个最显著特征就是词汇数量的增长。在这一期间，学前儿童的词汇量是其一生中词汇数量增加最快的时期，7岁时大约增长到3岁时的4倍。总体来看，学前儿童的词汇量是随着年龄的增加而增加的。

1岁左右，儿童才开始说出词，最初说出的词数量极少。到入幼儿园时，学前儿童已能掌握基本的口语词汇，即他已经能够保证用口语和别人交流。

国外早期曾对学前儿童词汇量做了专门的研究，结果表明，儿童的词汇量是呈直线上升的趋势增长的(表7-1)。其中，3～4岁儿童词汇量的年增长率最高；3岁儿童的词汇量可达1 000左右，6岁时可达2 500～3 000。我国学者史慧中也对我国儿童做了相应的研究，结果显示，3～4岁儿童的词汇量为1 730，4～5岁为2 583，5～6岁为3 562。该研究结果说明，4～5岁是词汇增长的活跃期。[②]

**表7-1　3～6岁儿童词汇量的增长情况**

| 年龄(岁) | 德国 | | 美国 | | 日本 | | 中国 | |
|---|---|---|---|---|---|---|---|---|
| | 词量 | 年增长率 | 词量 | 年增长率 | 词量 | 年增长率 | 词量 | 年增长率 |
| 3 | 1 000～1 100 | | 896 | | 886 | | 1 000 | |
| 4 | 1 600 | 54.2% | 1 540 | 71.9% | 1 675 | 89.0% | 1 730 | 73.0% |
| 5 | 2 200 | 37.5% | 2 070 | 34.4% | 2 050 | 22.4% | 2 583 | 49.3% |
| 6 | 2 500～3 000 | 15.9% | 2 562 | 23.8% | 2 289 | 11.7% | 3 562 | 37.9% |

从儿童词汇量的影响因素来看，主要是生活条件的影响，具体表现为以下几个方面。

① 吴荔红：《学前儿童发展心理学》，福州：福建人民出版社，2010年，第72页。

② 陈帼眉：《学前心理学》，北京：人民教育出版社，1989年，第84页。

第一，时代的差异。当时代发生变化时，儿童的生活范围就发生了变化，成人的思想、生活方式等也就发生了变化。这极大地影响着儿童的词汇量。另外，当今社会信息交流工具变得越来越先进与发达，与过去的同龄人相比，现代儿童的见识大为增加，词汇量也就随之扩大。

第二，具体生活和教育条件的差异。当儿童的具体生活条件和教育条件比较好时，儿童就能够有更好的学习语言的条件，这有利于儿童的知识面和智力发展水平的扩展和提高，从而增加儿童词汇量。当儿童的具体生活条件和教育条件不好时，则会出现相反的情况，就会制约儿童词汇量的增加。

第三，民族语言和方言的差异。儿童使用的民族语言不同，词汇量也有所差异。例如，汉语的量词是最多、最复杂的，这与其他民族相比，词汇量注定会有所不同。另外，不同方言的词汇也常有不同，我国有八大方言区，每一个方言区的人对同一事物所用的词也不尽相同，因此，词汇量也不同。

### 2. 词类范围的扩大

随着年龄的增长，学前儿童所掌握词类的范围在逐渐扩大，这主要表现在其所掌握各类词的顺序上和对词类的使用上。

(1)学前儿童掌握各类词的顺序

根据有关研究表明，学前儿童最先掌握的是实词，其中，最先掌握和大量掌握的实词是名词，其次是动词，再次是形容词。也就是说，学前儿童基本是按照“名词—动词—形容词—数量词”的顺序发展的。学前儿童较晚掌握的有副词、代词、数词等实词和连词、介词、助词、语气词等虚词。这些词在儿童词汇中的比例也比较小，增加也不明显。名词在学前儿童词汇中所占比例最大，这从国内外的研究材料中都能够得到体现(表 7-2)。

**表 7-2 儿童各类词出现的百分数的综合比较**

| 年龄(岁)<br>词类 | 3～4 | | | 4～5 | | | 5～6 | | |
|---|---|---|---|---|---|---|---|---|---|
| 名词 | Ⅰ | Ⅱ | Ⅲ | Ⅰ | Ⅱ | Ⅲ | Ⅰ | Ⅱ | Ⅲ |
| 动词 | 54.0 | 53.6 | 55.9 | 56.0 | 50.9 | 59.6 | 57.5 | 47.1 | 66.7 |
| 形容词 | 24.9 | 28.7 | 19.0 | 22.4 | 29.0 | 18.9 | 20.4 | 30.0 | 14.5 |
| 代词 | 11.8 | 10.8 | 2.9 | 11.9 | 13.1 | 3.4 | 10.7 | 16.3 | 3.2 |
| 量词 | 1.0 | 1.7 | 0.6 | 0.9 | 0.9 | 0.3 | 1.9 | 1.3 | 0.2 |
| 数词 | 1.6 | 1.2 | — | 1.8 | 1.5 | — | 2.0 | 1.1 | — |
| 副词 | 3.1 | 0.9 | 7.0 | 4.4 | 0.6 | 1.6 | 6.3 | 0.5 | 4.1 |
| 助词 | 1.4 | 1.2 | 5.2 | 1.1 | 1.9 | 7.1 | 1.1 | 1.8 | 5.2 |
| 介词 | 0.8 | 0.7 | — | 0.5 | 0.5 | — | 0.4 | 0.4 | — |
| 连词 | 0.6 | 0.4 | 0.8 | 0.5 | 0.5 | 1.5 | 0.4 | 0.4 | 0.6 |
| 叹词 | 0.3 | 0.4 | 0.4 | 0.3 | 0.5 | 0.5 | 0.3 | 0.6 | 0.1 |
| 语气词 | 0.4 | 0.4 | 3.3 | 0.3 | 0.4 | 2.4 | 0.2 | 0.3 | 0.8 |

注：资料来自Ⅰ史慧中等(1986 年)，Ⅱ陈帼眉等(1980 年)，Ⅲ[日]大久保爱(1967 年)的研究报告。

从表 7-2 中也可看出，随着儿童年龄的增长，各类词在不同年龄儿童词汇中所占的比例也不尽相同。也有人研究表明，儿童所掌握的实词在 3～4 岁时增长的速度较 4～5 岁迅速，而掌握的虚词则在 4～5 岁时增长较为迅速。史慧中的研究更是表明，4～5 岁是儿童词汇丰富的活跃期，而 5～6 岁是儿童语言表达能力的明显提高期。

儿童掌握的词类与概念的发展有着密切关系。名词、动词、形容词反映事物及其属性，儿童较易掌握。副词比较抽象，儿童掌握较难。虚词反映事物之间的关系，儿童掌握起来更困难。不过儿童已经可以掌握各种最基本的词类。

(2)学前儿童对词类的使用

在不同的年龄阶段，儿童对自己所掌握的词的使用次数并不相同。这可以用词频率来表示。词频率就是指使用词的频繁程度。常用词的词频率较高，这就出现了最常用的词，即高频词。据有关研究表明，汉语高频词有三个显著的特点：一是单音词占优势，在使用频率最多的词中，25%是单音词；二是词语大多具有多义性和一词多用性；三是虚词使用频率高，以助词使用最为频繁，如“的”字使用频率最多的在 5%以上。

学前儿童对各类词的使用频率有着很大的偏向性，这主要表现为以下三点。

第一，儿童使用频率最高的词是代词。这主要是因为儿童说话多是在具体环境中对着具体的人进行的，这为儿童使用代词提供了良好的条件。另外，由于儿童受认知能力的限制，常常不会说出事物的确切名称，于是就用代词来代替。

第二，在代词之后，儿童使用动词的频率较高。

第三，除了代词与动词，与其他词类的使用相比，儿童使用名词的频率较高。

3. 词义的深化

在学前儿童时期，随着生活经验的越来越丰富，加之学前儿童思维的发展，词的概括联系也逐渐发展，对词义的理解也越来越丰富和深刻。对同一个词，儿童在最初掌握时，往往对它还没有形成确切的理解，但到后来，便能够更为准确和深入地理解它。

(1)学前儿童对词义的理解特点

学前儿童对词义的理解具有以下五个突出的特点。

第一，对词义的理解比较笼统，不清晰。

第二，概括性不强，往往解释得非常具体。

第三，对词义的理解或是失之过宽，或是失之过窄。

第四，常常出现“造词现象”，即自己制造新词，如把“灰色”说成“小黑”，这个“小黑”就是儿童自己制造出来的。

第五，儿童对词义的理解，往往是从理解具体意义的词到理解抽象的词，从理解词的具体意义到理解词的抽象意义。

(2)学前儿童对具体名词词义的理解水平

学前儿童理解词义越来越深化，还表现在其对具体名词词义的理解水平有一个逐渐升高的过程。据研究，学前儿童对具体名词词义的理解由低到高可以分为四种水平。

第一，最低的水平。在这一水平阶段，儿童不会回答任何问题，也不能完成家长或教师给自己的任务。

第二,低级水平。在低级水平阶段,儿童仍然对词义不理解,但是能够列举词的一般特征,举出实例,或作同义反复。

第三,一般水平。在此阶段,儿童能够列出词的具体特征,可以从功用习性或重要特征来理解。

第四,较高水平。在这一阶段,儿童已经开始说出不完全确切的概念。与之前相比,理解水平有了很大的提高。

从上述水平阶段看,虽然儿童对词义的理解随着年龄的增长变得更为确切和深入。但是,儿童对具体名词的理解基本上没有达到确切的概念水平。

(三)语法的发展

语法是组词成句的规则,学前儿童要掌握语言,进行语言交际,就必须要掌握一定的语法体系,否则就不能正常地理解他人的话语,也不能很好地表达自己的意思。学前儿童语法的发展主要表现在句型、语句结构、句子含词量、语法意识、句子理解策略的使用等方面。

1. 句型的发展特点

(1)从不完整句到完整句

不完整句,是指表面结构不完整,但能表示一个句子意思的语句。在2岁以前,儿童说出的句子都是不完整的,通常以单词句和电报句代替所要表达的意思。

①单词句

单词句,是指儿童用一个单词来表达一个比该词意义更为丰富的意思。使用单词句的儿童大约在1～1.5岁之间,这是该阶段儿童的特定语言。单词句中的单个词实际上是一个句子。通过对我国儿童学单词和使用单词句的情况进行研究,发现他们习惯用叠音词,如“饭饭”“抱抱”。这一类单词既能够表示多种意思,也能够表达多种语态,其功能比较多样。当儿童说“饭饭”时,根据不同的情境可能表示几种不同的意思,如“这是饭饭”“我要吃饭饭”“饭饭掉在地上了”等。值得注意的是,儿童有时还能用不同语调来表示描述、请求、提问等各种语用意图。

根据儿童使用单词句的情况看,单词句主要有以下几个特点。

第一,单词句和动作紧密结合,常伴随着学前儿童的动作和表情。

第二,学前儿童在说单词句时,往往意义不明确,语音不清晰,成人需要根据语言情境和语调线索推断出意思。

第三,由于儿童并没有关于句子结构和语义范畴方面的知识,所以,其所用的词的词性不确定,往往是用单词对整个情境做笼统的表述。

②电报句

电报句,是指由两个单词或三个单词组成的不完整句。与单词句相比,这种句子在表达一个意思时已经较为明确,只不过其表现形式是语句断续的、简略的,结构不完整的。使用这一句型的学前儿童一般在1.5～2岁左右。这一阶段的儿童主要使用名词、动词、形容词等实词,而很少使用具有语法功能的虚词。

电报句的发展是起先发展缓慢,以后急剧加速。研究表明,到2岁左右,儿童开始使用比较完整的句子，3 岁儿童的话语已基本上都是完整句。完整句的数量和比例随年龄的增长而增长。到 6 岁左右，98%以上的 6 岁左右儿童已经都能使用完整句。

(2)从简单句到复合句

学前儿童自 2 岁起，使用简单句的比例便在逐渐增加。经有关研究表明，学前儿童以简单句的使用为主。随着年龄的增长，学前儿童使用简单句所占比例逐渐减少，复合句逐渐发展。复合句，是指由两个或两个以上的意思关联比较密切的单句合起来而构成的句子。学前儿童复合句的特点主要有以下两点。

第一，复合句的数量较少，所占比例小。学前初期，复合句的比例相当小。随着年龄的增长，复合句的比例已经有所增长，但到学前晚期，仍然在 50%以下。

第二，复合句的句型结构松散，缺乏连词，仅由几个单句并列组成，是简单句意义上的结合。在使用复合句中，儿童更容易掌握联合复句，以并列复句的比例最为突出。并列复句主要反映两个简单句的并列关系，常常用“还”“又”“也”等连接词。另外，偏正复句出现较晚，这是由于偏正复句要求用关联词反映事物间的因果、转折、条件假设等关系，这对学前儿童来说，掌握起来较为困难。

(3)从陈述句到非陈述句

陈述句主要是陈述一个事实或者说话人的看法的句子。这是学前儿童最初掌握的句型。在整个学前期，简单的陈述句仍然是基本的句型。随着年龄的增长，儿童所使用的句型增多，除常用的陈述句外，还有疑问句、祈使句、感叹句等，其中疑问句产生最早，这主要是由于生活的需要。2 岁左右的儿童所使用的疑问句主要是单词句结构的疑问句。随着年龄的增长，儿童的疑问句逐渐增加，5 岁左右出现许多因果关系的问句“为什么?”等。

另外，从学前儿童陈述句到非陈述句的这一发展过程中，有研究发现，儿童各类结构的话语的出现次序和发展趋势大致为：不完整句—主谓句、主谓宾句、主谓补句、主谓双宾句、简单修饰语句、简单连动句—复杂修饰句、复杂连动句、递系句、宾语中有简单主谓结构的句子—复合句、宾语中有复杂主谓结构、主语中有主谓、联合结构。

(4)从无修饰句到修饰句

学前儿童最初出现的简单句是没有修饰语的，但是随着年龄的增长以及各方面能力的逐渐提高，简单修饰语和复杂修饰语也逐渐出现在了儿童的话语中。朱曼殊等人的研究发现，2.5 岁儿童已经开始出现一定数量的简单修饰语，如“两个娃娃玩积木”；3 岁左右儿童已开始使用较复杂的修饰语，如名词性结构的“的”字句：“我玩的积木”；2 岁儿童运用修饰语的仅占 20%，3 岁达 50%，到 6 岁则上升到 91.3%。一般都认为，儿童在 3～3.5 岁左右，复杂修饰语句的数量增长最快，可见，儿童使用复杂修饰语的能力是从这里开始有了显著的增强。

学前儿童自 4 岁起，有修饰的语句便开始占据优势地位；以后直到 6 岁，有修饰的语句虽逐年有所增长，但增长幅度不大。

### 2. 语句结构的发展

语句结构对语言的表达起着非常重要的作用。学前儿童的语句结构的发展主要有以下几个特点。

(1)从浑沌一体到逐步分化

儿童早期的语言功能主要包括三个方面，即表达情感、意动(语言和动作结合表示意愿)和指物(说出物体名称)。这三个方面是紧密结合的。因此，早期儿童所使用的语句基本无结构可言，是浑沌一体的。随着年龄的增长，学前儿童所使用的语句逐渐分化，这种分化过程主要表现在三个方面。

①表达内容的分化

幼儿初期，语句表达情感、意动和指物三个方面的功能紧密结合，如2岁和2岁半的学前儿童几乎都是边做动作边说话，用动作补充语言所没有完全表达的意思。但是后来，这种情况就越来越少了，表达内容逐渐分化了。

②词性的分化

幼儿初期，学前儿童的语词不分词性，在说出一个词时，既可当作名词，又可当作动词，有时还可以当作形容词；但是以后在使用中逐步分化出名词和动词、修饰语和中心语等词性。

③结构层次的分化

幼儿初期，不论是单词句还是双词句，主谓语不分，到后来，学前儿童逐渐能够表达出结构层次分明的句子了。这表明语句结构层次逐渐分化了。

(2)从松散到逐步严谨

所谓松散，是指儿童最初的单双词句和电报句只是一个简单的词链，没有一定的结构基架。但出现了包括主谓、主谓宾的简单完整句以后，句子形成了一定的结构基架，不过句子各成分间的相互制约不明显。

3岁半以前的儿童的话语常常漏缺主要词类，特别是虚词，因此，词序常常紊乱。后来随着句子复杂性的增加，各成分间的互相制约越来越严格。3岁半以后的儿童的话语中出现了较多的复杂修饰语句，如运用介词“把”——“他们把绳子接起来跳”，“把”字前后两个名词的关系以及第二个名词与紧接着的动词的关系都受严格的限制，不能任意调换和删除。到五六岁时，儿童的复合句继续发展，同时，儿童的关联词也越来越丰富，只是用法还不是很恰当。通过上述这种发展过程，足以表明，学前儿童语句结构的发展是从松散向严谨发展的。

(3)由压缩、呆板到逐步扩展和灵活

有学者指出，简单陈述句的一般模式为：时间坐标＋空间坐标＋线索＋核心事件，其中核心事件是不可少的。在学前儿童的语言发展过程中，最初的语句结构分不出核心部分和附加部分。由于认识的局限性和词汇的贫乏，其陈述内容单调、狭窄，句子形式上千篇一律，具有明显的压缩、呆板特征。

随着认识水平的提高和词汇量的增加，儿童的语句中开始加上了简单的修饰语，再到后来，复杂的修饰语也出现在了句子中。总之，儿童语句结构是向着简单修饰语和复杂修饰语的灵活运用和语句中各种成分的多种组合发展的。根据黄宪妹等的研究，儿童语句结构的发展在4～4.5岁之间较为明显，5岁儿童语句结构逐渐完善，6岁时水平显著提高。

### 3. 句子含词量的增加

学前儿童最初的句子为单词句，句子中只有1个词；后来，儿童话语中出现了双词句，句子中有2个词；一直到3岁时，儿童仍然较多使用4个词以下的句子。不过，3岁以后，随着年龄的不断增长，儿童说话所用的句子逐渐延伸，句子的含词量逐渐增加。从总体来看，学前儿童的句子主要在10个词以内，以4～6个词的句子最多。

#### 4. 语法意识的出现

语法意识主要是指对语法结构的认识与理解。学前儿童对语法结构的掌握，主要是通过日常生活中的语言交往，模仿成人说话而进行的。儿童对语法结构的意识出现较晚。对儿童来说，从理论上学习语法规律，既不必要，也有困难。因此，儿童往往不能说明自己说出的句子中包括多少个词。他们只是由于反复的实际练习，形成了习惯，才建立起词与词之间联系的各种动型。他们并不去分析什么是名词、动词，以及各种词之间的关系。即使他们能够在使用中逐步分化出修饰语和中心语、名词和动词等词性，却依然不能说出这些词类的名称。

儿童的语法意识出现于4岁左右。这主要表现为：4岁儿童已经能够提出有关语法结构的问题，逐渐能够发现别人说话中的语法错误。当然，他们还不是根据语法规则的知识去发现错误的，只是初步的语法意识，主要是因为不符合其语言习惯，才认为其是错误的。

#### 5. 理解策略的使用

对于一些儿童并未掌握的句子，儿童往往是采用一定的策略去解释的。这些策略并非是很严谨的，而是他们从已有的语言与非语言知识经验中所概括出来的一些“规则”，是不由自主所使用的理解方法。在不同的年龄阶段，儿童所使用的理解策略有所不同。也就是说，在儿童语言理解的发展过程中，理解策略是不断发生变化的。我国学者李丹认为，儿童理解句子的策略主要有事件可能性策略、词序策略和非语言策略。

(1)事件可能性策略

事件可能性策略，是指儿童只根据词的意义和事件的可能性，而不顾句子的句法结构来确定各个词在句子中的语法功能和相互关系。例如，当成人要求儿童对“人拍球”“球拍人”这对句子用玩具进行操作时，2～3岁的儿童只会做出人拍球的动作。再如，成人提出“用小羊打鞭子”这样的不可能句时，儿童常会理解为“用鞭子打小羊”。

事件可能性策略是儿童在学前初期经常采用的一种策略。该策略使得儿童把本来描述为不可能事件的句子当作可能性事件来处理。他们只对词与词之间的意义关系做出反应而不顾及词序，从这一点来看，该策略也可称为语义策略。

(2)词序策略

词序策略，是指儿童完全根据句子中词的顺序来理解句子。这种策略是继事件可能性策略之后出现的。根据国内外的研究发现，5～6岁儿童在经常使用主动语态句的过程中，会经常把句子中出现的名词—动词—名词的词序当作施事—动作—受事来进行句子加工。这样，面对“女孩被男孩推倒”这一被动语态句，他们就会理解为“女孩推倒男孩”。

儿童经常利用词序策略来理解双宾句和描述事件出现顺序的句子。例如，儿童会把“给宝宝一只猫”理解为“把宝宝送给猫”；会把“在大娃娃上车前小娃娃上车”理解为“大娃娃先上车，小娃娃后上车”。

影响儿童理解句子的两种主要词序是动名词词序和介词词序。4岁半和5岁半的儿童对动词—名词—名词、名词—动词—名词、名词—名词—动词这三种动名词词序句的理解存在着显著的差异。5.5～7.5岁的儿童对介词在第一个名词前的与格可逆句("送给小狗花猫")的理解和对介词在第二个名词前的与格可逆句("花猫送给小狗")的理解存在显著差异,他们在理解部分与格句和工具格句时常使用将句子中第一个名词来作为移动物的词序策略。

(3)非语言策略

儿童在理解句中某些词的词义时会经常使用这一种策略。例如,克拉克(E. v. Clark)曾做了一个关于儿童对"in""on"和"under"理解的研究,他准备好一些玩具和参照物,然后要求被试儿童按指导语把玩具放在参照物的适当位置。结果表明,儿童是按以下两个非语言策略放置的。

第一,当参照物是容器时,儿童往往把玩具放在它里面。

第二,当参照物有一支撑面时,儿童往往把玩具放在它上面。

儿童的这种非语言策略很容易使人们以为儿童已经理解了"in"和"on"两个单词的意义。

非语言策略的一个很重要方面就是预期。这种预期是指儿童往往不顾句子的结构和实际内容,而只是根据自己对人物间关系的比较稳固的看法来做出主观预期的回答。很显然,预期主要是儿童在理解句子时受到了知识的影响而产生的。例如,7岁左右的儿童仍然会将"张老师被小华背着去教室,他的腿跌伤了。"这个句子理解为张老师背小华,小华的腿跌伤了。

儿童一般都是通过长期对非语言策略的使用逐渐发现它们的例外,从而改进策略使它们更符合语言实际,使自己的理解逐渐接近成人的理解。

### (四)口语表达能力的发展

#### 1. 对话语言的发展和独白语言的出现

就人类的交际方式而言,口语主要分为对话式和独白式。对话,是指在两个人或两个人以上之间交互进行的谈话,如聊天、讨论、座谈等;独白,是指一个人独自向听者讲述,如讲课、报告、演讲等。独白语言是一种比对话语言更为复杂的语言活动,其需要发言者必须用连贯准确的语言表达清楚自己的意思。

在学前初期,儿童的语言基本上都是对话式的,需要在成人的陪伴和人共同交往中进行。他们与成人的语言交际形式,往往是回答成人提出的问题;如果是儿童主动向成人提出一些问题或要求,也往往是成人逐句引导,儿童逐句回答。随着年龄的增长,儿童的对话语言也在不断地发展。儿童不但能够回答问题,也能够提出问题和要求,还能够为了协调行动在对话中与人商议,讨论对事物的评价,或对别人提出指示等。

随着儿童活动的开展,他们的独立性大大增强,活动范围逐渐扩大,常常离开成人从事各种活动,从而获得自己的经验、体会、印象、意愿等。在与成人交际的过程中,他们渴望把自己的各种体验、印象等传达给他人,这样就促成了儿童独白语言的产生及发展。例如,3～4岁儿童能主动讲述自己生活中的事情,但是在集体面前讲话往往不大胆、不自然,常常表达不流畅、叙述中有较多的废词。4～5岁儿童已经能够独立地讲故事或陈述各种事情。5～6岁儿童不但能够系统地叙述,而且能大胆而自然地、生动和有感情地进行描述。

2. 情境语言的发展和连贯语言的出现

由于对话语言常常是在谈话双方之间交互进行的，因此便带有一定的情境性。这就产生了情境语言这一说法。情境语言就是指说话者只有在结合具体情境时才能使听者理解其意义，同时说话者还需要用手势或面部表情甚至身段动作辅助和补充的语言。这种语言是学前儿童从不连贯向连贯语言发展过程中的一种语言形式。连贯语言是指说话者说出的句子完整、前后连贯，能够反映完整而详细的思想内容，使听者从语言本身就能理解所讲述的意思的语言。这种语言不需要听者事先结合所谈及的具体情境。

3 岁以前的儿童，其使用的语言主要是情境语言。到了三四岁，儿童的语言仍然带有情境性。他们在说话中往往想到什么说什么，缺乏条理性、连贯性，运用许多不连贯的、没头没尾的短句。在此过程中，还辅以各种手势和面部表情。他们对自己所讲的事情丝毫不做理解，似乎谈话的对方已经完全了解他们所讲的一切。一旦别人听不懂他们的意思，或者要求他们解释时，他们就会表现出反感或困惑的状态来。

范存仁等学者经调查发现，随着年龄的增长，儿童情境语言的比重逐渐下降，连贯语言的比重逐渐上升。四五岁儿童说话常常还是断断续续的，不能说明事物现象、行为动作之间的联系，只能说出一些片断。六七岁儿童已能完整、连贯地说话，已能够说明上下文的逻辑关系。

连贯语言的产生及发展使儿童能够独立、完整、详细地表述自己的思想和感受，这为独白语言打下了基础。连贯语言和独白语言的共同发展，既促进了儿童语言表达能力的提高，也促进了儿童逻辑思维的形成和独立性的加强。另外，这两种语言的发展还是儿童口语表达能力发展的重要标志。它们为儿童入学接受正规教育、掌握书面语言奠定了基础。

3. 讲述逻辑性的发展

3～4 岁儿童在讲述中常常表现出主题思想不够明确，层次不清的现象。随着年龄的增长，儿童在独立讲述中，逻辑性水平逐渐提高。这主要表现为主题逐渐明确，层次逐渐清楚。

史慧中等人就对此做过相关研究，结果表明，能够讲述清楚的儿童人数百分比随年龄增长而增长。另外，该研究还指出，儿童的讲述往往是单纯对现象的罗列，主题不突出，尤其是 3～4 岁的儿童。不过，这种情况会随着年龄的增长而逐渐减少。总体来看，学前儿童在幼儿时期讲述的逻辑性不高，他们的表达常常层次和顺序不清，事物之间关系混乱。

## 二、学前儿童语言功能的发展

人类的语言有着自身独特的功能，这些功能主要包括交际功能、概括功能和调节功能。其中，交际功能是语言首要的功能，概括、调节功能则充分体现着语言对儿童心理发展的重要影响。在学前儿童的语言发展过程中，交际、概括和调节功能都是随着儿童的成长而发展的。

### (一)语言交际功能的发展

学前儿童掌握语言的过程，也是其社会化的过程。儿童的语言就是为交际而产生的，也是在交际的过程中发展的。学前儿童语言交际功能的发展一般分为两个阶段。

1. 第一阶段(3 岁前阶段)

在这一阶段,儿童语言的交际功能主要表现为请求、回答和提问。这些语言功能与该年龄儿童活动的特点是息息相关的。3 岁前,儿童活动的独立性还不够,这是语言交际功能受到制约的最大因素。在该阶段,对话语言、情境性语言和不连贯的语言是儿童所用的主要语言。

2. 第二阶段(3～6 岁阶段)

除请求、回答和提问外,语言的交际功能还有陈述、商量、指示和命令、对事物的评价等。这些交际功能主要是伴随连贯性语言、陈述性语言的发展而发展的,主要在 3 岁以后出现。4 岁以后,儿童之间的交谈越来越多,他们会在合作中谈论共同的行动。5 岁以后,在儿童的争吵中已经开始出现用语言辩论的形式,而不再是单纯依靠行动了。

皮亚杰指出,儿童与儿童之间的语言交际以讨论为主,而儿童对成人的语言交际则以向成人提出问题为主。出现这一现象的原因是,成人地位的优势妨碍了儿童和成人的讨论与合作。

(二)语言概括功能的发展

语言的参与使学前儿童的认识过程发生了质的变化。这从语言在感知中的概括功能就能得到说明。

苏联心理学家柳布林斯卡娅曾对 4～7 岁儿童进行分辨蝴蝶花纹细微差异的实验,在该实验中,实验者向儿童提供 9 张图片,每张上面有一只蝴蝶,每 3 只蝴蝶为一种颜色,共有浅蓝色、白色、红色三种颜色,每种颜色的 3 只蝴蝶分别为带斑点花纹的、条状花纹的和没有花纹的。研究者在同一班中选出实验组和控制组儿童,对实验组儿童要求在展示和选择蝴蝶时用语言说出花纹,对控制组则没有让语言参与工作。经过 2～3 次作业后,研究者对两组儿童分别进行了测验,两组测验结果有明显差异。实验结果的差别主要源于语言的概括作用。

语言中词的参与可以提高知觉的恒常性,使知觉从以孤立的、表面的特征为主导发展到以复合的、意义的特征为主导,使儿童对事物的感知越来越细微、精确、迅速、完整。具体而言,语言的概括作用主要表现在以下几个方面。

(1)用词命名,把所感知的事物及其属性标示出来,将感知的事物变为理解的事物,便于认识事物及其属性。

(2)词能够概括地感知同类事物的共同属性,有助于认识事物的共同特征。

(3)词能够将相似的物体及其特征加以比较,从而在最短时间内找出物体间的差别。

(4)借助于词的概括作用,能够根据已知事物的主要特征,认识同类的未知事物。也就是说,词有助于迅速地认识新事物。

(5)借助于词的概括作用,能够对事物的主要和次要特点进行区分。

另外,也有研究表明,语言能有效地改变对复合刺激物感知中的"强度规律";语言的概括作用也反映在对儿童的记忆发展的积极影响上。

(三)语言调节功能的发展

语言对儿童的心理活动和行为起着重要的调节作用。这种调节作用是和语言的概括作用密切联系的。简单来说，儿童必须首先对自己认识过程的各种因素进行分析综合，才能对认识过程进行调节。

苏联心理学家卢里亚认为，儿童使用语言来指导行为的能力有三个阶段。

(1)第一个阶段(3 岁左右)。在该阶段，他人的语言指导能激发学前儿童进行一项行为但是不能抑制它。例如，给学前儿童一个橡皮球让其进行挤压行为，他们会正确地回应这项指令；但是当喊"停"时，他们却不予理会，仍进行挤压动作。

(2)第二个阶段(4～5 岁)。在该阶段，学前儿童会以冲动的方式回应这项指令。当灯亮起时，学前儿童被告知要压那个球，他们会反复挤压，回应的不是语言的内容而是它的激活性。因而，指导的声音越大，他们挤压的次数就越多。

(3)第三个阶段(5 岁以后)。在此阶段，学前儿童已经能够回应语言的内容，并能运用它来约束以及激活他人的行为。很显然，行动的语言规则已在学前儿童的语言中起到了主导作用，只是还需要进一步的发展。

其实，人的各种心理活动的有意性发展，基本都是由语言的自我调节功能引起的。例如，幼儿初期，学前儿童的注意只有无意注意，这种注意是通过外界事物或成人的语言来组织的；后来，随着年龄的增长，学前儿童逐渐能用自己的语言来组织自己的注意，即产生有意注意。再如，学前儿童的情绪和意志行为，也是从刚开始执行成人的指示，受成人组织，过渡到渐渐能自己用语言来提出对自己的要求，建立能够自己控制和调节的情绪和意志。

### (四)内部语言的发展

按照活动的目的和是否出声，可将语言分为外部语言和内部语言两种。所谓内部语言就是指不出声的语言。这是语言的一种特殊形式，属于简略的、压缩的语言。

#### 1. 内部语言的特点

内部语言的特点主要从两个方面来看，一个是功能上的特点，一个是形式上的特点。

(1)内部语言在功能上的特点

首先，内部语言是指向自己的语言。外部语言是交际的工具，是为了和别人交往而发生的。内部语言则不执行交际功能，它是为自己所用的语言，不具备交际功能。

其次，内部语言所表现出的最大功能就是自觉的分析综合和自我调节的功能。

(2)内部语言在形式上的特点

首先，内部语言的发音是隐蔽起来的。人们在默默思考时，就是利用内部语言来进行的。这时，语言器官的肌肉组织虽然不发出可以听到的声音，但仍然向大脑皮层发送比较微弱的动觉刺激，即和出声说话相似的刺激作用。

其次，内部语言的语句简略，呈不完整状态。

#### 2. 内部语言的产生

内部语言是在外部语言或有声语言的基础上产生的。幼儿前期并没有内部语言。这主要是因为他们还不能控制自己的动作系统，包括发声系统。他们想做时就行动起来，想说时就说出声音。除此之外，他们还不会独自在头脑中进行思考，而要依靠外界条件的帮助，特别是需要在交谈中进行分析综合和调节自己的行动。

大约在4岁以后，儿童的内部语言才产生。据史蒂文森的研究，在学前儿童完成选择和折叠布料的坚持性任务中，4岁左右的儿童在工作过程中所运用的语言从公开转变为隐蔽。其中，6岁女孩说话（说出的语言）明显地减少；男孩发展比女孩稍晚，但是，男孩的外部语言从2岁到6岁也随年龄的增长而减少。

由此可见，学前儿童的内部语言是在外部语言充分发展的基础上逐渐发展起来的。6岁左右的儿童在完成任务时，经常是先在头脑中思考，然后开始行动。

3. 自言自语

(1)自言自语的产生及形式

自言自语是一种介乎于外部语言和内部语言的过渡形态，即说出声音的自言自语。它是在儿童内部语言发展的过程中出现的。自言自语一方面起着自觉的分析综合和自我调节的作用；另一方面仍然有对别人说话的性质。

有时，自言自语也被认为是一种说出声音的思维过程。学前儿童的自言自语往往是在他们要求和别人交往，但又缺乏语言交往的实际可能的情况下出现的。自言自语实际上是外部语言的一种代替或补偿。

自言自语一般在儿童4岁左右时出现。这种自言自语有游戏语言和问题语言两种形式。

①游戏语言

这种语言比较完整、详细，有丰富的情感和表现力，一般出现在游戏、绘画等活动中。儿童往往是一边做各种游戏，一边说话，用语言补充和丰富自己的行动。同样，边画画边说话，主要是想用语言来补充不能画出的情节。

②问题语言

这种语言比较简短、零碎，表示怀疑、困惑、惊奇等意思，一般在遇到问题或困难时出现。在这种情况下，学前儿童提出的问题并不要求他人来回答。如果他找到解决问题的办法时，还会通过自言自语来表示自己的思维过程和采取的办法。例如，在拼图过程中，儿童会自言自语地说："把这个放在哪里呢？……不对，应该这样。……这是什么？……就应当把它放在这里……"有研究表明，儿童的问题语言在四五岁时最为丰富。

(2)对儿童自言自语的认识观点

①皮亚杰的"自我中心语言"

皮亚杰是瑞士著名的儿童心理学家，他将学前儿童的自言自语看作是"自我中心语言"。他认为，自我中心语言是自我中心思维的表现。他指出，"自我中心语言"的特点主要有以下两点。

第一，不想去影响别人。

第二，不能把自己的观点和别人的观点分开。

对于第二个特点的理解就是，儿童最初以自我为中心，把一切都看作是他自己的一部分。自我中心语言就是这种特点在语言方面的表现。很显然，皮亚杰把自我中心语言和社会化语言对立了起来，他认为，儿童自我中心语言的发展，将向社会化语言过渡。随着年龄的增长，自我中心语言的比例逐渐降低。

皮亚杰根据研究发现，自我中心语言出现的多少，受外部社会影响而变化。在象征性游戏等活动中自我中心系数高，在接近于真实工作的活动中自我中心系数低。4 岁儿童和成人交谈时自我中心系数较高，和儿童交谈时自我中心系数较低。

②维果茨基的“社会化语言”

维果茨基是苏联卓越的心理学家，他将儿童的自言自语看成是“社会化语言”。他是第一个对皮亚杰的自我中心说从理论上和实验上提出异议的人。他认为，儿童从出生以后，就成为一个社会的实体，其生活活动的基本形式就是社会交往。在与成人交往的过程中，语言充当着工具性作用，并且起初的交往是伴随着动作和实物的，以后才获得概括的意义。

维果茨基认为，语言在组织儿童的活动、形成儿童的智力行为中起着指导和调节作用。儿童心理的发展，往往是在以成人的语言指导为开端，以儿童的实际动作为结尾的相互交往中进行的。因此，儿童所使用的语言从一开始就具有交际功能，并不像皮亚杰所说的那样，儿童早期的语言是以自我为中心的，没有交际功能。

维果茨基设计了一些实验，专门研究当社会情境改变时，儿童自我中心语言有没有变化。实验结果表明，每当儿童的活动过程产生困难时，自我中心语言就大为增加。所以，维果茨基确信，自我中心语言实质上就是社会化语言，它在儿童的活动中发挥着定向和调节作用。由此来看，自我中心语言就是儿童思维的工具，它的功能就是反映解决任务的计划。随着儿童心理的发展，自我中心语言并不是消失了，而是转化成了内部语言。

在儿童心理发展的整个过程中，语言的作用是相当大的，并且随着儿童语言的发展，其所起的作用会越来越大。此外，语言作用的持续时间也逐渐延长。特别是 4～5 岁以后，儿童语言的自我调节作用明显加强。

## 三、学前儿童语言的培养

从现代人们所认同的语言发展理论来看，学前儿童的语言能力是在社会环境与教育的共同影响下形成和发展的。3 岁以后的儿童，除家庭这一大环境外，托幼机构就是另一个对其语言发展有重要影响的环境。相应地，除家长外，教师也就成了促进学前儿童语言发展的重要影响者。

### （一）充分发挥成人语言的榜样作用

在学前儿童生活的世界中，模仿是他们学习经验知识的最重要途径之一。因此，一个好的模仿对象，对学前儿童的语言获得有着极大的影响。在家庭中，家长的一言一行，学前儿童都会一一听在耳里，看在眼里。同样，在幼儿园中，教师所说的话，怎样用词和造句，用什么言辞来说出自己的感觉，说话时的态度、表情和手势，对别人说话的反应等，也都被学前儿童一一所模仿，因此说，对学前儿童来说，幼儿园教师和家长是最重要的模仿者。

基于此，家长或幼儿教师在说话时，就要特别注意，以充分发挥成人语言的榜样作用为准则。这就要求成人应当做到以下几点。

第一，吐字清楚、发音准确、辅以自然的表情和恰当的手势。

第二，注意语言的表达力，要运用适当的音量、语调、速度等。

第三，注意使用具体易明的句式，若是用来给予指示的，要简单明确，使学前儿童容易理解。

(二)为学前儿童提供充分交往和活动的机会

一个丰富的语言环境，能够让学前儿童有多方面接触语言的机会。因此，成人应努力抓住生活这一语言源泉，积极丰富学前儿童的生活内容，如让儿童看电视、听广播、讲故事、看图书、朗读、对话等。在此过程中，要注意让儿童多"说"，鼓励他们把看到的、听到的东西复述出来，以培养其表达能力。

另外，要为学前儿童组织丰富多彩的活动，使学前儿童广泛地认识周围环境，扩大眼界，丰富知识面，增长词汇。一般来说，当学前儿童"见多识广"了，语言自然也就丰富了。幼儿园的集体活动能为儿童提供更多的交往机会，在与其他同龄人的交往中，学前儿童也能够快速地提升自己的表达能力，在学前儿童的交往中，成人应强调学前儿童要说完整的句子，要用准确的词来表达。

(三)提高学前儿童说话的积极性

培养学前儿童的语言能力，一个很重要的措施就是在学前儿童说话中经常给予他们回应和鼓励。这就需要教师经常表现出对儿童说的话非常有兴趣，并时常回应儿童。儿童一旦得到教师的回应，就会倍感高兴，说话的兴趣也便随之增加。

在成人回应儿童的过程中，回应者不能只是被动地同学前儿童说话，一定要依据学前儿童说话的内容加以扩展，丰富说话的内容，使学前儿童产生更积极的说话愿望，从而促进学前儿童的口语表达能力。例如，一个学前儿童对老师说："妈妈打破了一只碗。"教师对他的话表现得十分有兴趣，问他："是吗？我真想知道这一件事，你当时全看到了吗？""你看到了什么？听到什么声音？""妈妈当时怎么做？""碗破了，怎么办？"这位教师尝试用提问的方式去引导学前儿童说出当时的情形，并借此机会扩展学前儿童说话的内容，帮助学前儿童学习把一件事描述出来，这有助于发展学前儿童的口语表达能力。因为学前儿童是主动提起这件事的，所以他对这件事必然印象深刻，而且想说出来。相反，如果教师的反映只是"噢，真可惜。"说完便终止了谈话，这就轻轻放过了引导学前儿童说话的机会。

(四)正确对待学前儿童口吃现象

口吃就是指在说话时不由自主地在字音或字句上，表现出不正确的停顿、延长和重复的现象。口吃并非因为生理上的缺陷或发音器官的疾病，而是与心理状态有着极为密切的关系。学前儿童的口吃现象主要表现为说话时在某个字、词上表现出停顿、拖音、重复等现象，说话不流畅，肌肉紧张。

3岁左右的学前儿童很多时候说话不流畅，有点结结巴巴的，使人担心他会有口吃。其实学前儿童在该阶段说话不流畅，不一定是他语言上的缺陷，而往往是思维不流畅造成的。此时的学前儿童虽然学到了很多新词，但还不能把这些词有条理地组织成句子说出来。另外，他们思维的速度往往超过他们说话的速度，说话跟不上思想，于是变得说话不连贯，或经常重复说着同一个词或语句。对于这种情况，要正确对待，千万不能直接认定是口吃。一旦处理不当，就很可能造成语言发展上的障碍，使其造成真正的口吃现象，并难以纠正，严重者还会导致学前儿童孤僻等性格特征的出现。

当学前儿童说话不流利或重复时，成人千万不要试图直接纠正他，这很容易打击他的自信心，而不敢说话，或者形成消极的强化，故意重复这样做，反而可能使他养成真正的口吃。当学前儿童因看到某物心情极度兴奋而说出重复的词或语句时，成人所做出的适当反应应该是耐心地听他把话说完，然后和他一样带着兴奋的表情，说一些有助于引导学前儿童向正确方向发展的话。

总之，纠正学前儿童的说话要在自然的情况下，把正确的表达方式说出来。切不可放大学前儿童的口吃表现，把学前儿童正常的表现看作是有问题的，并对此十分紧张，这只会造成学前儿童语言发展上的障碍。正确对待口吃现象，即使真的出现该现象，也要耐心帮助儿童树立其积极说话的信心，帮助其理解词语的意思，逐渐减少其犹豫不决或重复的现象。

### (五)注重个别教育

学前儿童的发展具有个体差异性特征。每个学前儿童的个性特征和智力水平都不尽相同，语言的积极性和驾驭语言的能力也不一样。有的学前儿童还没满两岁就已经能清楚地说出很多话，但有的学前儿童到了两岁多，还是发音不准或说着婴儿话。

成人对待这种情况，也要正确看待，如果学前儿童智力、情绪或生理上等方面都表现正常的话，语言发展较慢并不是问题，不必为其担心。

鉴于学前儿童语言发展的个体差异性，在幼儿园的教育中，教师就需要注重对学前儿童的个别教育。例如，对语言能力较差的学前儿童，教师要主动亲近和关心他们，有意识地和他们交谈，鼓励他们大胆说话，充分表达自己的要求与愿望，叙述自己感兴趣的事，为他们提供更多的语言实践机会，从而提高他们的语言水平；对语言能力较强的学前儿童，可向他们提出更高的要求，让他们完成一些有难度的语言交流任务，以进一步提升语言水平。

### (六)重视对学前儿童语言能力的训练

#### 1. 开展丰富多样的语言教育活动

学前儿童语言教育活动是有目的、有计划地对学前儿童施加影响的过程。因此，幼儿园语言教育活动是发展学前儿童语言能力的重要途径。在幼儿园的语言活动中，教师首先应对学前儿童的语言提出一定的要求，如发音正确，用词恰当，句子完整，表达清楚、连贯等。当学前儿童表现得好就应给予鼓励和表扬，特别是在学前儿童兴致勃勃的说话时，要欣赏他的自信，聆听他的表达。如果有错误时，不要急于改正而打断他的话，要等他说完了，再进行适当的纠正，不过不能过分强调他的错误。因为，培养学前儿童说话的自信心比说话确切更重要。总之，要努力运用有效的教学方法，调动学前儿童说话的积极性，并给予反复练习的机会，以促进学前儿童语言的发展和语言的规范化。

其实，在学前儿童语言教育活动中，教师如果能够有机地渗入一些游戏因素，那么会使学前儿童有更多的机会运用语言、发展语言。语言游戏活动不仅能够让学前儿童的语言环境变得更加自由、轻松、愉悦，而且还能更好地实现教师与学前儿童的互动，从而增加学前儿童的交际机会，达到发展语言能力的目的。除此之外，语言游戏还能够较好地体现出教育的包容性和灵活性，这能促使每个学前儿童主动地发展自身语言能力。

因此，幼儿园应尽量开展形式多样的语言游戏活动。在语言游戏活动的设计中，教师首先要创设宽松、愉快的游戏情境。具体的，可用物品、用动作或者用语言来创设游戏情境，以营造游戏气氛，吸引学前儿童的注意力，使他们产生强烈的好奇心，乐意进一步关注游戏的规则。其次，教师要用简明的语言向学前儿童介绍游戏规则，通常可采用讲解和示范相结合的方法。介绍过程中，教师要注意语速适中，语言简洁明了，并且要讲清楚游戏的规则要点和游戏开展的顺序。再次，教师在带领或引导学前儿童进行语言游戏的过程中，要注意倾听学前儿童的语言表达，及时给予纠正错误的发音及错误的句子结构。最后，教师还应及时组织评议，以提升游戏水平，促进语言能力的真正提高。

2. 把语言活动贯穿于学前儿童的日常活动之中

虽然语言教育活动有很好地训练学前儿童语言能力的作用，但是幼儿园专门的语言教育活动时间是有限的。这就要求教师还应在日常生活中来培养学前儿童的语言能力。

主要方法就是将语言活动贯穿于学前儿童的日常活动之中。教师可以组织学前儿童收听广播、看电视、阅读图书等活动来丰富和积累文学语言。在一日生活中，教师更是要随时进行观察、交谈等，以使学前儿童获得大量的感性认识。另外，还要让学前儿童经常复习、巩固和运用在专门的语言活动中所学过的语音和词汇，更多地学习新词汇，学会用清楚、准确、连贯的语言描述周围的事物，表达自己的情感和愿望，使自己的语言交际能力得到有效的提升。

## 第二节　学前儿童语言发展的理论基础

在学术界，关于语言发展理论的争议由来已久，目前关于语言发展理论的研究主要是沿着三个传统方向进行的，包括生物取向、认知理论和环境作用分析，其分别体现为先天论、认知发展理论、环境和学习理论。在这里，本节内容主要对学前儿童语言发展的理论基础进行概要的介绍。

### 一、先天论

先天论强调先天禀赋对儿童语言发展的作用，而否定环境和学习是语言获得的因素。这一观点下的理论主要包括生成转换语法理论和可习得性理论。

#### (一)生成转换语法理论

1. 基本观点

生成转换语法理论的创始人是乔姆斯基，他提出了语言发展先天论，强调先天过程和生物机制。乔姆斯基认为，没有什么以操作性条件作用为基础的理由能解释儿童如何学习支配句子构成的规则。乔姆斯基和其他先天论者都认为，即使是我们看起来最简单的语言结构，对于认知不成熟的学前儿童来说，也是极其复杂的，复杂到既不能通过父母教授学会，也不能通过简单的试误过程发现。他们还深深觉得，如果语言习得没有某种很强的生物基础，那么对认知能力还十分不成熟的儿童来说，就不可能如此快速地习得语言。

先天论的理论家们显然排除了语言是通过奖励、惩罚以及模仿等原因而获得的可能性。之所以产生这种观点，也有以下两种原因：一是成人似乎并不像环境论者所认为的那样，对儿童语言的准确与否进行奖惩。二是模仿学习要求儿童应持续接触好的语言榜样，但是日常生活中儿童所听到的成人语言中，却往往包含有短句、迟疑的停顿、俚语以及各种错误。语言的产生性属性也驳斥了模仿学习，即儿童产生了许多他们从未听到过的句子形式。同样，儿童所特有的一些句子形式也不可能是从成人那里模仿来的。来自语言学的分析也表明，我们用以说和理解语言的规则其实异常复杂，但是成人并没有具体地教给儿童这些规则。事实上，对于我们能如此轻而易举地用以产生和理解语言及辨识不良语言的语言规则系统，我们却往往不可能加以准确描述。

因此，乔姆斯基认为，儿童生来就具有独立于其他认知过程的特殊脑机制，是唯一可能的解释。简单来说，就是人类出生时就具备了语言获得机制，它是一个与生俱来的语言处理器，由语言输入激活，使儿童能如此快速而轻易地习得语言。

2. 乔姆斯基理论的发展

乔姆斯基起初是用两类结构来描述语言的。一类是语言的表层结构，即儿童实际听到的他们父母和其他成年人使用的语言，由支配单词和短语排列方式的规则构成，这类结构可能随语言而异。另一类是语言的深层结构，即左右我们将单词组合成有意义的话语的潜在系统，是人类所拥有的先天规则，它构成了任何语言系统的基础。乔姆斯基将语言习得需要的某种语言分析机制称为语言习得装置，有了它，人类就能比较轻松地发展出语言技能。儿童在任何时候听到语言时，假设中的脑机制便开始形成某种转换语法，经过了这一机制的过滤，抽取语言中的规则，将该语言的表层结构翻译成儿童能理解的深层结构。乔姆斯基还认为，人类有天生获取语言的器官 LAD，它是一种程序，能够保证儿童能很快地学习错综复杂的语法。当然，在这种程序的基础之上，加上成人的教育和示范会使儿童更快地学会语法。在解释为什么儿童起初的语言技能相当有限，以及为什么它们的发展如此神速这样的问题时，乔姆斯基对这些转换规则的发展时间进行了假定，假定要经过几年时间。

随着研究的深入，乔姆斯基自己的理论在后来也发生了诸多变化。例如，乔姆斯基对 LAD 的提法进行了修正，提出支配和约束理论（government and binding theory）或原则与参数理论（principles and parameters theory）。不过，这一理论仍坚信儿童拥有先天能力，但对语言习得机制提供了更为详尽的阐述。该理论假设某些语言特征具有普遍性，这些特征由一组语言原则加以表达，并随各种语言各自的词法和句法而异，这种差异就是参数变化（parametric variation）。按照原则与参数理论，语言习得包含从一系列先天确定的可能性中确认正确参数，颇类似于将一个开关设置于几个位置中的一个。儿童被假定为能将他们听到的语言与他们已经拥有的语法结构相匹配，一旦发现某种匹配，儿童将开始这种语法规则。这一过程就为参数设置过程，而且一个参数的设定可能影响到语言系统的其他部分，因此与该参数相关的其他特征也开始为儿童使用。由于语言可能存在大量的变化维度，因此该理论假设存在大量的参数需要设置。

除了乔姆斯基，其他先天论者也有类似的观点。例如，斯洛宾认为，儿童没有任何先天的语言知识，但是他们具有先天的语言制造能力(LMC)，即一组高度专门化的语言学习和认知能力。正是因为这些天生的机制使儿童有能力处理语言输入，并推断音素规律、语义关系和句法规则等语言知识，这些知识描绘出了语言的普遍特征，不管儿童听到的语言是哪一种，情况都是如此。这些关于语言信息的意义和结构的推断描绘了一种语言理论，这是由儿童自己建构的理论，他们用这个理论指导自己，尝试与人交流。当然，因为儿童的语言数据库非常有限。他们可能会做出一些错误的推断，但是，在继续处理越来越多的语言输入的过程中，他们的基础语言理论将变得越来越复杂，直到最终接近成人所用的理论。对先天论者来说，只要儿童有语言数据可以处理，那么语言获得就是非常自然的，几乎是自动化的。

(二)可习得性理论

可习得性理论(learnability theory)是通过对儿童语言习得的各个方面进行数学分析而得出的。根据这样的分析，在逻辑上，儿童只有在得到否定证据，也就是在他们出错和得到他人的更正时，才可能习得一些语言规则。但是，持可习得性理论的理论家们同时又认为，儿童事实上并不可能得到这种证据。据此他们提出，儿童快速掌握的语言规则必然是先天给予的，而不是源自经验的。

这类先天论观点解决了环境论的一些问题。例如，儿童只需要一些关键的语言输入以形成某种语法，便足以促发各种语言发展；一旦儿童掌握了语言的结构规则或语法，他们便能够理解和产生无数句子等。

按照先天论观点，语言习得需要特异性分析和加工机制，并且这种机制只与语言的抽象结构有关，而与语言的意义或内容无关。这就解释了为什么认知尚不成熟的机体能习得高度复杂的语言的问题。

这类先天论强调语言理解的作用，而不强调操作条件化的作用，因为它假设儿童主要是通过听语言而习得语言，而不是通过说而习得语言。

## 二、认知发展理论

在20世纪60年代，乔姆斯基的理论支配着整个语言研究领域。但是，从70年代开始，一些关于语言发展的其他观点也开始逐步登上历史舞台。其中一些重要观点源自认知发展研究传统。认知传统的研究者认为，即使是年龄特别小的儿童也拥有大量知识，并且他们还利用这些知识帮助自己学习语言。另外，他们还主张，儿童并不仅仅是习得一组抽象的语言规则，而是习得了他们能“映射”到他们已拥有的认知概念中的语言形式。这一理论下有三种相关研究，即基于皮亚杰认知理论的研究、信息加工研究和语义的引发研究。

(一)基于皮亚杰认知理论的研究

皮亚杰认为，符号功能是语言发展最一般的认知前提，而认知结构的形成和发展是主体和客体相互作用的结果；表征能力不是与生俱有的，而是婴儿期的发展成就，它的出现不仅使词的使用成为可能，还使婴儿后期的客体永久性、延迟模仿、符号游戏等现象成为可能，都出现在感知运动阶段的末尾，即1.5～2岁之间；儿童在开始发出语音时，是把一个对象的“名称”当作该对象不可分的一部分来看的，随后才发展到能用语词称呼那些当时不在眼前的事物，才能区分那些作为符号的语词和被标志的事物，自此就有了语言。皮亚杰还认为，语言结构随着认知结构的发展而发展，儿童的谈论反映了他们的所知，而他们的所知则源自他们感知运动的发展。皮亚杰的以上这些理论都为语言习得的认知基础提供了诸多见解。

正是基于皮亚杰有关儿童语言的相关理论，一些研究者开展了一系列语言发展研究。这些研究主要集中于从感知运动阶段后期的感知运动能力向学前儿童前运算能力早期转化的这段时间，这时儿童刚刚开始将单词联合成双词和三词语。一些心理运算与对应的语言形式间的关系是这类研究十分感兴趣的内容。例如，在儿童开始使用表示消失的单词之前，他们似乎需要掌握客体的永久性概念；儿童最早的句子中所表达的各种意思，与他们在感知运动阶段发展的各种认识密切对应。

皮亚杰的理论对于儿童怎么能够使用单词，为什么使用特定的词表达特定的意义等问题做了较为明确、也较为令人信服的解释。但对于儿童如何掌握句法规则，则似乎显得苍白无力。正因为如此，所以皮亚杰传统的研究者对句法习得问题一直不曾有过很好的解释。

### （二）信息加工研究

近年来，一些认知发展研究者试图从信息加工角度对语言发展做出解释，因此便出现了大量关于语言习得的联结主义理论模型。

联结主义理论主要使用诸如联结主义网络、神经网络和平行分布加工等术语，试图揭示语言习得是否包含一般的学习过程。这一理论与认为语言发展具有特殊机制的先天论观点不同，它研究的实质是设计计算机程序，用来模仿大脑中的信息加工，并探究输入信号与输出形式之间存在的联结方式。

在语言习得研究中，通常的输入信号是涉及某一特定语法属性的信息，如提供英语的动词原型并要求学会产生过去式。在最开始，计算机的反应是随机猜测；在猜测后，研究者通常要为计算机提供其反应正确与否的信息。如果反应正确，则产生该反应（及相关反应）的倾向将得到加强；如果反应错误，则该倾向将减弱。如此通过不断地为计算机提供关于其反应正确与否的反馈“训练”计算机，最终使计算机学会语言的各种特征。当然，很少有人会真正认为计算机程序能确切地模仿儿童的语言习得，但很多人认为通过这种研究，可以探讨语言是否经由学习而习得。

语言习得的联结主义研究算是一项相对新异的工作，它具有不少优势，如它有着坚实的一般认知研究基础、关于智力行为之神经基础的认识基础，以及可用以检验具体模型的有效方法（包括计算机模拟）。但联结主义理论也存在着诸多局限性，如迄今已有的具体的联结主义模型采纳的仍然是某种更为经验主义式的、一般学习机制的理论。

### （三）语义的引发研究

在认知发展理论中，还有一种观点，就是儿童实际上在以他们早期的认知概念作为从所听到的语言中抽取语言规则的工具。与先天论观点所认为的儿童首先将语言分析为抽象的语法结构不同;这种认知观点认为儿童首先将语言分析为基于意义的概念。

从上述这种认知观点看,儿童很早就有了关于动作者、动作和受体的概念。当儿童听到语言时,他们很可能就会将其分析为这类认知概念,然后形成关于这些概念的简单规则,并使用这些规则指导语言的产生。儿童所形成的常见的规则,如"动作者通常处于一句话的开始"。

语义的引发研究结论主要认为,语义为句法提供了一个起点。但是由于语义与句法的关系并非是绝对的,所以语义仅限于某种起点。例如,不是所有的名词都是物体的名称。要想使儿童完全掌握每个词类的抽象范畴。就必须让其摆脱最初对意义的依赖,并开始纯粹利用句法分布信息。从这一点来看,语义可能引发句法系统开始运作,但句法不可能还原为语义。

根据语义的引发研究,也可发现认知理论的实质为,儿童早期关于世界如何运作的知识是他们用以"破译"他们所听到的语言中的"密码"的工具。

## 三、环境和学习理论

### (一)新的学习观

虽然乔姆斯基曾对"环境本身不能对正常的语言发展加以解释"做出了令人信服的论述,但是斯金纳基于学习的分析却并没有因此而停止,而且在当代还出现了一些这方面的专门研究,在这些新近的研究中,有三个方面的研究就不同于其先驱者。

第一,尽管一些基于学习的研究仍与斯金纳的操作化模型十分密切,但现在的多数研究更多地受认知取向的学习理论所引导。尤其是许多新近的研究都根植于班杜拉的社会认知模型,更强调观察学习等相关的认知过程。

第二,新近研究找到了一些环境因素作用的证据。研究者经过研究发现,人们对婴儿谈话的方式不同于他们对熟练者的谈话,而更倾向于使用妈妈语。这些发现表明,儿童所接收到的输入信息可能比乔姆斯基所宣称的更为清晰、更有帮助。另外,乔姆斯基还认为,儿童不可能仅仅通过模仿他们所听到的语言来习得语言,因为他们能够产生和理解无限数量的新句子。但社会学习理论也表明,通过模仿而进行的学习不只局限于精确的复制。模仿可以解释儿童如何学会所有各种基于规则的语法系统。

第三,先天论认为,父母并没有对儿童进行明确的语言规则训练。但新近研究对亲子互动进行了分析,结果表明,父母有时的确在对儿童语言的语法准确性做出反应,为儿童提供各种形式的反馈和指导。

根据上述三个方面的研究可以看出,社会和环境因素在儿童的语言习得中可能起着某种重要的作用。

### (二)机能主义理论

机能主义理论的基础并不是学习原则,而是带有某种显著的认知偏好。但是,从本质上而言,这一理论还是强调社会情境在语言发展中的作用,因此,它属于环境理论范畴。

持机能主义观点的人认为,交流观点和为人理解是儿童习得语言的首要动机。显然,他们强调的是语用或语言的功能用法。在儿童是从语言中抽取意义，而不是结构这一观点上，机能主义理论与认知理论是一样的。但不同的是，机能主义理论认为，在语言的学习过程中，儿童的社会互动对语言的习得有着非常大的作用。

美国著名的心理学家、教育学家布鲁纳曾提出，儿童典型的社会环境（多数情况下是他们的父母）实际上为语言学习的发生提供了许多结构化的学习机会。这些机会构成了语言习得支持系统（language acquisition supportive system，LASS），这一系统主要是帮助儿童努力从语言输入中习得意义，以最终习得语法规则。

语言习得支持系统的核心成分是格式（format）。所谓的格式与程式（script）很相似，由通常发生于儿童及其父母之间的结构化社会互动或常规构成。人们在语言习得的过程中，所熟悉的格式有一起看书、动作游戏、命名游戏、有丰富手势的歌唱活动等。可以说，许多文化中都普遍存在着这些行为。

上文所述的格式使儿童能在某种非常有限的情境中，如在通过记住单词和对应动作的情境中，学习特定的语言元素。为了包括较多的因素或要求儿童进行更大的努力，作为父母，也可以通过逐渐改变格式的方式，使儿童逐渐习得其他语言元素，并且可以用新的方式运用以前习得的反应。在这种格式化的互动中，父母还可以提供其他关于语言习得的帮助，如简化语言、使用重复、改正儿童不准确或不完整的话语等。

# 第八章　学前儿童情绪发展

在学前儿童心理发展中，情绪发挥着重要作用，情绪在人的心理活动的重要地位是其他心理活动所不能代替的。情绪是人对客观事物态度的体验。良好的情绪，是人的精神与身体健康的前提；消极和不愉快的情绪促使人的心理活动失衡，导致神经活动失调，不利于机体的健康发展。而且学前儿童的年龄越小，情绪所起到的作用就越大。为此，对学前儿童情绪的有关知识进行了解，对学前儿童的情绪发展状况有一个大致的认识，能够培养其良好的情绪，实现其更好的发展。

## 第一节　学前儿童情绪发展的内涵

随着社会的不断发展，人们逐渐认识到情绪情感在学前儿童心理发展中的重要作用，情绪情感绝不是从属于其他心理活动的“副产品”，而是儿童心理发展的重要组成部分。年龄越小的儿童，情绪在其心理和行为发展中所起到的作用就越大。为此，我们应该重视研究学前儿童情绪情感方面的发展问题。为此我们将对学前儿童情绪发展的有关内容如学前儿童情绪的发展作用、基本情绪的发展和学前儿童情绪发展的趋势等方面进行相关的研究。

### 一、学前儿童情绪发展的作用

(一)动机作用

情绪能激发人的认知和行为的动机。在个体的生存适应和人际交往过程中，情绪与动机的关系十分密切，并对动机的产生起着重要影响，主要表现在以下两个方面。第一，情绪也可能与动机引发的行为同时出现，情绪的表达能够直接反映个体内在动机的强度与方向，因此，情绪可以被视为动机潜力的指标。第二，情绪能够以一种与生理性动机或社会性动机相同的方式激发和引导行为。

对于学前儿童而言，情绪的动机作用表现得尤为明显，心理活动和行为的情绪色彩十分浓厚。情绪直接指导、调控着儿童的行为，并对儿童的行为产生驱动力，促使儿童进行某项行为活动。在愉快的情绪状态下，儿童愿意游戏、学习和活动，并且具有较强的接受能力；不愉快的情绪状态下，则不愿意游戏、学习和活动，从而出现反应迟钝、注意力不集中等现象。

例如，让儿童学会跟幼儿园老师打招呼说“早上好”“再见”时，大多数儿童先学会说“再见”然后才会说“早上好”。其原因在于，儿童早上不愿意和父母分离，从而难以具备良好的情绪状态和学习动机，缺乏向老师问好的学习意愿；下午儿童能够立即随父母回家，情绪状态较高，所以赶快说"再见"。由于儿童的有意注意、有意记忆、自觉性、自制力还很差，因此兴趣在儿童发展中具有重要作用，"高不高兴""愿不愿干"对儿童的心理和行为影响极大，情绪对儿童的行为起着直接支配作用。

精神分析学派十分重视情绪的研究，这一学派认为，情绪是人类本能的内驱力的满足，是人的认识和行为的唤起者与组织者。不少心理学家都承认情绪的动机作用，认为情绪不只是心理活动的伴随现象，而且在心理活动和发展过程中具有不可替代的作用。

(二)认知作用

情绪与认知之间相辅相成。共同发展。一方面，情绪随着认知的发展而分化、发展，另一方面，情绪对认知活动及其发展起着反作用，这一作用可能是积极的，也可能是消极的。

儿童的认知活动无意性较强，并受情绪的影响、制约非常大。不论感知、记忆，还是注意、想象、思维，都在较大程度上受到情绪的影响。例如，学前儿童喜欢猴子不喜欢河马，因此儿童对猴子的注意力、观察力度自然会大于河马。与儿童愉快情绪相联系的人和物，也会引起儿童的注意和关注。比如，儿童非常喜欢的玩具、非常爱吃的东西以及与这些玩具、食物相联系的人或事，就会在儿童头脑中形成深刻的印象，而且时间久了，就会形成清晰、稳定的记忆。

在实际生活中，学前儿童的情绪状态还会对其计算、判断、推理等思维过程造成不同程度的干扰，比如问孩子："有两个香蕉，哥哥吃了两个，还有几个呀？"有的孩子不去回答这个问题，而将注意力转移到香蕉被吃完了这一方面，从而产生一定的情绪问题，自然不会对教师的问题进行回答。

不少心理学家的有关实验研究，都证明了情绪对认知的组织、影响作用。例如：张述祖在《词的情绪色彩对识记和保持的影响》中提出：相对于其他词语来说，有美感情调色彩的词在识记及其保持方面的效果更明显。

孟昭兰等以婴幼儿为被试，研究了不同情绪状态对智力操作的影响，并提出了如下结论。

第一，婴幼儿不同情绪状态对其智力操作的影响具有明显的差别。

第二，痛苦、惧怕的程度与操作效果之间为直线关系，操作效果随其强度的增加而下降，即惧怕和痛苦对儿童智力发展不利，痛苦、惧怕强度越大，智力操作效果越差。

第三，愉快强度与操作效果之间的相关为倒"U"形关系，只有当愉快的情绪状态保持始终时，才能够达到智力操作的最优。

第四，强烈的情绪状态或淡漠无情，都不能有效促进儿童智力的发展，兴趣与愉快的交替，是智力活动的最佳背景。

第五，在外界新异刺激作用下，婴幼儿的情绪在兴趣与惧怕之间浮动，具有不稳定性。当幼儿的情绪游离到兴趣一端时，就能激发儿童探究活动：当游离到惧怕一端时，则会导致幼儿的逃避反应。

总之，儿童情绪的性质不同、强度不同，对认知活动的作用就会产生差别。不良的情绪会抑制儿童认识水平的发展，直接影响着智力活动的效果；良好的情绪状态能够实现儿童认知或智力的发展。

(三)人际交往作用

每一种情绪都可以通过表情表现出来,表情是人与人之间进行信息、情感交流的重要方式。在婴幼儿与人的交往中,其作用更为突出和重要。新生儿,几乎完全借助于他的面部表情、动作姿态及不同的声音表情等来实现或者维持、调整与成人之间的交往。儿童在掌握语言之前,主要是通过表情来进行交往活动。在婴儿初步掌握语言之后,表情始终是婴幼儿重要的交流工具,它与语言共同实现儿童与成人、儿童与同伴间的社会性交往。在日常生活中,具有积极情绪状态的孩子更容易形成良好的人际关系。一个情绪开朗、热情主动的孩子,能够很好地适应幼儿园的集体生活,得到老师和同学们的欢迎,并树立自己的地位或权威,做班中的领袖人物。

(四)个性塑造作用

学前儿童情感发展逐渐由不稳定走向稳定。大约 5 岁以后,学前儿童情绪的发展开始进入系统化阶段,具备一定的情绪调节能力,情绪情感的社会化程度较高。加之幼儿总是受着特定的环境和教育的影响,这些影响经常以系统化的刺激作用于幼儿,从而使得幼儿的情绪反应逐渐趋于系统化和稳定。例如,某些成人经常对幼儿抚爱,总是使幼儿的精神需要得到满足,从而使幼儿产生了良好的情绪反应。另一些成人经常对学前儿童严厉斥责,不顾学前儿童的感受或精神需要,从而造成了学前儿童不愉快的情绪反应。通过日积月累的重复,学前儿童便对不同的人形成不同的情绪态度。

成人对学前儿童长期进行的潜移默化的感染,也会使其形成对事物的比较稳定的情感。情绪过程的稳定化,逐渐转变为情绪品质。例如,我们可以将一时的乐观称为乐观状态,要是经常处于乐观的状态,则逐渐形成了乐观品质。情绪的品质特征是个性特征的一部分。当情绪与认知相互作用而形成一定倾向时,就形成了基本的个性(人格)结构,如内向或外向、主动或被动、进取或压抑型的个性特征等。

## 二、学前儿童基本情绪的发展

学前儿童的基本情绪主要指的是哭、笑、恐惧、依恋等情绪。在这里,本书将对这些情绪的产生及发展进行相关的介绍。

(一)哭及其发展

1. 哭的一般理解

婴儿一出生就会哭,只不过此时的哭代表一种生理现象。事实上,哭是一种生理和心理现象,代表一种不愉快的情绪。新生儿主要通过啼哭这一方式与外界进行沟通。为此,有人总结出,婴儿出生一周内,其啼哭的原因如下:饥饿、寒冷、裸体、疼痛、想睡眠等;出生大约 1 个月以后的新生儿,其啼哭的原因有所增加,增加的部分为中断喂奶、烦躁、食品的变换,成人离开、玩具被拿走等。

1岁以前的婴儿,啼哭的原因和模式各不一样,因此应该采取不同的护理措施。1周岁以后,婴儿的语言能力和思维能力逐渐发展起来,随之由生理现象引起的啼哭减少,由于心理原因引起的啼哭逐渐增加。此时,消极情绪的冲动和伤心的情感体验、期望有人去照顾他的愿望和要求没有得到满足等,都可能成为婴儿啼哭的原因。可见哭最初并不是一种情绪体验,而是一种行为表现;随着学前儿童年龄的增长,哭成为一种情绪表达方式,一种负面情绪的表达方式。

2.1岁以前婴儿啼哭的原因

(1)饥饿

因饥饿而引起的啼哭多半是有节奏的,可伴随着闭眼、号叫、双脚紧蹬等。出生第一个月时,婴儿由于饥饿或口渴而出现了啼哭,父母需要注意及时喂食。到第六个月,这类啼哭的频率逐渐下降。

(2)疼痛

因疼痛而引起的啼哭,事先没有呜咽,也没有缓慢的哭泣,此时的哭泣十分突然,并且声音十分洪亮。哭泣的过程为:先是拉直了嗓门连哭数秒,接着是平静地呼气,再吸气,然后再呼气。在哭泣的过程中,伴随着一阵阵的叫声。

(3)发怒

因发怒而出现的啼哭,声音往往有点失真,这是因为婴儿发怒时用力吸气,迫使大量空气从声带通过,使声带震动而引起哭声。刚生下来的婴儿,由于被包裹得不太舒服,也会产生这种类型的啼哭。

(4)恐惧和惊吓

由恐惧和惊吓而引起的啼哭,产生于婴儿初生时期。其特点是突然发作,强烈而刺耳,伴有间隔时间较短的号叫,让人一听就知道是婴儿被惊吓了,此时大人应及时采取措施消除引起恐惧和惊吓的来源。

(5)招引别人

婴儿从第3周开始,想要招引别人也会出现这种啼哭。这种哭先是长时间的吭吭叽叽,哭声低沉单调,断断续续,过一段时间之后这种哭泣就会变为大哭。在听到这种声音时,父母应该注意到自己已经忽略婴儿了,从而及时采取有效措施。

(6)不称心

因不称心而引起的啼哭最开始是无声无息的,再然后是两三声是缓慢而拖长的,持续不断,悲悲切切,此时父母需要用一定的行动关心婴儿。

父母应该针对孩子的不同哭泣而采取不同的处理措施。千万不要婴儿一哭就抱起来,盲目地哄孩子;也不要对于婴儿的哭不理不睬。婴儿在1岁前,还不能进行爬行、站立、行走等基本的肢体动作,哭是每天不可缺少的活动,有利于其身心的健康发展,也有利于婴儿与周围环境之间的相互作用。婴儿此时的哭出于自身发展需要,更不必马上禁止。但最好能控制在1分钟左右。

另外,面对婴儿的哭泣,要善于观察,先观察婴儿的精神状态,摸摸头、贴贴脸、看看眼泪、鼻涕、大小便等,判断孩子是否生病以免耽误治疗。对于其他原因的啼哭,要区别不同情况,给予适当关照。尽量满足婴儿的需要，减少婴儿哭泣的次数或时间。在良好的护理条件下，随着年龄的增长，婴儿的啼哭现象会逐渐减少。幼儿语言能力发展起来之后，会用语言、肢体动作等表达自己的情绪或需求，从而会逐渐减少用哭来表达自己情绪的方式。

3. 2～3 岁幼儿的哭泣

这一时期的婴幼儿的啼哭多与生活经验不足、生活能力低下，或遇到力不从心的事情有关，若经常啼哭，会影响其身心的发展。例如，走路时不小心摔一跤会哭，拿不到想拿的东西会哭，自己的需要未能得到满足时也会哭等等。父母需要注意的是尽量减少孩子哭的次数和频率，降低伤心程度。由于此时婴幼儿的哭泣往往是不良情绪的反应，为此父母需要重视这一阶段幼儿的哭，尽量做到哭前积极预防、哭时正确处理、哭后及时教育等。

(二)笑及其发展

人的微笑绝不只是简单的面部肌肉动作，而是神经系统特别是大脑与精神高度结合的结果。根据医学专家的相关观点，爱笑的孩子一般比较聪明。他们观察到，聪明孩子对外界事物发笑的年龄比一般学前儿童要早，产生笑的次数和频率要多一些。

胎儿一出生就要啼哭，由此可以了解到哭是与生俱来的。而婴儿的笑是第一个社会性行为，是在以后的日子里逐渐发展起来的，与后天的因素和环境有密切的联系。不少心理学家认为，笑与情绪体系本身一样，属于一个发展过程。

1. 出生 5 周以前婴儿的笑

这一时期婴儿的笑又称内源性微笑，这个阶段婴儿由于中枢神经系统活动不稳定，因此在微笑时主要表现为用嘴作怪相。笑的时候，眼睛周围的肌肉并未收缩，脸的其余部分仍然保持松弛的状态。1882 年普莱尔就把这样一种微笑称为“嘴的微笑”，以示与后来产生的社会性微笑区别开来。这种早期的微笑是自发的笑或反射性的笑，有时无需外界的刺激，婴儿在睡着时这种笑发生得最普遍。如果我们抚摸婴儿的面颊、腹部或者发出各种声音，也能引出婴儿的微笑。由于这种早期的微笑可为各种广泛的刺激引起，不具备社会性因素。

另外，在这一时期，女婴的自发微笑的次数要多于男婴。

2. 3 到 4 周以后的无选择的社会性微笑

这一时期的微笑，主要是由外源性刺激引起的。在这个阶段，引出微笑的刺激已大大缩小了。此时婴儿还不会区分出对自身有特殊意义的个体，所有人的声音和一般人的脸都会引发婴幼儿的微笑。有些心理学家曾观察到这个阶段婴儿在微笑时十分活跃，眼睛明亮，眼睛周围的皮肤也伴之皱起，但持续的时间一般不长。

大约一个月以后，婴儿开始对移动着的脸微笑。到第 8 周时，婴儿会对一张不移动的脸做出持久的微笑，这标志着有选择性的社会性微笑的开始。这时候，具体来说是 6 个月以前的婴儿，对陌生人的微笑与对熟悉的照顾者的微笑没有多少区别，只是对熟悉的人的微笑要更多一些或笑得更持久一些。

3. 五六个月之后的有选择的社会性微笑

随着婴儿处理刺激内容能力的增加，其对于人的脸或其他事物能够进行辨析，开始能对不同的个体做出不同的反应。婴儿对熟悉的人会无拘无束地微笑，而对陌生人会做出警惕性的注意。此时婴儿的笑频繁而短暂。婴儿的照料者常常高兴地说“孩子会嬉笑了”等，这种微笑能够增加婴儿对照顾者的依恋。

(三)恐惧及其发展

1. 源自于本能的恐惧

婴儿在一出生的时候就具备了恐惧的情绪，甚至可以说恐惧是婴儿的一种本能反应。最初的恐惧不是由视觉刺激引起的，而是听觉、肤觉、机体觉等刺激引起的。此时尖锐刺耳的高声、空间位置的快速变化等，都会引起婴儿的恐惧。

2. 与知觉和经验有关的恐惧

4个月左右的婴儿开始产生与知觉发展相联系的恐惧。引起过不愉快的刺激，会激起恐惧情绪，视觉对恐惧的产生也逐渐起主要作用。随着深度知觉的产生，逐渐出现了“高处恐惧”。

3. 怕生

学前儿童对不熟悉的人所表现出来的害怕反应即为怕生。学前儿童的怕生是一种进步，说明了学前儿童的认知能力得到了发展，若缺乏这种认知能力，则会对周围的人或事物产生同样的反映：既不能形成对母亲的专门依恋，也不会害怕陌生人。如果没有怕生现象，学前儿童也不会产生依恋之情。3个月左右的婴儿是不懂得怕生的，怕生现象一般在6个月左右出现，此时婴儿的感知和记忆能力得到了发展，能够区分亲人和陌生人并产生不同的反应。对陌生人不熟悉，他会感到恐惧、不安。研究表明，恐惧与缺乏安全感相联系。例如，婴儿在母亲膝上时一般不会产生怕生情绪，离开母亲后这一情绪才表现得比较明显。

一般下列因素会引起婴幼儿的怕生情绪。第一，父母是否在场。第二，婴儿与母亲的亲密程度。第三，对环境的熟悉性。第四，抚养者的多少。第五，陌生人的特点。第六，婴儿接受的刺激特征。

4. 预测性恐惧

2岁左右的婴儿，想象和活动能力得到提高，从而产生了预测性恐惧，如害怕黑暗，害怕陌生的物体，害怕动物等。孩子长到2岁左右，能够独立地进行行走，他迫切希望通过自己的行动来探索周围未知的事物，不愿意再受大人的束缚，体现出“叛逆”。正是由于他还缺乏经验，无法进行完全意义上的单独行动，因而孩子会本能地对陌生事物、黑暗等让他感觉不可知、无法把握的、陌生的事物和情境感到恐惧。这种伴随想象和活动能力的发展而出现的恐惧情绪，实际上源自于人类发展中的自我保护本能。

随着年龄的增加,婴儿恐惧的对象发生了改变。和个人安全有关的因素会逐渐淡化,而和社会关系有关的恐惧会明显增加。譬如,幼儿会对别人的谩骂等感到害怕。

(四)依恋及其发展

1. 依恋的含义

婴儿对其主要抚养者特别亲近而不愿离去的情感就是所谓的依恋,它是存在于婴幼儿与其主要抚养者之间的一种积极的、充满深情的、强烈持久的情感联系。在幼儿的心理发展过程中,依恋情绪起着重要作用。研究表明,婴幼儿与母亲之间的依恋关系是学前儿童以后形成诸多社会关系的基础,学前儿童以后人际关系的形成、信赖等个性特点的形成与学前儿童的依恋关系有很大的联系。

2. 依恋的主要表现特点

根据相关研究,婴幼儿依恋的特点表现为以下几方面。

第一,婴幼儿最愿意与依恋对象在一起,并在此时感到最大的愉快。

第二,在学前儿童痛苦、不安时,依恋对象的抚慰比任何别的抚慰更为有效。

第三,依恋对象使孩子具有安全感。当在依恋对象身旁时,孩子很少出现害怕情绪或者其害怕情绪会有明显的减退;当其害怕时,倾向于寻找依恋对象,出现依恋行为。

3. 依恋的基本发展

3 岁以前婴儿的主要依恋对象为其母亲,依恋的方式主要表现为依附、跟随等外显行为。3 岁以后,幼儿开始了幼儿园生活,减少了与母亲频繁接触的机会,并且在幼儿园生活中扩大了自己的人事范围,从而使其依恋的对象和方式开始发生质的变化,其依恋有了新的变化。

(1)0～3 个月的无差别社会反应

处于这一阶段的婴儿,对不同的人的反应是没有差别的和不加区分的,对所有人的反应几乎都一样,都以抓握、微笑等十分相同的方式对大多数人做出相似的反应。他们喜欢听到所有人的声音,注视所有人的脸,并伴随着手舞足蹈、咿呀作语等相似的肢体语言。此时,婴儿的笑并非表示个人的偏好,其表现的微笑等外显行为只是满足其生理需要的手段,顶多是一种依恋的萌芽状态。当婴儿出现怕生以及他们对依恋对象所表现出努力接近或接触的行为时,才产生了真正意义上的依恋。

(2)3～6 个月的有差别的社会反应

这时期婴儿会对不同的人做出不同的反应,对母亲和他所熟悉的人及陌生人所做出的反应是不同的,婴儿对母亲更为偏爱并表现出更多的微笑、咿呀学语、偎依、接近等;在其他熟悉的人面前如家庭成员面前时,这些反应则会少一些,对陌生人则更少,但依然有这些反应。当婴儿看到陌生人时只是注视着,如果陌生人将其抱起或对其微笑时,他才会有所反应。

(3)6 个月～2 岁的特殊的情感联结

6～7 个月大的婴儿,开始对母亲的存在表现出特别的关切,并且这种关切程度有逐渐增加的趋势。此时当陌生人靠近时,他会有明显的不安反应,并转而寻找母亲的所在。这一阶段的婴儿特别愿意与母亲在一起，当母亲离开时则哭闹着不让离开。婴儿把母亲作为"安全基地"，在母亲身边安心玩耍并探索周围环境。此时，婴儿真正的依恋行为就产生了。婴儿形成了专门的对母亲的情感联结。

7～8个月时，婴儿开始对父亲形成了依恋情感，但相对于母亲来说，这种依恋情感要相对淡薄一些。之后，婴儿与主要抚养者的依恋关系进一步加强，依恋范围进一步扩大，对其他家庭成员产生依恋的情感。

(4)2岁后目标调整的伙伴关系

2岁以后，婴儿逐渐能够对母亲的情感、需要、愿望等进行认识并理解，把母亲作为一个交往的伙伴，还认识到交往双方都应该适当调整自己的目标以照顾对方的需求。这样与母亲的空间上的接近就逐渐变得不那么重要。例如，母亲需要离开一段时间，学前儿童也能理解，并能够自己较快乐地在那儿玩。学前儿童此时的行为是主动的。

3岁进入幼儿园以后，学前儿童把依恋的对象逐渐转移到老师和同伴身上。此时(3～6岁)，学前儿童依恋行为的发展进入高级发展阶段——寻求老师和同龄人的注意与赞许的反应阶段，这一点在幼儿园的教育活动中表现得尤为突出。影响幼儿对同伴的依恋的主要决定因素为游戏或学习过程中共享玩具、互相合作、座位以及家庭住址的距离等。

4. 依恋的类型

20世纪70年代末，美国心理学家安斯沃斯等人对婴儿的依恋进行了分类。

第一，安全型依恋，这类婴儿约占65%～70%。这类婴儿并不总是偎依在母亲身边，但与母亲在一起时，能感到足够的安全，并愉悦地玩弄玩具，探索周围的环境，对陌生人的反应也比较积极；当母亲离开时，婴儿明显地表现出焦虑、不安，当母亲回来时，婴儿会立即寻求与母亲的接触，并逐渐平静下来。

第二，反抗型依恋，这类婴儿约占10%～15%。这类婴儿每当母亲离开之前，总显得很警惕，并有些敏感。当母亲离开时表现得非常苦恼，极度反抗，甚至大喊大叫；但是和母亲在一起时又无法把母亲作为安全探究的基地。当母亲回来时，他们对母亲的态度十分矛盾，既寻求与母亲的接触，又反抗与母亲的接触，此类依恋又常被称为"矛盾型依恋"。

第三，回避型依恋，这类婴儿约占20%。这类婴儿对母亲在不在场都无所谓，母亲离开时，很少有紧张、不安或反抗；当母亲回来时，往往不予理会，表示忽略而不是高兴。有时也会欢迎母亲的回转，但是这种接近非常短暂。这类婴儿对母亲并无形成特别密切的情感联结，因此又叫作"无依恋"婴儿。

另外，学前儿童在与社会需要相联系的过程中，产生了一些高级情感，对学前儿童个性与社会性的形成与发展形成了重要影响。

第一，道德感。道德感的形成较为复杂，它是与一定的社会道德标准或社会评价相联系并由自己或别人的举止行为是否符合社会道德标准而引起的情感。3岁前，幼儿只具备道德感的萌芽，3岁后，道德感才真正产生并发展起来。随着学前儿童交往的发展，在家庭、学校、社会的教育下，逐渐掌握并践行一定的社会规范、道德标准。当学前儿童自己或别人的行为、言论、思想符合他所掌握的社会标准时，学前儿童就会产生积极的情绪体验；当学前儿童自己或别人的行为、言论、思想不符合他所掌握的社会标准时就会产生消极的情绪体验。

学前初期儿童道德感的发展处于初级阶段，往往是由成人的评价而引起的，往往针对个别行为；学前中期儿童已掌握了一些概括化的道德标准，会因为自己在行动中遵守了老师的要求而产生愉悦的感受。但是自身的行为是否真的与道德标准相符合，幼儿则不会予以考虑。学前晚期儿童对好与坏、对与错有了比较稳定的认识，其道德感得到进一步发展。

学前初期儿童的道德判断带有很大的具体性、情绪性和受暗示性，认为大人说的、自己感兴趣的就是好的、对的。同时，他们在判断行为时，常常只看到行为的结果，而不注意行为的动机。学前晚期儿童，开始注重行为的动机、意图。

随着自我意识的不断增强和人际交往范围的不断扩大，学前儿童逐渐发展了自豪感、羞愧感、委屈感、友谊感、同情感、嫉妒感等高级社会性情感。1986 年，库尔齐茨卡娅用实验对学前儿童的羞愧感进行了研究，发现 3 岁前儿童具有接近于羞愧感的比较原始的情绪反应，如和陌生人接近时容易产生窘迫和难为情等羞愧反应，与害怕反应相接近。3 岁前儿童只是在成人直接指出他们的行为时才出现羞愧。3 岁后则能对自己的行为感到羞愧，并且羞愧感的表现越来越多地存在于与别人交往的过程中。

第二，理智感。理智感是与人的求知欲、认识兴趣、解决问题的需要等满足与否相联系的，并发生于认识客观事物的过程中。理智感是人类社会所特有的高级情感。随着儿童年龄的增长，活动能力的提高，认识活动的扩大，儿童越来越多地感受到认识的喜悦，而且这种认识性情感又成为促使儿童进一步去完成新的、更为复杂的认识活动的强化物。

幼儿的理智感有特殊的表现形式，如好奇好问，“破坏”行为等。家长和教师应珍视儿童的这种探究热情，并创造条件解放儿童的双手，让他们从小就有动手的机会。

第三，美感。美感是根据一定的美的评价而产生的，是人对事物审美的体验，也是一个社会化过程。幼儿初期仍然主要是对颜色鲜明的东西、新的衣服鞋帽等产生美感，而不喜欢形状丑恶的任何事物。之后在环境和教育的影响下，儿童逐渐形成了自身的审美标准。

值得指出的是，良好的情绪是个体心理健康的重要标志，是个体适应现代复杂的人际关系的社会化水平的重要标志。为此，我们应该注重培养儿童良好的情绪。

## 三、学前儿童情绪发展的趋势

最初学前儿童情绪情感的发生和发展更多的属于一种情绪表现，随着儿童年龄的增长和整个心理活动的发展，情感的主导作用越来越突出。学前儿童情绪的发展趋势主要可以归纳为以下几个方面。

### (一)社会化趋势

相关研究资料表明，儿童最初出现的情绪与其生理需要具有密切的联系。随着儿童的成长，情绪逐渐与社会性需要相联系。儿童情绪发展的一个主要趋势为其社会化越来越明显，总的来说表现在以下方面。

#### 1. 情绪中社会性交往成分比例增大

随着年龄的增长，学前儿童情绪中涉及社会性交往的内容会不断增加。例如，美国心理学家爱姆斯报告,他用两年时间对学前儿童交往中的微笑进行了系统观察,并将这种微笑归纳为以下几种。

第一类:儿童自己玩得高兴时的微笑。

第二类:儿童对教师微笑。

第三类:儿童对小朋友微笑。

为此我们可以看出,在后两类微笑中,体现出明显的社会性情绪。该项研究显示,3 岁儿童比 1 岁半儿童微笑的总次数和各类微笑的次数要多,其中在年幼儿童中自己笑所占的比例最大,但这类微笑增长比例不大;到 3 岁时,儿童自己笑在各种微笑中所占比例最小。在 1 岁半时,对小朋友的微笑所占比例最小,而增长的比例最大;在 3 岁儿童微笑中约占 40%。在 3 岁儿童对教师的微笑所占的比例最大,它比其他两类微笑都多。综观可见,从 1 岁半到 3 岁,儿童社交性微笑的比例则不断增长,从而表明其情绪的社会化程度越来越高。

2. 引发情绪反应的社会性动因持续增长

情绪动因指的是引起儿童情绪反应的原因。

婴儿的情绪反应通常与其基本生活需要的满足状况有关。例如,温暖的环境、吃饱、喝足、尿布干净等,常常引发其愉快的情绪体验。1～3 岁的儿童情绪反应的动因,除了与满足生理需要有关的事物外,还与满足社会化需要的事物有一定的联系。但总的来说,在 3 岁前儿童情绪反应动因中,生理需要是引发其情绪反应的主要动因。

3～4 岁幼儿,情绪的动因逐渐从满足生理需要过渡到满足社会性需要。比如小班儿童喜欢身体接触,希望老师摸一摸、亲一亲、牵着手。在中大班幼儿中,社会性需要所起到的作用越来越突出。幼儿非常希望被人注意,受到集体的重视,要求与别人交往。与人交往的社会性需要是否得到满足以及人际交往状况,都会对幼儿的情绪状况产生直接影响。成人之所以将对幼儿不理睬作为一种惩罚手段,原因即在于此。成人对幼儿的关爱、关注、赞赏,则可以使幼儿树立信心和保持乐观向上的心态。

制约幼儿情绪产生的重要社会性动因,不仅来自于与成人的交往的需要还来自于与同伴进行交往的需要。比如,小朋友在幼儿园没有同伴玩耍,遭到同伴的排斥、拒绝,或者忽视、冷落,会使幼儿产生不好的情绪反应甚至是造成心理阴影。

由此我们可以了解到,幼儿的情绪情感与社会性交往、社会性需要的满足是密切相连的,幼儿的情绪情感正日益摆脱同生理需要的联系,逐渐与成人(包括教师、家长)和同伴的交往建立起密切联系,社会性交往、人际关系状况对儿童情绪会造成较大的影响,并成为引发情绪反应的最主要动因。

幼儿园教育工作人员在日常幼儿教育工作中,要十分重视自己与幼儿的交往,注意自己对幼儿的态度、行为,满足儿童的社会性需要。并且,注意观察幼儿的交往,引导幼儿开展积极的交往,及时发现交往中的问题并妥善处理。

3. 表情不断社会化

表情是情绪的外部表现,有的表情出自生物性质的本能,而有些是在社会化过程中逐渐产生的。儿童在成长过程中,逐渐掌握周围人们的表情手段,从而使自己的表情日益社会化。

儿童表情的日益社会化主要体现在以下方面，一是理解(辨别)面部表情的能力，二是具备一定运用社会化表情的能力。

(1)理解面部表情

在儿童与成人交往的发展与社会性行为的发展过程中，表情所提供的信息起着特别重要的作用。例如，如果对近1岁的婴儿微笑，则婴儿会笑，如果接着立即对他拉长脸，做出严厉的表情，婴儿会马上哭起来。由此可以看出，1岁的婴幼儿已经能够笼统地辨别成人的表情。幼儿园小班的幼儿已经能够辨认别人高兴的表情，中班幼儿开始对愤怒表情能够进行识别。

(2)运用社会化表情

富切尔对5～20岁先天盲人和正常人面部表情后天习得性进行了研究。研究结果表明，最年幼的盲童和正常儿童在面部表情动作的数量、表达表情的适当程度方面没有太大的区别，但正常儿童的表情动作数量和表达表情更加逼真，并随着年龄的增长而逐渐发展，而盲童则相反。由此可以看出，先天的表情能力只能保持一定水平，如果缺乏后天的学习，运用表情的能力就会逐渐下降。盲童由于缺乏对表情的人际知觉条件从而影响了其表情社会化的发展。

相关研究表明，婴儿一般毫不保留地表露自己的情绪，随着年龄的增长，其情绪的表现方式会根据社会的要求进行相应的调节。儿童从2岁开始，就已经能够用表情去影响别人，并学会在不同的场合下用不同方式表达同一种情感。

比如，幼儿在路上不小心摔倒了，为了获得父母的关心，可能“哇”地哭出来；如果在幼儿园老师、小朋友面前摔倒了，为了表现自身的勇敢，可能会忍住不哭。再如，孩子在自己家时，会随便拿自己喜欢吃的东西，而如果在别人家做客，则不直接说出，而是用一定的表情表达出来。

研究表明，儿童解释面部表情和运用表情手段的能力会随着年龄的增长而有所增长。一般情况下，辨别表情的能力高于制造表情的能力。

### (二)情绪的深刻化

#### 1. 丰富化

幼儿的情感发展已相当丰富，一般幼儿已经能够体验大部分成年人能体验到的情感。随着年龄的增长，幼儿的各种情绪过程继续分化，幼儿的情绪体验从指向事物的外部特点向指向事物更内在的特点发展；除了具备与感知觉相联系的情绪情感，产生了与记忆、思维、想象、自我意识相联系的情绪情感，如幼儿之前只是单纯地惧怕陌生的环境，之后会害怕黑暗中有童话里的妖魔鬼怪等。情绪的日益丰富、深刻包含以下两个方面。

(1)情感指向的事物有所增加

随着年龄的增长，有些先前不引起儿童体验的事物逐渐引发了其情感体验。例如，亲爱的情感，首先是最亲密的父母或其他直接抚养人，然后是对兄弟姐妹和家中的其他成员，之后慢慢对老师、小伙伴有了亲爱的情感。再如，2～3岁年幼的婴幼儿，不太在意小朋友是否和他共玩，而稍大的小朋友，会对其他小朋友的孤立、不和他玩，以及成人的不理、不公正对待等感到非常伤心。

(2)情绪过程的分化

刚出生的婴儿只有少数的几种情绪，之后会不断增加或分化出新的表情。随着年龄的增长，幼儿相继出现许多高级社会情感，如尊敬、怜悯、公正、友谊、同情、羡慕、羞愧、责任感、嫉妒、骄傲等。根据相关研究，在学前阶段，幼儿的道德感、理智感和美感等高级情感均出现并得到初步发展。

2. 深刻化

情感的深刻化是指指向事物的性质的变化，从指向事物的表面到指向事物更内在的特点。例如，由于父母是年幼儿童基本生活需要的主要来源，因而幼儿会对父母产生依恋，而年长儿童则已包含对父母的尊重和爱戴等内容，表现了一定精神方面的需求。

随着学前儿童认知水平的发展，其情感不断深刻化。根据与认知过程的联系，情绪情感的发展主要有以下几种水平。

(1)与感知觉有关的情绪

这一时期，幼儿情绪的产生，常常出于一定的生理需要，是与一定生理性刺激相联系的情绪。例如，刚出生不久的婴儿的疼痛、听到刺耳尖声或身体突然失持，都会引起痛苦和恐惧。6个月以后，看见别人做鬼脸，会产生愉快的情绪。

(2)与记忆有关的情绪

陌生人表示友好的面孔，也会让一个3～4个月大的婴儿产生微笑反应，但7～8个月的婴儿可能会对这一行为感到惊奇或恐惧。这是因为前者的情绪尚未和记忆相联系，而后者已经产生了一定的记忆。没有被火烧灼过的婴儿，不会对火产生畏惧，而被火烧灼过的儿童，则会产生害怕情绪。儿童的许多情绪都是条件反射性质的，这与情绪有很大的关联。

(3)与想象有关的情绪

两三岁以后的儿童，由于常被告知蛇会咬人、在黑暗的地方有坏人等，而产生怕蛇、怕黑等情绪，这都是由于想象而引起的情绪体验。

(4)与思维有关的情绪

5～6岁的幼儿，能够了解到病菌与生病之间的因果关系，从而害怕病菌；理解苍蝇能带病菌，从而会讨厌或厌恶苍蝇。这些惧怕、厌恶的情绪，是其思维发展的结果。

幽默感也属于一种情绪体验，并与思维水平有一定的关系。3岁儿童看到鼻子很长的人，眼睛在头后面的娃娃都会感到十分高兴。这是因为其对“滑稽”的理解，即对不正常状态产生的情绪表现。一般认为，儿童会开玩笑即为其幽默感产生的萌芽，儿童的幽默感与他开始能够分辨真假有一定的联系。在他头脑中，必须存在着真假两种表象，从而使事物出现可比性。幼儿有时候认为惹大人生气很好玩，这是因为其萌发了高级情感的理智感。

(5)与自我意识有关的情绪

儿童成长到一定的年龄阶段以后，会对别人的嘲笑产生愤怒、伤心等情绪体验，对活动的成败感到自豪、焦虑，对别人的怀疑和妒忌等，都属于与意识有关的情绪体验。这一类情感是人际关系性质的情感体验，属于典型的社会性情感。

(6)与复合的主观认知因素有关的情绪

成人的情感过程常常与记忆中的经验、料想的后果、对环境事件的评价等复合的主观认知因素相联系。到了幼儿晚期，其复合的主观认识因素也开始出现。这种情感的发生，更多地取决于主观认知因素而不是事物的客观性质。有时候，由于教师不了解幼儿原有的心理状态，会使所有语言或其他措施引起完全出乎意料的情绪反应。例如，某位教师请班上一位小朋友进行课堂小结，却引起了小朋友的极大反感，原来该小朋友认为，教师让其进行总结是为了惩罚其不专心上课。

### （三）情绪的自我调节化

幼儿的情绪，逐渐从原来的不可控朝着受自我意识支配的方向发展。随着年龄的增长，婴幼儿对情绪过程的自我调节能力越来越强。主要表现在以下方面。

#### 1. 情绪的冲动性减少

幼小儿童由于内抑制发展差，言语的调节功能还不完善，因此当外界事物和情境刺激儿童时，不能对自身的情绪进行很好的调控，从而致使情绪的爆发，常常出现极端的情绪。因此这个阶段的儿童的情绪易波动，不稳定性强。

随着幼儿脑的发育及语言的发展，其情绪的冲动性逐渐得到控制。幼儿对自己情绪的控制，最初来自于外界的压力，具有一定的被动性，也就是说其情绪的控制是由于服从成人的指示。到幼儿晚期，其对情绪的自我调节能力逐渐形成。成人经常不断的教育和要求，以及幼儿所参加的集体活动和集体生活的要求，都会促进儿童控制自己情绪能力的增长，从而减少了情绪中的冲动因素。

#### 2. 情绪逐渐趋于稳定

婴幼儿的情绪是短暂的，并且非常不稳定。随着年龄的增长，幼儿的情绪逐渐趋于稳定。但是，总的来说，整个幼儿时期，其情绪仍然是易变的。

幼儿的情绪情感具有情境性，这是造成婴幼儿情绪不稳定的因素之一。得到新玩具、新朋友出现都会让他们的情绪产生较大的波动，孩子的情绪随着情境的改变而改变。比如，当幼儿因玩具不小心摔坏了而要哭泣时，如果成人给他一块他很喜欢吃的糖，他就会立刻变得高兴起来。幼儿的情绪很多时候是因周围人的情绪波动即受感染而引起的。例如，在幼儿园生活中，如果有一位小朋友哭泣，很快整个班级的小朋友都会跟着哭起来。

随着年龄的增长以及经过一段时间的教育，儿童对情绪情感的自我调节逐渐加强，情绪逐渐趋向于稳定。

#### 3. 内隐情绪逐渐发展起来

婴儿期和幼儿初期的儿童，会毫不掩饰地表达自己的情绪，而且擅长借助肢体语言表达自己的情绪。例如，不高兴就哭，高兴、舒服就大笑或者是手舞足蹈，愤怒就瞪眼跺脚，有高兴的事就唠唠叨叨地说个没完没了。随着言语和幼儿心理活动有意性的发展，幼儿逐渐能够调节自己的情绪情感及其外部表现，形成一定的内隐性情感。

幼儿晚期，幼儿已经具备了一定的情绪自我调节能力，并开始掩饰自己的情绪，掌握了一些简单的情绪表达规则，知道如何表现情绪以引起成人相应的反应。比如，打针时感到疼痛，但认识到老师喜欢勇敢的孩子，从而假装打针不痛。他们还会使用富于表达性的身体动作来辨别情绪，对情绪的外部原因和结果有一定的理解。

婴幼儿情绪外显的特点使成人了解孩子的情绪成为可能，因此能够及时给予孩子正确的引导和帮助。但是，出于社会交往的需要，控制调节儿童自己的情绪表现以至情绪本身还有赖长期正确的培养。由于幼儿晚期情绪已经开始有内隐性；因此成人应该细心观察儿童，了解儿童内心真实的想法。

## 第二节　学前儿童良好情绪的培养

要培养学前儿童良好的情绪，首先就应该对儿童当前的情绪状态进行正确的评估，在了解儿童的真实情绪状态以后，才能对症下药，运用适当的、科学的方法使儿童保持良好的情绪状态，实现其健康的成长。

### 一、测量和评估学前儿童的情绪

幼儿园小班孩子差不多都能意识到自己紧张时会口干、心跳加快、手心出汗，并对这一心理状态有一定的了解。与孩子们细腻的感受相反，有70%以上的幼儿教师对小朋友的心理状态知之甚少。一半以上的教师单纯地将孩子哭闹理解为不开心。教师要了解儿童情绪的发展状况，不仅可以从幼儿的面部表情、身体的表现看出，还可以运用科学的方法来进行测量和评估。一般测量和评估幼儿情绪的方法有以下几种。

(一)科学的观察

从事幼儿教育的教师，要对儿童进行经常性的观察，但是这种观察与我们日常生活中无意识的观察有一定的区别。教师对幼儿情绪行为的观察应该是一种有目的、有计划地观察，即所谓的科学观察。

教师要做好观察，应该满足以下几方面的要求。

1. 一定的知识储备

幼儿教师与幼儿朝夕相处，在观察儿童情绪方面具有得天独厚的条件。但如果教师没有一定的幼儿情绪特点的知识，不具备相关的理论涵养，即使发现了问题，教师也会对其视而不见，或者不能有效地通过观察获得准确而详细的信息。

2. 一定的目的性和计划性

即使是再博学的人，也会有自己不擅长或者不知道的领域。例如，学前教师往往答不出红绿灯的位置，一元钱纸币上的具体图案等，但是当说起自己教过的幼儿，却能做到历历在目，这说明学前教师有目的地对自己班上的幼儿进行了观察和记录，因而留下了深刻的记忆。

3. 一定的衡量标准

幼儿在情绪上的问题和障碍，大多属于发育过程中特有的现象，它们在一定的发育阶段出现尚属正常，但是超过了一定的程度，就会显得比较异常。

一般情况下，判断幼儿情绪的标准主要有以下内容。

第一，情绪表现与年龄特征相符合。

第二，情绪与当地的社会文化相适应，并参与社会生活。

第三，通过学习能掌握、使用所处社会的语言来表达自己的情绪情感等。

第四，在日常生活、学习中能逐步学会情绪自我调节，能够明白奖惩的意义，并能遵守已有的规则和秩序。

第五，能逐步学会控制自己的情绪，并做到情绪表现与具体环境相符合。

由于幼儿正处于发育之际，尚未成熟，在辨别是非方面显得薄弱，情绪的易变性、波动性比较突出，从而导致时不时出现一些使成人为难、不易解决的问题。但成人不要用自己的标准要求幼儿，也不能对幼儿出现的问题过于敏感。

### (二)主观报告法

教师可以通过与儿童进行谈话，运用主观报告法来了解幼儿的情绪。当幼儿表现出抑郁、焦躁、悲伤、愤怒、恐惧等情绪时，可以对其进行询问，并试图从儿童的回答中找出解决问题的方法。对幼儿的回答进行录音或记录，整理分析记录后可得到幼儿情绪成因的有关情况，从而及时进行解决。

### (三)问卷评定法

问卷一般用于成人，但有时也可以运用于学前儿童。表 8-1 就是康纳斯儿童行为教师评定量表，用于教师对儿童的行为进行评估。

**表 8-1　康纳斯儿童行为教师评定量表**

| | 0 | 1 | 2 | 3 |
|---|---|---|---|---|
| 1. 在座位旁不停地来回走动 | | | | |
| 2. 发出不该有的声音 | | | | |
| 3. 有要求必须马上给予满足 | | | | |
| 4. 动作冲动(莽撞、冒失) | | | | |
| 5. 容易突然发脾气和出现一些不可预测的行为 | | | | |
| 6. 对批评过分敏感，不承认错误或责怪别人 | | | | |
| 7. 易分心，集中注意力的时间短 | | | | |
| 8. 打扰他人 | | | | |
| 9. 做白日梦 | | | | |
| 10. 情绪变化迅速和激烈，好噘嘴和生气，好争吵 | | | | |
| 11. 与教师不能合作 | | | | |
| 12. 学习困难 | | | | |
| 13. 对权威人士很顺从，容易接受同伴的领导 | | | | |

续表

| | 0 | 1 | 2 | 3 |
|---|---|---|---|---|
| 14. 不安静，常常“过分忙碌” | | | | |
| 15. 易被激怒和冲动 | | | | |
| 16. 要求教师给予极大的注意 | | | | |
| 17. 明显不受伙伴的欢迎 | | | | |
| 18. 办事易受挫折 | | | | |
| 19. 游戏时不能正确对待输赢，只能赢，不能输 | | | | |
| 20. 明显缺乏领导能力 | | | | |
| 21. 常常不能做完已经开始的事情 | | | | |
| 22. 幼稚、不成熟 | | | | |
| 23. 与同伴相处不好，不能合作 | | | | |

注：表中每个项目都有四个评分等级。“0”表示完全没有出现此种行为，“1”表示有一点此方面的行为表现，“2”表示此方面的行为表现比较明显，“3”代表此方面的行为表现非常明显。通过所得分数对儿童行为的正常与否进行评估

这一量表包含的内容包括儿童的攻击性行为、注意力不集中、焦虑、多动和社会合作性行为等五个方面的问题，大致上概括了一般儿童不良情绪的表现。

如果问卷法设计使用得当，可以运用于幼儿。并且通过问卷法，可以促进幼儿对自己的情绪准确地表达。如下图 8-1 所绘制的 7 个脸谱，代表了七种不同的情绪状态，可以让幼儿从中选取一个脸谱，并回答相关问题。教师从儿童所选择的脸谱和回答的问题中，了解儿童的情绪状态。

图 8-1

(四)移情测验法

运用移情法对幼儿情绪进行测验，事先应该设置好相应的情境。一般常用的适用于儿童的移情法为费什巴赫所创设的移情情境测验。在该项测验中，运用 8 个系列幻灯片，向幼儿呈现不同的情绪唤起情境。其中，快乐的情绪、悲伤的情绪、恐惧的情绪、生气的情绪各两张，并运用尖端的文字交代相应的背景。

例如，在一个显示快乐情绪的片子中，呈现出一个小朋友生日宴会的场景。在一个悲伤的片子里，一个孩子丢失了心爱的宠物，并配上相应的解说词：①这是一个小男孩和他的小狗；②这只小狗又不见了；③小男孩再也找不到这只小狗了，可能会永远的失去它了。

这个测验的操作程序十分简单。每放完一个幻灯片，就问幼儿：“你心里觉得怎么样？”评

分方法是记录幼儿所说的情绪体验与故事主人公的体验是否相一致。研究者可用两种评分系统。第一，广义移情评分表，即当幼儿自报的情绪与主人公的体验处于同一级时，得分。第二，是狭义移情评分表，即当幼儿自报的具体情绪体验与主人公一致时，得分。

除了运用言语的方式以外，还可以通过相关的角色扮演的方式，让儿童自由地抒发自己在扮演这一角色时的感受，然后在日常生活中，遇到类似的情境时，观察幼儿的行为是否符合所扮演的角色。

(五)故事续讲法

在研究和测量儿童内疚感等消极情绪的时候，可以运用故事续讲的方法。故事主人公都和班上的幼儿相仿，一般都会做诸如发脾气、摔东西等不礼貌或者不文明的事情。教师在讲完主人公的行为后，就请幼儿去讲一个他认为合理的结局，并且是有关主人公情感反应的结局。故事续讲的假设是：幼儿讲述的关于主人公的故事结尾，儿童可能把自己的情感"投射"到故事主人公身上，由此可以了解到儿童内心真实的感受，进而观察其在真实的情境中是否与自己续讲的情境相符合。

(六)教育实验法

在研究儿童的道德情感时，运用教育实验不失为一种有效手段，它能够有效探讨道德发展的规律或因果关系的方法。例如，我国幼儿教育研究者卢乐珍与林凤藻等曾与美国教育家柏特森一起，针对我国学前儿童的友好行为进行了合作研究。他们设计了 18 个木偶戏，利用向幼儿演出木偶戏的方式进行教育实验，通过实验，幼儿的友好行为明显得到了增加。

## 二、对学前儿童情绪的指导

(一)设计相关的情绪培养课程

"比比和朋友"始于丹麦和立陶宛，现已推广到欧洲、北美洲和亚洲十多个国家和地区。华东师范大学一个研究小组引进了这个情绪课程的教育方案。在这个课程中，幼儿可以通过画画、游戏、角色扮演等办法，自己解决自己出现的问题，从而提升自身处理情绪问题的能力，学习应付危机和逆境。例如，自己的亲人、朋友永远地离开了自己。此时应该怎么办？心爱的宠物死了又该怎么办？通过开展相关的课程，幼儿有了心理准备，并形成了一定的心理承受能力。

幼儿教师还可以根据本班的实际情况，自己设计适合本班幼儿的情绪教育活动。

(二)满足学前儿童积极的情绪体验

当学前儿童在活动中不能获得积极的情绪体验时，就会出现分心、坐立不安、调皮、扮鬼脸等情况。为此，幼儿教师要想提高工作效率，实现教育教学的有效开展，就应当在一日活动中最大限度地满足幼儿对积极情绪的体验。

例如，有一位小朋友跑到王老师跟前说："老师，我要喝水！"老师抚摸了一下他的头，说:“去接水吧。”这位小朋友就高高兴兴地去接水了。过了一会儿,他又回到老师面前说:“老师,我还要喝水!”老师又摸了一下他的头说:“去接水吧。”如此反复了四五次,最后这位小朋友主动把头往老师的怀里送。此时老师明白了,他不是要喝水,而是希望得到老师的关注和爱护。

为此,教师发现学前儿童有类似不合理的要求时,切忌批评,而应该激发他们的积极情绪,使其对自己的教育内容和方法产生认同感。在幼儿园,教师要以关怀、理解、接纳、尊重、支持、平等交流、共同分享的态度与学前儿童交往,并尽量让每个学前儿童都感受到教师对自己的接纳和关爱。比如,有一名小朋友跑到老师跟前说另外一个小朋友打他了,然后大哭起来,这时老师抱起这个孩子,轻轻拍着安慰他,渐渐地这位小朋友的情绪很快安定下来了,这种解决方式比立即去批评打人的孩子更为有效和妥当。

### (三)营造温馨的教育环境

#### 1. 规范设定要合理

教师应与学前儿童共同设定学前儿童一日生活中的一些规范,并培养和提高学前儿童判断是非的能力,并让学前儿童在活动中运用这种辨别是非的能力对自己的情绪表达方式进行合理的价值判断。只有当学前儿童能够对自己的情绪做出合理判断时,才可能实现有效的调节和控制自己的情绪。因此,教师应该对学前儿童的合理要求尽量满足,并坚决拒绝其不合理的要求。

#### 2. 创造儿童之间进行交往的机会和条件

学前儿童在与同伴进行交往的过程中,不仅使双方保持心情的愉快,还能够在交往中学会在团体活动中适当地表达自己的情绪,尤其是当发生冲突时,不仅能够提高他们对情绪的认知能力,还能够提高其情绪调控能力。

#### 3. 避免暴力、武力、色情等对儿童造成的不良影响

幼儿园在进行教育教学活动过程中,要绝对禁止给学前儿童播放带有暴力、武力和色情的电视片,并联合家庭、社区和社会的力量坚决抵制这类事物对学前儿童造成的干扰。

#### 4. 处理好与儿童、家长和其他工作人员之间的关系

为了使儿童的情绪得到良好的发展,应该促进师幼之间、师师之间、教师与家长之间的感情融洽,从而实现儿童的健康成长。

#### 5. 创造良好的物质环境

儿童在幼儿园的生活环境应该保持整洁有序;活动室应该宽敞明亮;卧室要整洁干净并有利于睡眠;合适的图书资料及玩具,色彩选用暖色调等,从而让儿童容易产生积极的情绪体验。

## 三、对学前儿童出现的情绪问题进行个别指导

学前儿童的情绪问题是心理行为问题中的一大类。一般情况下，学前儿童出现的情绪问题可能会随着年龄的增长而自行消失。但是对一些常见的、需要重点防护的负面情绪问题，教师应该引起重视，并对其进行妥善处理。

### （一）利用负面情绪来实现自己的要求

#### 1. 哭闹

儿童常常会利用自己的负面情绪来迫使成人满足自己的要求，常常表现为哭闹、呕吐、咬人、赖地、丢东西等行为。例如，有的学前儿童和同伴抢玩具，如果此时得不到教师的帮助或在抢玩具过程中失利，便大哭大闹。不管教师是劝说、恐吓、利诱等，都不能有效地解决问题。

当学前儿童哭时，教师可以让他用不同的方式如在进行游戏的过程中说出自己内心的想法，并分散学前儿童的注意力，对惹他哭的那件事不那么在意了。另外，教师也可以使用暂停法，即在一开始就打断儿童的哭闹，冷静地说："你又哭了。我不喜欢听到你哭，请你好好说是怎么回事。"若此时儿童停止了哭闹或者哭闹的程度变弱，可以立即称赞他："不哭多好，我喜欢好好讲话的孩子。"在解决儿童哭闹的过程中，教师一定要控制自己的情绪，切忌表现出对儿童的不耐心、厌烦等情绪。

教师面对儿童的哭闹，应该坚持一定的原则。为了避免在公共场合处理这一问题，教师可以单独和儿童进行交谈或说话，并对他说"老师等到你不闹了再进行谈话等"话语。这可以有效地帮助他改正不端行为。说话的时候，切忌让学前儿童感到被排斥和被侮辱，从而将学前儿童闹的情绪状态消灭在初始阶段。

#### 2. 耍赖

例如，有一位家长到幼儿园去接自己的孩子回家，但是孩子赖在幼儿园不走，并抱怨家长没有买礼物送给他，一直吵吵闹闹。幼儿园老师觉得很奇怪：在家长来接孩子回家之前，孩子的表现一直很好，情绪一直很稳定。

这位小朋友之所以出现这种现象，可能有多方面的原因，但最根本的原因在于妈妈的出现引发了孩子的"婴儿自我"。教师可能经常听家长诉说这种现象：孩子在幼儿园是天使，但在父母一出现时就开始调皮捣蛋甚至无理取闹。我们每个人都有个婴儿的自我和成熟的自我，父母看到的几乎都是婴儿的自我。当家长向教师寻求帮助时，教师要让家长明白，孩子耍赖是为了引起家长的重视，孩子从家长的反应中获得经验和情绪。因此，家长应尽量避免和孩子争吵，而是明确自己的态度：父母不喜欢孩子这样做，毋庸赘言，孩子因为对父母深深依恋会很快记住父母说的话，并以父母的话作为道德标准。

### （二）焦虑不安

焦虑是一种紧张不安和恐惧的情绪体验，是学前儿童常见的情绪体验。学前儿童的这一

情绪体验常与恐惧和强迫表现相伴，恐惧无具体的指向性。学前儿童担心害怕、烦躁不安，无故生气、伤心流泪，并常伴有食欲下降、夜惊、多梦、尿床、呼吸快、心悸、腹痛等躯体症状。焦虑会使学前儿童变得过分敏感、自卑、退缩、谨小慎微、依赖他人、不受同伴欢迎，从而不利于学前儿童良好个性的形成和发展。

在学前儿童中，最常见的焦虑为分离性焦虑。尤其是当儿童与母亲分离时，这种焦虑不安，不愿入园、离家，害怕单独睡觉和独自留在家中等现象表现得格外明显。

除了遗传和素质方面外，心理社会因素也是产生焦虑的原因。如亲子依恋未能形成，学前儿童遭受惊吓，父母突然分离等，都会使学前儿童产生不同程度的焦虑。

为了防治学前儿童的这种焦虑，需要对其进行教育矫治。幼儿教师要及时发现学前儿童的身体不适并使该问题得到妥善解决。另外，要倾听学前儿童的心声，了解其内心的真实想法，观察他的情绪变化，要找到压力源，从而将压力消除。特别重要的是形成良好的师生关系，帮助学前儿童克服焦虑，舒缓压力，释放压力，减少负面情绪。

### (三)有关发展的负面情绪

学前儿童由于受到语言发展水平和思维发展水平的限制，从而在发展的过程中产生一定的负面情绪。当学前儿童想表达自己，但无法将心中的感想或观念表达出来时，从而会表现出急躁、退缩、自卑、沮丧，有时因为无法面对失败或自身弱点而产生挫败感。

教师可以帮助学前儿童用自己的语言表达自己内心真实的感受和体验，当学前儿童情绪平复后跟学前儿童聊聊情绪不好的原因，耐心倾听，并结合自己在处理挫折等不良情绪方面的经验来引导儿童解决发展过程中产生的负面情绪。教师要教学前儿童面对现实，不以伤害别人的方式来发泄自己的情绪；与家长及时沟通，让家长了解儿童的苦恼从而共同找出应对措施。

### (四)恐惧

恐惧也是学前儿童常见的一种心理情绪，常以表情、动作或生理反应症状对恐惧做出反应。大多数学前儿童难以很快适应陌生的环境，对自己熟悉的环境或人有很强的依赖感，因此学前儿童多怕与亲人分离，怕某些不熟悉的动物和昆虫，怕黑暗、电闪雷击，怕凶恶面孔的人等。

如果过分的恐惧超过两年，我们一般将其认定为恐惧症，此时恐惧的事物或情境实际上不具备危险性，患儿恐惧感持续，产生回避、退缩行为，从而不利于其自身的正常成长。有人将恐惧症分为三类，即身体伤害恐怖、自然事件恐怖和社会恐怖。一般学前儿童的恐怖来自于自然事件恐怖。恐惧感可随年龄增长发生变化，但并不意味着自然而然的消失。幼儿期不及时防治，会发展成入园困难和难以适应校园生活等。

大多数人认为，学前儿童恐惧是通过学习得来的。学前儿童通过模仿，学到教师和父母的恐惧与回避行为。另外，错误的强化也会导致学前儿童的恐惧，如父母强迫孩子入园，或留在家中提供游戏和食品，都会导致孩子入园困难；依恋不良发展、对孩子过度保护和纵容，遗传素质和父母的个性等，也会对学前儿童的恐怖心理造成影响。

幼儿教师在防治恐惧症时，还要注重培养学前儿童乐观、开朗和坚强的性格；在教育方式上要科学，讲清道理，不用神、怪物或黑房子等恐吓手段；父母和教师要注意行为示范，以免使学前儿童在潜意识中受到影响；要鼓励孩子入园，并加强保护；实施一定的行为疗法等。

（五）抑郁

主要表现为情绪抑郁的抑郁症，主要有三种类型，即急性抑郁、慢性抑郁和隐匿性抑郁，一般学前儿童很少出现抑郁症。其中，在隐匿性抑郁症中，常表现为多动、侵犯和头痛、腹痛、大小便失禁等症状。婴儿6个月后若与母亲分离，会出现不停地啼哭，易激动等抑郁症状；一周后呈现抑郁退缩，对环境无反应，食欲减退，体重减轻，发育停止，睡眠障碍，抵抗力下降等。若母子重新团聚，抑郁症则可以随即消除。此种抑郁又称婴儿依附性抑郁症。学前儿童体验抑郁的能力有限，其抑郁症状常表现为不快乐，提不起精神；不和同伴玩耍，对游戏活动不感兴趣或者不愿参加等；食欲下降，睡眠减少；哭泣、退缩等，极少数会因为抑郁而产生自伤行为。

除了遗传和神经内分泌的因素外，抑郁的产生常常与精神刺激有密切的联系。例如，父母死亡、亲子分离、成人的虐待、不幸生活事件等都会使孩子产生抑郁。另外，学前儿童倔强、违拗、被动、依赖、孤独等不良性格也会助长抑郁。

要防治学前儿童的抑郁症状，需要采取以下方面的措施。

首先，要注意调整师生关系、亲子关系和同伴关系，消除精神刺激。

其次，幼儿园要联合各方面的力量创设有利于学前儿童健康成长的良好环境，特别是教师要尊重学前儿童，切忌当众羞辱学前儿童，损伤学前儿童的自尊心，以免使学前儿童产生抑郁。如果父母患抑郁症要及时治疗，以免父母的不良情绪对学前儿童造成影响。

最后，要培养孩子开朗、健全的性格和积极向上的态度。

## 四、学前儿童情绪治疗法

情绪疗法主要为应用情绪体验的方式来帮助学前儿童理解与控制自身的情绪，获得正确的情绪体验与表达方式，从而形成符合社会要求的行为方式。具体来说，包括以下几个方面。

（一）宣泄

出现行为问题的儿童，其往往带有压抑的情绪。因此在运用情绪疗法时，首先应让学前儿童进行适度的宣泄，疏散、吐露自己心中的积郁，并淋漓尽致地发泄自己的委屈、忧虑、牢骚和怨恨等不快，从而实现心理上的平衡。情绪宣泄的方式有很多，一般儿童宣泄的方式为哭泣，哭泣是解除烦恼和痛苦情绪的一剂良药。当学前儿童哭时，应适当让孩子尽情的哭泣，从而宣泄悲痛、释放不良情绪。为此，学前儿童教师面对学前儿童的哭泣时，不要盲目地对其进行强迫或者压抑，而应当让他们哭得淋漓尽致或转移其注意力，从而消遣心中的不快。

（二）联想

存在行为问题的儿童，如果长期处于情绪氛围较差的家庭环境，自然会对周围的环境产生消极的认识或态度，缺少激发积极趋向的动力源，因此，教师可给学前儿童提供积极联想的情境，让学前儿童按照自己心中的目标将理想化的状态加以联想并表达出来，从而唤醒学前儿童内心深处的美好想象，调动其改善情绪与行为的积极性；通过引导儿童进行联想探究儿童问题产生的原因，从而达到治疗问题的目的。

（三）自我暗示

通过引导问题学前儿童进行自我暗示，从而实现理想与现实的结合，改变对自己与环境的看法，进而建立合理的情绪反应机制，逐渐改变自身存在的悲观消极情绪，进而充分调动他们的积极性，促进其形成积极的情绪状态。

（四）扮演角色

儿童的成长和发展主要是在游戏中实现的，为此可以让他们在游戏中进行角色扮演，利用模仿、体验等手段，在角色扮演中体验积极的情绪和学会表达自己的真实情绪和观念。

（五）投射

儿童由于语言表达能力有限，因此往往乐意通过绘画来表达自己内心的情绪，从而进行情绪的宣泄。阿尔修勒等受弗洛伊德潜意识的影响认为，儿童绘画的内容体现了儿童自身潜意识的东西，凭借画面上的线条、形、色的组合与象征，可以对儿童的心理状态、需求、家庭关系、攻击性的倾向等进行分析，从而帮助研究和诊断学前儿童的问题行为产生的原因。当然，儿童在自由绘画中也可以抒发自身的情感，投射自身的问题。

# 第九章 学前儿童的游戏心理发展

游戏是学前儿童最喜爱的活动，也是学前儿童学习各类知识最重要的手段。从某种意义上来说，学前时期就是游戏的时期，学前儿童在游戏活动中可以获得自身的发展。游戏不仅可以给学前儿童带来快乐，而且具有重要的教育价值，有助于促进学前儿童身体、认知、情绪情感、社会性等各方面的发展。本章主要从学前儿童游戏的主要理论、重要性、游戏指导等角度出发，对学前儿童游戏心理的发展进行系统的探究。

## 第一节 幼儿游戏理论

### 一、精神分析学派的游戏理论

精神分析学派的代表人物主要有弗洛伊德、帕勒、蒙尼格、艾里克森等人。其中，按照艾里克森的相关理论观点，游戏发展所经历的阶段反映了学前儿童心理发展的各个阶段。通过游戏，学前儿童可创设模拟的情境，进而帮助自己处理现实中的要求。

精神分析学派主张一切生物都具有一些与生俱来的原始冲动和欲望。如果人的原始冲动和欲望在现实社会中受到严重的压抑，而且一旦这种压抑找不到一条合理的出路便会导致人的精神分裂。而游戏则是一条有效的排解途径。毕竟游戏远离现实，是一个完全受控于自己的自由天地。

#### (一)弗洛伊德的游戏理论

弗洛伊德将人从出生到成年的发展经历划分为五个发展时期，即口唇期、肛门期、性器期、潜伏期和生殖期。

其实，弗洛伊德曾经并没有系统地论证过学前儿童的游戏。他只是在论述心理学的基本观点时，往往附带地涉及一些学前儿童的游戏问题。此外，弗洛伊德还指出，游戏能够帮助学前儿童发展自我力量，通过游戏解决学前儿童“本我”和“超我”之间的矛盾。

此外，弗洛伊德的人格理论则奠定了其游戏理论的基础。弗洛伊德将本能欲望看作是人格构成中的最低境界，称为“本我”；社会规范则是人格构成中的最高境界，称为“超我”；协调本我和超我之间的矛盾冲突而获得的现实性人格则是“自我”。① 弗洛伊德强调，游戏是受“快乐

① 袁秀珍：《加强人格修养是从源头上防治腐败的重要举措》，理论前沿，2007 年第 4 期。

原则”支配的。其表现为游戏能够满足学前儿童的愿望，是满足他们需要的源泉。一般来说，游戏的这种调节机制，主要表现在以下两方面。

1. 实现现实中无法实现的愿望

许多学前儿童都有赶快长成大人的愿望，因此他们十分希望做成人所做的事情。而这种愿望只能在游戏中帮助他们得以实现。例如，学前儿童在游戏中可以模仿成人的日常活动，如“过家家”“开医院”等。弗洛伊德的游戏理论强调，游戏能为学前儿童提供一个虚拟的环境，能使他们从现实的强制和约束中解放出来，从而补偿现实生活中不能满足的需求。

2. 能控制现实中的创伤性事件

学前儿童在游戏中并不是经常和愉快的体验联系在一起的。有时，学前儿童在游戏中会重复一些不愉快的体验。例如，有的学前儿童在游戏中将成人打骂自己的不满完全发泄在娃娃身上等。弗洛伊德将这种现象称为“强迫重复”(repetition compulsion)，属于一种“转向报复”的行为。

通过上述两种游戏调节机制，学前儿童就能通过游戏这一方式来回避现实的各种约束，从而满足所需、补偿现实的遗憾。在游戏和现实的不断转换中，学前儿童能够让自己的心理处于一种平衡的状态，并使自我不断完善起来。对于学前儿童来说，即便游戏活动已结束，但游戏的原动力却能继续存在于以后这些现实活动的无意识的动机之中。在弗洛伊德看来，学前儿童进行的游戏和成人进行的游戏在本质上是一致的。当然，两者在表现形式上可能存在一定的区别，即学前儿童的游戏的对立面是现实，即以是不是“真实的”来辨别游戏；成人的游戏的对立面则是工作，即以是不是“严肃的”来辨别游戏。

精神分析学派理论在一定程度上可以被应用于游戏治疗：观察学前儿童在游戏中的各种行为及所用玩具，并从中考虑其潜在的体验，从而使他们的潜意识经验变成有意识的，并帮助他们能自我控制或抛弃某种心理，以最终达到心理治疗的效果。例如，当学前儿童看到一名工人从高处掉下来严重受伤时，最初他们会因这件事而受到惊吓，并产生心理上的困扰。而为了解除这些学前儿童的这一心理困扰，他们需要被多次安排参与类似意外事件(摔倒、受伤、救护等)的戏剧性游戏。经过一段时间后，这类游戏举例的次数减少了，但学前儿童也不会再被这类事件所困扰了。

### (二)艾里克森的游戏理论

1. 游戏是一种自我的机能

美国新精神分析自我心理学派的主要代表人物——艾里克森将自我看作是十分积极的因素。他强调，社会文化和心理性欲阶段都是导致个体发展的一个重要因素。这种自我的发展就是恰当的心理性欲和社会文化阶段的建立，也就是社会因素和生物因素的成功结合。

2. 游戏中有性别差异

生物因素和社会文化因素共同作用于男女学前儿童的性别差异，并使之在游戏中得以充分表现出来。

3. 游戏调节发展的阶段冲突

游戏的这种自我机能，主要体现在艾里克森为人格发展确定的各个发展阶段上。其每一阶段都有一对发展的主要矛盾，而且在学前儿童的几个阶段上，主要是通过游戏来解决这些矛盾冲突，并控制矛盾所导致的伤害的。

(三)安娜和克林的游戏理论

安娜和克林最早将游戏引进了学前儿童情绪困扰的治疗。他们一致认为，游戏是一个能够让学前儿童最自在地表达自己的方法。毕竟游戏能取代语言式的自由联想，提供了通往潜意识的重要途径。不过，安娜与克林的游戏理论也存在一定的差别，即安娜相当强调游戏帮助学前儿童与治疗者之间建立正向情感联结，以便进入他们的世界；而克林则注重在游戏中揭示潜意识，方法是解释学前儿童游戏的象征意义。

(四)蒙尼格和帕勒的游戏理论

蒙尼格强调游戏对人发泄内在冲动和减轻焦虑的益处：游戏的价值就在于能发泄被抑制的侵犯性冲动。帕勒则更加侧重于从角色扮演这一角度来对弗洛伊德的游戏理论进行扩充。

## 二、皮亚杰关于认知发展的游戏理论

认知发展游戏理论的代表人物是瑞士著名的心理学家皮亚杰。在西方现代学前儿童游戏理论中，皮亚杰将游戏与认知发展联系起来进行考虑，并将游戏纳入认知心理学的范畴。皮亚杰强调，游戏不是一种独立意义上的活动，而是人们认知水平的一种重要的表现形式。

在皮亚杰看来，游戏不仅仅是学前儿童认识客体的主要途径之一，同时也是他们巩固自身已有概念和技能的有效方法，而且还是使他们思维和行动相协调、平衡配合的重要方法。皮亚杰将智慧看作是生物适应的延伸，即认为智慧也是适应环境的一种手段。这种适应是在同化和顺应的动态平衡中得以实现的。这里所谓的同化，就是将外界元素整合于一个正在形成或已经形成的结构中；而这里所谓的顺应，则指同化性的格式或结构受到其所同化的元素的影响而发生的改变。

一般来说，任何认识活动都难以离开认知结构的同化、顺应作用。而认知的发展，实际上就是认知结构不断地顺应于外物。同时，外物又不断地同化于认知结构的对立统一的结果。同化和顺应在学前儿童活动中的不同比例，也就决定了学前儿童活动的不同形式。当同化大于顺应时，所产生的活动具有游戏活动的特征；而当同化小于顺应时，所产生的活动具有模仿活动的特征；当同化与顺应平衡之时，所产生的活动具有智力活动的特征。客观而言，在游戏活动中，学前儿童并不是发展新的认知结构，而是使自己的经验尽量适合于先前主客体相互作用中形成的结构。总之，学前儿童通过游戏活动所达到的水平，是由他们现实认知发展的阶段性所根本决定的。其认知理论如表 9-1 所示。

**表 9-1 皮亚杰的学前儿童认知心理学理论**

| 大致年龄 | 认知阶段 |
|---|---|
| 0～2 岁 | 感觉运动阶段 |
| 2～7 岁 | 前运算阶段 |

按照学前儿童智力发展的不同水平，皮亚杰把学前儿童认知心理划分为相继发展的两个阶段，即 0～2 岁的感觉运动阶段与 2～7 岁的前运算阶段。

皮亚杰不仅用认知发展的术语来解释学前儿童的游戏，同时还认为学前儿童认知发展的阶段决定学前儿童在任何特定时期的游戏方式，即上述两个认知阶段都有其对应的游戏内容，具体如表 9-2 所示。

**表 9-2 皮亚杰的学前儿童游戏理论**

| 大致年龄 | 认知阶段 | 主要游戏类型 |
|---|---|---|
| 0～2 岁 | 感觉运动阶段 | 练习性游戏 |
| 2～7 岁 | 前运算阶段 | 象征性游戏 |

皮亚杰的游戏理论认为，游戏往往有两个主要作用：一是愉快，即学前儿童纯粹地感到乐趣；二是游戏所提供的适应作用，即学前儿童通过进行游戏活动而最终可以使其行为不断适应现实生活的实际要求。由此可见，游戏是学前儿童的自我表达，是他们用自己在游戏中创造的符号系统去同化现实生活。

总而言之，我们不难看出，皮亚杰所强调的是游戏的情感发展价值，但并不注重游戏的智力发展价值。尽管这一观点存在一定缺陷，但我们依然可以从中受益匪浅：在学前儿童的发展过程中，游戏与认知活动是协调的而不是对立的；游戏与学习是相辅相成的而不是相互排斥的。因此，学前儿童在认知活动中或学习中获得的知识和技能，在游戏中则得到了有效的练习、巩固。前者可以说改变了学前儿童的认知结构，而后者则使改变了的认知结构得以巩固，进而为新的学习打好基础。

## 三、角色模仿的游戏理论

20 世纪初，心理学家萨立提出了角色模仿的游戏理论。他强调学前儿童游戏的实质在于执行某个角色，以获得某种新的地位感。其实，学前儿童最初之所以对游戏产生浓厚的兴趣，是源于一些深埋于他们心中的幻想和需要。学前儿童通过扮演现实生活中某个角色，以“实现”这个幻想并满足自己的需要。

萨立还提出游戏的结构，认为学前儿童游戏的结构一般包括角色、游戏行为、游戏材料或玩具，以及游戏者之间的角色关系等。在角色与活动的关系上，萨立又强调学前儿童自己所扮演的角色是连接其他方面的中心，而且一切其他方面都决定于角色及与之相联系的行动。此外，在游戏进行过程中，学前儿童之间的关系也取决于角色。

## 四、社会活动的游戏理论

苏联的一些心理学家关于游戏研究的理论学说形成了“社会文化历史学派”。其主要从马克思主义的活动论观点来解释、分析游戏。他们强调学前儿童游戏的机制与高级心理机能息息相关，因此，提倡学前儿童进行游戏活动不仅具有反映论的意义，同时还具有社会实践的意义，并能促进社会和个体的协调发展。

### (一)维果茨基的游戏理论

苏联著名的心理学家维果茨基认为，学前儿童总是注意周围成人的活动并在游戏中主动模仿这些活动。维果茨基提出了以下几点的游戏理论。

#### 1. 游戏规则是学前儿童的自我限制

维果茨基的游戏理论认为，学前儿童创造游戏的想象性情境，并不是源于认知的要素，而是源于社会性情感的压力。学前儿童在游戏活动中总是希望将自己的愿望和一个想象中的自己联系起来，即把自己所扮演的角色和该角色在现实生活中的行为规则联系起来，从而自愿服从源于现实生活的规则，并放弃一些直接的冲动。

#### 2. 游戏形成于符号的间接作用

人与动物的最大区别，就在于人具有高级心理机能，即心理活动的随意性和概括性。维果茨基强调人的高级心理机能的产生，是由于人在实践活动中不断使用工具的结果。可以说，工具是人由低级心理机能向高级心理机能的发展的媒介。维果茨基的研究正是要论证实践活动是如何达到符号表示的，即个体与环境的关系是如何从直接达到间接的。

#### 3. 游戏创造了学前儿童的最近发展区

通过一系列的游戏活动，学前儿童的心理机能不断由低级向高级发展，符号的间接作用得以不断抽象化，从而以一种小步递进的自我促进方式进行。从这个角度出发而言，维果茨基就认为游戏创造了学前儿童的最近发展区。

### (二)列昂节夫的游戏理论

苏联心理学家列昂节夫的游戏理论不仅指出了游戏发生于学前儿童心理发展的矛盾，同时也指出了游戏的两个特点。

#### 1. 游戏发生于学前儿童心理发展的矛盾

列昂节夫指出，随着学前儿童年龄的不断增长，其所面临的实物世界将越来越广阔。因此，学前儿童的心理发展就表现为对这个广阔的实物世界的认识和了解。一般而言，学前儿童的认识首先是以行动的方式显示出来的，并通过用手操作物体的行动来进一步体现。为此，列昂节夫称之为及物行动。

婴儿期的学前儿童总是表现出一对特殊矛盾：一方面，他们的动作发展日益复杂，从而意味着他们及物行动的需求强烈起来；另一方面，其所面临的仅仅是满足基本生活需要的过程。到了幼儿期，学前儿童的及物活动的需求更加强烈，以至于他们已想做成人们正在做的一些事，但却又因为自身的能力所限而无法实现这样的行动，因而他们只能在想象的活动形式中得以解决。

#### 2. 游戏的特点

列昂节夫指出了游戏如下的几个基本特点。

其一，游戏行为的动机在活动过程，而不在于活动结果。例如，学前儿童在玩积木之时，他们的重点不在于要建成什么，而在于用各种不同方法摆弄积木的过程。

其二，对于学前儿童来说，游戏过程的操作与行动总是真实存在的行动，永远不是伪造的或幻想的。

其三，游戏行为永远是概括的行为，即学前儿童在游戏中不扮演、不表现某个当事人的特殊事件，而是表现一些典型的、一般事件。

苏联学前儿童游戏理论强调了游戏的教育价值，揭示了游戏与教育之间的联系：一方面，通过教学前儿童进行游戏，从而塑造了他们正确的社会性行为，并实现了游戏的教育目的；在另一方面，这也强调了学前儿童的游戏行为是由成人交给他们的，从而将游戏作为一种教育的内容来对待。

### （三）艾利康宁的游戏理论

苏联心理学家、教育家艾利康宁认为，游戏是学前儿童活动的一种组织形式。其是由于学前儿童的地位在社会发展的一定阶段上发生了变化而出现的。[①] 艾利康宁的游戏理论对游戏的起源和游戏的发展阶段等都进行了较为深入的探究，具体见如下所述。

#### 1. 游戏的起源

从角色游戏的个体起源而言，艾利康宁认为，游戏是个体发展到一定阶段的产物。这也是由于学前儿童与成人之间关系的改变而导致的结果。

从角色游戏的社会起源而言，艾利康宁认为，游戏是人类社会发展到一定阶段的产物。这是由于社会生产力的发展，导致学前儿童在社会生产劳动中的地位发生变化的缘故。

#### 2. 游戏的发展阶段

在艾利康宁的游戏理论中，他将学前儿童游戏的发展分为三个阶段。其中，学前儿童在第一阶段学会掌握物品的习惯用法；在第二阶段学会最初动作的概括化；在第三阶段则学会进一步的动作概括化。

## 五、行为主义的游戏理论

行为主义理论的代表人物是美国心理学家桑代克。行为主义理论认为，学前儿童的游戏

---

① 洪晓琴：《我国游戏课程的教改实践》，学前教育研究，2002 年第 2 期。

是一种学习行为，会受到社会文化和教育要求等因素的影响，同时也会受到学习的效果律（反应的满意效果加强联系，不满意效果则削弱联系）和练习律（反应重复的次数愈多，联系愈牢固）的影响。该理论从游戏的功能着眼，主张与环境相互作用，持续进行信息加工是人类的正常需要。不过，外部刺激的数量必须要适当，一旦刺激过多，便会增加努力的分散程度，同时也会减少与环境的有效联结；而如果刺激过少，那么则会使内部想象增多，增加学习的努力代价。

综上所述，我们不难看出，在学前儿童游戏活动中，刺激量的适当是十分关键的。游戏作为一种激励探索的手段，能够探寻和调节外部和内部刺激的数量，以产生一个最佳的平衡，从而获得更多的心理满足。

## 六、游戏的元交际理论

### （一）元交际

#### 1. 元交际的含义

所谓元交际，就是指一种抽象的交际。其是处于交际过程中的双方真正的交际意图或所传递的信息的"意义"的辨识与理解。从某种意义上而言，我们可以将元交际看作是"交际"的"交际"，即一种意义含蓄的、抽象的交际。而元交际能力则是人所具有的一种十分重要的社会性交往能力，是一种就"内隐的交际"所传达的信息进行意义沟通的能力。

#### 2. 元交际与言语交际

元交际可谓是人类言语交际的基础。而元交际能力是理解讽刺、反话、幽默、笑话的基础。一般来说，学前儿童往往缺乏这种能力，因而总是难以理解说话者的真实意图。

#### 3. 元交际与游戏

英国生物学家贝特森经过研究发现，游戏中的交际是一种充满着隐含意义的元交际。元交际的顺利与否依赖交际双方对于隐含意义的敏感性。这种理解隐含意义的敏感性，实际上是由交际双方熟悉了解的程度和知识背景的相似程度所共同决定的。

从个体发展的角度来看，学前儿童的元交际能力是在成人的影响之下，在与成人相互作用的社会性游戏过程之中所逐步形成并发展起来的。可以说，学前儿童的元交际能力，最早萌发于游戏之中。

### （二）元交际理论研究的意义

#### 1. 游戏的元交际特征对学前儿童的意义

在游戏的过程中，学前儿童是同时在两个层面上进行操作的：其一，是游戏中的意义；其二，是现实生活中的意义。

2. 游戏是通向人类文化和表征世界的途径和必需的技能

首先，人的语言表征系统具有一个类似于元交际的结构特征。

其次，在一般的人际交往活动中，人们常常在某些特别的场合需要通过一个眼神、一个动作或是一种特殊的表情向交际的对象表达一些不方便直接进行表达的意思。

最后，在特殊的文化交流中，元交际可谓到处皆是。

3. 游戏的元交际理论为追溯意识的种族演化史提供了重要依据

在交际的进化过程中，先有元交际，后有语言交际。元交际可以说是学前儿童交际的基础，而游戏则作为元交际的来源，从而使得意识在游戏中得以产生。

## 七、游戏的激活理论

### (一)理论基础——内驱力说

所谓内驱力，就是指有机体的需要状态。其功能在于激起机体的行为。其是与生理需求相联系的驱力引发的行为，是一种为了获得外部奖赏的手段性反应，同时也是一种外部动机性行为；而与生理需要无关的活动内驱力则只是一种自身的奖赏，是满足自身活动的需要，因而是一种内在动机性行为。

从生理角度而言，学前儿童的中枢神经系统需要适当的刺激，就能使其保持在一个较好的激活水平之上。而如果外部刺激水平过低或者过高，就会引起中枢神经系统的激活状态失衡，那么学前儿童就会通过内部平衡机制而做出一定的反应，使失衡的激活状态恢复到一个良好的水平。

### (二)关于游戏激活理论的一些观点

1. 伯莱因的观点

英国心理学家伯莱因认为，学前儿童进行游戏的作用往往在于增强刺激、降低激活水平：当刺激活动水平达到最佳，那么游戏就停止了；而只有当刺激重新减弱、激活水平再次提高之时，它才又开始进行。外界刺激水平过强或过弱的情况，都会引起学前儿童中枢神经系统处于最佳水平之上的激活度。

2. 埃利斯的观点

埃利斯认为，如果刺激存在，那么学前儿童中枢神经系统的激活水平就会提高；一旦刺激消失，那么学前儿童中枢神经系统的激活水平就会随之降低。因此，游戏的功能就在于产生刺激，提高激活水平，使之趋向最佳水平。

3. 赫特的观点

在赫特的模式中，环境刺激是不断地从过多向过少循环着的。因此，学前儿童的行为是为了使激活水平避免一个极端与另一个极端相对的情况，并沿着这个途径暂时地经过中等水平。之后，游戏就在这个水平之上得以产生了。

4. 费恩的观点

在费恩看来，学前儿童本身在游戏中也会引起一些新奇事件，从而引起不确定性并伴随着一种机体的紧张感。

上述各理论流派的游戏理论分别从不同的立场和角度论述了游戏的性质和游戏的功能。客观而言，上述各理论互有差别的游戏本质观，与其说存在着根本的冲突，不如说是互相补充的对游戏丰富性的认识——事物的本质具有根本的稳定性。但其未必就是唯一的，毕竟这往往与研究的切入点有着十分密切的关系。

## 第二节　学前儿童游戏的重要性研究

### 一、游戏与学前儿童身体发展

在各类游戏中，几乎所有的游戏都伴随着不同程度的身体运动，既有全身运动，也有局部运动，活动着身体的不同部位。在游戏中，学前儿童身体的各器官和组织处于积极的活动状态，可以加速其身体各器官的活动，促进机体的新陈代谢、骨骼、肌肉的成熟，使学前儿童在身体发育、体力、动作协调等各方面不断地趋于完善和成熟。与此同时，学前儿童在进行游戏时总是伴随着十分愉悦的情绪，而愉悦的心情是学前儿童身体健康所必需的。所以说，游戏最适合学前儿童的生理和心理特点，游戏可促进学前儿童身体的健康发展。这主要体现在以下几方面。

#### (一)游戏促进学前儿童基本动作的发展

游戏有利于发展学前儿童的大肌肉，当学前儿童在走、跑、跳、钻爬、投掷、平衡、攀登时，他们身体的许多部位就得到了锻炼，动作的灵活、协调和控制能力也得到了发展。

游戏有利于发展学前儿童的小肌肉。当学前儿童玩玩具、搭积木、剪画、拼图、插塑、穿珠时，他们就必须用手仔细耐心地去操作物体，因此他们手部的肌肉也就得到了训练，手指活动也就变得越来越精确，发展了学前儿童手部小肌肉的活动能力和手眼协调、并用的能力。

通过对这些已经掌握的基本动作和技能的练习和应用，使学前儿童不断掌握新的动作和技能。学前儿童的基本动作的练习都是在游戏中进行的，游戏是发展基本动作的重要途径。

#### (二)游戏促进学前儿童运动能力的发展

学前儿童的生命活力在于生长，而运动能力将保证学前儿童在生长中对运动量的需求。

从学前儿童的身体、心理特点出发，学前儿童运动能力一般包括：平衡能力、协调、灵敏性、力量、速度、耐力和柔韧性。学前儿童运动能力培养的重点可放在平衡、灵敏、协调这三方面，对耐力、力量和速度则做适度的培养。学前儿童运动能力的提高，不仅有着极其重要的健身价值，而且对学前儿童智力的发展、良好个性的培养都起着积极的促进作用。

需要指出的是，学前儿童运动能力的发展是有阶段性的，应要抓住学前儿童运动能力发展的"关键期"，促进学前儿童运动能力的发展；通过游戏发展学前儿童的运动能力，必须考虑学前儿童的身心特点，避免成人化和小学化，应强调以游戏为其基本的活动方式。

### （三）游戏促进学前儿童身体各器官的发展

游戏对学前儿童身体各器官的发育同样具有重要作用。

#### 1. 促进学前儿童骨骼、肌肉系统的发育

正如前面所说的，游戏能促进学前儿童基本动作、大小肌肉、协调能力的发展，特别是专门的体育游戏对促进学前儿童身体各器官的生长发育效果显著。

#### 2. 促进学前儿童大脑的生长发育

研究表明，不同的大脑皮层分管着人体不同的机能，左脑倾向于用语言思维，右脑则倾向于感觉形象直接思维。在各类游戏中，学前儿童不仅要动口，更要动手，通过更多的手部活动刺激大脑神经的生长和发育，使左右脑同时开发和利用。

总之，大到追、跑、跳、跃的游戏，小到拼图、绘画、玩沙等游戏均可使学前儿童身体各器官得到活动和锻炼，学前儿童在不同的游戏中，变得结实、健康。

## 二、游戏与学前儿童认知发展

游戏中有动作，有情节，有玩具和游戏材料，从不同方面为学前儿童提供认识外部世界的途径，符合学前儿童认知发展的特点，能唤起学前儿童的兴趣和注意力，激发学前儿童积极的感知、观察、注意、记忆思维和想象等。同时，在游戏中学前儿童需要与同伴沟通和交往，使学前儿童语言也得到了发展。所以说，游戏是促进学前儿童认知发展的有效手段。这具体表现在以下两方面。

### （一）游戏是发展学前儿童智力的重要手段

游戏丰富了学前儿童的知识，激发了学前儿童的想象力，发展了学前儿童的思维能力，游戏培养了学前儿童语言的能力。游戏是学前儿童智力发展的动力，对学前儿童智力的发展有着不可替代的价值，这主要体现在以下几方面。

#### 1. 游戏可使学前儿童获得丰富的知识

学前儿童在游戏时，往往直接接触各种玩具或材料，或者聆听，或者观察，或者触摸，或者比较，从而对各种物体的性能和用途有所认识和掌握，并了解事物之间的相互作用和因果关系，掌握了对物体的性质、物体之间的联系、动作与物体之间的相互作用关系的认识，从而增长了知识，提高了认知能力。

2. 游戏提高学前儿童的感知能力

学前儿童主要通过自己的感知觉认识世界、认识事物，从而增长知识。学前儿童的感知觉是在活动中才能得到发展的，而游戏则是其最喜欢、最主要的活动。游戏过程实际上是一种通过操作物体来感知事物的过程，在游戏中，学前儿童动用各种感官认识物体，发展了感觉；同时通过对物体的形状大小、空间概念、时间概念的认识，学会了感知各种事物的状态和属性，发展了知觉。同时，学前儿童要完成整个游戏过程，必须依靠以往累积或者记忆的知识经验或游戏规则，这样在提高幼儿感知能力的过程中，观察力、注意力、记忆力也能得到综合发展。

3. 游戏能够促进学前儿童想象力的发展

可以看到，学前儿童的想象力比成人的想象力更加新奇、更加丰富，主要是因为学前儿童缺乏知识经验，其想象不受常理约束，具有更大的随意性。虚构(假装)、想象、联想是学前儿童游戏的普遍特征。游戏过程中创造力的发展主要表现在以人代人、以物代人、以人代物、以物代物的替代行为上，游戏的情节和场景更是充满了想象的内容，特别是在角色游戏和结构游戏过程中想象力尤为突出，而且游戏内容越丰富，想象也就越活跃。总之，游戏为学前儿童提供了想象的充分自由，游戏是激发学前儿童想象力的最好方法。

4. 游戏能够促进学前儿童思维的发展

思维是人脑对客观事物间接的、概括的反映，反映的是客观事物的本质属性和内在规律，需要借助于语言来实现其特性，是学前儿童进行概念、判断、推理的过程。游戏可促进学前儿童思维概括水平的提高，克服学前儿童思维的片面性。学前儿童的思维方式是以自我中心思维为主的，看问题常从自己的角度出发，不能站在别人的角度考虑问题，而通过游戏，就可以克服学前儿童思维的片面性。

(二)游戏可促进学前儿童创造力发展

创造力是运用已知信息萌发新思想，发现新事物的能力。游戏之所以能促进学前儿童创造力的发展，是因为在游戏中学前儿童有自由操作游戏材料的机会，他们可以对同一物体做出不同的动作，对不同物体做出同一动作，能够变换各种方式来对待物体，扩大了他们与物体之间相互作用的范围。游戏为学前儿童提供了自由探索、大胆想象的机会，可以养成学前儿童乐于探索与想象，勇于创造的态度与精神。

(三)游戏为学前儿童语言发展提供实践机会

语言是表达或交流思想和情感的工具，其最本质的功能就是交际。语言的获得离不开先天的条件，但真正的语言发展一定是通过社会环境和实践获得的。学前儿童的语言获得是一个连续发展的变化过程，学前儿童在游戏中与同伴进行交流的过程实质上是其语言组织及表达能力的锻炼过程，游戏为学前儿童语言的实践提供了机会，是促进学前儿童口头语言发展的重要和有效的途径。

游戏前，主题的选择、角色的分配、场地的安排、规则的制定等均需要学前儿童通过语言进行协商，即使年龄小的学前儿童也会表达自己的愿望；游戏中，学前儿童也会使用书面语言。游戏为学前儿童提供了语言表达的环境，练习了发音、训练了表达、丰富了词汇、理解了语义。

总之，游戏提供了语言实践的机会，在游戏过程中，学前儿童运用生动、具体的语言，调节自己的游戏行为，也根据不同的具体动作变换语言，从而又发展了自己的语言能力。

## 三、游戏与学前儿童情绪发展

学前期是儿童情绪情感发展的重要时期，在此当中，游戏也起到不可忽视的作用。游戏的内容和形式灵活多样、丰富多彩，既能满足学前儿童表达自己情感的需要，又能够发展学前儿童良好的情感，矫正不良情绪。这具体表现在以下两方面。

### (一)游戏对于学前儿童情感的满足和稳定具有重要的价值

游戏的氛围是轻松、愉快、充满情趣的，它使学前儿童体验到快乐。因此，游戏成为学前儿童表现自己情感的重要途径，学前儿童与其同伴一起进行游戏活动表现了自己的情感，经常体验到积极的情绪情感，为学前儿童探索自我的发展道路提供了途径和机会。

学前儿童在游戏中出现的情绪情感永远是真实的，不会假装，也不会装样子，随着游戏主题和构思的发展和复杂化，学前儿童体验着不同的情绪情感，也使不同的情绪情感体验更丰富、更深刻。

### (二)游戏有利于学前儿童消极情绪的宣泄

在生活中，学前儿童由于受外界各种因素的影响，难免会产生一些消极情绪，如果这种消极情绪长期受到压抑而得到不到释放，就会影响学前儿童的心理健康。许多心理学家都认识到游戏有帮助学前儿童宣泄消极情绪的价值。对此，人们还提出了“游戏治疗”理论。该理论认为，学前儿童通过游戏，可以较好地理解、认识那些引起不良情绪的思想，从而在日常生活中就能心平气和地接受。在游戏活动中，学前儿童的消极情绪得到了发泄，一种满足和快乐的情绪体验也由此产生，从而获得心理平衡。

### (三)游戏可丰富和发展学前儿童的高级情感

游戏作为学前儿童一种充满情绪情感色彩的基本活动，是一种积极的情感交往方式，它有利于各种情感类型的产生，也能丰富和深化学前儿童的情绪情感体验，特别是能促进学前儿童道德感、理智感、美感等高级情感的丰富和发展。

#### 1. 游戏能丰富和发展学前儿童的道德感

游戏是对现实生活的反映，在游戏中学前儿童摆脱了外界的压力，通过各种角色扮演表现不同的道德行为，通过对各类人物关系的处理、角色情感的体验，就能将在游戏中的角色行为经常和现实中的道德行为紧密相连，从而逐渐形成稳定的道德情感。

2. 游戏促进学前儿童理智感的发展

游戏能促进学前儿童认知的发展，在游戏中学前儿童不断积累经验、发现知识、认识事物、解决问题，从而体验和不断发展着理智感。

3. 游戏是学前儿童产生美感的重要源泉

美感是由审美的需要是否获得满足而产生的情感体验。学前儿童在游戏中自觉地选择各种颜色鲜艳、造型生动的玩具，通过对不同材料的分析，确定选中的材料，能不断地感知美、体验美、表现美和创造美，从而发展其审美感。

## 四、游戏与学前儿童社会性发展

游戏是学前儿童与人交往的媒介，在与学前儿童以及成人的交往中，逐渐形成最初的人际关系；在与人的相互作用中，逐步学会了尊重别人，同时也渴望被尊重；在游戏中，通过与人、环境产生影响，从而建立起自信，获得了成功的体验，使自我实现的需要得到了满足。就这样，游戏促进了学前儿童的社会性发展。

(一)游戏能促进学前儿童自我意识的发展，帮助其“去中心化”，学会理解他人

自我意识是主体对自己及自己与周围事物关系的认识，尤其是对人我关系的认识。自我意识是人实现社会化的关键，自我意识的强弱直接关系到学前儿童的发展。

学前儿童在出生的第一年，还没有自我意识。到 1 岁左右，学前儿童产生了自我感觉，这是自我意识的原始形态。到 3 岁左右，学前儿童开始理解并运用人称代词“我”来表示自己，开始把自己当作一个主体的人来认识，这是自我意识的萌芽阶段。但学前儿童处于婴幼儿期时还是典型的“自我中心主义”时期，他们往往从自己的角度出发看问题，而难以从他人的角度看问题，不能正确认识到自己和他人的区别。学前儿童要想摆脱自我中心，就必须与人相互交往，意识到自己和他人的关系，意识到自己在相互关系中的位置，把自己当作别人来意识。另外，学前儿童在游戏中，往往会遇到自己的观点与别人的想法不一致的情况，这也要求学前儿童必须学习协调和接受别人的想法，逐步学会从别人的角度去考虑问题，克服“自我中心”的观点。因此游戏特别是角色游戏在学前儿童从他人角度看问题的能力的发展中起着重要的作用。

(二)游戏促进学前儿童交往能力的发展

学前儿童的社会化发展过程离不开人与人之间的交往和相互作用，而游戏正是培养学前儿童养成正确的交往行为的一种活动。这具体表现在以下几方面。

1. 游戏能使学前儿童形成对未来社会角色交往的初步认识

学前儿童在游戏中会结成两种类型的人际关系，一是同伴关系，二是角色关系。在游戏中学前儿童通过与游戏材料与玩具的相互作用，能促进学前儿童更活跃的交往，特别是角色

游戏。

在游戏时，学前儿童充当着不同的角色，而不同的角色有着不同的身份，不同的身份就有不同的表现。在游戏中，学前儿童会以自己的思维、言行进行自然的交往，体验着不同身份的角色所承担的不同的社会责任，通过游戏对他们将来可能充当的社会角色有了最初的感受，体验着对未来社会角色交往的初步认识。

2. 游戏有助于学前儿童社会性交往技能的提高

交往技能是发起、组织与维持交往活动的能力。游戏是学前儿童交往的媒介。通过游戏活动，特别是伙伴游戏活动，学前儿童与同伴之间有更多的交往机会，学前儿童学习与掌握各种社会性交往技能，如合作意识和自我控制能力。

合作是一种重要的社会性交往技能。伙伴游戏本身就是合作的过程。这无论是游戏的准备工作，还是游戏过程中角色关系的处理，甚至游戏结束后的评论，都在造就一种合作意识。游戏中的这种学前儿童之间的交往活动，使学前儿童了解自己和同伴的想法、行为、愿望和要求，学会与同伴合作。与此同时，学前儿童还能够养成良好的协作习惯，他们在游戏中一旦违反规则，别的学前儿童就会加以提醒，并“强令”其纠正，学前儿童就是在互相监督中训练自己的合作行为，并逐步调整自己的行为以适应整个游戏过程的需要的。

自我控制是协作行为的内在机制，由于学前儿童年龄较小，其意志行动尚未发展起来，行动的自觉性差、自控力弱、坚持性不够。而在游戏中，学前儿童的相互要求是相当严格的，在游戏中学前儿童只能做他“职责”范围内的事，因此就必须控制自己的行为，即使是非自愿的，在游戏中也表现出较高水平的意志行为和自我控制能力。

### (三)游戏有助于学前儿童掌握社会道德行为规范

游戏是对现实生活的反映，游戏中蕴含着许多人际交往的基本规则。学前儿童在内容健康的社会性表演游戏中，通过扮演角色，模仿社会生活中人们文明的行为准则，可以缩短学前儿童掌握道德行为规则的过程。在游戏中，学前儿童能认识和体验人与人之间的关系，从而理解、遵守相关的文明规范。在日常生活中，学前儿童碰到与游戏相似的情境时，就会按照游戏里的做法来支配自己的行为，将游戏中遵守规则的行为迁移到现实生活中去。

### (四)游戏促进学前儿童亲社会行为的发展

学前儿童的亲社会行为是一种高度社会化的行为。学前期是亲社会行为开始形成的重要时期，亲社会行为的发展是学前儿童成年后建立良好的人际关系及心理健康、和谐发展的重要基础。在游戏中，学前儿童通过模仿练习各类亲社会行为，在游戏中扮演角色，体验角色的喜怒哀乐，学前儿童在游戏中需要相互适应，服从共同的行为规则。为了成功地进入他人的游戏，学前儿童往往会采取一些策略，如提出请求、进行评论、提供玩具、提出建议等，在这样的尝试中，学前儿童逐渐学会了合作、互助、懂得了关心、同情与分享。

需要指出的是，学前儿童的亲社会行为是极不稳定的，只有让他们在游戏中不断体验、练习、强化，才能形成持久的亲社会行为。

# 第三节　学前儿童游戏指导

## 一、学前儿童游戏指导的全过程

游戏是学前儿童的基本活动，其可以促进学前儿童的认知、社会性、情绪情感以及身体的良好发展，对学前儿童的身心的健康成长具有较好的促进作用。为保证学前儿童游戏顺利开展，充分发挥游戏的教育价值，教师有必要介入学前儿童的游戏，组织和指导学前儿童开展游戏。

### （一）教师指导学前儿童游戏的基本原则

#### 1. 尊重学前儿童游戏的权利

尊重学前儿童游戏的权利，指教师在指导学前儿童游戏的过程中，要尊重学前儿童游戏的主人身份和与游戏相关的意愿，不以命令的方式强行改变学前儿童在游戏中的地位和意愿。真正有效的游戏指导不是强加于学前儿童的，而是在尊重学前儿童自己游戏的欲望基础上进行的。

#### 2. 促进学前儿童内在生命成长和游戏的自我生成与更新

教师对学前儿童游戏指导的目的是要促进学前儿童内在生命成长和学前儿童游戏的自我生成与更新。学前儿童的成长是通过其自身的努力去完成的，教师无法取代。因此，教师既不能过于放任学前儿童自主开展游戏，也不能过分包办代替学前儿童游戏，只能在了解学前儿童游戏的基础上以学前儿童可接受的方式进行，鼓励学前儿童自主思考游戏中的问题和可能的发展方向，创设机会让学前儿童去探索、尝试。这就需要教师无论在指导前还是指导中或者指导后都要站在学前儿童的立场。

#### 3. 关注差异

教师在学前儿童游戏指导过程中要关注不同学前儿童年龄特点的差异性，关注不同学前儿童个体的差异性。

第一，不同年龄段的学前儿童游戏的发展特点不同，教师要根据不同年龄段学前儿童游戏发展的基本规律进行恰当指导。例如，2～5 岁学前儿童象征性游戏迅速发展，结构性游戏也增多，而 5～6 岁学前儿童游戏的形式更加多样化，合作性游戏的特征更明显。即使是同一个游戏，在不同年龄段对学前儿童发展的意义和相应要求都是不同的，如象征性游戏，不同年龄段的学前儿童的游戏水平不同；年龄越小，想象力相对弱，要求给学前儿童提供的玩具材料要更逼真，随着学前儿童年龄的增长，则可以逐渐给他们提供一些仿真度低的替代物品，帮助学前儿童在游戏中发展想象力和思维能力。

第二，同一个年龄段的学前儿童，他们的游戏特点也会表现出极大的个体差异，因此，教师需要特别注意观察和反思每个学前儿童的发展特点和在游戏中的表现，对不同个体的学前儿童进行有针对性的指导，提不同的要求，帮助他们获得不同的成功和快乐的体验，实现学前儿童游戏的积极效果最大化。

### （二）观察在学前儿童游戏指导中的重要性

教师对学前儿童游戏的指导不是一个自然而然的过程。有效指导需要教师对学前儿童游戏用心观察并不断反思，在此基础上形成较为准确的指导判断，在这一过程中促进自身专业水平的提高。游戏的讨论和评价的有效性建立在教师对游戏开展情况掌握的基础上。通过观察和反思，教师对本次游戏的开展情况做到心中有数，知道整个游戏过程中表现好的方面在哪里，最急需解决的问题是什么，从而把握即将讨论和评价的重点，讨论和评价才能取得预期效果。通过对游戏系统有序的观察记录和讨论分析，教师既了解了班级总体学前儿童在游戏中表现出来的发展特点，又能关注到不同学前儿童在游戏中的不同表现，在此基础上有选择地合理规划接下来的游戏和其他教育活动的重点。教师通过对学前儿童游戏的认真观察，从中发现问题，结合专业知识进行反思，并将新的解决方法重新应用于实践中，在此基础上进一步观察和反思所带来的变化，并在这个循环过程中探索有效游戏指导的方式方法。

### （三）教师指导学前儿童游戏的环节

教师对学前儿童游戏的指导，既包括整个幼儿园的游戏计划和安排，又包括具体的游戏开展实践中的准备、具体指导和总结评价，甚至还包括对家长指导学前儿童游戏的指导。

#### 1. 游戏开展前的准备

教师对学前儿童游戏指导的第一个环节包括学前儿童游戏所需要的环境和经验的准备。

教师对学前儿童游戏的指导首先体现在为学前儿童游戏的开展创设适合的环境，包括提供相应的玩具和材料、游戏所需的时间、场地等。

知识经验的准备是教师指导学前儿童游戏的重要方面。在准备之前，教师需要清楚学前儿童开展此游戏需要哪些知识经验、学前儿童除已有的经验外还需要哪些知识经验。这方面的信息，教师可以通过与学前儿童进行相关讨论、提问、观察学前儿童之间的讨论等多种方式获知。对于不同的年龄段的学前儿童来说，游戏所需要的知识经验也不同，因此，教师要根据实际情况进行判断。

#### 2. 游戏开展过程中的具体指导

教师对学前儿童游戏的指导最为显现、最为直接的环节即为学前儿童游戏开展的过程。与游戏环境准备一样，需要教师事先了解参与游戏的学前儿童的年龄特点和个体特点，同时科学地观察和了解学前儿童的游戏，在此基础上进行判断，当确定需要指导后再选择合适的指导时机、指导方式。

### 3. 游戏结束时的整理和讨论、评价

教师对学前儿童游戏的指导还包括在学前儿童游戏结束时引导学前儿童收拾整理游戏环境，及时与学前儿童一起讨论、评价游戏的开展情况。

收拾整理游戏环境可以帮助学前儿童养成良好的习惯和做事有始有终的负责任态度。

游戏讨论和评价的内容主要有两个：一是游戏开展过程中成功的经验；二是游戏开展过程中出现的问题。这可以为后面的游戏规划和开展提供参考，同时也可以帮助学前儿童整理、提升和分享游戏中的经验，进行思维的碰撞，激发后面活动的兴趣。

### 4. 现场指导

(1)确定指导的必要情况

教师对学前儿童游戏的指导往往基于两个依据：一是把自己的预期与学前儿童游戏的开展情况进行比较；二是基于学前儿童的需要。这就需要教师在指导前要突破原有游戏指导经验，通过细致的观察、了解和思考来确定是否出现这两种情形中的任何一种，以判断是否有必要进行指导。一般来说，出现以下几种情况需要教师指导。第一，学前儿童无所事事或者总是重复某一游戏动作，参与游戏意愿不强或缺乏创新和拓展时。第二，学前儿童遇到困难、挫折，或与游戏伙伴产生矛盾，依靠自己的力量无法解决或学前儿童主动寻求帮助时。第三，学前儿童的游戏行为存在过激行为，可能会伤到自己或别人时。第四，游戏中出现不符合社会规范的消极内容时。

(2)选择指导时机

良好的指导效果依赖于指导时机的选择。指导时机的确定往往在一瞬间完成，有时教师来不及一一进行思考，但如果教师对学前儿童越了解，观察越科学，那么做出合适判断的概率则越大。教师在指导后还要进行及时的反思，判断指导时机是否合适，以下几个问题可以帮助教师。第一，我所提供的支持和帮助是否影响或打断了学前儿童的游戏？第二，我的指导引起了学前儿童什么反应？是否抑制了学前儿童的独立探索？第三，我的帮助是造成了学前儿童对我的依赖还是促进了他们更加积极的思考？第四，他们还需要帮助吗？这一时机是最为合适的吗？指导时机的掌握需要在实践中逐渐摸索，总结经验，并不是一蹴而就的。

(3)选择指导方式

教师在选择游戏的指导方式时要注意学前儿童的年龄适宜性和个体适宜性，不同年龄的学前儿童在游戏中遇到同样的问题时指导的方式应有所不同，对于不同个体的学前儿童来说，其发展水平和性格特征都存在差异，因此，教师在选择指导方式时都要加以考虑，灵活选择。归纳起来，指导方式有以下几种：以教师自身为媒介进行指导，以材料为媒介进行指导，以学前儿童为媒介进行指导。

从教师指导游戏方式的显性程度来看，以教师自身为媒介的指导方式又可划分为两种，一种是以游戏者的隐性身份指导游戏(又可分为两种形式：平行游戏和共同游戏)，另一种是以游戏的局外人身份指导游戏。这两种方式的适用范围有所不同，具体如表 9-3 所示。无论教师采用何种身份进行指导，都需要通过语言、表情、行为等具体方式进行，其中，语言是教师指导的重要方式。

**表 9-3　以教师自身为媒介进行指导的使用范围**

| 方式 | | 使用范围 |
|---|---|---|
| 以游戏者的隐性身份指导游戏 | 平行游戏：教师在学前儿童附近，和学前儿童玩相似的游戏，但又不直接与学前儿童的游戏发生互动，以引导或暗示学前儿童模仿，促进学前儿童游戏开展的指导方式 | 当教师发现学前儿童不太会玩新的玩具或材料、只会用某种材料玩同样的游戏、或只喜欢玩某一类游戏时，可以使用这种方式给予学前儿童暗示，教师可以在一边玩的时候一边用语言表述游戏，吸引幼儿的注意，激发兴趣 |
| | 共同游戏（交叉游戏）：当学前儿童有教师参与游戏的需要或教师认为有指导的必要时，学前儿童邀请教师担任游戏中的某一角色或教师自己根据情况扮演一个合适的角色进入学前儿童的游戏中，通过教师与学前儿童、角色与角色之间的互动，指导学前儿童游戏 | 当教师发现学前儿童在游戏开展中存在某种困难或游戏开展不下去时，可以以某种游戏角色的方式参与进来引导学前儿童思考解决方法或新的游戏开展方向 |
| 以游戏的局外人身份指导游戏 | — | 在一些特定的情况下，如学前儿童在游戏中出现严重地违反规则、出现过激行为或一些违反社会道德的行为时，教师需要直接进行指导。有时，教师也可以以教师身份以表情等形式对学前儿童的游戏表示关注或提供游戏开展过程中所需的新材料等 |

教师还可以根据学前儿童游戏发展的特点及时通过提供游戏的玩具和材料的形式，间接地指导学前儿童游戏，引导学前儿童游戏的开展。某些时候，以玩具和材料的间接形式进行指导：一方面可以不用直接打断学前儿童的游戏，保持游戏的连贯性，让学前儿童有更多的机会进行自我探索、思考；另一方面还可以把教师解放出来，当教师把自己的教育意图通过材料渗透进来时，就有了更多的时间来观察和了解学前儿童，并能及时反馈给学前儿童。当然，指导方式还是要依据具体的情况进行选择。

教师并不是活动中唯一的帮助者和合作者，学前儿童之间的合作、交流也是十分重要的教育资源。例如，教师通过观察某学前儿童在游戏中表现出来的社会交往技能较差，而且性格内向，因而不能很好地参与到团体游戏中，自己的直接帮助很可能会打击他的自信心。此时，教师可引导另一位擅长社会交往技能的同伴与他一起开展游戏，以同伴来带动和发展该学前儿童此方面的欠缺。

(4)把握指导节奏

教师对学前儿童游戏的指导应是一个开放、互动的过程。教师需要在指导过程中时刻关注学前儿童的反馈，不断调整指导的节奏。这是由于游戏的真正主人是学前儿童，而非教师。教师的指导节奏的快慢要依据学前儿童的反馈、互动。从这些反馈中反思自己指导的适宜性，当发现学前儿童表情很勉强、回答的语言很简短等情况时就要加以调整。

总的说来，教师对学前儿童游戏的指导是一个不断观察、思考、评估、决策的过程，既要考虑哪些指导方式更容易被幼儿接受，还要考虑是一次性地给予学前儿童帮助还是分几个步骤进行。

综上所述，教师游戏指导的全过程可用图 9-1 来表示。

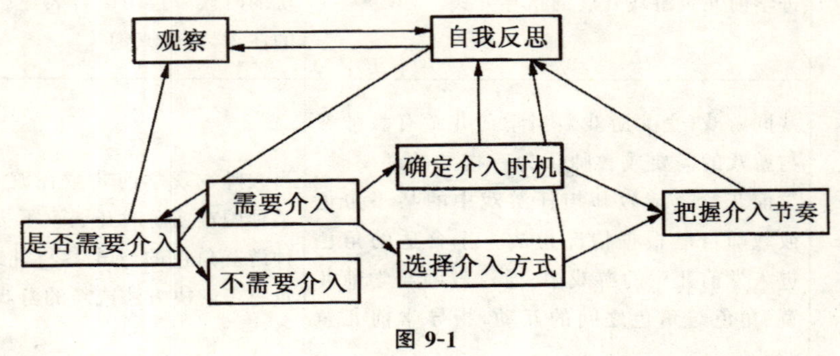


**图 9-1**

## 二、角色游戏的指导

角色游戏是学前儿童依据自己的兴趣和意愿，借助模仿和想象，通过扮演角色创造性地反映其生活环境、生活体验和生活感受的游戏。角色游戏是学前儿童期较典型的游戏形式，产生于两三岁，在学前晚期达到最高峰。

### (一)幼儿角色游戏的基本特点和结构

探讨角色游戏组织和指导，首先要理解和把握角色游戏的基本特点和结构。

#### 1. 角色游戏的基本特点

与结构游戏等其他形式的游戏相比，角色游戏的突出特点主要体现在以下两方面。第一，与学前儿童的社会生活密切联系。角色游戏的主题、情节、角色、规则等来自于角色游戏周围的社会生活，角色游戏自身社会经验的丰富程度也会直接决定游戏内容的丰富和游戏情节的变换。第二，富有创造性的想象活动。想象活动是角色游戏得以进行和发展的重要支撑。角色游戏过程是创造性想象的过程，学前儿童可以在角色游戏中自由地发挥其想象力和创造力，因而他们对角色游戏的兴趣最为浓厚，学前儿童玩角色游戏的主题、角色、情节也十分多样与新颖。

#### 2. 角色游戏的基本结构

角色游戏的基本结构是指角色游戏包含的各种基本要素，即角色游戏所共有的一些因素或成分，包括角色游戏中的人、物、情节以及内在规则。

(1)角色游戏中的人是指学前儿童在游戏中所扮演的各类角色。

(2)角色游戏中的物是指游戏中的材料和物品。

(3)角色游戏中的情节是指学前儿童对游戏动作和情境的假想。

(4)角色游戏中的规则有别于其他游戏中的规则,其他游戏的规则是为了保证游戏的顺利实施而由大家规定的,而角色游戏中的规则是学前儿童为了真实表现社会生活中的角色而设定的,如妈妈如何照顾孩子、医生如何给病人看病、服务员如何给客人提供服务等等,学前儿童在角色游戏中必须按照相应社会角色的行为以及人物之间的社会关系来展开游戏情节,这种游戏规则来自现实生活中的角色定义,这种规则是内隐的。

### (二)学前儿童角色游戏的组织与指导

在对学前儿童角色游戏进行组织和指导时,应遵循学前儿童身心发展的特点,依据角色游戏的特点,从游戏的前期准备、游戏过程和游戏结束三个方面入手。

#### 1. 角色游戏的前期准备

前期准备主要是指为学前儿童提供开展游戏所需要的环境与条件,这是学前儿童开展游戏的前提和基础。前期准备工作包括以下几方面。第一,丰富学前儿童的生活经验。角色游戏与学前儿童的社会生活联系密切,学前儿童通过角色游戏反映现实生活,学前儿童的生活内容越丰富,游戏内容就越多样并富有变化,游戏的水平也就越高。如果学前儿童的生活经验相对欠缺,那么学前儿童的角色游戏将受到较大的影响。但是,应注意的是:在丰富学前儿童的社会经验时,应引导学前儿童重点关注环境中的人是如何活动的,而不是重点关注环境。因为学前儿童重点模仿的是环境中的人的动作行为,他需要通过人的活动来再现生活。第二,提供适合的场地及丰富的游戏材料。游戏场所、设备和游戏材料是学前儿童进行角色游戏的物质条件,会使学前儿童产生遐想,能有效激发学前儿童游戏的愿望和兴趣。第三,提供充足的游戏时间。在角色游戏的整个过程中,学前儿童要确定游戏主题、分配游戏角色、准备游戏材料、展开游戏情节,需要花费较长的时间,教师应保证学前儿童每天都有充足的时间开展角色游戏,有效保持学前儿童继续开展角色游戏的兴趣,以充分发挥角色游戏对学前儿童的教育促进作用。

#### 2. 角色游戏过程中的现场指导

在具体的游戏过程中,学前儿童难免会出现各种各样的问题,教师需要充分观察学前儿童的游戏现状,根据学前儿童的年龄特点和个性特点,在尊重学前儿童主动性的基础上,有针对性地指导学前儿童深入、自主地开展角色游戏。在此当中,要注意鼓励和启发学前儿童按照自己的意愿自主确定游戏主题,教会学前儿童分配游戏角色;注意观察学前儿童在游戏中的表现,给予适时适当的引导。学前儿童的游戏水平具有年龄差异性,在角色游戏中,小中班学前儿童以模仿为主,大班学前儿童则以创造为主,具体如表 9-4 所示。教师应针对学前儿童的年龄特点和游戏水平,有侧重点地进行指导。

表 9-4 小、中、大班学前儿童角色游戏的指导

| 年龄<br>阶段 | 特点 | 指导要点 |
| --- | --- | --- |
| 小班 | 学前儿童处于独自游戏、平行游戏的高峰期，主要与游戏材料发生作用，与同伴之间的交往少；角色意识不强，对操作游戏材料或模仿成人动作较感兴趣；游戏主题单一、情节简单 | 重点在于如何使用游戏材料。根据学前儿童的游戏特点和社会经验为学前儿童提供种类少、但同一种类数量较多的成型玩具，避免学前儿童因相互模仿而争抢玩具；以游戏者的身份介入游戏；培养学前儿童的规则意识 |
| 中班 | 学前儿童认识范围不断扩大，游戏的内容与情节较小班不断丰富；处于联合游戏阶段，游戏主题丰富，但不稳定，学前儿童会经常更换；希望与别人交往，但欠缺交往技能，常与同伴发生纠纷；角色意识较强，能够按照自己选定的角色开展游戏 | 重点是引导学前儿童解决游戏冲突。结合学前儿童的社会经验，为学前儿童提供丰富且富有变化的游戏材料，鼓励学前儿童不断丰富游戏主题；仔细观察并认真分析学前儿童发生纠纷的起因，以游戏者的身份介入游戏，指导游戏；让学前儿童参与游戏评价，提升游戏经验；指导学前儿童在游戏中逐渐掌握社会规则和交往技能 |
| 大班 | 随着对社会生活认知的不断积累，游戏经验十分丰富，主题新颖，内容丰富，游戏中所反映的人际关系较为复杂；处于合作游戏阶段，喜欢与同伴共同游戏；能按照自己的愿望主动选择游戏主题，并有计划地开展游戏；在游戏中独立解决问题的能力增强 | 教师引导学前儿童一起准备游戏环境，侧重语言引导，培养学前儿童的自主性；允许并鼓励学前儿童在游戏中进行创造；通过多种形式开展游戏讲评，让学前儿童在分享中取长补短、开拓思路 |

3. 角色游戏的结束工作

游戏的结束环节既是本次角色游戏的结束，也是下次游戏的准备和起始。教师应十分重视游戏的结束环节。对此，教师应该愉快地结束游戏，提前提醒，最好以游戏的形式结束，以培养学前儿童对游戏的兴趣；引导学前儿童收拾游戏材料和场地，培养学前儿童良好的游戏习惯；评价游戏，丰富游戏经验，提升游戏水平。

## 三、结构游戏的指导

结构游戏是学前儿童使用各种结构材料，如积木、积塑、沙石、泥、雪、金属材料等，通过想象构造物体形象的游戏。结构游戏先是由简单的拼搭开始，随着学前儿童社会生活经验的丰富和动作技能的发展，学前儿童结构游戏的水平不断提高，日趋多样复杂，与其他游戏形式进行有机的结合。

(一)结构游戏的基本特点

结构游戏，既是一种素材玩具游戏，也是一种构造活动，同时也是一种空间知觉和象征能

力的体现。

#### 1. 从材料看，结构游戏是一种素材玩具游戏

结构游戏的材料是由各种结构元件组成的，其本身没有任何意义，通过学前儿童的动手操作，这些无意义的元件便被组合成一个整体，并借助学前儿童的想象被赋予了多种意义，形成了千变万化的形象。

#### 2. 从行为看，结构游戏是一种构造活动

结构游戏与其他游戏的显著区别就在于学前儿童通过操作进行各种构造活动，学前儿童借助对社会的认知和自己的想象，在游戏中拼搭、镶嵌各种玩具，进行加高、加宽、铺平、围合等技能训练，操作和建构各种物体。

#### 3. 从认知看，结构游戏是一种空间知觉和象征能力的体现

结构游戏不仅要求学前儿童需要具备一定的操作技能，还需要具备一定的空间知觉以及想象力为基础的象征能力。学前儿童在操作结构材料的过程中感知事物的大小、形状、方位等，从感知中得到表象，将认识由具体上升为抽象，进行再造想象，发展空间知觉和象征能力。

### (二)结构游戏的组织与指导

#### 1. 创设良好的游戏条件和游戏环境

在游戏条件方面，应该要体现开放、丰富、富有启发性的精神，其具体包括提供游戏场地、游戏时间和游戏材料。

教师可以组织学前儿童在活动室开展结构游戏，也可以利用寝室的活动空间开展游戏，同时还可以充分利用走廊等外部活动空间。条件允许的还可以创设专门的结构游戏室。

教师应保证学前儿童享有充足的游戏时间，可以结合幼儿园的活动安排为学前儿童提供相对充裕的游戏时间，学前儿童可以相互合作，开展相对复杂的结构游戏。

投放结构游戏材料时应注意以下几个方面：第一，教师应为学前儿童提供丰富多样、符合学前儿童年龄特点和个性差异的结构材料。例如，年龄偏小的学前儿童需要色彩亮丽、体积稍大、形状简单的材料，偏大的需要种类多样、有一定难度的材料。第二，有的结构材料数量较多，比较零碎，为了便于收拾、摆放材料，使学前儿童养成良好的行为习惯，教师可以准备一些整理箱、整理盘，便于学前儿童分门别类地整理、取放。第三，教师除了购置成品玩具，还可以广泛搜集废旧物品自制游戏材料，但要求无毒无害。第四，教师还需要及时更换、补充结构材料。但是更换的频率也不能过快，否则学前儿童只关注于材料的更迭而无法深入操作材料，从而失去材料应有的价值。

在游戏环境方面，要注意丰富学前儿童对周围环境的认知。教师平时应注意丰富对周围物体和建筑物的形状、结构等的观察体验，如带学前儿童实地观察或借助多媒体课件、图片等方式形象直观地展示给学前儿童，也可以通过教师的语言或学前儿童之间的讨论增加学前儿童对社会生活的认知。教师还可以借助家园合作，让家长在日常生活中丰富学前儿童的经验。

积极健康的精神环境，能使学前儿童产生心理安全感与心理自由感，激发学前儿童的好奇心和创造动机，能使学前儿童产生遵守活动规则的心理需要。人际关系是精神环境的重要组成部分，教师应为学前儿童营造融洽、和谐、健康的人际关系，相信学前儿童的能力，以平等的心态与学前儿童沟通，以学前儿童的眼光看待游戏，尊重和支持学前儿童的选择，让学前儿童在自我操作中去探索、发现、成长。

2. 引导学前儿童认识结构材料，学习建构技能

学前儿童结构的认知水平和建构技能直接影响结构游戏的水平。教师应引导学前儿童认识结构材料，如大小、形状、颜色等特征，激发学前儿童的建构兴趣，在兴趣指引下学习建构技能，如排列组合、拼插镶嵌、拼搭连接、黏合造型等。随着学前儿童经验的不断积累，教师还可以引导学前儿童在模仿结构范例的基础上加以创新。

教师在组织和引导学前儿童时，应注意循序渐进、由浅入深、由简单到复杂地提供结构材料，提高学前儿童的建构技能。

3. 依据学前儿童的年龄特点进行指导

学前儿童具有年龄差异性，教师指导学前儿童时必须考虑学前儿童的年龄特点，进行有针对性的指导，具体如表 9-5 所示。

**表 9-5　小、中、大班学前儿童结构游戏的指导**

| 年龄阶段 | 特点 | 指导要点 |
|---|---|---|
| 小班 | 小班学前儿童比较关注建构动作，目的性、计划性差；选取的材料比较简单，建构技能简单；自控能力差；后期逐渐有了主题，但极不稳定 | 引导学前儿童认识结构材料，学习结构技能；引导学前儿童有意识地给自己的结构物命名；引导学前儿童逐渐明确游戏的主题；初步建立结构游戏的规则 |
| 中班 | 对建构过程和结果都感兴趣；建构的目的性、计划性较小班明确；能围绕结构物开展游戏；建构主题相对稳定；能够独立整理结构游戏的材料 | 教师应借助生活活动和教育活动丰富学前儿童的生活经验；引导学前儿童设计建构方案，提高游戏的计划性和目的性；提高学前儿童的建构技能，会根据平面图进行建构；引导学前儿童在独立操作的同时也要进行相互合作；组织学前儿童开展评议活动 |
| 大班 | 学前儿童建构的目的性、计划性、持久性增强；相互之间的合作性加强；建构技能不断提高、日趋成熟；游戏的灵活性增强 | 培养学前儿童独立建构的能力，能在制订计划的基础上有计划地建构；提高建构的目的性，利用建构材料和辅助材料围绕一个主题进行建构；引导学前儿童进行游戏评议；鼓励和引导学前儿童加强合作，共同设计方案、分工合作、明确规则 |

## 四、表演游戏的指导

表演游戏即学前儿童扮演幼儿文学作品中的角色，用对话、动作、表情等富有创造性的表演，再现文学作品。因此，表演游戏也是一种创造性游戏。选择作表演游戏的作品，首先要具有健康的思想内容和艺术价值，情节生动、活泼，角色的性格鲜明，为学前儿童所喜爱，并具有浓郁的表演特点。作品内容符合学前儿童的经验，要使学前儿童充分理解作品的内容，分清是非、好坏、善恶。

### （一）幼儿园表演游戏的性质与特点

#### 1. 幼儿园表演游戏是游戏而不是戏剧表演

戏剧表演为“观众”表演，而表演游戏则是“自娱自乐”的活动，这就是表演游戏与戏剧表演的根本区别。从本质上讲，游戏的“目的在于自身”并“专注于自身”，而游戏之所以为学前儿童喜欢也正是因为“好玩的”游戏活动本身，并不是出于外部奖赏的目的。表演游戏的“游戏性”使得学前儿童的主动性、积极性和创造性可以得到充分地表现和发挥，并使学前儿童获得愉快的体验。

#### 2. 表演游戏兼具“游戏性”和“表演性”

顾名思义，表演游戏不但具有“游戏性”，而且具有“表演性”，这也是表演游戏区别于其他类型游戏活动的特殊之处。表演游戏需要以“故事”为依据，从而具有“表演性”。而从选择和确定所要表演的故事那一刻起，表演游戏就已经有了一个规范游戏者的框架。表演游戏如果缺乏“表演性”，其独立存在的依据也就没有了。

#### 3. 表演游戏需要教师的指导

表演游戏的“表演性”要求学前儿童以自身为媒介，通过语言、表情、动作、姿势等再现故事，这种再现的过程本身锻炼了学前儿童的多种能力。然而，这个再现的过程并不是简单的一般性表现，而必须要上升到生动性的表现，这单靠学前儿童是做不到的，因此离不开教师的指导和干预。

### （二）表演游戏的教学潜能和发展价值

研究表明，表演游戏具有很大的潜在教学功能和发展价值，它可以超越故事教学的狭隘范围而扩展到其他课程领域。

#### 1. 表演游戏的教学潜能

表演游戏对故事或童话进行再现，进行生动性的再现，其再现的重要手段包括语言、表情、动作、姿势，这些可以让学前儿童学到不少的知识，而相关的学习还可以扩展到科学、数学、社会、艺术等多个课程领域。

童话与科学的整合，是表演游戏所特有的教学潜能。

表演游戏以具备虚构和想象特征的童话或故事为基本线索，故事中的角色又往往是拟人化的动物和植物。这就为学前儿童探索自然界的事物与现象提供了一个很好的、具有“发展适宜性”的背景，激发学前儿童探索的积极性和主动性，发现新的事物和新的世界。

表演游戏作为一种象征性游戏，可以整合科学与童话、事实与想象。在表演游戏中，学前儿童对角色的塑造及故事情节的表现都非常感兴趣，这就使得他们在探索和研究怎样把故事“演得更好”的同时，也在不断地进行探索，发现新问题，寻找新世界，从而进一步丰富、扩展其知识经验。而新获得的知识经验又进一步丰富了表演游戏中的故事。学前儿童的探索研究和故事表演形成了相互补充的良性循环(图 9-2)。

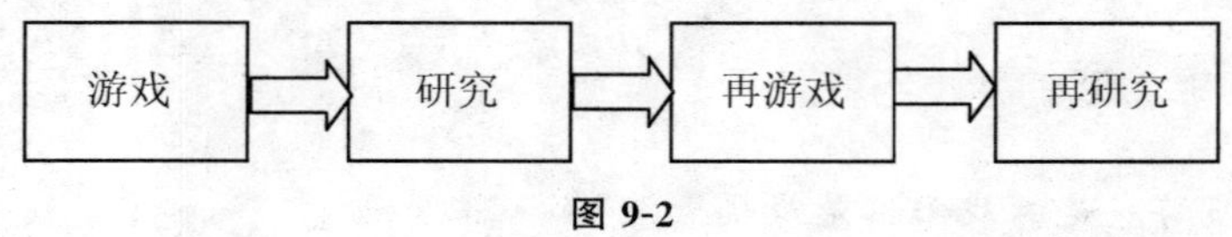


图 9-2

2. 表演游戏的发展价值

受传统教学观念的影响，表演游戏多是用于故事教学，而且由教师进行高度的控制，使得学前儿童进行表演游戏只是简单地模仿教师、服从教师，创造的热情和渴望受到了抑制。以促进学前儿童主体性发展为宗旨的表演游戏，一改传统僵硬的缺乏生气的师幼关系，使得表演游戏呈现出了新的面貌，有力地带动学前儿童身心各方面生动活泼、主动地发展。表演游戏具有内涵丰富的发展价值(图 9-3)。

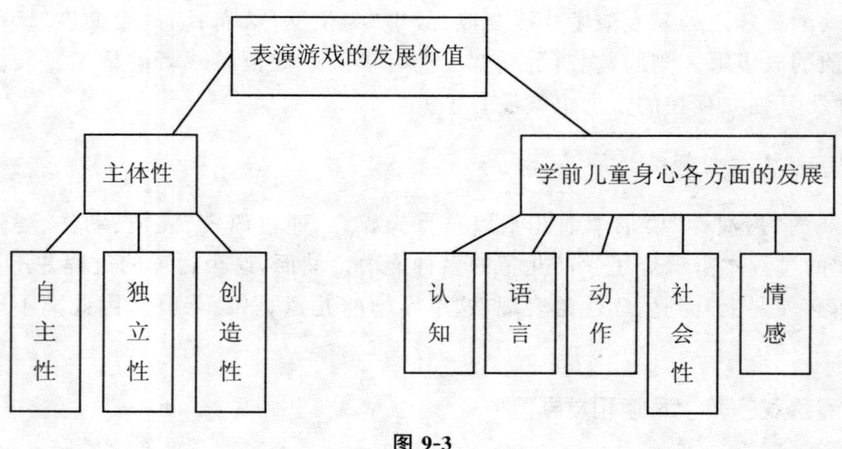


图 9-3

当然，表演游戏的教学潜能和发展价值能否得到充分的实现，这决定于教师的组织和指导方法。不同的指导方法，使得表演游戏中的师幼关系有所不同，学前儿童也因此有不同的行为表现，将表演游戏不同的发展价值呈现出来。

(三)表演游戏的组织与指导

1. 指导表演游戏可用的方法

(1)观察

通过游戏，教师可以更好地了解学前儿童的学习兴趣和需要。在日常活动中，教师或者随机地观察，或者进行整体扫描式观察，或者有重点地个别观察，敏锐地发现学前儿童的学习兴趣和需要，然后以此为依据，及时地组织和指导学前儿童开展相应的学习活动。

(2)提供材料

在表演游戏中，教师提供材料的目的是为学前儿童的表演游戏活动提供支持，而不是单纯的“道具”。因此，教师应该根据学前儿童活动的实际需要提供相应的材料。

(3)组织讨论

开展小组讨论，进行互相评议，可以有效发挥学前儿童的主体性，发展学前儿童的表演能力。

在学前儿童表演游戏的小组讨论中，教师扮演的角色是组织者和支持者，因此教师的引导性提问也就十分重要了。通过引导性提问，学前儿童接受各种挑战，促使游戏不断向前发展。

在学前儿童表演游戏的小组讨论中，教师应注意营造一种民主平等的气氛，而不是单纯地对学前儿童的表现进行评判，也不是单纯地提供答案。教师应该不断激发学前儿童去思考，让学前儿童自己发现存在的问题，自己尝试解决问题，必要时教师才给予适当的引导。

(4)记录

对于表演游戏的过程和结果应进行记录。记录的具体内容是学前儿童的各种作品、所搜集和使用的有关物品和材料，以及学前儿童表演游戏过程中的言谈举止表现的描述等。可以由教师记录，学前儿童也可以参与其中。记录的材料并不单单用于“展示”，更重要的是应当做师幼互动的媒介和活动进一步发展的依据。

### 2. 中、大班学前儿童表演游戏的指导

由于年龄特点和认知水平的限制，小班学前儿童不太适合展开表演游戏活动。中、大班幼儿的表演游戏也具有一些不同的年龄特点，因此教师在指导上也要加以注意，其指导要点具体如表 9-6 所示。

**表 9-6　中、大班学前儿童表演游戏的指导**

| 年龄<br>阶段 | 特点 | 指导要点 |
| --- | --- | --- |
| 中班 | 可以自行分配角色，但意识不强；游戏的目的性、计划性较差，费时；以动作为主要表现手段 | 教师要准备封闭或半封闭的空间，这个空间最好在一定时间内是固定的。材料简单易搭，以 2～4 种为宜。在游戏的最初阶段，教师要帮助学前儿童做好配组工作，不要急于示范，要耐心等待学前儿童协商、讨论。在游戏展开阶段，教师可提供适当的示范 |
| 大班 | 能独立完成角色分配任务，且更换意识强；游戏的目的性、计划性较强；具备一定的表演技巧 | 游戏材料应多种多样。在游戏的最初阶段，教师尽量不要干预。随着游戏的展开，教师应适时提供反馈 |

## 五、规则游戏的指导

规则游戏是成人创编的，以规则为中心，充分体现了教师在教育过程中的指导作用。因而，规则游戏更多地包含着学前儿童的学习活动，因此认识成分占主导地位。一般将规则游戏分为智力游戏、数学游戏、音乐游戏、体育游戏。

### （一）智力游戏

智力游戏是根据一定的智育任务设计的一种有规则的游戏。

#### 1. 智力游戏的结构

智力游戏由任务、玩法、规则、结果构成。

#### 2. 智力游戏的种类

根据所使用的材料，智力游戏可分为三大类：一是利用专门的玩具、教具进行的，二是利用图片进行的，三是利用语言进行的。

根据游戏的任务，智力游戏可分为：一是训练感官的，二是发挥想象、锻炼思维的，三是发展语言的，四是练习记忆的，五是训练计算能力的。

不同年龄阶段的学前儿童，其智力游戏的特点是不同的。小班的智力游戏比较简单，中班的游戏任务比小班复杂多样，大班智力游戏的任务、内容都较为复杂，游戏动作要求较高。

#### 3. 智力游戏的指导

智力游戏是为一定的智育任务而设计的，因此必须要有教师的指导，从而达到一定的教育目的。其指导工作应该包括以下几点。

(1)为学前儿童进行智力游戏创造条件

创造的条件包括为学前儿童进行的智力游戏提供玩具、材料、教具，并根据实际需要就地取材制作各种玩教具。

(2)教会学前儿童正确地游戏

教师通过讲解为学前儿童介绍游戏的玩法、规则、要求，必要时还要预先教会学前儿童必要的技能。在游戏过程中，教师还要给予适当的指导，督促学前儿童，使其按照规定的玩法、步骤认真地完成游戏任务。

由于年龄水平和心理特点的差异，教师应有侧重点地对小、中、大班进行指导。例如，对小班学前儿童的智力游戏讲解要生动、简单、形象；中大班的指导则注意结合示范和讲解，主要靠语言进行，要求学前儿童严格遵守游戏规则。

(3)要注意对个别学前儿童的照顾，鼓励每个学前儿童积极参加各种智力游戏

教师应当根据学前儿童的不同需要，提出不同的要求，有针对性地开展智力游戏。尤其是对能力差的学前儿童，应给予更多的鼓励。

(4)广泛利用智力游戏对学前儿童进行教育

智力游戏开展的条件简便,方式灵活,无论是专门的游戏时间、课堂时间,还是日常的生活,都可以开展。教师应充分利用智力游戏来复习、巩固学前儿童所学的知识技能,而且还可以有针对性地进行个别教育。

### (二)数学游戏

数学知识本身具有较强的抽象性、逻辑性特点,学前儿童理解往往有一定的难度,而游戏这种活泼、生动、形象的方法可以弥补此不足,可以通过数学游戏开展学前儿童数学教育。

从学前儿童数学教育的实践来看,数学游戏大致可划分为操作性数学游戏、情节性数学游戏、数学智力游戏,其指导要点是不同的。

#### 1. 操作性数学游戏的指导

操作性数学游戏需要学前儿童通过操作玩具或实物材料,并按照游戏规则开展。在操作性数学游戏中,提供的材料要数量充足、种类多样,以增强游戏的趣味性。另外,操作材料应具有实物、图片、符号三个层次,以发展学前儿童的抽象性、逻辑性思维。

#### 2. 情节性数学游戏的指导

情节性数学游戏有一定的主题和情节,并要体现学前儿童所要学习的数学知识和技能。

情节可以增加游戏的趣味性,从而更能吸引学前儿童。在此类游戏中,情节的繁简程度有所不同,也可以复杂一些,使学前儿童既能获得愉快的体验,又可以学到数学知识或技能。

#### 3. 数学智力游戏的指导

在运用数学智力游戏时,教师要注意以学前儿童已有水平为基础,以学前儿童兴趣为中心,为其提供广阔的探索空间。数学智力游戏要求学前儿童具有一定的知识经验和较高的思维水平,所以不太适合在小班应用,一般应用于中班和大班。

教师在指导学前儿童数学智力游戏的过程中,要重视数学游戏材料的多功能性。不同发展速度的学前儿童按照不同要求选择材料,材料要追求多功能性,教师应对每一种材料的用法、功能有明确的认识,使之为不同的教育目标和内容服务。数学智力游戏的指导应注意因材施教,因人施教,努力使每一个幼儿都能获得满足和成功。

### (三)音乐游戏

音乐游戏是在歌曲或乐曲伴奏下进行的游戏,游戏中的动作要符合音乐的内容、性质、节拍、曲式等,并伴有一定的规则。音乐游戏具有音乐和动作相结合的特点,学前儿童按照有趣的游戏情节和音乐节拍进行活动,用动作来表现音乐,以更好地理解音乐、发展动作,使动作准确优美,富有节奏感和表现力。

#### 1. 音乐游戏创编的原则

音乐游戏创编应遵循音乐性、游戏性、趣味性、时代性的原则。

音乐性原则要求音乐素材应形象鲜明、结构工整。

游戏性原则要求音乐游戏应注重角色表演的同时注重玩法和规则，突出高潮的设计与处理。

趣味性原则要求音乐游戏材料幽默、诙谐、夸张，玩法应有起伏、变化。

时代性原则要求教师设计游戏时能更多地关注学前儿童的生活经验，并要注入时代的气息。

2. 音乐游戏的指导要点

(1)音乐游戏的组织设计

音乐游戏的组织设计，关键在于如何围绕玩法、规则处理好教与学的关系。比较富有成效的方式包括：第一，从音乐感受导入，即从音乐的某一要素(如节奏、旋律、乐段、乐句)开始，从有音乐伴随的画面或故事欣赏开始。第二，以动作学习为主体。韵律活动通常采用音乐感受在先、动作学习在后的组织程序，但音乐游戏往往采用动作学习在先的方法，以符合学前儿童的艺术感受、想象和体验的特点。

(2)音乐游戏中的教师语言

与其他游戏活动有所不同，学前儿童在音乐游戏中多是不稳定的状态，对此，教师应注意有声语言和体态语言的应用，并注意二者的有机结合。

在相对动态的音乐游戏中，教师的有声语言要求精练，分散地讲解内容，多使用“幽默语言”“情境语言”进行即时评价。

在音乐游戏中，教师的体态语言具有示范或榜样、解释或强调讲解内容的功能，具有发起、维持或结束学前儿童行动的功能。

(3)音乐游戏中的情绪调整

在音乐游戏中，教师应注意将学前儿童群体的情绪保持在适度兴奋的水平，使他们始终围绕目标进行活动，避免兴奋点转移或扩散。

综上所述，教师在设计和组织音乐游戏时，应处理好教育与娱乐、规则与自由、现实与创造、自主与指导这几对关系，具体如表 9-7 所示。

**表 9-7 教师在设计和组织音乐游戏时对几对关系的处理**

| 关系 | 处理 |
|---|---|
| 教育与娱乐 | 使学前儿童不但获得快乐的体验，而且能增长知识和经验 |
| 规则与自由 | 宽松、自由以一定的规则为基础 |
| 现实与创造 | 鼓励学前儿童在现实的基础上发挥想象力和创造力，提高其审美情趣 |
| 自主与指导 | 鼓励学前儿童自主尝试、探索，并给予适当的指导 |

(四)体育游戏

体育游戏是由各种基本动作组成的，有规则、有结果，有的体育游戏有角色、有情节，还带有竞赛性质。体育游戏可以发展学前儿童走、跑、跳、攀登、钻爬、投掷等基本动作。开展体育游戏的条件简单易行，内容广泛、有趣，对学前儿童具有很大的吸引力，可以广泛开展。

#### 1. 体育游戏的分类

体育游戏按基本动作可分为：走的游戏、跑的游戏、跳跃的游戏、投掷的游戏、钻爬和攀登的游戏、平衡的游戏等。按性质可分为模仿性游戏、有主题情节的游戏、竞赛性游戏、躲闪性游戏、球类游戏，还有民间体育游戏。

模仿性游戏常伴有儿歌、音乐，多运用于小班。

有主题情节的游戏的特点是有角色，有开始、发展、结束的游戏情节。教材中此类游戏较多，学前儿童特别喜爱。游戏有不同的难易程度，各班都能进行。

竞赛性游戏是通过互相比赛分出胜负的一种体育游戏，一般分队进行。由于竞赛性游戏强调结果的胜负，因而不太适合小班，可从中班开始选用，到了大班逐渐增多。

躲闪性游戏对训练学前儿童的动作灵敏性作用较大，参加游戏的学前儿童为了保持优胜而不被淘汰，就必须灵活地躲闪。由于这类游戏对各种动作技能要求较高，一般比较适合中、大班玩。

球类游戏有不同的难易程度，各班都能进行。

民间体育游戏指民间世代相传的一些小型体育游戏，如跳房子、踢毽子、跳橡皮筋、跳绳等，有不同的难易程度，各班都能进行。

#### 2. 体育游戏的选择

(1)根据体育锻炼的环节选用游戏

在幼儿园一日活动中，体育锻炼的环节一般有：体育课、课间活动、户外活动、冬季晨间锻炼等。这些环节在一日活动中的作用不同，时间长短不一，因此，选用的体育游戏也应有所区别。

(2)根据学前儿童年龄特征和本班学前儿童具体情况选用游戏

国家为各年龄班提供了大量丰富的教材，选用时，要注意本班学前儿童的具体情况，如大班学前儿童选用的游戏内容可以复杂些，动作和规则难度可以大些；插班生多的班级，选用游戏就需由浅入深，逐步提高。

(3)根据学前儿童基本动作发展水平由易到难地选用游戏

为发展学前儿童某项基本动作而选编的游戏，内容很多，但难易程度不一样，因此，教师必须由易到难地选取教材。

#### 3. 体育游戏的组织和指导

教师有目的地组织和指导学前儿童开展体育游戏，才能保证体育游戏发挥其最大的教育效果。这可从以下几方面入手。

(1)合理地组织安排

在组织安排参加游戏的人数和先后次序时，要以游戏的内容、活动量，以及学前儿童的情况为依据。适当控制分组游戏人数和持续时间，使学前儿童的积极状态得到保持。

(2)讲解游戏动作和规则

在教新游戏时，应从游戏名称和玩法等方面为学前儿童进行介绍，使学前儿童从整体上获得一个大概的印象，然后再重点讲解游戏动作和规则。在讲解竞赛性、躲闪性、球类游戏时，要求简短、准确，必要时进行示范，使学前儿童更好地理解。

(3)角色的分配

按照游戏内容，有时要将全班学前儿童进行分队（组），注意男女搭配，注意角色的难易程度挑选能力不同的学前儿童，尤其是要鼓励比较胆小、内向的学前儿童担任主要角色。

(4)教师对游戏的指导

教师应全神贯注地观察学前儿童游戏，及时纠正错误的动作和姿势，督促违反游戏规则的学前儿童改正错误。同时，要注意学前儿童的体力消耗情况，及时调整活动量。

(5)游戏的结束

教师要善于发现有利时机，使学前儿童在愉快的气氛中结束游戏，不应等到学前儿童筋疲力尽时才结束，而应该在全班学前儿童情绪良好，还未感到累的时候结束游戏。游戏结束的时候要让学前儿童便步走。

# 第十章　学前儿童的个性发展

个性是个人具有的一定倾向性的心理特征的总和，是区别于他人的重要标志。关于学前儿童个性的发展，很早就受到了心理学家的注意。近年来，随着人们对学前儿童个性培养的重要性认识的逐步深入，有关心理发展的研究越来越关注如何促进学前儿童个性的全面发展。本章主要围绕学前儿童的个性发展进行系统且深入的探究。

## 第一节　学前儿童个性发展的基本理论

### 一、弗洛伊德的心理性欲理论

弗洛伊德(Sigmund Freud)是世界著名的精神病学家和精神分析学说的创始人。他曾在治疗精神病人时，发现相当一部分精神病症状的病因都与他们幼年时期的创伤性事件有关。在这一发现的基础上，弗洛伊德大胆推断，儿童是存在性欲的，并且童年时他们被允许表达这种冲动的方式对他们成年后的生活产生了重要的影响。于是，他提出了人格发展的心理性欲理论。这里所说的人格与个性是有着极大的相关性的。

#### (一)人格结构

在弗洛伊德看来，人格主要由三个部分组成，即本我(id)、自我(ego)和超我(superego)。

##### 1. 本我

这是人格的生理成分，是占比重最大的成分，也是最重要的成分。人一出生就存在本我。本我是个性发展的动力，里面充满了力比多(含义即性欲)。本我常常会寻求生理冲动的立即满足。例如，婴儿在饥饿、寒冷时会号啕大哭，但是当给他穿暖时，就会停止哭泣。弗洛伊德是泛性论者，在他看来，性欲并不是指人们通常所理解的那种狭隘意义上的性欲，而是指人们追求快乐的欲望。人一切心理活动的内在动力就是性本能冲动，当个体的性本能冲动达到一定程度时，就会产生紧张感，机体就需要一定的途径来释放能量。

##### 2. 自我

这是人格的心理成分，代表人格中的理性成分。它在幼儿早期出现，用来调和本我中的欲望。在自我的帮助下，稍大一点的婴儿在看到母亲撩起衣服准备喂奶或拿起奶瓶时，就不再哭闹，再大一点的孩子就会想办法吃东西，而不是哭闹。自我遵循现实原则，主要负责调和本我与超我。

### 3. 超我

这是人格的社会成分，代表社会价值观，常常与本我的欲望相背。个体在 3～6 岁时开始出现超我。一般情况下，在与父母的互动中，学前儿童将父母的要求内化后就会形成超我。自我的任务就是在超我形成后变得复杂的。例如，当某一小孩想要抢别的小孩手中的玩具时（本我的欲望），超我会警告他，那是不被允许的行为。自我就必须在本我的欲望与超我的要求之间寻求一种可能同时满足两者的方案，如采用相互交换的方式获得自己想要的玩具。超我遵循至善原则，是社会规则的代表。

弗洛伊德认为，在童年期间形成的本我、自我、超我三者之间的关系对个体人格的基本面貌起着决定性的作用。

## （二）个性发展阶段论

弗洛伊德认为，人格发展的基本动力是本能，尤其是性本能。因此，人格的发展实际上就是心理性欲的发展。他将这一发展的过程分为五个阶段。每个阶段都以身体的某个部位来命名，分别是口唇期、肛门期、性器期、潜伏期和生殖期。之所以这样命名，主要是因为弗洛伊德认为，力比多作为一种能量，总要选择某种渠道释放出来，其实就是选择某种渠道来获得快感。对于儿童来说，引起快感的部位主要是口腔、肛门和生殖器。

### 1. 口唇期

口唇期主要指的是个体 0～1 岁的时候。在这一时期，个体最主要和最重要的活动是吃奶。因此，他们的口唇是产生快感最集中的区域，快感主要来源于吸吮动作。我们常常会发现婴儿即使并不饥饿，也非常喜欢把手指或其他能拿到的东西放到嘴里去吸吮，这其实就是在寻求快感。在弗洛伊德看来，性欲的雏形就是这种寻求快感的自然倾向。

对口唇期的婴儿来说，吃奶是他们最主要的活动，而这一活动发生在口腔。因此，母亲对于婴儿喂奶的敏感性、反应性对于学前儿童个性的成长具有十分重要的意义。不能太过满足，也不能满足得太少，否则会造成弗洛伊德所说的口唇期人格。例如，有的父母对婴儿要求哺乳的信号不敏感，孩子一直哭哭啼啼，就很容易使婴儿丧失安全感，长大后难以信任他人，难以建立起正常的人际关系；而有的父母，明明孩子不哭闹，也总是给他一个奶嘴来哄他，这就很容易使孩子长大后出现依赖、缠人等不良个性。另外，如果个体这一时期口唇的需要没有得到适当的满足，在稍大一点的时候就会出现喜欢咬铅笔、啃手指头等行为，在成人后还可能出现暴饮暴食、嗜烟嗜酒等行为。

### 2. 肛门期

肛门期主要指的是个体 1～3 岁的时候。随着个体的成长，其口腔活动不再处于最主要的地位，而控制大小便成了他们要面对的重要事情。这时，个体就进入了肛门期。在肛门期，个体最感兴趣的是排泄，快感来自于排泄过程和排泄后肛门口的感觉，也包括尿道口在排尿中产生的感觉。父母与儿童之间最主要的互动行为就是控制和训练大小便。

因此，父母对孩子大小便控制的训练对于孩子的个性发展具有重要的意义。如果训练得过早或是在这件事上过分严格，容易使学前儿童形成羞愧、羞怯、过分追求干净等个性特点，或者发展为相反的个性特点，如浪费、无条理、放肆邋遢等。

3. 性器期

性器期主要指的是个体3～6岁的时候。在这一时期，个体冲动的对象发生转移，获得性满足的主要来源是性器官。个体开始注意到男性和女性在生理上的不同，并对这些不同非常感兴趣，会有意无意地探究许多性特征。例如，他们会通过模仿同性别父母的行为特征、价值观的方法来获取母爱或父爱，使自己的内心需求得到满足。这一时期是超我形成的重要时期。在这一时期形成的本我、自我、超我之间的关系决定着个体人格的基本导向。所以，这一时期是儿童性别认同、超我形成、人格特征形成的重要时期。

4. 潜伏期

潜伏期主要指的是个体6～11岁的时候。在这一时期，个体的个性发展相对平缓。他们普遍对性缺乏兴趣，男女之间避免出现交集。在学校中，课桌上会划分"三八线"，男女同学之间也轻易不愿意接触。由于排除了性欲的冲动和幻想，因此他们大多数会将精力投入到学习、运动中去。这就使儿童的超我获得了进一步的发展，儿童可以从成人和同性别的同伴那里获得新的社会价值观。

5. 生殖期

生殖期即青少年期。在这一时期，个体的性能量又重新涌现出来，而且重新投向生殖器区域。个体开始希望摆脱父母的控制，建立起属于自己的独立生活。一般来说，如果前几个阶段都发展顺利的话，这一阶段就会走向婚姻、成熟的性生活，就会繁殖和抚育后代。由于弗洛伊德更看重早期的经验对人格发展的意义，因而对这一阶段的论述不多。

弗洛伊德的心理性欲理论强调早期经验对后期人格发展的意义，并且提供了一个理解儿童情感问题的理论框架。不过，人们对弗洛伊德的观点也出现了较多争议，如该理论过分强调性的作用；该理论的某些方面不具有跨文化的普遍意义；没有直接研究儿童，却建立了儿童心理发展的理论。

## 二、埃里克森的心理社会发展阶段理论

### (一)埃里克森对弗洛伊德心理性欲理论的发展

埃里克森(Erik Homburger Erikson)是美国著名的精神分析医生。他虽然接受了弗洛伊德心理性欲理论的基本框架，但是他对个性发展的每一阶段都进行了较大的扩展。在心理社会发展理论中，埃里克森沿着弗洛伊德所强调的自我适应性功能的路线，更加强调自我的作用，认为自我的作用不仅仅是调和本我与超我，而且它本身也是一种发展的积极力量。埃里克

森将儿童置于更加广阔的社会背景中考察个性的发展，强调社会文化因素在个性发展中的作用。因此，他的个性发展理论称为心理社会发展理论。此外，他还将个性发展的阶段扩展至人的一生。

（二）个性发展阶段论

埃里克森认为，个体的个性发展必须经历几个固定不变的阶段。在每个阶段内，都有一个中心发展任务，这个任务需要解决一对矛盾。如果矛盾解决得好，则形成积极的个性品质；如果矛盾解决得不好，则形成消极的个性品质。一般来说，一个阶段任务的完成有助于下一个阶段任务的完成；如果一个阶段的任务没有完成，在下一个阶段还是有可能完成。以下就是埃里克森提出的个性发展的八阶段论。

1. 基本的信任感对基本的不信任感阶段

这一阶段主要指的是个体 0～1 岁的这一时期。个体的主要活动是吃奶，发展的基本任务是培养信任感。母亲是主要影响者。所谓基本的信任感，就是对别人的一种基本信赖。它是个体建立人际关系、形成健康个性品质的基础。在这一时期，父母要注意使婴儿的生活产生一定的规律，使婴儿建立一种感觉，能够预期父母的活动和自己需要的满足。一般来说，如果婴儿得不到及时的抚慰或被抱得过紧时，就会产生不信任感。

2. 自主感对羞怯感阶段

这一阶段主要指的是个体 1～3 岁的这一时期。在这一时期，个体的活动主要是控制大小便，发展的基本任务是培养自主性。父母仍是主要的影响者。随着儿童语言的出现，生理的发展，活动空间的扩大，自我开始萌芽，儿童处处希望体现自己的自由意志。因此，在该时期，父母应尽量让儿童感觉到自己的力量，感到自己对环境的影响力，这是自主感的源泉；同时，父母也不要对儿童偶然的失误进行辱骂或嘲笑，要尊重儿童，让他们形成宽容和自尊的人格，而不是形成羞怯、疑虑的个性。

3. 主动感对内疚感阶段

这一阶段主要指的是个体 3～6 岁的这一时期。在这一时期，个体的主要任务是发展良心，获得性别角色。父母仍是主要影响者。人格发展的关键是建立同性权威和儿童认同的对象，正确解决恋母情结或恋父情结。为了发展儿童的主动性，父母要对儿童有目的性和导向性活动的支持。这种活动主要就是游戏。游戏对儿童个性的发展具有重要作用。需要注意的是，在这一时期，如果父母对儿童要求过严，就可能使儿童感到失败，产生内疚感。

4. 勤奋感对自卑感阶段

这一阶段主要指的是个体 6～11 岁的这一时期。在这一时期，个体已经走出家庭，开始走向社会，其主要活动是学校学习和与同伴交往，影响儿童的主要因素已经由父母转向老师和同伴。埃里克森所谓的勤奋感，主要指的是儿童由于生理和心理的发展，对原有游戏活动的厌倦并追求“一种能够制造而且制作精美的感觉”。这种勤奋感会在儿童与同伴的竞争中得到发展。在产生勤奋感的同时，儿童还常常伴随害怕失败的情绪。过多的失败则又会使儿童产生一种自卑感。因此，本阶段的任务就是解决勤奋感与自卑感的矛盾。教师应当通过有效的方法帮助学生消除自卑感，形成勤奋感。

5. 同一性获得对同一性混乱阶段

这一阶段主要指青少年时期。在这一时期，个体的基本任务是发展同一感。随着性成熟等生理发展所带来的困扰，以及对未来角色的模糊，这一时期的个体会产生我是谁、我在社会中的位置是什么、怎样努力成为理想中的人等一系列问题。对于这些问题的思考，其实就是青少年的自我同一性。

自我同一性的形成与之前各阶段中建立起来的信任感、自主感、主动感、勤奋感有直接关系。如果之前各阶段的发展任务顺利地完成了，那么在这一阶段就会较为容易地建立起自我同一性。一般来说，如果个体的自我同一性在以下七个方面取得整合，那么其人格就会得到健全发展。

(1)自我肯定与自卑之间的整合。

(2)角色试验与角色固定之间的整合。

(3)时间观与时间混乱之间的整合。

(4)训练与工作瘫痪之间的整合。

(5)性别两极化与性别混乱之间的整合。

(6)意识形态信奉与价值混乱之间的整合。

(7)领导和服从与权威混乱之间的整合。

6. 亲密感对孤独感阶段

这一阶段主要指成人早期。在这一时期，个体的主要任务是建立亲密关系，主要指婚姻关系。需要注意，如果个体在早期发展阶段中存在缺失，没有形成真正的自我同一性，那么其将无法体会到与他人真正的共享，也就是说很难与他人建立亲密关系。因此，这一阶段个体需要解决的矛盾就是亲密感与孤独感之间的矛盾。

7. 繁殖感对停滞感阶段

这一阶段主要指成人中期。在这一时期，个体的主要任务是繁殖。这里所讲的繁殖，不仅仅包括养儿育女，还包括从事有创造性的工作，创造事物或思想。如果不存在繁殖，那么个体的人格就难以得到发展。

8. 完善感对失望感阶段

这一阶段主要指老年时期。在这一时期，个体开始回顾和反思自己的一生，当他们觉得自己的一生非常有价值，就会产生完善感，不惧怕死亡。否则，就会产生失望感，对死亡充满了恐惧。

## 三、卢文格的自我发展理论

美国华盛顿大学心理学教授卢文格(Jane Loevinger)提出了发展的类型学。他将自我的发展分为以下八个阶段。

(1)前社会阶段。这一阶段的个体指的是刚出生的婴儿,他们还不能将自己与周围环境区别开来。

(2)共生阶段。这一阶段的个体对客观世界的稳定性有了大致的了解,会认为自己与母亲具有共生关系,不能分离,会认为自己与生活中的一些玩具有共生关系,不能分离。

(3)冲动阶段。这一阶段的个体急于表现自己的意志,经常会说"不",后来会说"让我来做"等。他们会根据对自己的有用程度(而非道德意义)将他人分为好与坏两类。

(4)自我保护阶段。这一阶段的个体认识到规则的存在。对于他们来说,"不挨打"就是主要规则。他们进行自我保护的一个重要方式就是自我控制冲动。对于这一阶段的个体来说,他们已经具有责备的概念,当然,他们对于责备只是从他人或外部因素上来理解。

(5)遵奉阶段。这一阶段的个体开始寻求同伴群体的归属,开始采纳群体规则。不过,他们对规则的理解是绝对化的,他们在确定活动是正确的还是错误的时,看重的是规则。在这一阶段中,能够严守规则的个体往往重视与其他人的合作,能够与他人友好相处,也乐于帮助他人。

(6)公正阶段。这一阶段个体出现了所谓的"良心",而且开始将规则内化。不过,这时的规则是灵活的。他们能够根据个性和动机等模式而不是表面的活动来理解行为。这时也开始出现自我批评、责任心等。

(7)自主阶段。这一阶段个体成长的标志是能承认和处理内部冲动。一般自主的人不会刻意逃避冲突或将其投射到环境中,而是会勇敢地接受并处理它。

(8)整合阶段。这一阶段属于个体自我发展的最高阶段。当一个人能轻松解决自主阶段的冲突,实现了自身的超越时,往往就会进入这一阶段。

其实,卢文格所提出的这八个阶段,又可以视为八种人格类型。个人可能达到某一阶段就停滞了,但每个人所能发展到的阶段是不同的。这八种类型,都可以在成人中找到原型。从上述八个阶段来看,卢文格比较注重个性发展的多样性,并且不讲究年龄与特定阶段的相对应。

## 四、凯根的自我发展理论

哈佛大学教授凯根在皮亚杰的结构论和罗杰斯的发展论基础上提出了"结构—发展"理论。这一理论的核心思想是"意义建构",即认为自我是在建构社会意义和生活意义的过程中发展起来的。因此,凯根的理论更强调理性成分在个性发展中的作用。

凯根认为,自我的发展经历了以下几个阶段和相应的过渡。

(1)从一体化自我向冲动性自我的过渡。

(2)从冲动性自我向唯我性自我的过渡。

(3)从唯我性自我向人际性自我的过渡。

(4)从人际性自我向法规性自我的过渡。

(5)从法规性自我向个人间自我的过渡。

上述的每一阶段都有"植入"相应的文化,每一阶段都有相应的危机,在每一阶段中,要想达到平衡都需要面临控制和放手两大挑战。自我的发展就是在一个阶段向另一阶段的过渡中实现的。

# 第二节　学前儿童个性倾向性的发展与引导

个性倾向性是推动人进行活动的动力系统，是个性结构中最活跃的因素。决定着人对周围世界认识和态度的选择和趋向，决定人追求什么。个性倾向体现了人对社会环境的态度和行为的积极特征。在这里，本节内容主要从学前儿童的需要、动机以及兴趣这几个角度出发，对学前儿童个性倾向性的发展与引导进行较为全面的研究。

## 一、学前儿童需要的发展

学前儿童需要的发展遵循着一个基本规律，即年龄越小，需要越简单、越低级，生理需要越占主导地位。随着年龄的增长，幼儿前期，学前儿童的社会性需要逐渐增加，出现了模仿成人活动的探索性需要、游戏的需要及与伙伴交往的需要等。但在这个阶段，生理需要仍然是占主要地位的需要形式。在幼儿期，学前儿童的社会性需要逐渐增强，同时，需要的发展已经显现出明显的个性特点。

### （一）生理的需要

例如，对饮食、睡眠、休息等的需要。年龄较小的学前儿童出现这类需要时，往往要求即时满足，得不到满足便焦躁不安，甚至又哭又闹。随着年龄的增长，在教育的影响下，逐步学会控制自己，养成良好习惯，并能以文明的行为方式满足这类需要。

### （二）活动的需要

学前儿童具有强烈的活动需要，喜欢参加唱歌、画图、捉迷藏、玩沙、玩水等活动。他们在活动中增加了对周围世界的认识，激发了娱乐的情感，锻炼了良好的个性品格。

### （三）交往的需要

正常的学前儿童喜欢和别人交往，不愿一个人独处。他们喜欢和亲人处在一起，和同龄儿童共同游戏。在交往中，他们获得了爱抚和友谊，也学会关心别人、关心集体等。

### （四）尊重的需要

学前儿童自我意识有了发展，希望受到成人或其他儿童的赞扬、友谊和“尊重”。当他们感到不被别人注意，或被嘲笑、戏弄，或在大众面前被呵斥、责骂，甚至被体罚时，自尊心便受到损伤，会感到委屈、痛苦、引起哭闹，甚至暴力反抗。

### （五）认识的需要

学前儿童和周围现实接触时，渴望认识各种自然现象和社会生活，表现了强烈的认识需要，这种需要是儿童求知活动的基础。如幼儿好奇喜问，常向成人提出种种问题，要求解释，也喜欢操弄拼拆各种东西,了解其中的原理。在幼儿园里还积极参加学习活动,掌握知识、学习本领,满足认识需要。

### (六)欣赏美的需要

学前儿童在社会生活和成人教育的影响下,形成了欣赏美的需要。一般来说,学前儿童喜爱美丽的图画、优美的歌曲、美观的服饰。此外,绚丽多彩的自然景色、和谐多变的舞蹈、体操以及整洁优美的环境布置,也会引起儿童的美感,满足他们欣赏美的需要。而幼儿园的美术、音乐、语言和体育等活动更直接培养了这种需要。

## 二、学前儿童动机的发展

动机是引起和维持个体的活动朝向某一目标,以满足个体需要的内部动力。动机是在需要的刺激下产生的,满足需要是产生动机的基础和前提。

从学前儿童需要的发展特点也可以看出,3 岁前的孩子,其活动动机的产生主要受其身体状态、当时的情境所影响,因此动机的稳定性很差、变化性强,同时还没有形成具有一定社会意义的动机体系。进入幼儿期以后,随着儿童社会性需要的发展,孩子的活动动机有了较大发展。幼儿活动动机的发展表现在以下几个方面。

### (一)从动机互不相干到形成动机之间的主从关系

幼儿初期的孩子仍然保留着婴儿期的特点,其动机的关系是在具体情况下、在狭窄的范围内形成的。在遇到主从动机之间的斗争时,往往选择较近的、较容易达到的动机。动机系统还带有情境性,因而还是相当不稳定的。年龄较大的幼儿则能逐渐摆脱那些外表较诱人的情境,动机的主从关系逐渐趋于稳定。有一个试验,要求幼儿设法把放在远处的东西拿到手,但是不许从自己的座位上站起来。为了查明幼儿自觉执行任务的情况,试验者是在幼儿看不见的地方观察的。结果发现,有的幼儿在多次尝试失败以后,站起来走到东西面前,拿了东西又悄悄地回到位子上。这时,试验者立即回到幼儿身边,故意表扬他,并给他糖吃,但幼儿拒绝接受。当试验者坚持要给时,孩子哭了。这说明在幼儿行为中,遵守规则的动机起主导作用,而获得东西的动机是次要的。

### (二)从直接近景性动机占优势发展到间接远景性动机占优势

随着年龄的增长,幼儿逐渐形成更多间接的远景动机。对幼儿做值日生的动机的试验研究发现,小班孩子做值日生的动机往往是值日生可以穿戴围裙,他们做值日往往是由于对活动本身感兴趣。为了这个兴趣,还可重复洗已经洗干净的抹布。中大班孩子做值日生时,有社会意义的动机逐渐占主要地位,他们比较注意值日生工作的成果和质量,明确做值日生是要为别人做好事,并能相互帮助。

### (三)从外部动机占优势发展到内部动机占优势

外部动机是指推动行动的动机是由外力诱发出来的;内部动机是指人的动机出于自我激

发，主要受自身兴趣的激发。幼儿初期的行动动机主要是由外来影响所引起的，其产生是被动的。孩子行为的动机往往是为了获得成人的奖励；而到了幼儿晚期，幼儿在探索周围的世界中，对环境中的新奇事物特别敏感，幼儿的这种好奇心与探究环境的倾向性，即为内部动机也逐渐发展起来。在孩子的行为动机中，兴趣的作用逐渐增强，成为左右孩子行为的一个主要因素。

## 三、学前儿童兴趣的发展和培养

兴趣是个体积极探究事物并带有情绪色彩的认识倾向。兴趣在个体认知发展和智力功能上起着激励的作用，兴趣和愉快的相互交替和补充是学前儿童创造性来源的动机基础。

### （一）学前儿童兴趣的特点

1. 学前儿童的兴趣比较广泛

学前儿童渴望认识世界，喜欢和周围的人交往，对周围的事物和各种活动表现出广泛的兴趣。例如，学前儿童一般喜欢小动物和各种花草树木，对雨雾霜雪等自然现象也很有兴趣；喜欢观看成人的劳动和交往等社会生活；特别爱好游戏和玩具，也喜欢参加简单的劳动以及唱歌、跳舞、美术、体育等各种学习活动。一般来说，学前儿童的兴趣比较广泛，还没有形成比较稳固的中心兴趣。

2. 学前儿童的兴趣表现出个别差异和年龄差异

学前儿童受素质、教育和生活经验的影响，对各种事物的爱好以及爱好程度常不相同，学前儿童的兴趣已经表现出个别差异。此外，事物本身的性质也制约着学前儿童的兴趣。例如，学前儿童一般都喜爱玩具，但不同年龄的学前儿童对具有不同特点的玩具表现出不同的兴趣。

3. 学前儿童直接兴趣多

学前儿童的兴趣绝大多数是直接兴趣，即直接对当前的事物或活动的过程感兴趣。只有年龄较大一些的学前儿童才对比较遥远的事物或活动的结果发生间接兴趣。例如，大班学前儿童为了在文艺表演中争取到荣誉，虽然不喜欢枯燥乏味的反复练习，却乐于学会背诵一首几十句长的快板词。

4. 学前儿童的兴趣比较浮浅，容易变化

学前儿童由于知识经验和心理能力的限制，不会深入事物了解其本质，他们主要为事物的表面特点所吸引。他们的兴趣往往是由客体鲜艳悦目的颜色、新颖多变的外形等引起的，因而比较浮浅。经过多次接触，对这些客体的外部特点失去了吸引力，学前儿童的兴趣也就低落或完全消失。总之，学前儿童的兴趣不易保持稳定。

5. 学前儿童的兴趣可能出现不良指向性

学前儿童的兴趣一般表现良好的指向性，但也有些学前儿童没有受到良好的教育，任性娇惯，分不清对或不对，表现出不良的兴趣，例如，吃饭挑食，对该吃的食物不感兴趣；有的学前儿童特别爱听成人之间的闲谈；爱打听一些无关的琐事。

（二）学前儿童良好兴趣的培养

事实研究表明，学前儿童的兴趣在一定程度上决定了其未来事业发展的方向。学前儿童对某事物的浓厚兴趣，往往会成为他在该方面取得成功的先导。可以从如下方面培养学前儿童的兴趣。

1. 为发展学前儿童的兴趣和爱好创造条件

儿童的兴趣往往是在广泛的探索活动中产生和发展的。成人要多带孩子进行户外活动，如外出旅游参观，观看各种竞技表演和比赛，参加各种有益的社会活动和集体活动，让儿童广泛接触社会，全面了解生活，为儿童接触各种事物提供机会，以此培养儿童广泛的兴趣与爱好。

2. 发展学前儿童已有的兴趣

成人要留心观察，注意发现儿童已有的兴趣，并采取有效措施去引导和发展儿童的兴趣。成人可引导儿童进行观察学习，提问让儿童思考，给儿童提供有关的知识信息，耐心地回答儿童的提问等。

3. 培养学前儿童的基本兴趣

阅读的兴趣和对科学的兴趣是儿童的基本兴趣。培养儿童的阅读兴趣，首先，成人应当为学前儿童提供一个充满读书气氛的家庭环境。让学前儿童从小受到潜移默化的影响而对书籍产生兴趣。其次，为学前儿童提供各种阅读材料，成人要多给儿童读故事书、念儿歌，鼓励学前儿童试着跟读并能背出故事，引导学前儿童对读书产生兴趣。

学前儿童对周围的世界充满了好奇。看到一些事物，学前儿童总会天真地问这问那，成人要及时、耐心地解答儿童的提问，并根据学前儿童的年龄特征及能力，提出适当的问题启发他们去思考、去探索、去发现，诱导学前儿童对科学产生兴趣。

4. 培养学前儿童的特殊兴趣与爱好

成人还要注意学前儿童的特殊兴趣，如音乐、绘画、体育、棋类等。学前儿童的特殊才能往往存在于其特殊兴趣之中，特殊兴趣很有可能是学前儿童某种天赋的表现。成人要注意留心观察学前儿童还处于萌芽状态的特殊兴趣爱好，并加以爱护和培养，使之不断发展成熟。

尽管很多学前儿童的特殊兴趣会随生活经验和年龄增长而逐渐消退或减弱，但发展学前儿童的特殊兴趣能培养学前儿童和谐自由的个性，最大限度地发展学前儿童的潜在能力，为童年生活增添乐趣，为孩子日后的生活提供更丰富的内容和更多的娱乐方式。

5. 培养与引导学前儿童的好奇心

兴趣和好奇心有密切的关系，兴趣能促进好奇心的发展，好奇心能促使兴趣的产生。因此，在培养兴趣的同时，还要注意好奇心的培养与引导。

# 第三节 学前儿童自我意识的发展

自我意识是个性形成和发展的内部动因，是个性发展和成熟的重要标志。因此，在探索学前儿童的个性发展时，有必要对其自我意识的发展有一定的认知。

## 一、自我意识的内涵

美国心理学家兼哲学家詹姆斯将“自我”分为主体我和客体我，主体我是将自己视为行动的主体，觉得自我是脱离客体和他人而存在的；客体我是将自己视为认识和评价的对象，是站在观察者角度认识自己。相关研究发现，主体我是先于客体我出现的，大约在3个月时，个体就出现了主体我的萌芽；而客体我大约在出生后第二年才开始出现。也就是说，学前儿童在2岁左右时，自我意识已经发展到了一个新的阶段。

所谓自我意识，就是指个体对自己身心状态以及对自己与客观世界关系的认识。它是一个具有多维度、多层次的复杂心理系统。因此，探讨自我意识的具体内涵可从以下几个角度进行。

第一，从内容角度上来看，自我意识可从生理自我、心理自我和社会自我三个层面去解释。生理自我主要指个体对自己的生理属性的意识，如对自己的体型、容貌、健康程度等的意识。心理自我主要指个体对自己心理属性的意识，如对自己的人格特征、心理状态、心理过程及其行为表现等的意识。社会自我意识主要指个体对自己的社会属性的意识，如对自己的社会角色、社会地位、权利、义务等的意识。

第二，从自我观念角度来看，自我意识可从现实自我、投射自我以及理想自我三个层面去理解。现实自我，是指个体会从自己的立场出发对现实自我形成一种看法。投射自我，是指个体从他人眼中折射出来的自我的想象，如个体会经常通过想象自己在他人心目中的形象，想象他人对自己可能有的评价。实际上，投射自我与现实自我之间通常存在一定的距离。当这个距离较大时，个体便会感到自己不被别人所了解与理解。理想自我，是指个体从自己的立场出发对将来的我所产生的一种期望。它是一个人想要完善的形象，是一个人行为的重要动力与参考。因此，它与现实自我也是有所区别的。

第三，从形式角度来看，自我意识主要包括自我认识、自我体验和自我调控三种成分。自我认识属于自我意识的认知成分，主要包括自我观念、自我感觉、自我观察、自我分析以及自我评价等内容。自我体验属于自我意识的情感成分，是在自我认识的基础上产生的，主要反映了个体对自己所持的态度。其主要包含自我感受、自尊、自信、自卑、自我效能感等内容。自我调控属于自我意识的意志成分，是指个体对自己认知、情感和行为的调节和控制。它体现了一个人自我意识的能动性。其主要包括自我控制、自我监督、自我追求、自我教育以及自我完善等内容。在上述三种自我意识的形式中，自我调控最为关键。

## 二、学前儿童自我认识的发展

在学前儿童时期，个体自我意识的发展是先从对自己身体的认识开始的，逐渐认识自己的行动、认识自己的心理活动。

### (一)对自己身体的认识

学前儿童对自己身体的认识，要经过一个较长的过程。几个月大的孩子还不能意识到自己的存在，还不能把自己的身体与周围世界区别开来，如我们常见到孩子小的时候总喜欢把手指往口里塞，吃得津津有味，就像吃棒棒糖一样，那是因为孩子还没意识到那是属于他自己身体的一部分。

随着认识能力的发展和成人的教育，1岁以后的孩子逐渐认识自己身体的各部分，如妈妈问"你的眼睛在哪里?"孩子能指着自己的眼睛，"你的小手在哪里?"孩子会摇摇小手。对自己身体的认识，既是学前儿童认识自我存在的开端，也是认识物我关系的开始。

2岁左右的孩子开始意识到自己身体的内部状态，他们会说"宝宝饿了""宝宝要喝水"，这是自我意识最初的表现。

2～3岁时，学前儿童开始掌握"你""我"这些代名词，不像以前总是把自己叫作宝宝，或叫自己的名字。在3岁左右时，他们会用人称代词"我"来表示自己，说明这时的孩子已经开始意识到了自己心理活动的过程和内容，开始从把自己当作客体转化为把自己当作一个主体的人来认识，这是自我意识发展中的一次质变和飞跃。

### (二)对自己行动的认识

学前儿童对自己行动的认识是建立在其动作的发展的基础上的。1岁左右的时候，婴儿从偶然动作中开始能把自己的动作和动作对象区分开来，并且逐渐体会到自己的动作带来的变化，如无意中把玩具往地上扔，听到发出的响声，由此体会到了自己的动作和发出声响的关系，所以就喜欢摔打玩具，并从这些动作中感受到自己的力量。

1岁左右的时候，学前儿童也出现了最初的独立性，喜欢什么都要自己来，拒绝成人的帮助。他们也越来越喜欢自己抢着吃饭，自己喜欢爬楼梯。

皮亚杰用实验法研究学前儿童对自己爬行动作的意识，发现4岁学前儿童虽然会爬，但并不能意识到自己是怎么运动的，5～6岁则开始能意识到自己的行动。

成人要注意培养学前儿童对自己动作的意识，因为它是学前儿童自我调节和自我监督能力发展的基础。

### (三)对自己心理活动的意识

对自己心理活动的意识比对自己动作和身体的意识要困难得多。因为身体和动作是具体可见的，而内心活动是看不见、摸不着的，需要有较高水平的思维作支持。

学前儿童在 3 岁左右时开始能意识到自己的内心活动，常常表现自己的主张，如果成人的要求不符合儿童的意愿时，他会说“不”“偏不”。他们也开始意识到“愿意”和“应该”的区别，以前只知道自己愿意怎么做就怎么做，而现在明白即使不愿意，应该要做的也必须去做。

4 岁左右时，学前儿童开始意识到自己的认识活动，慢慢地可以根据要求来管理自己的行动，如在上课时能根据老师的要求，眼睛看老师的演示，注意停止无关行为，并按一定要求进行操作。

当然，学前儿童虽然能够意识到自我的心理活动，但仅仅停留在结果层面，还不能意识到心理活动的过程，所以常常是知其然而不知其所以然。

## 三、学前儿童自我体验的发展

据我国心理学工作者的调查，学前儿童自我体验的发展始于 4 岁左右。他们的自我体验发展主要体现出了以下几个方面的特征。

第一，学前儿童自我体验发展水平不断深化。学前儿童各种自我体验随着年龄的增长而发展。例如，对愤怒感的情绪体验，在 4～6 岁就有不同的体验程度，会有这样一个变化过程：“会哭”“不高兴”“会生气”到“很生气”“很恨他”。

第二，学前儿童自我体验的社会性随年龄的发展而不断增加。例如，4 岁以后，学前儿童的委屈感、自尊感与羞愧感这些社会性较强的自我体验越来越多。

第三，学前儿童的自我体验具有一定的受暗示性。学前儿童年龄越小，在自我体验产生的过程中就越容易受成人的暗示。这就提醒我们要充分利用学前儿童易受暗示的特点，多采用积极暗示来促进其良好情感的发展。

## 四、学前儿童自我调控的发展

自我调控包括自我调节和自我控制两个方面。自我调节指的是在没有外部指导或监视的情况下，个体维持其行为达到某一目标的过程；自我控制是指在目标实现受到阻碍的情况下，个体抑制行为或改变行为发生的过程。自我调控是学前儿童自我意识发展的一个重要标志。

学前儿童的自我调控能力到两三岁时才出现。3 岁的学前儿童自我调控能力还很差，主要受成人控制。一直到 5～6 岁，学前儿童才具备一定的坚持力和自制力。学前儿童自我调控发展的特点主要表现为以下几点。

(1)学前儿童的自我调控受到父母控制特征的较大影响。

(2)学前儿童从主要受他人控制逐渐发展到自己控制。

(3)学前儿童从缺乏自我调控逐渐发展到能够使用一定的控制策略来进行自我调控。

(4)学前儿童自我调控的发展水平呈现出性别差异，一般女孩的调控水平高于男孩。

## 五、学前儿童自我意识的培养

### (一)提高学前儿童的自我评价能力

#### 1. 正确评价学前儿童

在日常生活中和幼儿园的教育活动中,家长和教师总是有意无意对学前儿童做一定的评价,把他们分为聪明的和愚笨的,可爱的和讨厌的,尽管这种评价不一定准确,但是学前儿童往往比较信服地接受成人的这种评定,并把自己划归相应的等级。这显然是不利于学前儿童自我评价能力的提高的。

家长和教师应当全方位地去了解学前儿童,尤其是要用放大镜去看所谓"落后愚笨"的孩子的闪光点,在此基础上对学前儿童做出实事求是、恰如其分的评价。与此同时,家长和教师也要及时引导和调控学前儿童的自我评价,让学前儿童既要看到自己的优点,也要看到自己的缺点,以免他们出现自我评价过高或是自我评价过低的现象。

#### 2. 鼓励学前儿童多进行自我评价

学前儿童的自我评价是在与成人和同伴的交往活动中形成与校正的,交往活动是学前儿童自我认知、自我评价产生和发展的基础。学前儿童在交往中会获得来自他人对自己的评价,通过他人的评价信息,再借助想象推理等复杂的认知过程,会形成对自我的评价。因此,成人要注意改善学前儿童的交往环境。作为幼儿园,更是要多开展课外活动和游戏等,鼓励学前儿童大胆交往,在交往中去提高自我评价能力。

#### 3. 加强学前儿童交往的个别指导

学前儿童自我评价不当有两种情况:一是自我评价过高,就是具有盲目的优越感,看不起别人,处处想占上风,不受同伴的欢迎;二是自我评价过低,不善于与人交往,甚至是不知道如何与人交往,有多次遭受失败的经历,常常看不到自己的力量,体验不到交往的成功带来的乐趣,缺乏自信,容易退缩。

面对上述两类学前儿童,教师必须给予有针对性的个别指导。对于自我评价过高的学前儿童,要引导他们参加一些活动,使他们在活动中切实认识到自己的不足,从而消除优越感,重新认识自我,逐步调整自己的行为。对于自我评价过低的学前儿童,教师要给予他们特别的关心,时时注意保护他们的自尊心,教给他们交往技巧,让他们在和同伴的交往中体会到成功,感受到自己的力量和价值,逐步提高自我评价能力。

### (二)增强学前儿童的自信心

学前儿童的自信心在两三岁时开始萌发,接下来发展较为迅速,而且表现出了一定的个体差异。有的学前儿童自信心强,他们能积极主动地参加各种活动,敢于表达自己的意愿,大胆探索,乐于与人交往,经常保持愉快乐观的情绪,有的学前儿童则自信心不足,他们容易退缩,对新事物充满迟疑,内心不安,看不到自己的力量,难以体验成功的乐趣。

自信是成功的第一步，自信心对于儿童的成长很重要，因此，我们要注意培养儿童的自信心。

1. 创设良好的家庭氛围

温暖和谐的家庭氛围是学前儿童自信心建立的前提，父母的精心照顾和爱护能给学前儿童充分的安全感，让他们感到这个世界是温暖的，是可以信任的，从而信心十足地迈出人生的第一步。如果学前儿童感受不到父母的关爱，就可能产生自我怀疑，任何时候都不自信，由此可见，一个温暖的家庭是学前儿童力量的来源，是学前儿童自信心的支撑。

2. 实施赏识教育

获得成功的体验是形成学前儿童自信心的基础。因此，成人要注意及时夸奖学前儿童，对他们的每一个新点子，每一个新发现，每一个细小的进步，都给予肯定，从而让他们看到自己的成就，从中获得愉悦。例如，当学前儿童学会说一个新的词语、新的句子，学会自己穿衣服，学会摆弄一个新的玩具时，千万不能忽视他们的成就。

在一次次成功体验的激励下，学前儿童的自信心就会不断巩固和加强。反之，如果漠视孩子的成长，将会影响学前儿童自信心的建立。

3. 给予学前儿童更多的自主权

学前儿童拥有自己独特的世界，他们对周围世界总是喜欢用自己独特的思维主动认识、探索，当有所收获时，就非常开心，就会对自己产生极大的信心。因此，作为成人，要注意解放学前儿童的双手，解放他们的时间和空间，让他们自由地去看，自由地去听，自由地想，自由地去发现，让他们用自己独特的方式去认识周围世界，给予他们最大的信任，使他们在探索中体验到自己的力量，彰显他的独立性，逐渐建立自信。

（三）提高学前儿童的自我控制能力

学前儿童自我控制能力的发展主要表现在坚持性和自制力的发展方面。成人必须通过科学的指导和训练，帮助学前儿童逐步提高其控制能力。具体而言，成人可注意以下几个方法的应用。

1. 有意转移注意力

延迟满足可以增加儿童自我控制的时间。缺乏自控力的孩子会迫不及待地想得到想要的东西。为了延迟满足，有意转移孩子的注意力，或让孩子不去想渴望得到的东西的特征而把诱人的东西想象成不能吃也不能玩的东西，如把喷香的面包想象成为棉花。

2. 发挥榜样的作用

观察一个延迟满足的榜样能改善儿童自我控制。让儿童经常观察宁可立即得到小的奖励，而不愿等待大的奖励的儿童，这个儿童也会变得不愿等待；如果榜样是个不为小刺激所动，通常选择延迟后得到更丰富奖励的儿童，观察的儿童也学会耐心等待。

3. 给予积极的鼓励

成人对孩子在延迟满足中出现的点滴进步给予及时表扬和鼓励，或给孩子更大更多的奖励,可培养孩子等待的耐心,提高孩子自我控制的信心与水平。

4. 教给学前儿童自我暗示与监督的方法

学前儿童的注意力容易分散,家长与老师可教给儿童自我暗示的方法,经常用语言提醒自己不被干扰所影响。要督促孩子监督自己的行为。一旦儿童出现了离开任务的行为,让儿童立即将这一行为记录下来,并作为重新回到学习中去的提示。儿童可以根据自己的分心情况计算每次完成任务时分心的次数,并逐渐提高要求,逐步做到集中注意力。

# 第四节　学前儿童气质、性格和能力的发展

## 一、学前儿童气质的发展

### (一)气质的定义

气质源于拉丁语,原意是混合、掺和,后来被用来描述人们的兴奋、激动、喜怒无常等心理特性。在现代心理学领域,气质常被界定为:人在心理活动动力方面表现出来的稳定的特点,主要表现在心理活动的强度(反应的大小)、速度(反应的快慢)、稳定性(维持时间的长短)和指向性(倾注外部世界还是内部世界)等方面。

一般情况下,具有某种气质特点的人,在不同目的、不同内容的场合下,都会表现出相同方式的心理活动的动力特点。例如,一个脾气急躁的人在哪里都难以控制自己的情绪,容易冲动;而一个安静稳重的人在不同场合都能表现得心平气和,沉着冷静。

气质在很大程度上会受到先天遗传因素的影响,也就是说先天因素占主要地位。研究表明,在儿童生命最初几星期内,对刺激物的敏感度、对新事物的反应会表现出明显的差异。例如,有的孩子活泼好动,哭声响亮,对外界刺激反应较快;有的孩子则比较安静,哭声微小,对外界刺激反应较慢。

气质的先天性决定了它是个性中相对最为稳定的因素,古话说"江山易改,本性难移",这就是指气质的相对稳定,不易改变。不过,气质具有一定的可塑性。随着年龄的增长,个人修养的加强,社会环境的变化,气质就会发生一定的改变,如一个抑郁质的孩子长期生活在充满朝气和活力的环境里也会变得比原来更开朗活泼;一个情绪容易激动的学生,在集体生活的影响下,可能变得比较能控制自己。

### (二)气质的类型

所谓气质类型,就是指"在一类人身上共有的或相似的心理活动特征的有规律的结合"①。

① 彭小虎,王国锋,朱丹:《儿童发展与教育心理学》,上海:华东师范大学出版社,2014 年,第 102 页。

1. 气质类型的心理指标

(1)感受性

这是指个体对外界刺激的感受能力。一般来说,感觉能力与刺激强度的关系决定着一个人感受性的大小。一个人对引起感觉所需要的刺激量大,说明这个人的绝对感受性小;相反,一个人所需要的刺激量小,说明这个人的绝对感受性大。

(2)耐受性

这是指个体在遭遇外界刺激时,表现在时间上耐受程度和表现在强度上的耐受程度。

(3)情绪兴奋性

它主要表现在两个方面:一是情绪兴奋性强弱;二是情绪外现的强烈程度。

(4)外倾性与内倾性

外倾性是个体兴奋过程强的表现;内倾性是个体抑制过程占优势的表现。

(5)反应的敏捷性

这通常分为两类:一是不随意的反应性,如不随意注意的指向性和不随意运动反应的指向性等;二是心理反应和心理过程进行的速度,如记忆的速度、说话的速度、注意转移的灵活程度、思考的敏捷程度、一般动作的灵活程度等。

(6)行为的可塑性

这是指人根据外界情况的变化而改变自己适应性行为的可塑程度。

2. 气质类型的划分

由于在气质定义、内容和生理基础等方面不同的理论流派有不同的认识,因而也就出现了不同的气质类型划分。

(1)传统的气质类型划分

传统的气质类型是古希腊医生希波克拉底提出的。他以高级神经活动类型为标准,把气质分为四种类型,具体见表10-1。由于这四种气质特征恰恰是现实生活中最常见的几种典型的气质类型,具有很强的典型性,因而这种分法一直沿用到现在。

**表10-1　四种气质类型及典型特征**

| 气质类型 | 典型特征 |
|---|---|
| 胆汁质 | 热情大胆,冲动直率,性情急躁,反应迅速,但准确性差,情绪体验强烈、外露,心理活动持续时间不长,心理活动常指向于外部世界 |
| 多血质 | 表现为活泼热情,聪明灵活,行动敏捷,爱交际,适应能力强,心理活动维持的时间不长,情绪体验明显但不够深刻,心理活动常指向外部世界 |
| 黏液质 | 稳重冷淡,沉静缓慢,情绪内向,善于自制,注意力稳定难转移,心理活动维持时间比较长,情绪体验深刻 |
| 抑郁质 | 性情孤僻,优柔寡断,行动迟缓,注重细节,情感发生慢但维持时间长,体验深刻,心理活动具有内倾性 |

(2)巴甫洛夫的四种高级神经活动类型

后来,巴甫洛夫发现了四种高级神经活动类型。这四种高级神经活动类型是由三种高级神经活动基本特性的不同结合形成的。高级神经活动的三种基本特性主要指神经过程的强度、神经过程的平衡性和神经过程的灵活性。在四种高级神经活动类型中,三种是强型,一种是弱型。强型又可分兴奋型、安静型和活泼型(表 10-2)。

**表 10-2　四种气质类型**

| 高级神经活动类型 | 神经活动特点 | 对应气质类型 | 表现 |
| --- | --- | --- | --- |
| 弱型 | 弱 | 抑郁质 | 敏感,畏缩、孤僻 |
| 兴奋型 | 强、不平衡 | 胆汁质 | 反应快、易冲动、难约束 |
| 安静型 | 强、平衡、惰性 | 黏液质 | 安静、迟缓、有耐性 |
| 活泼型 | 强、平衡、灵活 | 多血质 | 活泼、灵活、好交际 |

### (三)学前儿童气质的发展特征

#### 1. 0～3 岁学前儿童气质发展的特征

人一出生就表现出了一定的气质类型差异。美国心理学家托马斯和切斯采用问卷法从 1956 年开始对 141 个婴儿进行追踪研究,开创了儿童气质研究和应用领域的先河。他们通过追踪调查,发现个体从出生就有的一些行为模式在整个儿童时期都贯穿着。在婴儿气质的划分上,他们提出了九个维度(表 10-3)。

**表 10-3　托马斯、切斯划分的婴儿气质的主要维度**

| 维度 | 表现 |
| --- | --- |
| 活动水平 | 在睡眠、饮食、玩耍、穿衣等方面身体活动的数量 |
| 规律性 | 机体的功能性,在睡眠、饮食、排便等方面 |
| 常规变化适应性 | 以社会要求的方式调整最初反应的难易性 |
| 对新情境的反应 | 对新刺激、食物、地点、人、玩具或玩法的最初反应 |
| 感觉阈限水平 | 产生一个反应需要的外部刺激量 |
| 反应强度 | 反应的能量内容,不考虑反应质量 |
| 积极或消极情境 | 高兴或不高兴行为的数量 |
| 注意分散度 | 外部刺激(声音、玩具)干扰正在进行活动的有效性 |
| 坚持性和注意广度 | 在有或没有外部障碍的条件下,某种具体活动的保持时间 |

在九个维度的基础上,托马斯、切斯将出生到 3 岁前儿童的气质分为以下三种类型。

(1)容易抚养型

这种类型的儿童占绝大多数,约占 40%,他们在生理机能活动(吃、睡等)方面比较有规律，节奏性强，对环境具有较强的适应力，容易接受新事物和陌生人；他们的情绪总是处于愉快的状态下，喜欢玩耍。他们能够积极响应和配合成人的抚养活动，因而这一类学前儿童容易受到成人的极大关怀和注意。

(2)难以抚养型

这种类型的儿童人数很少，约占 10%。他们总是在哭，不容易抚慰，进食时烦躁不安，睡眠不规则，对新刺激畏缩，接受变化难；他们的心情总是不好，在游戏中也不愉快；成人需要费很大气力才能使他接受抚爱。

(3)缓慢型

这种类型的儿童约占 15%。他们常常是安静地退缩，对新事物适应缓慢，一般在没有压力的情况下，对新刺激会缓慢地发生兴趣，慢慢地活跃起来；如果坚持和他积极地接触，他们会逐渐产生良好的反应。这类儿童的发展情况因成人抚爱和教育情况的不同而表现出一定的差异。

上述三种类型只涵盖了 65%，另有 35%的孩子不能简单划归到上述任何一种气质类型中去，他们往往具有上述两种或三种气质类型的某些特点，属混合型。

除了托马斯和切斯外，巴斯和普罗敏也对婴儿的气质进行了研究。他们根据婴儿在各种类型活动中的不同倾向性，划分出了活动型、情绪型、社交型和冲动型四种气质类型，见表 10-4。

**表 10-4　巴斯和普罗敏划分的婴儿气质类型及典型特征**

| 气质类型 | 典型特征 |
|---|---|
| 活动型 | 表现为坐不住、爱活动；总是忙于探索外在世界和做一些大肌肉运动，乐于并经常从事一些运动性游戏；更易引起与他人的冲突而导致成人对其采取限制、干预或强制性行为。一些儿童会比较霸道，经常与人争吵；一些儿童则常从事一些有益而富有刺激性、启发性但不带攻击性的活动 |
| 情绪型 | 常通过行为或心理、生理变化而表现出悲伤、恐惧或愤怒的反应；可能对更细微的厌恶性刺激做出反应并且不易被安抚下来；他们的恐惧水平和愤怒水平之间存在负相关。一些儿童的主导情绪也许是恐惧，并伴随一般的唤起水平或悲伤水平；而另一些儿童的主导情绪也许是愤怒，同时较少恐惧和悲伤 |
| 社交型 | 常愿意与不同的人接触，不愿独处；在社会交往中反应积极。不过，他们这种强烈的社交要求常会受到挫折或伤害，有时甚至被视为神经过敏而遭拒绝 |
| 冲动型 | 情绪不稳定，多变化；在各种场合或活动中极易冲动，情绪、行为缺乏控制，行为反应的产生、转换和消失都很快 |

2. 3～6 岁学前儿童气质发展的特征

(1)3～6 岁学前儿童的气质随年龄的增长而发展

研究发现，3～6 岁学前儿童气质的反应性特质随着年龄增长而发展，同时他们的气质反应性水平也存在明显的个体差异。例如,根据波兰心理学家简·斯特里劳制定的幼儿园儿童反应评定量表可知,6 岁学前儿童平均分为 3.45 分,而有的学前儿童只得 1.61 分,有的学前儿童却得 4.89 分。

(2)3~6 岁学前儿童气质具有相对稳定性

虽然 3~6 岁学前儿童的气质随年龄的增长而发展,但发展的速率渐趋缓慢,逐渐平稳。5 岁与 6 岁幼儿气质发展已相当稳定,表现出明显的倾向性。我们在幼儿园中常常可以发现,有些学前儿童易兴奋,在任何时候都表现出易兴奋的特点,而有些学前儿童则无论在什么场合都会很安静。

(3)3~6 岁学前儿童气质具有可变性

虽然气质是变化最为缓慢的心理特征,但也并不是一成不变的。事实上,高级神经活动具有可塑性,3~6 岁学前儿童的气质在一定条件下也会发生变化。通常情况下,在幼儿园老师和父母的教育下,学前儿童的某些消极气质特征会得到改善,如胆汁质的急躁冲动,多血质的浮躁不定,黏液质的孤独胆怯,抑郁质的多愁善感可以逐渐得以改变;某些积极的气质特征,如胆汁质的热情,多血质的敏捷,黏液质的沉稳,抑郁质的细心,在合适的教育和生活条件下也会逐渐巩固和发展。

3~6 岁学前儿童的气质也可能受到生活条件和教育条件的影响而发生"掩蔽"现象,就是指一个人的气质类型没有变,但形成了一种新的行为模式,表现出一种不同于原来气质类型的外貌。研究者曾发现,有一个女孩从行为表现看明显属于抑郁质,但神经活动类型的检查结果却是"强,平衡,活泼型",原来,她处在一个十分压抑的生活条件下,以致后来形成的条件反射系统掩盖了原来的高级神经活动类型,而表现出"退缩、胆怯、缺乏生气"等行为特点。

(4)3~4 岁为学前儿童气质发展的关键期

3 岁与 4 岁学前儿童气质均数差异最大,发展变化最快。同时,从行为特质上来看,4 岁已达到中等程度以上。因此,可以认为 3~4 岁为学前儿童气质发展的关键期。

### (四)学前儿童气质的培养

#### 1. 充分了解学前儿童的气质特点

家长和幼儿园教师首先要了解学前儿童的气质特点,一般采用观察法,要反复观察学前儿童在游戏、学习、劳动中的行为方式和情感表现等,如学前儿童活动时的主动性,活动的持久性,脾气是否急躁,情感是否容易激动,对新刺激的反应程度,对新环境的适应情况,内向退缩还是自信大胆等,并做好记录,把观察到的情况与气质类型的典型特征相对照,以确定儿童的气质类型及特点,从而方便后期的教育。

#### 2. 平等对待不同气质的学前儿童

学前儿童的气质特点常常会影响他与家长、教师及同伴之间的人际互动。一般来说,胆汁质的孩子太好动,喜欢吵闹,难以控制自己的行为,遵守纪律的自觉性差;多血质的孩子乖巧、灵活,善于察言观色;黏液质的孩子动作迟缓,过于安静;抑郁质的孩子过于敏感、孤僻,不合群。在幼儿园中,这就很容易导致教师有意无意的差别对待。例如,对多血质孩子的偏爱，对胆汁质孩子的反感，对黏液质孩子的忽视，对抑郁质孩子的无奈。这种差别对待与教育的要求是相悖的，也非常不利于学前儿童良好气质的发展。因此，教师应当时刻注意克服这种情况，平等地关注每个学前儿童，让每个学前儿童都能感受到教师对他的关心、欣赏和称赞。

3. 根据学前儿童的气质特点实施不同的教育

气质没有好坏之分，但是各种气质类型都有其优缺点，而且极端的气质特征及其行为表现会影响学前儿童的人际关系及成长。因此对于不同气质类型的学前儿童，应该根据相应的特点施以不同的教育，使之扬长避短。

(1)对于多血质的学前儿童，家长和教师应注意给他们足够的耐心。让他们改正错误，一次不行就两次，两次不行就三次，每次都耐心地教导他们。当然，对那些自我防卫心理强烈、不肯轻易承认错误、事后矢口否认或者搪塞掩饰或者嫁祸于人的学前儿童，应当当时、当地、当事批评。另外，对多血质的学前儿童要着重培养他们的自主决策能力，培养他们稳定的兴趣和锲而不舍的精神。

(2)对于胆汁质的学前儿童，教育他们时不要轻易去激怒他们，不要在人多的场合批评他们；当他们激动、发脾气时，避其锋芒，设法让他冷静、稳定情绪，使孩子在冷静的环境气氛中不断改变自己气质的缺点。此外，要加强与细致性和深刻性有关的教育，鼓励他们深刻、细致地观察思考外界环境，培养自我调控的能力，养成安静和遵守纪律的好习惯。

(3)对于黏液质的学前儿童，教育他们时要注意不要急躁，不要逼迫他们立马改变不良行为，而是要采用启发式的批评方式，多暗示、提醒、启示，借助他人、事实，运用对比方式去烘托批评的内容，使他们认识到自己的错误；当他们有一点点进步时，立马给予奖励，从而一步步改正其行为。此外，家长和教师还要注意多帮助这类孩子克服做事拖拉的毛病，激发他们活动的积极性，着重培养他们的行为效率。

(4)对于抑郁质的学前儿童，教育他们时要谨慎，应该在感情上关心和信任他们，多接近他们，努力叩开他们的心扉，让他们愿意说出心里话；同时鼓励他们多参加集体活动和其他交际活动，使他们养成活泼、开朗和大方的性格。对这类学前儿童进行批评，一般不应该在公众场合严厉批评，以免伤害他们的自尊心，而是应该采用渐进式的批评方式，即由浅入深、因势利导。对于这类学生，如果教育引导得好，他们可以发展成为情感深沉而稳重的人；如果教育引导得不好，他们将会成为孤僻和羞怯的人。

总之，对于任何气质类型的儿童，家长和教师都要根据其气质类型及特征有针对性地努力培养他们自我延迟满足的能力。自我延迟满足是指暂时放弃即刻的需要满足而追求一段时间后更大满足的能力，这是一种伴随人终身的积极的社会性能力。

## 二、学前儿童性格的发展

### (一)性格的定义

任何一个人对待客观事物的态度和行为方式都不一样，而这种态度和行为方式往往是稳定的,我们几乎可以根据每个人稳定的态度和行为方式去预测他在不同环境里会有什么行为。这就产生了性格一说。所谓性格,即一个人对现实的态度以及惯常的行为方式中比较稳定的心理特征。它是个性特征中最具核心意义的心理特征。由于个人所处的环境不同,生活经历也不一样,人的性格也千差万别。

## (二)性格的结构

"人的性格是非常复杂的,它是由各种各样的性格特征有机结合组成的统一体。"[①]这些性格特征主要包括性格的态度特征、性格的认知特征、性格的意志特征和性格的情绪特征(表 10-5)。

**表 10-5　性格的结构**

| 结构 | 解释 | 表现 |
|---|---|---|
| 性格的态度特征 | 人对现实态度方面的特点 | (1)对社会、集体和他人的态度(集体主义、同情心、诚实、正直等)<br>(2)对工作和学习的态度(勤劳、有责任心、认真、创新性等)<br>(3)对自己的态度(谦虚、自信等) |
| 性格的认知特征 | 人在认识活动方面的特点 | (1)感知(观察的主动性、目的性、快速性及精确性)<br>(2)想象(想象的主动性和大胆性)<br>(3)记忆(记忆的主动性和自信程度)<br>(4)思维(思维的独立性、分析型还是综合型) |
| 性格的意志特征 | 人自觉调节自己行为方面的特点 | (1)对行为目的的明确程度(冲动性、独立性、纪律性等)<br>(2)对行为的自觉控制水平(主动性、自制力等)<br>(3)在长期工作中表现出来的特征(恒心、坚韧性、顽固性等)<br>(4)在紧急或困难情况下表现出来的特征(勇敢、果断、镇定、顽强等) |
| 性格的情绪特征 | 人受情绪影响的程度和情绪受意志控制的程度 | (1)情绪的强度(是否易受感染及反应强度)<br>(2)情绪的稳定性(波动与否)<br>(3)情绪的持久性(持续时间长短)<br>(4)主动心境(愉快与否) |

## (三)性格的类型

每个人所处的环境不同,生活经历也不同,因而性格也千差万别。对于性格类型,不同的人有不同的分类方法。以下几种有关性格的分类最为典型。

---

① 陈帼眉:《学前心理学》,北京:北京师范大学出版社,2000 年,第 344 页。

#### 1. 理智型、情绪型和意志型

根据人的理智、情绪、意志三种心理机能在性格结构中分别是哪种占优势，可以把人的性格分为理智型、情绪型和意志型。

(1)理智型的人通常以理智衡量周围发生的事物，并以理智支配自己的行为，他们的理智机能相对于情感和意志来说占有优势。

(2)情绪型的人在生活中总受情感支配，充满浓厚的情感色彩，他们的情感机能相对占优势。

(3)意志型的人具有明确的行动目的和较强的自制能力，他的意志在性格结构中占优势。

#### 2. 外倾型和内倾型

根据个人是倾向外部世界还是倾向内部世界，可以把人的性格分为外倾型和内倾型两类。

(1)外倾型性格的人开朗、活跃，爱交际，对外部世界充满兴趣，容易适应环境。

(2)内倾型性格的人较集中于内心世界，好沉思，善内省，冷漠，难以适应环境。

#### 3. 独立型和顺从型

(1)独立型性格的人不易受外来事物的干扰，具有坚定的信念，能独立地判断事物、发现问题、解决问题，在紧急和困难的情况下不慌张，易于发挥自己的力量，但有时会把自己的意志强加于人，固执己见，不易合群。

(2)顺从型性格的人随和、谦虚，易与人合作，但独立性较差，容易接受别人的意见，在紧急情况下易惊慌失措。

### (四)性格与气质的关系

性格与气质两个概念既有区别又有着比较密切的联系，两者的关系是辩证统一的，它们互相渗透，彼此制约。

#### 1. 性格与气质的区别

从起源上来看，气质是生理性的，是先天获得的，一般产生在个体发生的早期阶段，主要体现为神经类型的自然表现；而性格是后天形成的，是人在活动中与社会环境相互作用的产物，在个体生命开始的时期并没有成熟的性格。

从性质上来看，气质所指的典型行为是它的动力特征，与行为内容无关，因而气质没有好坏善恶之分；而性格主要指行为的内容，有好坏善恶之分。

从可塑性上来看，气质的变化比较慢，可塑性较小，不容易改变；而性格的可塑性大，改变较为容易，环境对性格的塑造作用最为明显。

#### 2. 性格与气质的联系

首先，先天的气质，是性格形成的生理基础，某一种气质可能比另一种气质更容易形成某种性格特征，如黏液质的人往往比胆汁质的人更容易养成自制力，胆汁质和多血质的人比黏液质和抑郁质的人更容易形成活泼开朗的性格特征。

其次，性格对气质在一定程度上起掩盖和改造作用。例如，外科医生应具有沉着的性格特征，出于职业的需要，具有胆汁质特征的医生会有意识地克制自己，那种易冲动特征在学医和从医的过程中就会逐渐得到改变。

最后，气质会使人的性格特征显示其独特的色彩。例如，具有乐于助人性格的人，胆汁质的人表现为风风火火，而黏液质的人表现为默默付出；具有勤劳性格的人，多血质的人表现为精力充沛，黏液质的人表现为精细操作、踏实肯干。

### (五)学前儿童性格的发展特征

#### 1. 学前儿童性格的萌芽及差异性

个体在刚出生时就会表现出一些独特的，并且有持续性的行为特点。在此后的生长发育过程中，个体的性格特征渐露端倪，两岁左右，随着个体心理过程、心理状态和自我意识的发展，出现了最初的性格差异。学前儿童的性格差异主要表现在以下几方面。

(1)合群性

这方面的差异可从学前儿童与伙伴的相处中看出来。有的学前儿童喜欢和伙伴待在一起，并且会相处愉快，看到别的学前儿童哭了会主动上前安慰，别的学前儿童有求于他时他会尽量答应，发生争执时他比较容易让步；而有的学前儿童则不太合群，喜欢独自默默一个人玩，不理睬他人，也不懂得如何和伙伴相处；还有的学前儿童则有攻击性，动不动就拉扯他人，甚至打人，成为伙伴们都不喜欢的人。

(2)活动性

不同的学前儿童表现为不同的活动性。有的学前儿童活泼好动，什么事情都想探个究竟，对周围世界充满兴趣，而且精力充沛；有的学前儿童则喜欢安静，常常一个人在静静地看书或是做游戏。

(3)自制力

经过正确教育的影响，学前儿童在 3 岁左右时会掌握初步的行为规范，并懂得了自我控制，有了一定的自制力，如不随便拿人家的东西，不会因为一点小事就和人吵嘴，要求得不到满足时也不会无休止地哭闹；也有一部分学前儿童自制力比较差，父母或其他人如果不能满足其需要就大哭大吵。

(4)独立性

在整个婴儿期，独立性是发展较快的一种性格特征。在这一性格特征上，不同的学前儿童也表现不同。有些学前儿童能自己吃饭，自己洗手，自己一个人好好玩，但是也有一些学前儿童对大人有依赖性，要妈妈喂饭，要妈妈陪着玩、陪着睡，离不开妈妈。

#### 2. 学前儿童性格的年龄特点

学前儿童由于年龄小，生活经历的共同性很多，个体之间的生活经验差异和成人相比要小得多。因此，虽然学前儿童在早期就表现出了一定的性格差异性，但同年龄的学前儿童还是有一些共同的性格特性的。学前儿童性格最突出的年龄特点主要有以下几个方面。

(1)好动

好动是学前儿童性格中最明显的一个特征。不管哪种类型的学前儿童,他们总是不停地做各种动作,不停地变换活动方式。我们可以发现,对很多学前儿童来说,并不是活动引起他们的疲劳,而是单调枯燥的活动引起其厌倦。因此,我们可以组织学前儿童做一些力所能及的事情,如扫地、擦桌子、整理玩具等,他们会愉快地去做并会感到自豪。成人对学前儿童过多地限制干涉或经常包办代替,容易使他们形成懒惰的性格倾向。

(2)好奇、好问

学前儿童的知识经验贫乏,因而具有很强的好奇心,不管什么都想要去看一看、摸一摸、动一动。在好奇心的驱使下,学前儿童渴望试试自己的力量,去做大人做的事情。对于学前儿童的好奇心,成人应给予支持鼓励,不要视而不见,更不能扼杀他们这一积极性。

好问是学前儿童好奇心的一种突出表现。他们对于提问总是毫无顾虑,想到什么就问什么。王瑜元曾记录了她的儿子从4.5～5.5岁一年中的问题,除去"请求允许性"提问外,共得4 043个问题,涉及面非常广泛(表10-6)。对于学前儿童的好问,如果能给以正确指导,则能帮助他们养成勤奋好学、勇于进取的良好品格。反之,如过多约束,甚至对学前儿童的提问采取冷漠或讽刺的态度,则会把他们的求知欲扼杀在摇篮里,抑制他们的思考和探索。

**表10-6　一个学前儿童各类问题数量统计表**　　(单位:个)

| 自然 | | 比率/% | 社会 | | 比率/% |
|---|---|---|---|---|---|
| 类型 | 问题数 | | 类型 | 问题数 | |
| 动物 | 4 622 | 11.4 | 周围人的活动 | 392 | 29.7 |
| 植物 | 9 722 | 2.4 | 自己的活动 | 330 | 28.2 |
| 微生物 | 2 022 | 0.4 | 文艺作品 | 419 | 10.4 |
| 生物进化 | 4 522 | 1.1 | 语言文字 | 313 | 27.7 |
| 人的身体 | 2 642 | 6.5 | 日用品 | 373 | 29.2 |
| 宇宙 | 1 262 | 3.1 | 食品 | 121 | 32.0 |
| 气象 | 6 122 | 1.5 | 交通 | 241 | 62.0 |
| 地理 | 1 822 | 3.2 | 建筑 | 148 | 3.7 |
| 物理化学现象 | 6 222 | 1.5 | 工农业 | 26 | 0.6 |
| 时间 | 8 122 | 2.0 | 政治历史 | 48 | 1.2 |
| 数概念 | 7 522 | 1.9 | 军队 | 15 | 0.4 |
| | | | 品德评价 | 78 | 1.9 |
| | | | 家庭 | 104 | 2.6 |
| | | | 体育 | 14 | 0.3 |

(3)好模仿

好模仿是孩子的天性,家长、老师和同伴是他们经常模仿的对象。社会学习理论认为,在社会交往过程中,学前儿童是通过直接观察他人的行为来学会新的行为方式的。该理论的代表人物班杜拉的许多研究都证明了"观察学习法",即让学前儿童模仿学习观察到的榜样,是非常有效的。因此我们可以以此作为一种教育手段,有经验的教师应特别注意为学前儿童树立良好的榜样。学前儿童之所以爱模仿,这和他们年龄小、知识经验贫乏以及能力发展不足有关。知识经验不足常常使他们缺乏辨别能力,需要成人正确引导。

(4)好冲动

好冲动是学前儿童性格的情绪和意志特征,主要表现为情绪易变化,自制力不强。学前儿童常常喜爱做事,但做事时急于完成任务,常常比较马虎,粗心大意,不大计较成果的质量。此外,他们的思想比较外露,喜怒形于色。这种性格特征常常被认为是天真幼稚。其实,如果进行正确诱导和培养,学前儿童将会养成既善于思考和处理问题,又胸怀坦荡、对人真诚的良好性格特征。

好动、好奇、好问、好模仿、好冲动是学前儿童性格的一些典型特点。但独特性是个性的基本要素,每个学前儿童在性格上除了具有同年龄学前儿童的共同特点外,仍具有个人的性格特点。例如,同属活泼好动的性格,但相比之下,有些学前儿童相对安静。

### (六)学前儿童良好性格的塑造

#### 1. 重视家庭因素对学前儿童性格的塑造

家庭环境和氛围对学前儿童性格的形成有着直接的影响。根据家庭环境氛围可以把家庭划分为融洽型和对抗型两种,不同家庭氛围中成长起来的学前儿童在性格上有很大的差异。有研究表明,融洽型家庭里亲子关系良好,家庭气氛融洽,宁静而愉快,学前儿童更有安全感,更有自信心,更有合群性;对抗型家庭里父母关系紧张,经常争吵甚至发生暴力,学前儿童的情绪会焦虑紧张,缺乏安全感,长期情绪不良,长大后容易对人缺乏信任,更容易发生行为问题。

父母是学前儿童的第一任教师,父母的文化程度、教养方式、生活习惯对学前儿童性格的影响也是不可忽视的。心理学研究认为,父亲对学前儿童的自制力、灵活性产生显著影响,而母亲则对学前儿童的果断性、思维水平、求知欲、灵活性四项行为特征产生显著影响。因此,一定要做好家庭教育。幼儿园的教师应主动与家长搞好关系,帮助家长提升教育能力。

#### 2. 培养学前儿童良好的行为习惯

日本教育学家岸井雄勇说:"幼儿教育就是做看不到的事情。"所谓"看不到的事情"其中就包括良好行为习惯和良好性格的养成。从某种程度上来说,养成良好的行为习惯是优良性格形成的起点。因此,家长要注意在生活中引导学前儿童养成良好的行为习惯;幼儿园要加强养成教育,促进学前儿童良好性格的发展。

对于幼儿园来说,首先要做好幼儿园一日生活组织和教育工作。幼儿园一日生活常规和生活制度中渗透着良好性格培养的内容,通过常规训练和严格执行生活制度,可以培养孩子形成勤劳、有礼貌、自立、自信、关心他人、做事有条理的良好的行为习惯。因此,教师要注意从学前儿童一日生活的每一个环节做起,如要求其自己穿脱衣服,自己整理玩具,文明进餐,讲礼貌,专心听课,愉快游戏等。其次要组织好学前儿童的游戏,因为游戏是学前儿童最喜欢的活动,在游戏中他们更能接受规则和他人意见。

在培养学前儿童良好行为习惯的过程中,成人要注意从一开始就要坚决制止不良习惯的形成,如果等坏习惯养成了再去纠正,所花费的精力就相当大了。

3. 充分发挥榜样作用

学前儿童有好模仿的天性。因此,我们要重视榜样在学前儿童性格塑造中的作用。学前儿童大多数是以家长和教师作为榜样的,因此,教师和家长在日常生活中应该严格要求自己,以正确的态度和行为方式对待周围事物,做学前儿童的表率,潜移默化地影响学前儿童,使他们形成良好的性格。同伴也是学前儿童学习的榜样。成人要指导学前儿童学习周围同伴的良好行为习惯。

此外,电视、电影、戏剧、文学书籍中人物的良好的品德和行为也是儿童性格塑造的好榜样。成人应当充分利用它们,来很好地塑造孩子的性格。

4. 因材施教

成人一方面要严格要求自己成为学前儿童良好的行为榜样,另一方面还要灵活地对待学前儿童的种种行为表现,要注意因材施教,教师要敏锐地观察和分析学前儿童的性格特征和性格类型,针对不同学前儿童的不同情况进行不同的教育。例如,对表现不良的学前儿童,要先了解原因,有针对性地提出要求,帮助他克服缺点。

对于学前儿童不良的行为表现也要具体情况具体对待,如常常使教师头疼的打人的学前儿童,其情况往往不一样,有的是习惯反应,有的是被打之后的报复,有的是模仿其他人,有的是出于自我保护等。只有采取了有针对性的教育方式,才更容易使学前儿童的不良性格得以改变。

## 三、学前儿童能力的发展

### (一)能力的定义

所谓能力,就是指顺利完成某种活动必须具备的心理特征。它与气质、性格一样,也是个性心理特征中的一个侧面。它决定着某项活动能否进行。例如,要从事绘画活动,就必须具备颜色辨别能力、形体鉴别能力以及空间关系的正确估计能力等,如果不具备这些能力,绘画活动就无法顺利进行。

一个人的气质和性格、知识、体力等虽然也会对活动效率产生一定的影响,但并不是影响某种活动顺利完成的最直接最基本的因素,如懒惰会影响活动任务的完成,但如果有外力的监督,还是可以完成任务的。

(二)能力的种类

1. 一般能力和特殊能力

一般能力指各种活动所共同需要的能力,如观察力、记忆力、想象力和思维能力等都属于一般能力,我们也把它叫作智力。特殊能力是指从事某项专门活动所必需的能力,又称专门能力,它只在特殊领域内发挥作用,是完成专门活动不可缺少的能力,如数学能力、美术能力、音乐能力。

成功地完成某种活动,需要多种能力的结合,而多种能力的有机结合,称为才能。有的儿童在幼儿期已经显露出“领导才能”的萌芽,善于指挥和团结小朋友进行活动。

2. 运动、操作能力

学前儿童自出生时起,已有运动能力,半岁左右,四肢和身体的运动能力逐渐发展,手的运动能力也开始发展成为操纵物体的能力,即操作能力。在婴幼儿能力的发展中,运动能力和操作能力居重要地位。

运动和操作能力的发展需要通过运动和操作来表现,而运动和操作的发展水平越高,越是依靠智力的支配,尤其是在 2 岁以前,智力发展与动作的发展难以区分。

3. 主导能力和非主导能力

在一个人各种能力的有机结合中,往往有一种能力起主要作用,另一些能力处于从属地位。起主要作用的就是主导能力,又称优势能力,处于从属地位的就是非主导能力,又称非优势能力。

(三)学前儿童能力的发展特征

1. 多种能力较早发展

新生儿已表现出一定的智力活动倾向,而且有巨大的潜能。例如,两三个月大的孩子就能感受声音刺激,听到声音时,表现出倾听,三四个月大的孩子会转头寻找声源,5 个月大的孩子开始认生,表明孩子已能记住过去的印象,18～24 个月的孩子已能够延迟模仿,模仿能力开始发展起来。

操作能力是学前儿童最早表现出来的能力。孩子出生后在先天抓握反射的基础上,经过无意识抓握的练习,逐步学会有目的的抓握动作,六七个月时,孩子双手协调能力开始发展,手的灵活性也逐步提高。从 1 岁开始,孩子操作物体的能力逐步发展起来,开始进行各种游戏。学前儿童的言语能力在 3 岁前发展迅速,短短两三年里,从咿呀学语到 3 岁时候能说出简单句,能掌握 800～1 000 个词汇,这个发展速度是相当惊人的。而言语的发展,使学前儿童的智力活动更为精确,更具自觉性。

2. 智力发展迅速

学前儿童时期尤其在 3～6 岁时,个体的智力发展是最迅速的。布鲁姆搜集了 20 世纪前半期多种对儿童智力发展的纵向追踪材料和系统测验的数据，然后进行了统计分析，他发现儿童的智力发展有一定的稳定规律。布鲁姆以17岁少儿的智力水平为发展的最高点，假设其智力为100%，那么1岁儿童为20%，4岁儿童为50%，8岁儿童为80%，13岁儿童为92%。尽管布鲁姆提出的只是一个理论的假设，但是学前儿童时期个体智力发展最为迅速这个观点已经被许多心理学家认可。

3. 能力的发展存在差异

由于遗传、生活环境、早期教育和经历等不同，因而学前儿童的能力发展存在一定的差异，具体表现在以下几个方面。

(1)能力类型的差异

从平时的生活中就可以发现，有的学前儿童记忆能力很强，很长的故事、儿歌很快就能记住，而且不容易忘记；有的学前儿童则理解能力较好，对故事、图片的内容很容易理解；有的学前儿童的语言表达能力很强，说话清晰连贯，能够完整地表达自己的意思；有的学前儿童则喜欢思考，独立操作能力强。可见，学前儿童在能力类型上是存在一定差异的。

不仅在一般的能力方面，在特殊能力上也存在明显的个别差异。例如，有的学前儿童绘画能力强，有的学前儿童则擅长于音乐。

学前儿童能力类型的差异提醒我们在学前教育活动中首先要了解每个学前儿童所具备的突出能力，然后给予适当的激励和关怀，使其得到更好的发展。

(2)能力发展水平的差异

以智力发展为例，学前儿童的能力发展水平存在不均衡现象，大体上呈正态分布的态势(图10-1)，分布特点是处在中间位置即中等水平的人居多，处于两头即极高和极低这两个极端水平的人数较少。也就是说绝大多数学前儿童的智力处于中等水平，相差不明显。

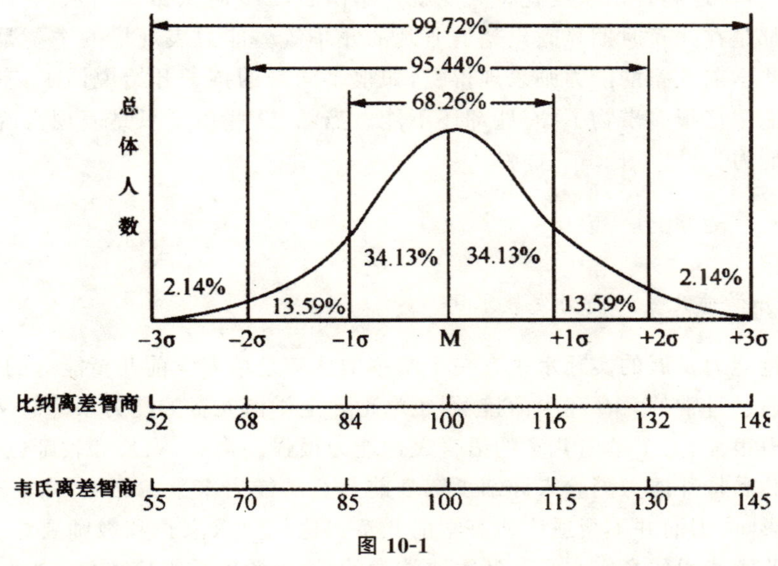


图 10-1

在能力发展水平的差异中，以下两类学前儿童必须给予特别的关照。

①智力超常儿童

智力超常儿童的智力发展水平比同龄正常学前儿童的发展水平明显要高。我国研究者根据对智力超常儿童的跟踪研究，指出智力超常儿童通常具有以下心理特点。

第一，具有浓厚的学习兴趣，好问，求知欲旺盛。

第二，智能发展较早，有较好的记忆力、敏锐的感觉力、较强的分析概括能力和理解能力，两三岁就能分辨汉字音形的细微差异，三四岁已能区别上下左右等方位。

第三，精力集中，能专心致志地干一件事。

第四，主动性强，有独创精神。

第五，进取心强，能够坚持不懈地干一件事。

很显然，智力超常儿童在智力因素和各种“非智力因素”上都有优势，这些优势能够使他们在学习、操作等活动中获得较高的成就。

②智力落后儿童

智力落后儿童的智力发展水平明显地低于同龄正常儿童的发展水平。他们通常具有以下一些特点。

第一，感知迟钝，经验贫乏。

第二，记忆力差，不论形象的或语词的材料都不易记住，且又难于回忆；也不会作逻辑的识记，所记住的东西错误多。

第三，言语出现迟、发展慢，词义含糊，词汇量小，言语表达缺乏连贯性。

第四，思维迟钝，分析综合水平低，不能区分意义相近的概念，不能发现事物的本质特点。

(3)能力表现早晚的差异

人的能力表现存在着早晚的差异，有些人在学前儿童时期就表现出非凡的才能，通常把这类儿童称为“早慧”“神童”，如我国大文学家杜甫 5 岁能作诗，王勃 6 岁善文辞，李白“五岁通六甲，七岁观百家”，奥地利音乐家莫扎特 5 岁就开始作曲，8 岁时试做交响乐，还有数学家高斯、科学家维纳也都是在儿童时期显露出超群非凡的才华等。能力表现早的主要是表现在音乐、绘画领域。有些学前儿童的能力则表现得晚，如很多同龄的孩子开始说话了，有的却不能；很多同龄的孩子能记忆很多事物了，有些却还不能。当然，这些孩子只是表现得晚一点，并不是说不具备某种能力。

### (四)学前儿童能力的培养

#### 1. 正确认知学前儿童的能力发展水平

对学前儿童能力发展的实际水平有一个基本的认知是培养学前儿童能力的首要任务。家长和教师可以通过日常的教育和生活接触，粗略地评定学前儿童的能力水平。例如，某个学前儿童的动手能力很强，某个学前儿童的语言表达能力很强。当然，家长和教师也可以通过一些专门的智力测验和特殊能力测验来详细了解学前儿童的能力水平。当然，由于这种测验总是受多种因素的影响，因而并不会适应所有学前儿童。这就要求家长和教师要综合采用多种方法去了解学前儿童能力的真实水平。还需要注意的是，测验的重点应该放在“最近发展区”，而不能仅仅只放在学前儿童已有的发展水平上，应重点考查学前儿童接受教育的能力。

### 2. 指导学前儿童掌握各种知识技能

能力的提高与知识技能有着密不可分的关系。学前儿童的能力往往也是在其掌握知识技能的过程中发展起来的，离开了知识技能的掌握，能力就成了无源之水，无本之木。因此，家长和教师一定要做好学前儿童的知识技能教育。例如，指导学前儿童掌握丰富的词汇，掌握说话时的要点以及正确的发音技能，以促进学前儿童言语表达能力的提高等。

### 3. 根据学前儿童的个别差异因材施教

学前儿童的能力存在着显著的个别差异，家长和教师要针对学前儿童能力发展的个别差异，做到因材施教。

对于智力超常和有特殊才能的学前儿童，要适当地增加教学内容和知识难度来满足他们的求知欲，要注意让他们德智体全面发展，不要过早定向、专业化；同时要教育他们不要骄傲自满、脱离集体、看不起别人，要让他们学会与人和谐相处。

对于智力落后、学习有困难的学前儿童，应该特别关心，要认真了解和研究他们落后的原因，属于病理范围的，应及早诊断、治疗，属于不良环境影响的，应帮助改善环境。总之，不要歧视他们，要多给予他们关心和帮助，要有信心和耐心，逐步促进他们能力的发展。

对于正常的学前儿童，也不要忽视他们。学前教育者要从每个学前儿童身上寻找闪光点，帮助他们扬长避短，使每个学前儿童都能得到最好的发展。

### 4. 组织学前儿童参与各种实践活动

学前儿童的各种能力是在各种实践活动中形成和发展的。因此，要培养能力，就必须充分调动他们参与活动的积极性和自觉性，让他们在不断的活动中锻炼。这就需要家长和教师努力为学前儿童创造良好的活动环境，设计与组织丰富多彩的实践活动。

### 5. 注意能力与其他个性品质的良好配合

能力作为个性的一个组成部分，与个性的其他部分的发展有密切的关系，能够相互促进。“勤能补拙”这句俗话说的就是良好的个性能促进能力的发展。现实生活中，我们往往也可以看到具有坚毅、果断、大胆、自信、勤奋等这些良好个性品质的人更具有开拓精神，比一般人更能积极地去锻炼和发展自己的能力；而个性退缩，缺乏主见的人，即使有满腹才华也难以施展。同时，能力的提高，又能促进个性的进一步发展和完善。现代社会是一个个性自由开放的年代，需要的是既有才华又有个性的人才。因此，我们在发展儿童能力的同时，要注意能力与其他个性的良好配合和发展。

# 第十一章　学前儿童的社会性发展

从根本上来说，自然人受教育的过程就是其不断社会化的过程。学前儿童的社会性发展不仅影响其心理发展的各个方面，也直接影响其个性的形成。因为学前儿童的个性是在实践活动中形成的，而一切实践活动又都离不开社会交往。学前儿童进行社会交往，建立人际关系，掌握和遵守行为准则以及控制自身行为，适应周围的社会环境，接受别人影响，也影响别人。这就是学前儿童的社会性发展过程。总的来说，在学前阶段，学前儿童的亲子关系、同伴关系得到发展，但这种发展既有亲社会行为，也有攻击性行为。为了促进学前儿童社会性的健康发展，学前教育机构和家长必须重视学前儿童的社会性发展。

## 第一节　学前儿童性别角色的发展

性别角色发展是儿童自我意识和社会化发展的主要表现之一。每个社会对男性和女性都会提出种种不同的要求，小到服饰、言谈举止、兴趣爱好、性格特性，大到家庭分工、社会分工，形成一套男女性别有意无意必须遵守的刻板的性别模式。不同的社会有不同的性别模式，并且随社会的变革、发展而发生某些变化。

### 一、学前儿童性别角色发展的内涵

性别角色是社会按照个体的性别而分配给个体的社会行为模式。学前儿童性别角色的发展是其在后天的社会生活中在与社会环境的相互作用中发展起来的。

(一)性别角色

性别是根据生物学特征对人类群体的基本界定，就是我们通常所称的“男性”或“女性”。所谓性别角色，是指特定社会对男性和女性社会成员所期待的适当行为的总和。相对于以生物学特征划分的性别，性别角色实质上是一种社会性的划分。儿童性别角色是在其性别角色社会化即性别化的过程中获得与发展的。性别化是指在特定文化中儿童获得适合于某一性别(男性和女性)的价值观、动机和行为的过程。它是儿童个性和社会化发展的一个重要方面。

性别角色标准是指社会成员所公认的适合于某一性别的价值、动机、行为方式和性别特征等。它体现了一种社会文化对男性和女性的不同期望，反映了社会区分男性与女性、以不同方式对待男性与女性的一般标准。许多社会文化(虽然不是所有的社会文化)中都存在社会标准和性别角色要求。在同一社会文化之间，公认的性别角色行为标准有着相当大的一致性，即所谓的“性别相适行为”，它是指我们的文化中被认为更具男性或女性特点的行为。人们期望男性在社会和两性关系中具有独立、果断、支配、自信、竞争的特点与强烈的成就动机，女性则具有敏感细腻、富有柔情、友好合作、服从、谦和等品质。在一项大型研究中，赫伯特·巴里、玛格丽特·培根和欧文·蔡尔德分析了110个非工业社会的儿童性别特征形成的过程。他们探讨了五种心理品质在社会化过程中的性别差异。这五种心理品质是：善于照料他人、顺从、责任心、学业、自立。如表11-1所示，社会看重男孩们的学业和自立品质，而期望女孩是善于照料他人的、有责任心和顺从的。生活于现代工业社会中的儿童也同样面临着性别特征形成的压力，只是压力的程度和形式与非工业社会的儿童可能有所不同。例如，西方国家的父母们通常在学业问题上对男孩和女孩有着同样的要求。另外，表11-1的数据也不能说明女孩的自立是不被鼓励的，或者男孩对父母的反抗是可以为父母所接受的。事实上，巴里和他的合作者所研究的这五种心理品质对男孩和女孩都是鼓励的，只是在一些品质上对男孩的要求更高，而在另一些品质上对女孩的要求更高。因此，社会化的首要目标是鼓励儿童形成那些可以使他们成为品行端正的良好公民的特征；第二个目标才是通过向女孩强调关系取向的（或是表达性的）品质的重要性，向男孩强调个人主义的（或是工具性的）品质的重要性，使儿童完成性别特征的发展任务。

**表11-1　110种社会文化中五种心理品质社会化过程的性别差异**

| 心理品质 | 男　孩 | 女　孩 |
|---|---|---|
| 善于照料他人 | 0 | 82% |
| 顺从 | 3% | 35% |
| 责任心 | 11% | 61% |
| 学业 | 87% | 3% |
| 自立 | 85% | 0 |

由于社会文化的准则特别要求女孩承担表达性角色、男孩承担工具性角色，人们可能倾向于认为，在实际生活中，女孩和妇女是富于感情的，而男孩和男子则是具有实干精神的。可能你会认为这样的性别刻板印象已经由于妇女权利的提高以及更多妇女走出家门参与工作的事实而消失，但事实并非如此。虽然一些变化已经发生，但是今天的少年和青年仍然认可许多传统的性别模式。

### （二）性别角色发展

#### 1. 学前儿童性别恒常性的发展

科尔伯格首先提出“性别恒常性”（gender constancy）概念并把它定义为“对性别基于生物特征的不变特征的认识，它不依赖于事物的表面特征，不会随着人的发型、衣着、活动的变化而变化”。主张儿童的性别特征形成服从于一般的认知发展规律。他认为儿童性别恒常性的发展与物理守恒概念的发展是一致的，只有当儿童达到具体运算阶段（六七岁），获得了守恒概念发展之后，他们才获得性别恒常性。儿童性别恒常性经历了三个阶段的发展。

(1)性别标识(gender labeling)(2～3 岁)

儿童的性别认识包括对自己性别和对他人性别的认识。儿童对他人性别的认识是从 2 岁开始的。但这时还不能准确说出自己是男孩还是女孩。大约到 2 岁半到 3 岁，绝大多数儿童能准确说出自己的性别。同时，这个年龄的儿童已经有了一些关于性别角色的初步知识。但是当问及这样的问题："你(一个小姑娘)长大了，会做爸爸吗"或者"如果你想的话你会是男孩子吗"，儿童会轻松地回答"是"。另外，出示一个洋娃娃，并且在儿童的面前改变它的发型和衣服，儿童则认为洋娃娃的性别与以前不同了。

(2)性别固定(gender stability)(3～4 岁)

这个阶段的儿童能够认识到，随着年龄的增长，人们的性别是稳定不变的，男性还是男性，女性还是女性。已经能明确分辨出自己的性别，并对性别角色的知识逐渐增多，如男孩和女孩在穿衣服和游戏、玩具方面的不同等。但这个时期的儿童能接受各种与性别习惯不符的行为偏差，如认为男孩穿裙子也很好。但是即使他们知道男性和女性的儿童最终会变成男孩和女孩以及男人和女人时，他们还会像小时候那样继续坚持认为：改变发型、衣服或者"性别适宜的"行为也会导致一个人转换性别。

认识性器官有助于性别认同的稳定性。皮姆设计了这样一个实验来研究性别同一(根据身体结构和功能来确认自己的性别)的发展。他首先给 3～5 岁的儿童看一张裸体幼男和裸体幼女的照片，了解儿童对性器官的认识情况；而后，给儿童看刚才照片上的幼男和幼女穿了衣服的照片。有的照片上的儿童穿了与性别相符的照片，有的则穿了相反性别的衣服。他发现，在看过前后两种照片的孩子中有 40%的幼儿能正确辨认出穿上男孩衣服的女孩或穿上女孩裙子的男孩照片；在能认识性器官差异的儿童中有 60%能正确回答这个问题，而在无法认识性器官差异的儿童中仅 10%能正确回答。

(3)性别一致性(gender consistency)(5～7 岁)

这个阶段儿童已经认识到性别不会随着外界的条件(如服饰、发型、活动等)的改变而改变，这意味着已完全获得了性别恒常性。他们不仅对男孩和女孩在行为方面的区别认识越来越清楚，同时开始认识到一些与性别有关的心理因素，如男孩要胆大、勇敢等。但对性别角色的认识也表现出刻板性。他们认为违反性别角色习惯是错误的。如一个男孩玩娃娃会遭到同性别儿童的反对等。他们知道即使一个人决定穿"性别倒错的"衣服或者从事非传统的活动，他的性别是保持不变的。

2. 学前儿童性别行为的发展

儿童的行为很早就显示出性别的差异。2 岁左右是儿童性别行为初步产生的时期。在儿童的活动兴趣、选择同伴及社会性发展等方面均有体现。14～22 个月的男孩在各种玩具中更喜欢卡车和小汽车，而这个年龄的女孩则更喜欢洋娃娃或其他比较柔软的玩具。实际上，18～24 个月的儿童通常拒绝玩异性儿童的玩具，即便是在没有其他选择的情况下也是如此。儿童对同性别玩伴的偏好也出现得很早。托儿所里，2 岁的女孩喜欢与其他女孩玩；3 岁的时候，男孩们稳定地选择男孩而不是女孩作为玩伴。这种性别分离(儿童喜欢与同性伙伴交往，而将异性伙伴看作是圈外人的倾向)现象在许多社会文化中都存在，而且会随着儿童年龄的增长逐渐显著。6 岁半时，儿童与同性别同伴相处的时间超过与异性同伴相处的时间 10 倍以上。

进入幼儿期后，学前儿童之间的性别角色差异日益稳定、明显，具体体现在以下三个方面：第一，游戏活动兴趣方面的差异。在学龄前期男女孩的游戏活动中，已经可以看出明显的差异。男孩更喜欢有汽车参与的运动性、竞赛性游戏，女孩则更喜欢“过家家”的角色游戏。第二，选择同伴及同伴相互作用方面的差异。进入 3 岁以后，儿童选择同性别伙伴的倾向日益明显。研究发现，3 岁的男孩就明显地选择男孩而不是选择女孩作为伙伴。在幼儿期，这种特点日趋明显。研究发现，男孩和女孩在同伴之间的相互作用方式也不相同。男孩之间更多打闹，为玩具争斗，大声喊叫，发笑；女孩则很少有身体上的接触，更多通过规则协调。第三，个性和社会性方面的差异。幼儿期已经开始有了个性和社会性方面比较明显的性别差异，并且这种差异也在不断发展。一项跨文化研究发现，在所有文化中，女孩早在 3 岁时就对照看比她们小的婴儿感兴趣。还有研究显示，4 岁女孩在独立能力、自控能力、关心人与物三个方面优于男孩；6 岁男孩的好奇心和情绪稳定性优于女孩，6 岁女孩对人与物的关心优于男孩，6 岁男孩在观察力方面也优于女孩。

## 二、学前儿童性别角色的影响因素

从客观角度来说，男女两性行为上的差异是由两个方面的因素造成的。其一是生物因素，主要受性激素和大脑功能分化的影响；其二是社会因素，包括父母、教师及社会舆论等的影响。在这里，我们主要从生物因素和社会因素两个角度出发，对学前儿童性别角色的影响因素进行相应的分析与研究。

### （一）生物因素对学前儿童性别角色的影响

由于性别本身是一种生物学的特征，因此男女性别差异是全世界的普遍现象。有些研究人员主张影响学前儿童性别行为的生物因素主要是性激素（荷尔蒙）。人们已经发现，由于雄性激素的影响，男孩比女孩更喜欢活动性强的游戏，攻击性也更强。因此，男孩生来就有共同的兴趣，如喜欢室外各种活动游戏：跑、跳、攀登，互相追逐、玩“打仗”等等。而女孩却喜欢较安静的活动，如做手工、跳房子、跳皮筋等。研究发现，在胎儿期雄性激素过多的女孩，在抚养过程中虽然按女孩来养，但仍然具有典型的假小子的特征。她们喜欢消耗较多精力的体育活动，如玩球。这种女孩在幼儿期也不喜欢玩娃娃。由于不同的性别有不同的兴趣爱好，儿童进入幼儿园后，男孩更乐意找男孩玩，而女孩则找女孩玩。有研究材料表明，4 岁儿童与同性别伙伴玩的时间 3 倍于与异性别伙伴玩的时间，随着年龄的增长，选择玩伴的性别偏爱越来越明显。

在承认生物因素对学前儿童性别行为影响的同时，我们都不应过分高估遗传因素的作用。人们普遍认为，任何生物遗传因素对发展的影响必须通过环境才能表达出来，如家庭因素、教师因素、同伴因素、文化因素等等，正是在各种环境因素的影响下，儿童逐渐认识了自己的性别，并做出各种符合自己角色的行为，最后形成了性别特征。

## (二)社会因素对儿童性别角色的影响

### 1. 父母对学前儿童性别角色形成的影响

(1)父母的性别行为期待

在孩子还没出生的时候,有的父母希望生一个男孩,而另一些父母则希望生一个女孩,这反映了成人对不同性别价值观的期望。孩子出生以后,大多数父母对孩子房间的布置、玩具的选择、衣服的式样与颜色的安排都是根据孩子的性别决定的。随着孩子年龄的增长,父母就更加明显地用男孩或女孩的行为模式来约束自己的孩子。如父母对男孩的教育着重于获取成功和控制自身情绪这两方面,认为男孩应该勇敢、像个男子汉,长大后能成为一个拿得起、放得下的男子汉,在事业上也要更有成就。对于女孩子,父母则给予了更多的爱抚和身体接触,认为女孩应该温柔、文静、听话、做事更加认真。父母通过自己的态度和行为期待着孩子朝着符合自己性别的行为方向发展。

(2)父母的性别行为强化

父母对儿童性别行为的强化是儿童性别社会化的重要因素。家长经常对儿童适合性别角色的行为加以鼓励和强化,这有助于儿童对性别角色的认同。例如,与女儿相对照,当儿子玩汽车和卡车、跑以及爬或者试图从别人那里拿到玩具时,他们就更加积极反应。相比之下,与女儿交流时,他们却常常指导游戏活动、提供帮助、鼓励她们参与家务劳动并且讨论情感。在我们中国的传统社会中,当女儿做出女性行为(如安静、不淘气)时,家长就会做出积极的反应;而当女儿做出男性行为(淘气、爱活动)时,家长会做出消极的反应。父母的这种强化在儿童形成性别行为过程中起着重要作用,使他们逐渐形成符合自己性别的行为。

通过父母的性别行为期待,对父母行为的模仿及父母对儿童行为的强化,儿童的性别行为逐渐定型。

研究认为,父亲在儿童性别化过程中具有独特的作用,甚至具有比母亲更为重要的影响作用。父亲对于儿童的性别化发展具有以下的影响作用:①父亲独特的行为方式和态度是儿童性别化发展的基础。那种有力度又具男性风格的游戏方式和爱抚方式不仅对儿童有一种特殊的吸引力,而且使儿童产生对父亲强烈的心理依恋,这种依恋能使儿童摆脱情绪上的失调和纷乱,弥补其社会性发展的不足。②父亲性别行为榜样的作用是促使儿童性别化健康发展的根本保证。关于男孩性别角色的形成,精神分析理论、社会学习理论和认知发展理论都比较一致地强调了父亲在男孩性别化中的特定作用。高度男性化的男孩,其父亲在奖惩上是果断并具有支配性的。至于女孩的女性化发展,不仅与父亲的男性化有关,还与父亲对女儿模仿母亲、参与女性活动的赞扬有关,而与母亲的女性化发展无关。有的研究甚至还指出,女孩成年后的性别行为和婚姻关系也更多的受早期与父亲的关系以及父亲独特的性别行为的影响。③父亲的行为是儿童性别化发展的象征模式和参照,是推动儿童性别化发展的决定性因素。父亲向男孩提供一种男人的基本行为模式供他们去模仿;对于女孩来说,父亲身上的男性品质使她在今后的生活中有了一个参照,她们更加依赖父亲,从父爱中去获得安全感和特有的保护性心理。相反,没有父亲或缺少父爱对儿童性别化发展会产生不利影响。儿童越小失去父亲或得不到父爱,对儿童的消极影响就越严重。西方心理学家发现,5 岁前就与父亲分离或失去父亲的儿童，由于缺乏适当的性别行为榜样，其行为缺乏男子汉气概。这类男孩在幼儿期的进攻性要比正常家庭中的男孩少些，依赖性多些；游戏中也表现出较多的女孩子气动作模式，吵架时更多的是用言语攻击而较少用身体攻击。没有父亲或缺少父爱对女孩的影响不太明显，其影响主要反映在青春期的女孩如何与异性交往的问题上。

总之，父母对幼儿性别化发展都有较大的影响，但父亲在这方面的作用要比母亲更大。

### 2. 幼儿园对儿童性别化的影响

儿童从家庭进入以游戏活动为主的幼儿园后，其社会生活发生了质的变化。幼儿园是儿童接触并适应社会生活的第一个重要场所，其中教师和同伴则是影响儿童性别化的两个最重要因素。

(1)教师对儿童性别化的影响

儿童离开家庭进入幼儿园后，男孩和女孩受到了教师的不同对待。学龄前的教师强化两种性别的儿童“女性化的”而不是“男性化的”行为。在教室中，听话常常会得到重视，果断则受到阻碍——男性和女性的教师是一样的(Fagot，1985；Oettinfen&Canaday，1978)。男孩的与性别不符的行为会受到教师和同伴的批评，而女孩的跨性别行为则较少受批评。由于幼儿园教师几乎都是女性，作为母亲替身的女教师更懂得体贴学生，不像男教师那样容易引起恐慌，她们更能帮助儿童顺利地适应幼儿园的学习生活。但由于女教师倾向于奖励整洁和顺从，抑制攻击性，这很适合女孩在家中的经历，而不同于男孩的经历，从而造成男孩对幼儿园生活、学习的不适应和逃避倾向。教师在组织教学和游戏活动时也考虑到男孩、女孩的性别差异。如在与学习任务有关的活动中，幼儿园教师对男孩的指导和反应要比对女孩多。当女孩回答错问题的时候，教师常常会让另一个学生来回答同一个问题；而当男孩回答错的时候，教师常常启发他找到正确的答案并给予鼓励。在学习过程中，教师总是认为女孩应保持安静，她们是被动的学习者；而男孩应具有主动积极的学习精神。

(2)幼儿园同伴的影响

在幼儿园的游戏活动中，同伴常常能加强社会的性别角色标准。相关研究表明，到3岁时，性别相同的同伴会通过表扬、赞同、模仿或者加入到同伴的活动中来积极地强化相互的“性别适宜”的活动。在游戏中，如果男孩的行为模式违背了性别角色标准，就会受到同伴的强烈指责；而女孩的与性别角色标准不一致的行为则往往被忽视而没有受到指责。研究也发现，同伴惩罚是阻止儿童跨性别活动的有效途径。另外，性别角色相符行为受到同伴奖赏的儿童更能长期地坚持这一行为。这说明早在幼儿园，同伴就指导着适当的性别化游戏，儿童就在奖励与指责的两种指导中进行着性别角色的获得与发展。

### 3. 社会文化对儿童性别化发展的影响

在不同文化之间，人们对于男性和女性的期望有着巨大的差异。美国人类学家玛格丽特·米德对巴布亚新几内亚的三个部落社会的经典研究中发现，在阿拉佩什部落中，男性和女性都被教导形成合作、不侵犯他人、能敏感觉察他人需要的特点。西方文化会将这样一些行为特征看作是表达性的，或是女性化的。与此相对，蒙杜鲁古部落中的男性和女性都被期望是坚定的、好斗的、对人际关系漠不关心的——这是西方社会典型的男性化行为模式。最后楚加蒙布拉部落中的性别角色模式与西方社会中的恰好相反：男性是被动的、情感依赖的和敏感的，而女性则是支配的、独立的和坚定的。可见，这三个部落成员的性别发展遵循他们各自的文化所认同的性别角色模式——其中没有一种性别角色模式与西方社会中的女性/表达性—男性/工具性模式一致。显而易见，社会因素对性别特征有着重要影响。

## 三、性别角色发展理论

儿童性别角色的发展是儿童社会化进程中的重要组成部分，因而历来是发展心理学家关注的一个问题。发展心理学家对儿童性别角色发展提出过种种理论，如生物学理论、生物社会理论、社会学习理论、认知发展理论、性别图式理论、群体社会化理论等。

### (一)生物学理论

生物学理论的基本观点是两性的遗传、解剖及激素的不同导致了人们性别角色的差异，也就是说几乎所有的性别差异在相当大的程度上都可归因于两性的生理差异。最早持这种生物决定论的代表人物是弗洛伊德。在他看来，男女不同的状态、行为模式都是由其不同的生理解剖特点决定的，即男女是天生的。他的基本理论的轴心是无意识和本能过程，或者说是由于男女两性所具有的不同的生理解剖结构而决定的心理成熟过程。他相信个体的性别认同和对某种性别角色的偏好是从性器官开始的。在性器官期，个体开始模仿并认同他们同性别的父母。男孩在这一阶段的重要发展是“恋母情结”的形成，此时，男孩发现了两性差别和乱伦禁忌。为了满足社会性别角色的要求，男孩在对父亲的认同过程中，将父亲所代表的社会戒律变成自己个性的一部分，并逐渐获得性别自认，继承父亲的角色规范。女孩在这个阶段形成“恋父情结”，以母亲的角色自居，弗洛伊德认为女孩的恋父情结不如男孩的恋母情结那样解脱得彻底，故女性的超我发展是不成熟的。他认为女性人格有“被动性、受虐性和自恋性三种特征，只是男性人格的一种不成熟的变种”。

生物学理论近期的实验研究包括对双胞胎荷尔蒙以及人格特质遗传性——化学物质与人格特质的相关研究等，研究发现，控制欲和攻击性方面的性别差异是由性激素的差异造成的。近年来，研究者还发现，晚熟的男女儿童都比早熟者在空间测验中成绩更好。原因是：大脑两半球在进入青春期之前会发生功能分化。大脑右半球侧重空间功能的过程会持续到青春期。所以早熟者大脑的空间能力不如晚熟者。该理论还假设染色体的差异使得女性表现出与男性不一致的人格特征，如女性更压抑、更焦虑。

从客观角度来说，生物决定论观点过分强调了生物学因素对人类行为的决定作用，而忽视了社会因素对行为的塑造作用，甚至荒谬地将性别歧视合理化。

### (二)生物社会理论

生物社会理论的基本观点是生物基础会引导并制约男孩和女孩的发展，但它也认同早期的生理发育会影响到人们对于儿童的反应，而这些社会因素在儿童逐步形成某一特定性别角色的过程中有举足轻重的作用。该理论的代表人物是约翰·莫尼和安克·艾哈德特，他们认为生理和社会因素交互地决定着个体的行为和角色偏好。这种交互性在提出的生物社会理论中有非常明显的表现。他们指出一系列关键性的经历或事件会影响到个体最终形成的男性或女性偏好。第一个关键性事件即在母亲受孕时儿童从父亲那里继承的是X还是Y染色体。新形成的性腺将决定着第二个关键性的结果。第三个关键时期，即受孕后的3～4个月，睾丸分泌酮将导致阴茎和阴囊的生长。婴儿一旦出生，社会因素即开始发挥作用。父母和其他人根据儿童生殖器官的外观判断他的性别，对他做出反应。如果儿童的生殖器官异常，他就会被错误地归入另一个性别群体，这一错误会影响到他未来的发展。该理论强调出生之前的生理发展以及生理因素对儿童社会化过程的影响。男性化女性的行为特点说明胎儿期的雄性激素水平可能会促进游戏风格的性别差异，而且男性较高的睾丸酮水平会促进攻击性的性别差异。但是那些被当作另外一种性别抚养长大的儿童（如有睾丸女性化综合征的儿童）的发展说明，社会标签和性别角色社会化对于个体的性别认同和角色偏好具有非常显著的影响。

（三）社会学习理论

社会学习理论认为儿童通过直接教导（或分化强化）形成最初的对性别典型玩具和活动的偏好。在学前儿童对两种性别的榜样都给予关注并对性别角色刻板印象有越来越清楚的认识的时候，观察学习也促进着儿童性别典型特征的形成。该理论的代表人物是班杜拉。

在班杜拉之前，人们仅用直接学习，即通过直接强化巩固或消除某种行为来解释行为中的性别差异现象。这种观点认为，那些在儿童的早期生活中受到了父母和社会赞许、奖励的行为会保留下来，而那些受到惩罚和阻挠的行为则会减少以至消失。在父母和社会的直接强化下，儿童学会了按社会所约定的性别行为方式举手投足，逐渐形成男女不同的性别角色。我们承认，直接学习的确是儿童性别角色获得的途径之一。但是，儿童在短短几年内获得大量的与性别有关的行为方式，仅仅依赖于亦步亦趋、被动的直接强化学习是远远不够的。这就需要儿童对成人行为的主动模仿与观察学习。班杜拉称这两种方式为间接学习。间接学习在儿童的性别角色行为塑造中起着决定性的作用。班杜拉认为人的注意、记忆、动机变量等因素会影响观察和模仿的结果。观察、模仿同性模式的学习过程可以没有强化的参与，但特定的强化过程使其习得的行为模式得以巩固、定型。此外，社会学习理论还强调行为受情境制约，同一儿童在不同的情境中会有不同的行为表现，这也是学习的结果。

社会学习理论把性别角色当作一套行为反应，男女两性的行为由强化和惩罚形成，性别角色的基础是社会环境而非机体，如果学习条件变化了，行为也会很快发生变化。社会学习理论的性别角色发展观虽然取得了一定的实验支持，但是却存在着无法克服的局限。如果像社会学习理论所强调的那样，观察学习在儿童性别角色获得中有着如此重要的作用，那么，大多数儿童就会在发展早期形成对女性角色的认同，因为无论在家庭中还是在幼儿园中，儿童的照顾者大多为女性，因此他们所观察到的榜样行为绝大多数是女性行为，但事实并非如此。社会学习理论还忽视了人类认知成分在性别角色定型过程中的重要作用。

（四）认知发展理论

该理论主要强调儿童的性别概念而非行为，其代表人物是科尔伯格。科尔伯格的基本观点源于皮亚杰的发生认识论，并将其应用于性别角色的研究。他的主要观点是：(1)性别角色的发展依赖于认知的发展。儿童必须对性别特征有一定程度的了解之后，才能够被社会经验所影响。(2)儿童积极地参与自身的社会化过程,他们并不只是社会影响的被动承受者。他认为,儿童能够对其自身发展水平和个人目标信息做出积极地选择并运用,其性别恒常性对认识与了解性别起着组织和调节作用。性别恒常性是儿童模仿的先决条件而不是模仿的结果。只有在获得性别恒常性后,儿童才喜欢模仿同性榜样。性别恒常性由三种对性别理解的不同成熟度组成,即性别标识、性别固定和性别一致性。性别恒常性的发展不是一种全或无的现象,并不存在严格的年龄界线。

认知发展理论集中于儿童对性别概念的理解和获得,没有很好关注儿童如何获得性别概念以及性别知识如何转化成性别行为的机制。虽然该理论把性别恒常性作为控制性别发展的因素,视其为儿童进行仿效同性行为的先决条件,但缺乏充分的实验支持。因为在获得性别概念以及理解偏好与性别联系之前,儿童就表现出了偏好。显然,性别恒常性不是性别角色发展的前提,存在其他动机和调节机制调控着性别行为。

### (五)性别图式理论

性别图式理论的代表人物是卡洛尔·马丁和查尔斯·霍尔沃森。该理论是在认知发展理论的基础上提出的,强调性别图式作为一种预期结构,为搜索和同化性别知识和信息做好准备。与科尔伯格一样,马丁和霍尔沃森相信,儿童总是非常积极主动地获得与他们的男孩或女孩自我形象相一致的兴趣、价值观念和行为方式。但与科尔伯格不同的是,他们认为这种“自我社会化”的过程在儿童2.5～3岁形成了基本的性别认同之后,就会开始并持续到6～7岁,即儿童获得了对性别恒常性理解的时候。

性别图式理论是那些与社会学习和认知发展有关的性别刻板印象的一种信息处理方式,它也是性别特征形成过程中的各种元素——刻板印象、性别认定和性别角色采纳整合成一幅统一的男性和女性倾向是如何出现以及如何经常得到维持的画面。此理论着重于性别图式发展和机能的发展方面,即儿童如何获得性别知识,如何形成定型和合适的性别脚本。他们认为性别图式的发展始于儿童获得性别的同一性,一旦形成,图式就会扩展,包括对活动的兴趣和社会属性等。马丁和霍尔沃森的性别图式理论阐述了性别图式的加工如何影响有关性别信息的注意、组织和记忆。性别图式表征了关于男性和女性的一般性的知识结构。性别图式越突出,就越能利用性别信息。

性别图式理论是看待性别特征形成过程的一个有趣的新的视角。这一模式不仅描述了性别角色模式是如何形成并随着时间延续的,也指出了这些形成中的性别图式是如何在儿童能够理解性别是一种无法改变的特征之前,就能够促进稳固的性别角色偏好和性别特征行为的发展。但是,该理论存在一定的局限性。一方面它难以解释男女儿童拥有的性别知识增加后其性别偏好未见明显增加的现象。另一方面该理论强调性别图式的作用,没有很好探讨性别定型知识转换成性别行为的机制,也没有涉及性别行为的动机。

### (六)群体社会化理论

这是目前关于儿童性别角色发展较新的理论观点。哈里斯认为对儿童的性别角色发展起重要作用的是同伴群体而不是家庭,以“双性化”方式教养儿童并不能减少儿童具有相应性别特征的行为和态度。

群体社会化理论预测，当另一性别不在场时，性别分化的行为减少。一项研究证明了男孩在场对女孩行为的影响。女孩单独玩球时表现得很有竞争性，但当男孩加入后，女孩的行为发生了很大变化，她们显得比较害羞而且没有竞争性。又据美国的一项调查显示，那些就读理工科专业的女大学生往往都是从女子学校出来的。另外，德国汉堡的奥默中学和诺伊斯的一家中学自从在情报学课程和企业经济管理学课程上尝试让女生单独学习以来，发现男女混合班中对上述课程兴趣索然的女生，在分班学习中表现了前所未有的兴趣。

# 第二节　学前儿童亲子依恋的发展

## 一、亲子依恋的概念

对学前儿童来说，亲子关系是他们最早建立的，也是最亲密的人际关系。亲子关系有狭义与广义之分，狭义的亲子关系是指学前儿童早期与父母的情感关系，即依恋；广义的亲子关系是指父母与子女的相互作用方式，即父母的教养态度与方式。

狭义的亲子关系（儿童早期与父母的情感关系）是学前儿童成人后建立同他人关系的基础，儿童早期亲子关系好，就比较容易跟其他人建立比较好的关系。良好的依恋关系对学前儿童发展的作用主要是通过满足其孩子爱的需要（希望被人疼爱）和安全的需要（觉得有人保护自己）而实现的。这两种需要的满足是学前儿童进行探究学习和跟他人交往的前提。

广义的亲子关系（父母的教养态度和方式）直接影响学前儿童个性品质的形成，是学前儿童人格发展的最重要的影响因素。比如，父母态度专制，孩子容易懦弱、顺从；父母溺爱，孩子容易任性。父母是孩子的第一任老师。孩子一出生，首先接触的就是父母，并与父母朝夕相处，父母对孩子的社会性发展有着非常重要的影响。

## 二、学前儿童依恋的发展

### （一）学前儿童依恋发展的阶段

依恋是狭义上的亲子关系，是学前儿童寻求并企图保持与另一个人亲密的身体和情感联系的一种倾向，主要体现在母子之间。它是儿童与父母相互作用过程中，在情感上逐渐形成的一种联结、纽带或持久的关系。依恋在学前儿童早期情绪与情感发展中具有重要意义，它形成的母婴之间的情感联结，是积极性情绪情感得以成长的最初的前提，它为学前儿童婴儿时期那些最初的探索行为提供了安全基地。3 岁以前的学前儿童，其依恋对象主要是母亲，依恋的方式主要表现为依附、跟随等外显行为。3 岁以后，学前儿童进入幼儿园，其认知范围不断扩大，依恋的对象和方式也开始发生变化，进入新的发展阶段。一般认为，学前儿童依恋行为的发展可以分为：无差别的反应阶段、有选择的反应阶段、特殊的情感联结阶段、目标调整的伙伴关系阶段。

1. 无差别的反应阶段(0～3 个月)

这个时期的学前儿童处于婴儿期，对人反应的最大的特点是不加区分、没有差别，对所有人的反应几乎都一样，都以抓握、微笑等相同的方式对大多数人做出相似的反应。他们喜欢所有的人，喜欢听到人的声音、注视人的脸，只要看到人的面孔或听到人的声音就会微笑、手舞足蹈。可以说，婴儿期的学前儿童表现的微笑等外显行为只是满足其生理需要的手段，而不能说是真正意义上的依恋行为，只能看作是一种依恋的萌芽状态。

2. 有选择的反应阶段(3～6 个月)

这一阶段的学前儿童对人的反应有了差别，他对母亲、他所熟悉的人及陌生人的反应是不同的。学前儿童对母亲更为偏爱，在母亲面前表现出更多的微笑、依偎、接近，而在其他熟悉的人面前，这些反应相对要少一些。

3. 特殊的情感联结阶段(6 个月～2 岁)

这一阶段是学前儿童积极寻找与专门照顾者——母亲接近的阶段。从 6～7 个月起，学前儿童对母亲的存在表现出特别的关注，到了 7～8 个月时，这种关注行为更为强烈。此时，若陌生人靠近，他会哇哇大叫甚至哭闹不安，并转而寻找母亲的所在。当他接近母亲时，一般是先伸手臂，做出欲抱的姿势。2 岁前，学前儿童特别愿意与母亲在一起，当母亲离开时他会哭喊着不让离开，当母亲回来时则显得十分高兴。这说明此时的学前儿童已经能敏锐地辨别熟人和陌生人，真正的依恋行为产生了。这个时期，学前儿童也会对父亲形成依恋，但比对母亲的依恋要淡薄一些。

4. 目标调整的伙伴关系阶段(2～3 岁以后)

2 岁以后，学前儿童开始能认知并理解母亲的情感、需要和愿望，把母亲作为一个交往的伙伴，认识到交往时双方都应考虑对方的需要，并据此适当调整自己的目标。这样学前儿童与母亲在空间上的接近就逐渐变得不那么重要。进入幼儿园，学前儿童逐渐对教师和同伴产生了依恋，他们寻求教师和同伴的注意、赞许，并且年龄越大表现得越明显。

### (二)学前儿童依恋的类型

尽管所有的学前儿童都存在着依恋行为，但由于学前儿童和依恋对象的关系密切程度、交往质量不同，儿童的依恋存在不同的类型。一般将学前儿童的依恋行为分为回避型、安全型、反抗型、混乱型，具体如表 11-2 所示。

**表 11-2　学前儿童依恋的类型**

| 依恋的类型 | 特点 |
| --- | --- |
| 回避型 | 依恋对象在场或不在场对这类学前儿童影响不大。实际上他们并未形成对人的依恋，因此被称为“无依恋的儿童” |

续表

| 依恋的类型 | 特点 |
| --- | --- |
| 安全型 | 这类学前儿童与母亲在一起时，表现安逸，但也并不总是待在母亲身边，对陌生人的反应比较积极。当母亲离开时，苦恼明显。当母亲重又回来时，则立即接触母亲，且能快速平静 |
| 反抗型 | 这类学前儿童遇到母亲要离开之前表现警惕。如果母亲要离开，其表现是极度的反抗，但是与母亲在一起时，也没有明显的安全感。因此，这类学前儿童也不容易被抚慰，他们哭泣时并不能因为得到母亲的拥抱而停止 |
| 混乱型 | 这种类型的学前儿童面对陌生的情境，表现很不一致，行为组织性很差，过于任性；同时表现出寻求亲近与回避的矛盾行为，而且行为缺乏完整性 |

父亲与学前儿童之间也存在依恋关系，但其作用方式上与母亲有着不同的风格。从交往内容上看，父亲更多的是与学前儿童游戏，在游戏中交往。更多的学前儿童是把父亲当作第一游戏伙伴来选择的。从交往方式看，父亲更多地是以身体运动方式与学前儿童交往，如把学前儿童高高举起、抛起、悠荡等。从游戏的性质看，父亲与学前儿童的游戏主要是触觉的、肢体运动方面的游戏，而且运动过程总是与刺激学前儿童、提高学前儿童的兴奋性密切相关。

### （三）学前儿童依恋的影响因素

学前儿童依恋的影响因素包括抚养质量——母亲的敏感性和反应性、学前儿童的特点、文化因素。

#### 1. 抚养质量——母亲的敏感性和反应性

敏感性，指母亲对学前儿童需求信号的敏锐觉察；反应性，指母亲根据学前儿童所发出的需求信息，恰当、及时、一贯地予以满足。根据学前儿童需求的性质，可分为两大类：对学前儿童的饮食、睡眠、躯体健康等基本生理需要的敏感性与反应性；对学前儿童寻求注意、感情、爱抚等心理需要的敏感性与反应性。

沃尔夫等人研究发现，敏感性与反应性的抚养方式与学前儿童的安全型依恋具有相当大程度的相关。相比较而言，非安全型依恋的学前儿童与母亲的身体接触较少，母亲对他们的抚养行为就像例行公事一般。因此，亲子交往不应单纯考虑量的多寡，更应关注质的优劣。如果父母对学前儿童过分关心，学前儿童就很容易出现回避型的依恋。而反抗型依恋的学前儿童，则常常会体验到不一致的抚养行为。这类学前儿童的母亲只给孩子最基本的照料，对学前儿童的各种信号不敏感或不做反应。然而，当学前儿童开始探索时，母亲会打断他们，使他们的注意力重新回到自己身上。有时学前儿童会处于一种极端不利的抚养环境中，即对儿童虐待和忽略。这样的学前儿童，其混乱型的依恋比例很高。

#### 2. 学前儿童的特点

依恋作为学前儿童与父母之间的双向关系，必然受到学前儿童本身特点的影响，包括外在的体貌特征、身体的健康情况和内在的气质特点。

早产儿、难产儿、出生时就有先天疾病的学前儿童需要父母更多的照料。在贫困家庭中，这样的孩子出现非安全型依恋的比例较高。但是当父母对于这些有特殊需要的孩子付出足够的耐心时，或者这些学前儿童的身体状况也不是特别差时，他们同样可以形成安全型的依恋。

托马斯等人对新生儿气质的研究认为，不同气质的儿童容易照料的程度不同。一些研究者认为，困难型气质的儿童在与母亲分离时往往表现出更多的苦恼、反抗等反应，尽管他们的父母对他们的需要和反应也很敏感。

3. 文化因素

事实上，依恋类型存在着很大的文化差异，各种类型在人群中的比例也存在着文化上的差异。如图 11-1 显示，在德国等西欧国家中，回避型依恋的儿童比美国多很多。德国父母鼓励学前儿童独立，鼓励非依附行为，因此这种回避型依恋是文化信仰和抚养实践的结果，并不意味着这是非安全型依恋。而在日本及以色列等国，反抗型依恋的儿童比美国的多很多，同样这种反应也并不代表必然是非安全型依恋。日本母亲很少将孩子交由陌生人照看，因此在陌生情境测验中，日本儿童所体验到的压力远远高于美国儿童所承受的压力。

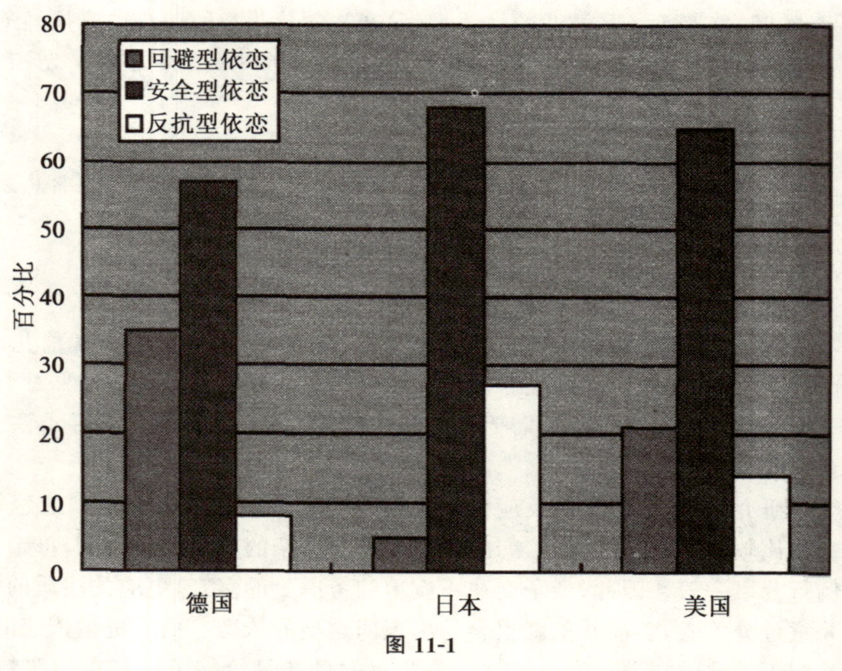


图 11-1

(四)学前儿童依恋的测量

虽然几乎所有的学前儿童都会形成与照料者的依恋，但是依恋的质量具有很大的个体差异。目前，最为著名、应用最为广泛的依恋测量方法是安斯沃斯等人提出的陌生情境测验。该测验有一个基本假设：学前儿童被置于由亲子分离和陌生人出现所导致的压力情境中，此时很容易观察到依恋。该方法由 8 个情节组成，具体如表 11-3 所示。

陌生情境测验包括三个主体（学前儿童、母亲、陌生人）；两种人际关系（学前儿童与母亲、学前儿童与陌生人）；四种主要情境（亲子分离、团聚、陌生人在场、陌生人退场）；其压力是逐次升级的。重点是观察学前儿童在渐次增强压力的情况下，母亲在场与否时的行为表现，尤其是对待分离之后重聚的反应。

表 11-3　陌生情境测验的情节

| 情节 | 事件 | 要观察的依恋行为 |
| --- | --- | --- |
| 1 | 实验者、母亲和儿童进入房间，然后实验者离开 | — |
| 2 | 母亲在旁边看孩子游戏 | 将母亲作为安全基地 |
| 3 | 陌生人进入房间，并坐下来和母亲说话 | 对陌生人的反应 |
| 4 | 母亲离开房间，陌生人进行抚慰 | 分离焦虑 |
| 5 | 母亲返回，并提供必要的抚慰，陌生人离开房间 | 对重聚的反应 |
| 6 | 母亲再次离开 | 分离焦虑 |
| 7 | 陌生人回来，并提供抚慰 | 被陌生人抚慰的可能性 |
| 8 | 母亲再次返回，并提供必要的抚慰，陌生人离开 | 对重聚的反应 |

## 三、父母的教养态度与方式

父母的教养态度和方式是广义上的亲子关系。在家庭系统中，父母无疑是最直接与学前儿童发生互动的层面，他们的一言一行对学前儿童的行为和个性都发生着直接的影响，他们教育学前儿童的观念和方式对学前儿童社会化的进程发挥着最为重要的影响。

### （一）父母教养方式的类型

美国学者鲍姆令德曾对父母的教养行为与学前儿童个性发展的关系进行了长达 10 年的三次研究。在第一次研究中，鲍姆令德将学前儿童按个性成熟水平分为最成熟、中等成熟和最不成熟三组，然后从控制、对学前儿童成熟的要求、与学前儿童的交往、教养这四个方面评定三组学前儿童父母的教养水平。结果发现，第一组学前儿童的父母的教养水平得分最高，第二组次之，第三组得分最低。鲍姆令德将这些父母分别称为权威型、专制型和娇宠型。鲍姆令德最后将研究信息进行整合，提出了教养方式的两个维度：要求和反应性。要求，指的是父母是否对学前儿童的行为建立适当的标准，并坚持要求学前儿童去达到这些标准。反应性，指的是对学前儿童接受和爱的程度及对学前儿童需求的敏感程度。根据这两个维度，可以将父母的教养方式分为四类：专制型、权威型、冷漠型、忽视型（图 11-2）。不过，鲍姆令德的研究主要集中于权威型、专制型和溺爱型，而麦考比等人则深入研究忽视型。

#### 1. 权威型

在多数情况下，权威型的抚养方法最有利于学前儿童的成长。这种类型的父母对学前儿童提出的要求是合理的，并且适当限制学前儿童的行为，为其设立恰当的目标，要求学前儿童服从和达到这些目标。他们关注和爱学前儿童的成长，善于与学前儿童交流，支持其正当要求，尊重其需要，积极支持学前儿童的爱好、兴趣，并鼓励学前儿童参与家庭决策。简言之，权威型的抚养方法理性、严格、民主、耐心和爱。经观察和研究，鲍姆令德发现，在权威型抚养方法下成长的学前儿童，他们在社会能力和认知能力方面都表现突出，自信心强，善于与别的学前儿童交往，自控能力较好，心境乐观、积极。

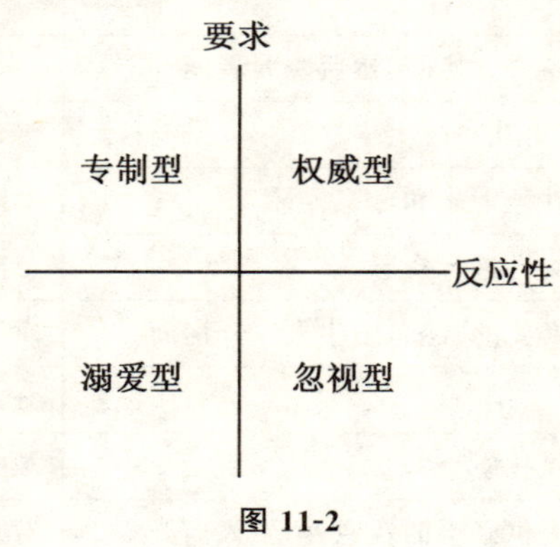


图 11-2

2. 专制型

在这种抚养方式下成长的学前儿童，他们极少能感受到父母的温暖、慈祥、同情。专制型的父母对学前儿童的要求很严厉，并提出很高的行为标准，有时候甚至于不近情理，毫无选择余地。如果学前儿童表达了不同的意见，或者在行为方面稍微出格，通常要受到这种类型父母的严厉惩罚。从本质上看，这种抚养方式只考虑到了成人的需要，而忽视和抑制了学前儿童自己的想法和独立性。这样培养出来的学前儿童虽然变得驯服，但缺乏该有的生气，创造性也因此受到压抑，严重的还会产生神经质，不能与同伴正常交往，表现出忧虑、退缩、怀疑，极端的情况还会变得以自我为中心，胆大妄为。

3. 溺爱型

溺爱型的父母对学前儿童充满了爱与期望，不提出任何要求，也不进行任何的控制，从而阻碍了学前儿童的社会化发展。在这种抚养方式下成长起来的学前儿童，他们往往表现得很不成熟，自我控制能力特别差，通常以哭闹等方式获取需求。

4. 忽视型

忽视型的父母不关心学前儿童的成长，他们对学前儿童不提出任何要求和行为标准，也不关心。他们提供给学前儿童的只有基本的生存需要，他们不会为了学前儿童的健康成长而加倍努力。这种极端的忽略也可以视为对学前儿童的一种虐待，相当于剥夺了学前儿童的情感生活和物质生活。由于这种父母很少与学前儿童互动，因此在这种环境中成长的学前儿童非常有可能出现适应障碍。

上述四种教养方式中，权威型无疑是最为理想的教养方式，但是即使是权威型抚养方式，也需要随着学前儿童的成长，在具体的教养策略和方式上进行调整，这样才能满足学前儿童成长的需要。

需要指出的是，鲍姆令德的研究是在西方的文化背景中进行的，研究的对象也都是西方社会中的儿童。我国及其他一些国家的研究者在将鲍姆令德的研究发现应用于本国的时候发现，在不同的文化背景中，这四种教养方式对学前儿童成长的意义并不完全相同。总的来说，在各种文化背景中，权威型的养育方式都是最有利于学前儿童发展良好个性品质的教养方式。

### (二)父母意识

关于父母的教养方式，学者桑标根据自己的研究和思考提出了父母意识的概念。父母意识是指父亲、母亲对于妊娠、分娩、育儿及亲子关系的态度，对为人父母的自信心与责任感，以及成为父母后对自身及配偶的评价及情感体验等。桑标指出，教养方式归根结底还是外在的行为表现，父母意识才是内在的深层因素。父母意识不仅与父母的个性特点有关，并且体现着父母的价值观念。

通过对中国父母的父母意识进行调查，经分析，母性意识可归结为 13 个因子，其中自我丧失感与亲子一体感是母性意识中最重要的两个因子。这反映出中国母亲在有了孩子后，最普遍的表现是过度关注孩子，将孩子作为自己的全部和人生的希望。父性意识可归结为 9 个因子，其中接纳感与责任感排在首位。这反映了在孩子出生以后，父亲首先面临的是由于孩子的出现所导致的全新生活的接纳问题，并且由接纳自然而然地产生对孩子、对家庭的一种责任感。

## 四、建立良好亲子关系的策略

### (一)形成良好的育儿风格

父母应树立正确的育儿观，根据学前儿童的天性来因材施教，让他们自己成长，不应该对学前儿童有过高的期望。父母的育儿价值观(即生孩子、养孩子的目的)、育儿态度、育儿行为等综合形成了育儿风格，育儿风格形成了特定的家庭情绪气氛，学前儿童就是在这种情绪气氛中成长的。研究者发现，民主型育儿风格是积极的、支持的、交流的、严格要求的和温暖的，它接受学前儿童，控制学前儿童的行为，允许学前儿童的心理自治，鼓励学前儿童独立自主，在进行家庭决策时征求孩子的意见。父母应充分尊重学前儿童的各种权利，给予他们应有的自由，不能采用极端的方式让子女屈从、让步。家长应重视学前儿童的心理需求，尽可能地采用肯定、赞扬和鼓励的方式对学前儿童的言行进行积极评价。

### (二)加强亲子沟通，与学前儿童一起明确行为准则

明确具体的行为准则能使学前儿童知道自己该做什么，不该做什么。家长可以和学前儿童一起商讨，这样制定的行为准则会使学前儿童比较容易接受。而且学前儿童通过参与，也比较容易将这些准则内化为自己的行为准则，提高其积极性。行为准则一经确立，就应坚决贯彻执行。而且行为准则应尽量做到始终如一，处理同样的事件要给出同样的标准，否则就会造成

学前儿童思维、判断的混乱。

（三）重视与学前儿童的情感沟通

父母一定要敞开自己的心怀，随时倾听学前儿童的诉说，关注学前儿童的话题，体会他们的感受，了解他们的想法。漫不经心、置之不理等做法往往会严重挫伤学前儿童的自尊心，形成沟通障碍。同时，父母应鼓励学前儿童真诚、坦率地表明自己的观点和看法，切忌不屑一顾、敷衍搪塞。

（四）创造性地运用亲子游戏，为学前儿童建立安全依恋

亲子游戏是父母与学前儿童交往及情感联系的重要方式，父母在自然的情境下，与学前儿童结成平等的玩伴关系，能够"寓教于乐"。学前儿童和父母在游戏中，增加了情感交流，增进了亲子关系。开展好亲子游戏，对于促进亲子之间良好的依恋关系，具有不可低估的重要作用。

（五）重建亲子依恋，改善学前儿童恋物情结

在成长的过程中，许多学前儿童都会或多或少地对某种物品产生一定的依恋。他们非常在意这些物品，经常会对这些物品有成人难以理解的关注和依赖。这种特定的恋物情结，其成因，往往和学前儿童的不安全依恋有关。有些学前儿童可能是在婴儿阶段就离开了母亲到祖父母那里生活，离开熟悉的环境到了一个陌生的环境，原来形成的安全感会消失。所以他们本能地从身边熟悉的物品中选择一个，建立新的安全感。"恋物"本身不会对学前儿童的成长有消极影响，而"恋物"的源头——安全感的缺失才是父母必须关注的。安全感的缺失必定需要安全感的补偿。可以让学前儿童回到父母身边，重新建立亲子之间的依恋关系。另外，学前儿童进入幼儿园也是摆脱恋物情结的重要方法。

（六）多用鼓励奖赏学前儿童，尽量避免惩罚

合理的惩罚是必要的，但惩罚过多，或者惩罚不合理，通常会伤害学前儿童的心灵，挫伤他们的积极性，导致亲子关系紧张。合理的奖励尤其是精神奖励可以调动学前儿童的积极性，塑造其良好行为，克服其不良习惯。父母应与学前儿童进行积极的互动，多用积极的语言和表情鼓励学前儿童。学前儿童一旦出现不良行为，家长也不应随意训斥、责骂甚至体罚，而应该耐心了解事情的起因，告诉学前儿童错在哪儿，应该怎么做才是正确的。父母在与学前儿童交往过程中，要更多地表现出自己的关心、体贴、理解和宽容，使学前儿童体会到亲情和家庭的温暖，获得安全感。

（七）父母相互配合，共同关爱学前儿童

在"男主外，女主内"的传统观念以及目前社会竞争日益激烈的双重影响下，母亲全权抚养学前儿童，父爱缺失。有的父亲还以为应充当"严父"，即板着面孔教训子女，这导致学前儿童疏远父亲。父亲对学前儿童性别角色发展有着非常重要的影响，他与母亲扮演的角色不同。男孩通过对父亲的性别认同和模仿，可以发展出更多的性别角色行为；同理，女孩在与父亲的相处中，在父亲的关爱中，可以获得安全感和特有的保护性心理，并且从父亲身上获得关于异

性品质的参照。可见，父亲特有的角色示范和行为强化模式有利于建立良好的亲子关系。

需要指出的是，亲子关系对学前儿童的影响并没有什么绝对的固定模式。因为亲子双方的影响是相互的，是互动的，因此其作用的结果也算是复杂的。即使学前儿童在同样类型的管教态度影响下，但由于他们本身的素质、特点不同，所处社会环境与学校教育、同伴的影响不同，从而形成的行为和人格特征也不同。因此，在改善亲子关系的时候，要同时考虑父母和孩子双方的特点，努力寻找二者最佳的结合点。

## 第三节　学前儿童同伴关系的发展

### 一、同伴关系的含义

同伴是指个体与之相处的具有相同社会认知能力的人。学前儿童同伴关系是指年龄相同或相近的学前儿童之间的一种共同活动并相互协作的关系，或者主要指同龄人间或心理发展水平相当的个体间在交往过程中建立和发展起来的一种人际关系。[①] 同伴交往能帮助学前儿童形成自己的态度和价值观念。一般而言，学前儿童期同伴交往主要是与同性别的儿童交往，而且，随着年龄的增长，这种选择越来越明显，选择同性儿童接触的数量从幼儿园小班向大班呈增长趋势。女孩更明显地表现出交往的选择性，其偏好更加固定。

### 二、学前同伴关系的发展阶段

以 2 岁为界，学前儿童同伴关系的发展可分为以下两个阶段。

#### (一)2 岁前学前儿童同伴关系的发展

6 个月大的学前儿童便发生同伴交往，他们多以相互触摸和观望，甚至以哭泣来对其他学前儿童的哭泣做出反应。6 个月以后，学前儿童的同伴交往开始建立在交换物品的游戏之上，其社会化程度逐渐加强。有人对 2 岁以内的学前儿童的同伴交往进行了研究，并分成三个阶段，具体如表 11-4 所示。学前儿童早期的社会性交往通常是积极的，但到 1 岁左右则有近半数的同伴交往是攻击性、冲突性行为，如打架、揪头发、推人等行为。

**表 11-4　2 岁前学前儿童同伴交往的发展阶段及特点**

| 发展阶段 | 特点 |
|---|---|
| 第一阶段：物体中心阶段 | 学前儿童之间虽有相互作用，但其注意力多指向玩具或物体，而不是指向人 |
| 第二阶段：简单的相互作用阶段 | 对同伴的行为能做出反应，开始有支配欲望 |

① 吴荔红：《学前儿童发展心理学》，福州：福建人民出版社，2010 年，第 190 页。

续表

| 发展阶段 | 特点 |
| --- | --- |
| 第三阶段:互补的相互作用阶段 | 经常模拟他人行为,出现了互动或互补的角色关系,如一个追,另一个跑;一个躲,另一个找;一个给,另一个收。这一阶段的学前儿童在进行积极性的社会交往时,常伴有微笑、出声或其他恰当的积极性表情 |

(二)2 岁后学前儿童同伴关系的发展

2 岁后学前儿童同伴关系更多建立在口头上,而再大一点的学前儿童则出现更为复杂的和互惠的游戏,彼此的语言交流及共同合作逐渐增多。这一阶段的学前儿童同伴关系发展还可以进一步细分为几个阶段,各有特点,具体如表 11-5 所示。

**表 11-5　2 岁后学前儿童同伴交往的发展阶段特点**

| 发展阶段 | 特点 |
| --- | --- |
| 3 岁左右 | 在这一阶段,学前儿童以独自游戏或平行游戏为主,因此他们之间的交往主要是非社会性的,因而彼此之间没有联系,各玩各的 |
| 4 岁左右 | 在这一阶段,学前儿童的联系性游戏逐渐增多,但都是偶然的、没有组织的,且交往不密切 |
| 5 岁以后 | 在这一阶段,学前儿童的合作性游戏开始发展,同伴交往的主动性和协调性逐渐发展 |

## 三、学前儿童同伴关系的类型

按照学前儿童与同伴交往时的表现和心理特征,可以把学前儿童的同伴关系分为:受欢迎型、被拒绝型、被忽视型、矛盾型、一般型。

(一)受欢迎型

处在受欢迎型同伴关系里的学前儿童,他们得到的正提名较多,负提名较少。他们情绪稳定,反应敏捷,无论是活动的强度还是活动的速度都比较适中,在交往中表现得积极主动。他们喜欢与人交往,而且善于交往,交往行为表现友好、积极,攻击行为很少或者不明显。

(二)被拒绝型

处在被拒绝型同伴关系里的学前儿童,他们得到的正提名很少,而得到的负提名却很多。他们情绪不稳定,爱冲动,无论是活动的强度还是速度都比较激烈、快速,特别好动,较外向,注意力不够集中,意志力不强。他们喜欢交往,却不会交往,交往行为表现不友好,如经常抢同伴的玩具,在游戏中随意改变规则,甚至推打同伴,因而常被同伴排斥、拒绝。

(三)被忽视型

处在被忽视型同伴关系里的学前儿童只得到很少的正提名和负提名。他们不大喜欢交往，平时表现安静，常常独处或独自活动，在交往中很少表现出主动、友好的行为，也很少表现出不友好、攻击性行为；他们既得不到同伴肯定的认可，也得不到同伴否定的批评，他们在同伴群体中处于被忽视、不受注意的社交地位。这些被同伴和教师忽视的学前儿童缺乏与他人积极情感的交流，对他人反应冷漠，对团体活动也缺乏兴趣，行为也会变得愈加退缩。

#### （四）矛盾型

处在矛盾型同伴关系里的学前儿童得到很多的正提名和负提名，他们被某些同伴喜爱，又被另一些同伴讨厌；他们性格较活跃，在某个团体中有一定的权威地位，但有时候会压制同伴，从而引起一些同伴的反感。

#### （五）一般型

处在一般型同伴关系里的学前儿童，他们得到的正提名与负提名比较均衡，或者比较一致，很少被提名，他们在同伴群体中，位置中等，既不是特别主动、友好，也不是特别被动、惹人讨厌。同伴们大多不太注意他们，因此不会对他们表现出特别的喜爱或者特别的厌恶。这类学前儿童能够参与他人交往，但表现不积极。

### 四、影响学前儿童同伴关系的因素

影响学前儿童同伴关系的因素包括学前儿童自身的特点，如行为特征、认知能力、身体的吸引力、生物情绪因素；也包括外部环境，如父母的影响、早期亲子交往经验、教师的影响、玩具及电视、游戏活动、文化价值观等。

#### （一）学前儿童的行为特征

学前儿童的行为特征对同伴交往有很大影响。研究者发现，影响学前儿童同伴交往的主要性格的特点有：是否友好、帮助、分享精神、合作、谦让、性子急慢、活泼程度、爱说话程度、胆子大小等。受欢迎的学前儿童的亲社会行为较多；被排斥的学前儿童是攻击性的、过度活跃的；被忽视的学前儿童则有较少攻击性、少言寡语、较为退缩。

相关研究表明，受欢迎学前儿童是通过看着或接近其他学前儿童来发动社交的，当其他学前儿童发出社交信号时，他会做出积极的反应。而不受欢迎的学前儿童则在行为上表现很专断，他通过抓住别人或抢别人的玩具来发动交往，当其他学前儿童发出社交信号时，他对这些信号不加以理睬或以不恰当的方式做出反应。

#### （二）认知能力

学前儿童的社会认知能力与其社交地位有着密切的关系。研究表明，随着学前儿童年龄的增长和认知的发展，学前儿童游戏的复杂性和规则性逐步加强，因此对合作性的要求也更高。社会认知能力不同，所处的社交地位也就不同，并且也支配着不同的社会技能。受欢迎的学前儿童非常有自信，因此也更懂得提出参加活动的要求，并主动与其他人交流，体现了良好的社交能力；被排斥的学前儿童则徘徊于群体附近，有时候还以一种破坏性的手段比如硬抢某东西强行加入到群体游戏中去;而被忽视的学前儿童通常扮演的是观望者的角色。

(三)身体的吸引力

在婴儿时期,学前儿童就开始显示出对身体外部特征的偏好。兰洛伊斯研究认为一般学前儿童更喜欢漂亮伙伴,而不太愿意接近不漂亮者,这一特点在女孩子方面表现尤其突出。研究发现,3～5 岁的学前儿童就有了漂亮和不漂亮的概念,并且他们对身体特点的判断基础与成人相同。也就是说,学前儿童会总是将那些看起来身体相貌好的同伴与积极的内在品质联系起来,漂亮者更可能具备积极的品质,如友好、聪明。研究者们认为,这更可能是另一种形式的"皮格马利翁效应",即儿童是按照别人对他的反应而反应的。

(四)生物情绪因素

艾森伯格等人经研究发现,消极情绪较多,即在管理情绪和情绪驱使行为上有困难的学前儿童,更容易产生攻击行为,而消极情绪较少的学前儿童则不太容易产生攻击行为,并且随着学前儿童管理情绪能力的提高而减少了消极情绪对外部行为的影响。另有研究显示,学前儿童以外的力量也会影响其管理情绪的程度。例如,学前儿童在面对喜欢的同伴的挑衅时,很少生气,或者能够控制生气的表达。

(五)父母的影响

父母对学前儿童的同伴关系有着重要影响,他们能够安排和控制学前儿童与同伴的游戏,能够传授和示范各种有效的社会交往技能。父母的影响主要体现在以下几方面。

第一,为学前儿童彼此间的接触提供时空上的便利条件。例如,同伴居住的地方相隔较远,或是生活居住区被高墙包围着,他们的来往很少,这时父母通常会为他们安排一些社会活动,使得学前儿童有机会接触更多的同龄人。

第二,通过提供建议和指导影响学前儿童的社会交往。父母与学前儿童交流时使用的言语是积极而且礼貌的,学前儿童就很少有攻击性行为,而且更容易获取影响同伴行为的能力。同时,父母有意识地指导学前儿童与同伴交往中的问题,从而提高学前儿童的社会交往能力。

第三,父母自身的不同风格会对学前儿童产生社会化的影响。在亲子游戏中,父母和学前儿童的协作,以及积极的情感交流,可以培养学前儿童良好的社会交往技能和同伴关系;而如果父母对学前儿童实行高度的控制,交流时总是产生冲突,教养方式前后不一致,情感交流也是消极的,这通常会使得学前儿童出现较多的攻击行为。

当然,父母对学前儿童游戏的监控方式和监控质量也会影响学前儿童的同伴交往。研究发现,与那些由父母直接监控(严格监控,甚至参与儿童的游戏活动)的学前儿童相比,父母间接监控(偶尔看看,不干涉学前儿童,不作为同伴参与游戏)的学前儿童更受同伴的欢迎。另外,父母的监控质量也很重要。父母可以为学前儿童提供同伴交往的建议和问题解决的策略,从而提高儿童的社会交往能力和被同伴接纳的程度。

此外,父母的教养方式也影响学前儿童的同伴社会交往。如果父母的教养方式是积极的、支持的、乐观的,很重视亲社会策略的指导,那么学前儿童更可能形成能促进积极同伴关系的亲社会倾向。相反,如果父母对学前儿童总是生气、发出命令,对冲突的同伴交往不能寻求建设性的解决方法，就会引发学前儿童的消极反应，导致学前儿童的社会技能不高。

### （六）早期亲子交往经验

早期亲子之间的依恋关系对今后同伴关系有预告和定性的作用。依恋理论的创始人约翰·鲍尔比认为学前儿童与母亲（或者代替母亲的其他监护人）之间建立的依恋关系将成为学前儿童与其他个体建立关系的内部工作模式，并决定学前儿童与其他个体之间的关系的特质。与母亲依恋关系安全性高的学前儿童，与同伴也容易建立具有相同特质的依恋关系。研究者们认为，父母在学前儿童的社会能力和性质积极的同伴关系发展中所起到的作用主要表现为以下几方面。

第一，亲子交往是一种环境，这个环境可以潜移默化地发展学前儿童社会交往所必需的能力。

第二，亲子关系营造了一个相对安全的环境和氛围，使得学前儿童可以自由地探索，从而提高了社会能力。

第三，正是在亲子关系中，学前儿童开始发展跟他人主动交往和建立关系的预期和推断。

### （七）教师的影响

一个学前儿童在教师心目中的地位如何，会间接地影响到同伴对这个学前儿童的评价。如果某个学前儿童经常受到教师的表扬，那么这就在无形中提高了这一学前儿童在集体中的社会地位；如果某个学前儿童经常受到批评，那么就在无形中降低了他在集体中的社会地位。教师对学前儿童行为问题的处理方式、对学前儿童的信任程度都会影响学前儿童在同伴中的社会地位和受欢迎的程度。因此，教师在教育过程中必须注意自己的言行对学前儿童的影响。

### （八）玩具及电视

玩具在学前儿童的生活中扮演着重要角色。玩具的数量是影响学前儿童伙伴关系的主要因素之一。研究者发现，一旦学前儿童的活动空间过小或者没有足够数量的玩具，打架和吵嘴的现象就会更容易发生。学前儿童同伴行为的类型也会因所提供的玩具而异。艺术、建筑类的玩具，积木和拼图游戏，往往和独立游戏以及平行游戏有关；开放性的、非构造类的玩具与合作性游戏有关。

学前儿童喜欢看电视几乎是一个普遍的现象。较长时间看电视，使得学前儿童的活动范围变小了，与周围客体交互作用的机会减少了，这种单向的灌输形式，一定程度上阻碍了学前儿童的思维活动，并且容易形成刻板的、模式化的行为方式。因此家长应该注意指导学前儿童看电视，控制其观看时间。

### （九）游戏活动

游戏是学前儿童最初的社会实践活动，对学前儿童身心的发展起到促进的作用。游戏对学前儿童同伴交往的影响主要表现在以下几个方面。

1. 游戏的材料和场地

学前儿童在游戏中最初的交往活动往往是从使用材料开始的。比如,在游戏中,学前儿童经常要就游戏材料的使用方法进行交流。游戏场地为学前儿童游戏中的交往提供了一定的空间,但场地过分狭窄或太大都不利于游戏中学前儿童的交往活动。因此,在日常生活中,教师和家长要注意为学前儿童创造、提供一定数量的有利于学前儿童开展合作、轮流、分享活动的大型玩具;当游戏材料是大型玩具时,应多鼓励、引导学前儿童进行分享和交流。

2. 游戏角色和情节

游戏中角色的准确定位以及学前儿童对角色的理解是游戏交往活动的前提。在游戏中,角色的执行是通过游戏情节的展开而完成的,因此,在游戏活动中,学前儿童的同伴交往离不开游戏情节的发展。游戏情节丰富多彩,游戏中学前儿童的交往内容和形式就会丰富、多彩。反之,就显得内容枯燥、形式单调。

3. 游戏的语言

语言是学前儿童进行游戏构思的基本手段之一。游戏中同伴交往也要借助语言进行。比如,在游戏前,学前儿童要通过言语商讨游戏的主题,分配游戏的角色;在游戏中,角色的执行、情节的发展、同伴之间的交往,都离不开言语的活动。因此,学前儿童的语言能力直接影响游戏中同伴交往的水平。

(十)文化价值观

文化价值观对学前儿童的同伴间协调交流的质和量都有影响。学前儿童交往以及游戏等行为是以社会文化为背景的。不同文化对于学前儿童游戏重要性的认识也将影响学前儿童合作行为的质和量。有的人仅仅将游戏视为娱乐,而有的人则重视游戏中的认知和教育价值。前者比起后者来就缺乏对游戏的支持和鼓励。在崇尚集体主义的社会和崇尚个人主义的社会中,儿童的社会行为表现方式是不同的。例如,中国的孩子喜欢玩一种复杂的拍手游戏,这种游戏从侧面反映出中国是一个强调集体和睦的国家。

## 五、同伴关系对学前儿童发展的作用

与亲子关系相比,同伴关系具有其特殊性。亲子关系是一种血缘关系、教养关系,父母处于权威、主动状态,而孩子则处于服从、被动状态。与之不同,同伴关系中的学前儿童在生理机能方面处于近乎相同的水平,因而他们之间是平等的、互惠的。同伴关系在学前儿童社会化中的作用是成人无法替代的,对学前儿童的个性、情感、社会适应力等方面的发展都十分重要。归结起来,同伴关系对学前儿童发展的作用主要体现在以下几方面。

(一)克服学前儿童“自我中心”的心理特征

“自我中心”是个体在婴幼儿时期所表现出的一种自然的心理特征,这种心理特征随着学前儿童的心理发展而逐渐减弱甚至消失。随着与同伴一起游戏、活动的日益频繁，学前儿童逐渐体验到同伴交往中的平等，并开始借助于同伴的行为来评价自己的行为，从而慢慢地克服“自我中心”。随着交往经验的积累，学前儿童还能逐渐了解群体交往中的各种规则，逐渐学会遵守规则，懂得合作、谦让、助人、宽容等。

### （二）创建平等关系，增进学前儿童的社会交往能力

学前儿童的社会交往能力固然离不开成人的教育培养和影响，但主要还是依靠他们在日常生活中积累的实践经验。学前儿童通过与同伴的交往，逐渐掌握一些交往技能和被社会所认可的行为模式。家长和教师可以培养学前儿童各方面的能力，传授科学文化知识，但是这些多少带有一些权威、领导的性质，不是平等的。与之不同，在与同伴交往中，学前儿童之间在语言、动作、思维等方面都处于近乎相同的水平，他们之间的交往是平等的、横向的，因此也就更容易沟通、交流。

### （三）为学前儿童提供生活知识经验，通过模拟为将来的社会角色做好准备

在与同伴的实际交往中，如各种活动、游戏，学前儿童都可以获得大量的知识，包括游戏规则、生活常识乃至有关性别的知识，而且这些知识与经验往往很容易被学前儿童理解、接受。通过与同伴的交往，学前儿童还会懂得合作，懂得处理同伴间的矛盾，从而会实践其社会角色和性别角色，并培养了社会责任感。在与同伴的游戏中，学前儿童积极地模拟成人世界中的各种角色。

### （四）促进学前儿童情感健康发展，培养良好的社会品德

学前儿童通过与同伴的交往，满足了自己交往和归属的需要，并从中体验到快乐，这有助于其形成乐观、开朗的性格。通过社会性交往，学前儿童初步认识了是非、善恶的行为准则和社会道德规范。学前儿童的亲社会行为，如分享、助人、合作、安慰等，会被同伴接受，而攻击和破坏行为则受到排斥。同伴的接受或排斥又强化了学前儿童的道德行为，知道哪些行为是符合社会规范的，哪些不是，最后内化为自己的道德品质。然而，学前儿童的这些道德判断还具有很大的情绪性、具体性和受暗示性，因此很容易受环境因素的影响。

### （五）促进学前儿童自我概念和人格的发展

根据美国心理学家威廉·詹姆斯的研究，人类一般都具有被自己所关注、被同类所赞赏的本能倾向。当一个人没有受到太多同类的关注时，可能会怀疑自己的价值。人类是通过他人的眼睛看自己的，学前儿童也不例外，通过同伴的眼睛进行自我认知。同伴的行为和活动可以为学前儿童提供自我评价的参照，使学前儿童能够通过对照更好地认识自己，正确判断自己的能力。良好的同伴关系可以促进学前儿童人格的健康发展，甚至在学前儿童处于不利的发展状况下，还可以抵消不良环境对其发展的影响。

## 六、学前儿童同伴关系的评价

学前儿童同伴关系的评价方法有同伴提名法、教师评估法。

(一)同伴提名法

同伴提名法可以用来鉴别学前儿童在群体中的受欢迎程度。在运用这种方法时,让学前儿童根据一些具体标准对群体中的同伴进行提名,一般在每个标准上提3～5个名,比如,"说出你喜欢的三个小朋友"(正提名)或"说出你不愿意跟他/她玩的三个小朋友"(负提名)。首先将每一名学前儿童的正负提名分数转换成标准分数,然后按表11-6所列的国际通用标准将每一名学前儿童归入其中一类。

**表11-6　同伴提名法归类标准**

| 标准 / 同伴关系类型 | 正提名标准分数 | 负提名标准分数 |
|---|---|---|
| 受欢迎型 | ≥1 | ≤0 |
| 被拒绝型 | ≤0 | ≥1 |
| 被忽视型 | ≤−0.5 | ≤−0.5 |
| 一般型 | 上述分类余下的学前儿童 | |

(二)教师评估法

教师评估法主要从学前儿童的乐群性、受欢迎程度、领导能力、攻击行为、敌意行为、冲动行为、焦虑行为、退缩行为等方面来评价其同伴关系特征。由熟悉学前儿童的教师来评定,以此来了解学前儿童同伴关系的行为特征。教师评估法常用的问卷包括:学前行为问卷、康纳评定量表、儿童行为量表、学前游戏行为量表等。其中,康纳评定量表主要是由家长(学前儿童的监护人)来填写,以评估学前儿童的多动症。该量表共有48个项目,分为五个因子(表11-7、表11-8),按0～3四级记分,将项目得分相加除以项目数即Z分;多动指数≥1.3作为划界分,得分大于此分就有多动症的可能。(0:没有此问题;1:偶尔有一点;2:表现轻微;3:常常出现或较严重;0就不得分;1就记1分;2就记2分;3就记3分)

**表11-7　康纳评定量表项目分类**

| 因子 | 行为 | 项目 |
|---|---|---|
| Ⅰ | 品行行为 | 2、8、14、19、20、21、22、23、27、33、34、39 |
| Ⅱ | 学习问题 | 10、25、31、37 |
| Ⅲ | 心神障碍 | 32、41、43、44、48 |
| Ⅳ | 冲动—多动 | 4、5、11、13 |
| Ⅴ | 焦虑 | 12、16、24、47 |

**表 11-8　康纳评定量表项目**

| 序号 | 项目 |
|---|---|
| 1 | 某种小动作(咬指甲、吸手指,拉头发、拉衣服上的布毛) |
| 2 | 对大人粗鲁无礼 |
| 3 | 在交朋友或保持友谊上存在问题 |
| 4 | 易兴奋、易冲动 |
| 5 | 爱指手画脚 |
| 6 | 吸吮或咬嚼(拇指、衣服、毯子) |
| 7 | 容易或经常哭叫 |
| 8 | 脾气很大 |
| 9 | 白日梦 |
| 10 | 学习困难 |
| 11 | 扭动不安 |
| 12 | 惧怕(新环境、陌生人、陌生地方、上学) |
| 13 | 坐立不安、经常“忙碌” |
| 14 | 破坏性 |
| 15 | 撒谎或捏造情节 |
| 16 | 怕羞 |
| 17 | 造成的麻烦比同龄孩子多 |
| 18 | 说话与同龄儿童不同(像婴儿、口吃、别人不易听懂) |
| 19 | 抵赖错误或归罪他人 |
| 20 | 好争吵 |
| 21 | 撅嘴和生气 |
| 22 | 偷窃 |
| 23 | 不服从或勉强服从 |
| 24 | 忧虑比别人多(忧虑孤独、疾病、死亡) |
| 25 | 做事有始无终 |
| 26 | 感情易受损害 |
| 27 | 欺凌别人 |
| 28 | 不能停止重复性活动 |
| 29 | 残忍 |
| 30 | 稚气或不成熟(自己会的事要人帮忙、依缠别人、常需别人鼓励、支持) |

续表

| 序号 | 项目 |
|---|---|
| 31 | 容易分心或注意力不集中 |
| 32 | 头痛 |
| 33 | 情绪变化迅速剧烈 |
| 34 | 不喜欢或不遵从纪律或约束 |
| 35 | 经常打架 |
| 36 | 与兄弟姊妹不能很好相处 |
| 37 | 在努力中容易泄气 |
| 38 | 妨害其他儿童 |
| 39 | 基本上是一个不愉快的小孩 |
| 40 | 有饮食问题(食欲不佳、进食中常跑开) |
| 41 | 胃痛 |
| 42 | 有睡眠问题(不能入睡、早醒或夜间起床) |
| 43 | 其他疼痛 |
| 44 | 呕吐或恶心 |
| 45 | 感到在家庭圈子中被欺骗 |
| 46 | 自夸或吹牛 |
| 47 | 让自己受别人欺骗 |
| 48 | 有大便问题(腹泻、排便不规则、便秘) |
| 得分: | |

## 七、友谊

友谊是极为稳定、持久的、友好的同伴关系,因此这里特别对其进行单独的阐述。学前儿童友谊的形成是一个渐进的过程。幼儿期的学前儿童对他们的游戏伙伴已经显示出偏好,而且这种偏好可能持续1年以上。3～6岁的学前儿童一般能做到牺牲自己的游戏时间来帮助朋友完成一些有益但枯燥的事情。学前儿童友谊的发展不但包括行为层面的发展,而且还包括认知层面的发展。

### (一)友谊的功能

同伴接纳和友谊关系是同伴关系中两个重要的层面。同伴接纳是一种群体指向的单向结构,反映的是群体对个体的态度,同伴接纳水平反映了个体在同伴群体中的社交地位。友谊关系是以个体为指向的双向结构,反映的是个体与个体之间的情感联系。友谊作为一种特殊的同伴关系，不仅可以帮助学前儿童提高社会技能，而且可以给学前儿童提供社会支持，对学前儿童的社会化发展具有重要意义。根据学者们的研究分析，友谊具有如下功能。

1. 提供安全感和社会支持

友谊是一种充满深情的人际关系。研究者发现，如果拥有至少一个支持性朋友，这在很大程度上可以帮助学前儿童减轻因被同伴拒绝而感受到的孤独感和伤害。与一个或更多朋友建立亲密关系，能够给学前儿童提供一种安全感。

2. 为学前儿童提供更多的玩耍、交往和娱乐的机会

学前儿童与朋友的交往和玩耍多，共同获得的乐趣也多，这有利于学前儿童的心理健康。

3. 有助于学前儿童社会交往能力的提高

学前儿童与朋友之间的交流和心理沟通比较多，这为学前儿童提供了了解自己和他人的内在世界的机会，有利于促进学前儿童克服自我中心，提高观点采择能力。

学前儿童在交往中难免出现矛盾和冲突，他们会由于同等的社会地位而达成妥协，在冲突过后继续一起玩。童年期儿童在协商解决争执时，也逐渐学会尊重对方的观点、愿望和需要。与朋友友善解决冲突的经验对学前儿童发展成熟的社会事务处理能力非常有益。

4. 友谊可提高学前儿童的自尊

朋友的陪伴通常比一般同伴更富有积极的情感色彩和社会性反应。朋友之间相互了解，比一般同伴更能肯定对方的人格核心特质，因而，友谊有助于学前儿童自尊的提高。

### （二）友谊的质量与适应

友谊的质量存在个体差异。社交技能较差的学前儿童、与父母没有形成安全依恋的学前儿童、父母高度控制或放任自流的学前儿童以及被拒绝儿童的友谊关系往往是非支持的、缺乏信任的。如果没有朋友，学前儿童可能存在以下问题：情感困扰，观点采择能力落后，较少利他性，社会技能（如加入群体、合作、处理冲突等技能）缺陷，较低的社会能力，学校适应较差等。

## 八、培养良好同伴关系的策略

同伴关系对学前儿童的成长具有关键性的作用，因此应注意对其培养良好的同伴关系，相关策略主要有以下几点。

### （一）营造宽松环境，培养学前儿童的交往技能

在同伴交往中，学前儿童不得不靠自己的社交技能或优点来赢得同伴的认同，获得属于自己的地位。他们必须学会如何有效地加入到同伴正在进行的活动，学会如何与同伴进行有效的沟通，学会如何处理各种突发状况，如受到欺负、排挤的情况。如果教师和家长能够给学前儿童营造一种温暖的、支持性的环境和气氛，则可以在很大程度上帮助他们更好地发展同伴关系。

(二)在各领域教育、教学中培养学前儿童的交往能力

在健康、语言、社会、科学和艺术等领域课程开展的活动中,交往合作的内容丰富,方式多样,合作的频率很高。学前儿童在交往合作时的心情是自由的、快乐的、平等的、率直的。教师可以在这些活动中有意识地发展学前儿童的交往能力。

(三)引导学前儿童积极与同伴交流,体验交流的快乐

针对交往的方向以及交往中的一些重要时刻,教师和家长应该给予学前儿童及时、正确的指导。

第一,应该对学前儿童的同伴关系状况有充分的了解。学前儿童人缘如何,同伴之间如何交往,交往中出现了什么问题,学前儿童自己能否解决,又是如何解决的等。及时了解这些问题,并采取有效的教育措施,帮助学前儿童正确处理同伴关系。

第二,成人对学前儿童的态度和评价会直接影响这名儿童在同伴中的地位。经常受成人批评的学前儿童将成为同伴否定、批评的对象。所以,成人应该注意对学前儿童进行批评的方式和场合。

## 第四节　学前儿童亲社会行为的发展

### 一、亲社会行为的概念

亲社会行为是指一切有益于他人和社会的行为。社会交往中所表现出来的谦让、安慰、合作、分享、帮助、营救、捐献等行为都属于亲社会行为。

亲社会行为可能由利他主义引起。利他主义通过分享、合作、帮助等亲社会行为表达对他人的无私关注。利他行为者之所以帮助他人只是为了促进他人的幸福,使他人得益,并可能伴随良好的情感,诸如减少移情悲伤,唤起积极的移情情感。而亲社会行为比利他行为更宽泛。它不一定都由利他主义引起,也可以是为了某种目的、有所企图的助人行为。任何对他人或群体乃至社会有好处的行为都属于亲社会行为,这种行为可能是直接的,也可能是间接的。

### 二、学前儿童亲社会行为的发展阶段

学前儿童的亲社会行为在生命早期即已出现。随着年龄的不断增长,在社会强化的影响下,学前儿童的亲社会行为呈逐渐增加的趋势。以下就以 3 岁为界,将学前儿童亲社会行为发展分为两大阶段。

(一)3 岁前学前儿童的亲社会行为

心理学家们对学前儿童早期亲社会行为的研究主要集中于学前儿童对他人情绪的敏感性

及其原始的外显行为，包括儿童对他人情绪及情感激起反应和儿童区分他人不同情感表现的能力。例如，婴儿期的学前儿童听到其他婴儿的哭声会跟着哭，但听到自己哭声的录音却没有此反应，这表明婴儿期的学前儿童已经具备了基本的移情能力。6 个月左右的学前儿童有时会用哭叫对另一个学前儿童的哭叫进行回应。约 12～18 个月的时候，学前儿童已能清晰地对他人的消极情绪做出反应（经常对忧伤情绪做出反应），有时也能以关注和亲社会行为的方式回应别人的痛苦，包括积极的碰触和口头的安抚。到了 38～61 周的时候，学前儿童有时会以朝向或悲泣对其他人的痛苦做出反应，但有时他们又会表现出积极的情感，诸如微笑或大笑。

20 世纪 80 年代的一些研究发现，年龄不足 2 岁的儿童时而有分享和安慰他人的行为出现。如 12 个月的儿童会与别人分享他感兴趣的活动，偶尔还会把玩具给同伴玩。18 个月的学前儿童常常可以将玩具出示和递给不同的成人（母亲、父亲或陌生人），并试图帮助成人做一些家务。

### （二）3～6 岁学前儿童亲社会行为的发展

3 岁以后，学前儿童不仅能通过他人的表情产生移情，也能通过描述产生移情，他们能意识到他人与自己不同，帮助的方式更加有效。随着学前儿童的成长，他们不仅能理解他人眼前的情绪，也能从更广泛的生活经历来看待他人的情绪体验。格鲁塞克考察了 4～7 岁儿童的亲社会行为，他要求母亲在为期 4 周的时间内用摄像机记录下他们的孩子试图帮助另一个孩子的一切行为（规定的任务除外）。结果显示（表 11-9），当母亲看见自己的孩子做出助人行为时，基本都会做出反应。大多数儿童的这些行为都获得了母亲语言“报偿”：或受到赞扬，或被报以微笑，或被拥抱。同样，表中另一半数据表明，如果母亲认为孩子应该助人，而孩子并没有表现出助人行为时，那么母亲就很少接受孩子的这种行为。

**表 11-9 母亲对儿童助人行为的反应**

| 儿童自发做出助人行为（%） | | |
|---|---|---|
| | 4 岁组 | 7 岁组 |
| 承认、感谢、表示赞赏 | 33 | 37 |
| 微笑、热情感谢、拥抱 | 17 | 18 |
| 赞扬行为或赞扬儿童 | 19 | 16 |
| 无外在反应 | 8 | 9 |
| 儿童没有做出助人行为（%） | | |
| 道德告诫 | 26 | 30 |
| 利他要求 | 22 | 30 |
| 责备、皱眉 | 18 | 15 |
| 移情训练 | 6 | 0 |
| 指导或强迫性训练 | 6 | 5 |
| 接受利他的缺失 | 8 | 5 |

我国学者王美芳、庞维国观察研究了学前儿童在幼儿园的亲社会行为，得出以下几点结论。

第一，学前儿童亲社会行为主要指向同伴，极少数指向教师。

第二，学前儿童的亲社会行为指向同性伙伴和异性伙伴的次数存在年龄差异，小班学前儿童指向同性、异性同伴的次数接近，而中班和大班学前儿童的亲社会行为指向同性伙伴的次数不断增多，指向异性伙伴的次数不断减少。

第三，在学前儿童的亲社会行为中，最为常见的是合作行为，其次是分享行为和助人行为，安慰行为和公德行为比较少。

## 三、四种典型的学前儿童亲社会行为的发展

四种典型的亲社会行为分别是助人行为、合作行为、分享行为、安慰行为，其发展特点如下。

### (一)助人行为

助人行为起源于婴幼儿时期。瑞哥德(1982)曾研究了学前儿童早期出现的助人行为，结果发现，半数以上的18个月儿童和所有的30个月的儿童帮助成人做了大部分家务。这些儿童表现得很愉快，而且他们知道自己要完成什么(他们并不只是在玩)。学前儿童通过上述活动可以得到成人的认可，可以与成人打交道并练习自己的活动技能。可见，助人行为是学前儿童期望参加社会互动的结果。助人行为随着年龄的变化表现出不同的发展趋势。根据斯陶布(1971年)的研究，学前儿童的助人行为是随着年龄的增长而变化的，并且有其他学前儿童在场时，学前儿童会由于恐惧减少而增加助人行为。

### (二)合作行为

学前儿童在出生后第二年，合作行为开始发生并迅速发展。交往的同伴开始能够围绕共同的主题开展游戏，在游戏过程中能够有意无意地进行角色转换和角色轮流，绝大多数2岁左右的学前儿童可进行合作游戏。同时，他们也非常愿意与成人合作。随着年龄的增长，交往经验的增多，学前儿童间合作的目的性、稳定性逐渐增强，他们能够为实现共同目标而努力，合作的范围也随之扩大，参与人数增多。

### (三)分享行为

分享行为的特点是交往双方共享物品，共享资源。12个月的学前儿童就已表现出指向动作的分享行为，例如，他们会把物体放在人们的手上或大腿上，然后继续操纵这个物体，这是分享行为的萌芽。研究者认为，儿童通过分享真实物品来保持与他人的积极交往，当他们能够以其他方式与他人交往时，分享行为就不突出了，所以，12～24个月儿童的分享行为随年龄的增长增加很快，24～36个月儿童的分享行为则随年龄的增长而下降。

### (四)安慰行为

研究发现，在学前儿童出生的第二年初，当别人表现出明显的难过时，学前儿童不仅能够

以相似的情绪做出哭泣的反应，而且还会为对方提供如拥抱或轻轻拍打的行为。在第二年中期，学前儿童的这种行为频率增加了，表达方式上也更丰富了。赞·威克斯勒、瑞德克·亚罗及其同事对10～29个月学前儿童真实情境下和模拟情境下对于他人的悲伤情感的反应进行了研究。所得结果如表11-10所示。从该表可见，学前儿童早期对他人悲伤情感所做出的反应形式主要包括注视悲伤者、哭泣、呜咽、大笑和微笑。这些反应随年龄增长而增加，并逐渐被其他一些反应所代替，如寻找看护人、模仿和明显的具有利他性或亲社会性的干预的意图。随着年龄的增长，学前儿童的安慰行为变得越来越复杂，安慰行为的质量和数量都有增加的趋势，而且女孩比男孩的安慰行为更明显。

**表11-10　儿童对他人痛苦所做的反应**

| | | 年龄(周) | | | | | |
|---|---|---|---|---|---|---|---|
| | | 38～61 | 62～85 | 62～85 | 86～109 | 86～109 | 110～134 |
| | | A组(%) | A组(%) | B组(%) | B组(%) | C组(%) | C组(%) |
| 在自然状态下儿童观察到的悲伤 | 没有反应 | 10 | 11 | 7 | 7 | 11 | 10 |
| | 情感定向 | 26 | 33 | 21 | 16 | 8 | 5 |
| | 悲伤哭泣 | 28 | 14 | 16 | 12 | 5 | 10 |
| | 寻求照顾 | 2 | 10 | 26 | 25 | 11 | 18 |
| | 积极爱抚 | 7 | 5 | 9 | 0 | 5 | 4 |
| | 攻击 | 4 | 10 | 12 | 11 | 8 | 13 |
| | 模仿 | 4 | 14 | 16 | 19 | 14 | 12 |
| | 亲社会干预 | 11 | 11 | 16 | 30 | 39 | 32 |
| 在模拟状态下儿童观察到的悲伤 | 没有反应 | 15 | 10 | 11 | 14 | 21 | 23 |
| | 情感定向 | 19 | 33 | 9 | 11 | 6 | 4 |
| | 悲伤哭泣 | 5 | 4 | 9 | 3 | 4 | 2 |
| | 寻求照顾 | 19 | 30 | 48 | 29 | 22 | 26 |
| | 积极爱抚 | 29 | 24 | 19 | 9 | 7 | 6 |
| | 攻击 | 4 | 6 | 6 | 10 | 9 | 2 |
| | 模仿 | 12 | 13 | 22 | 22 | 26 | 12 |
| | 亲社会干预 | 4 | 5 | 19 | 30 | 33 | 33 |

## 四、学前儿童亲社会行为发展理论

亲社会行为的发展理论主要有：精神分析理论、认知发展理论、社会学习理论、社会生物学理论。

(一)精神分析理论

根据精神分析理论的观点,亲社会准则只是在超我发展的童年期间被内化了的许多准则、规范和价值观。在弗洛伊德的精神分析理论中,学前儿童一出生就具有指向自我满足(本我)的天生的、无理性的、攻击性的冲动。他们在大约4～6岁的时候发展了道德感(超我)。超我是认同的结果,据此学前儿童内化了他们的同性父母的价值观并融合这些价值观。亲社会行为发展的必要条件是学前儿童在与父母的抚养关系中接触他们的价值观。一旦亲社会原则被内化并成为自我理想的一部分,学前儿童就努力帮助那些需要帮助的人,以避免因为没有这样做而受到良心的惩罚。亲社会行为经常是超我(个性理性部分)使用的防御机制,用来解决超我非理性的要求。

(二)认知发展理论

以科尔伯格和艾森伯格为代表的道德认知发展观主要关注道德推理和其他社会认知过程而不是道德行为。在20世纪80年代艾森伯格等人对该理论进行了补充和修正。他们的中心观点是:随着学前儿童智力的发展,他们能够获得重要的社会技能,并影响到他们对于亲社会问题的推理和为他人利益着想的动机。

科尔伯格创立了亲社会行为的认知发展理论,认为儿童亲社会行为的发展经历了四个阶段:第一个阶段为1～2岁,第二个阶段为3～6岁,第三个阶段为7～11、12岁,第四个阶段为青少年期。其中,学前儿童在第一个阶段开始出现分享和移情能力,对别人的痛苦有了反应,别人难过时他自己也会难过,或者试图去安慰别人,以儿童区分自己与他人的能力为基础。在第二个阶段相对地以自我为中心,他们关于亲社会问题的思考通常是为自我服务的。在给他人做好事时,会考虑到是否给自己带来好处。

艾森伯格在科尔伯格道德发展理论的基础上,总结概括出青少年亲社会道德判断的五个阶段(五种水平或称五种模式)。只有第一个阶段属于学前儿童阶段,在这个阶段,学前儿童关注自我的水平,只关心给自己带来的后果而不是出于道德上的考虑。

(三)社会学习理论

与认知发展理论相反,社会学习理论不关心学前儿童的内部倾向和推理,而重视学前儿童外显的可观察的社会行为。他们认为学前儿童可以通过观察和语言习得社会行为。模仿被看作道德行为和标准社会化的一个关键过程。社会学习理论重视自我强化在亲社会行为发展中的作用,而不是具体的强化。自我强化包括提升自尊和享有好名声等。他人具体的指导和学前儿童自己的观察学习,都会增加学前儿童亲社会行为的发生频率,其中社会经验起重要作用。

(四)社会生物学理论

20世纪六七十年代出现的社会生物学为亲社会行为提供了新的解释,试图以进化概念解释亲社会行为。生物学家唐纳德认为亲社会行为是本能的。他的观点基于这样的假设:无论动物还是人,如果个体生活在一个合作的社会里,可能得到保护和满足他们的基本需要。如果这个假设是正确的，那么合作的、利他的个体将最有可能生存下来，并把“利他基因”传给他的后代。

社会生物学在物种的水平上解释亲社会行为的生存价值。威尔逊等人提出了亲缘选择的概念，他们主张通过自我牺牲和合作行为，亲社会动物增加与其共有基因的亲族生存和繁衍的可能性。如果个体亲社会行为的对象与其具有血缘关系，则个体的基因直接得到保护，因为他们带有部分共同的基因；如果没有血缘关系，个体所属的物种的基因仍然从亲社会行为中受益。可见，重要的是物种基因库的保存，而不是个体或家族的保存。

当然，社会生物学家也不否定文化和学习对亲社会行为所起的作用。他们认为，文化在很大程度上决定了人类亲社会行为的形式和强度。

## 五、学前儿童亲社会行为发展的影响因素

影响学前儿童亲社会行为的因素有很多，既有内部因素的作用，如认知、个体心境、个性特征等，也有外部因素的作用，如旁观者效应、人际关系、电视媒介、文化等。

### （一）认知因素

个体在做出某种亲社会行为时，首先必须对有关的信息进行认知加工。亲社会行为的发生不仅涉及知觉、推理、问题解决和行为决策等一系列基本的认知过程，而且与个体认知能力尤其是社会认知能力的发展有着直接的关系。这些社会认知能力中最重要的是观点采择能力和移情。

#### 1. 观点采择能力

观点采择是个体对特定情境中他人思想、情感、动机、需要的认知理解。具有观点采择能力的学前儿童，才能充分理解他人的需要，并做出助人行为。然而观点采择能力也并不必然导致学前儿童的助人行为，因为观点采择只是一种信息收集的过程，它只能为学前儿童更好地理解情境和他人的需要及情感提供认知前提。

#### 2. 移情

霍夫曼认为，移情唤起最终能够成为亲社会行为的中介。艾森伯格等人认为，移情是产生同情他人的动机的基础，通过“移情—同情—亲社会行为”这一模式，实现对助人行为的影响。大量的研究表明，移情与各种形式的亲社会行为都呈正相关，移情能力越高，个体做出亲社会行为的可能性越大。

### （二）个体心境

个体的心境与其亲社会行为密切相关。一般情况下，愉快的心境有利于亲社会行为发生，而挫折感、焦虑、烦躁等消极心境则容易诱发攻击行为。这是因为愉快的心情具有扩散作用，个体更可能回忆起积极的思想、情感和经验，从而激发个体的亲社会行为，而且亲社会行为又能延长这种好心情。消极心境与亲社会行为的关系比较复杂，既可能阻碍利他行为的发生，也

可能促进利他行为的发生。

(三)个性特征

学前儿童的个性特征与亲社会行为的关系非常密切,儿童良好的个性特征能够有效促进亲社会行为。性格开朗外向、爱社交、容易对周围事物表现出关心的学前儿童,其助人行为多于害羞的儿童;具有爱心、自制力强、能够根据活动的进展调整和控制自己行为的学前儿童,能更好地与他人合作;慷慨大方的学前儿童比吝啬的儿童更容易获得同伴的接纳和赞许,与同伴的分享行为也较多。相反,焦虑、神经过敏性与亲社会行为较弱有关。

(四)旁观者效应

旁观者效应是指个体在面对紧急事态时,单个人与同他人一起时的反应不一样。由于他人的在场,会抑制或激发个体利他行为。有研究表明,在紧急助人事件中,旁观者会分散个体助人的责任,旁观者人数越多,每个人就越少认定自己具有援助的责任。而另有研究发现,在紧急事件中,若旁观者都表现积极,现场人数越多则导致的积极干预行为越多。可见,人们活动的共同性可以直接增加人们的相互认同感,使之更容易产生情感共鸣,增加亲社会行为。

(五)人际关系

亲社会行为发生于人际交往中,人与人之间的熟悉性,个体之间是否具有适宜、有效的交往技能和策略,对于亲社会行为的产生都具有重要意义。人际交往主要体现在父母、同伴和教师之间。

1. 父母教养方式对儿童亲社会行为的影响

根据社会学习理论,在亲社会行为的社会化过程中,父母的直接教育对学前儿童亲社会行为的强化起了重要作用。根据霍夫曼的研究结果,温和养育型的父母趋向抚养利他儿童,父母与儿童温和养育关系对学前儿童亲社会行为有重要的作用。父母教养方式中的民主、爱心、保护和惩罚等指标与亲社会行为相关。尤其是父母对学前儿童的民主公正态度,有助于学前儿童在与父母的相互探讨中获得观点采择的机会,学会设身处地为他人着想;父母爱心的流露,将促使学前儿童更懂得关心和帮助别人;父母的过度保护则促使学前儿童行为退缩,父母的惩罚取向会让学前儿童感觉到生活的无奈,因此这两个指标与亲社会行为成负相关。

父母如果既做出了亲社会行为的榜样,同时又为学前儿童提供了表现这些亲社会行为的机会,则更有利于激发儿童的亲社会行为。

2. 同伴关系对儿童亲社会行为的影响

同伴关系对学前儿童的亲社会行为具有重要的影响。美国心理学家对此有较为一致的看法,即在学前儿童的安慰、帮助、同情等能力形成过程中,同龄人起着决定性的作用。另外,拥有至少一段互惠性友谊的学前儿童,他们的亲社会行为水平较高。同伴关系质量越高的学前儿童不仅越多地做出利他行为,而且更容易形成亲社会价值观。亲社会的学前儿童往往是受欢迎的,换句话说,儿童在同伴群体中的地位往往是由其行为的性质即是否具有亲社会性所决定的。

3. 教师对儿童亲社会行为的影响

教师是否有意识地进行亲社会性的培养和训练，对学前儿童亲社会行为的发展非常关键。在教学过程中，教师创设的平等、友好、互助的课堂气氛，鼓励学前儿童亲社会的生活和学习理念，让学前儿童体验快乐和成功，这些对学前儿童亲社会行为的培养极为重要。作为学前儿童的榜样，教师的个人行为是否具有亲社会性，将在很大程度上影响儿童对亲社会行为的认知判断和行为习得。

（六）电视媒介

电视对学前儿童亲社会行为产生影响。电视不仅使学前儿童能够有效了解社会，分享经验，增长知识，促使其接受社会所公认的价值观和行为方式，而且是全体成员进行社会化的“第二课堂”。

（七）文化

不同的文化对亲社会行为的认同和鼓励显然是不同的。比如，东方文化中强调群体和谐，因而鼓励亲社会行为。这种倾向使亚洲国家的人们重视在早期就鼓励学前儿童的亲社会行为，从而使学前儿童的游戏和学前儿童之间的社会互动为学前儿童进入成人社会打下了基础。一项有趣的跨文化研究结果显示，表现出更多利他行为的学前儿童往往来自非工业化的社会中。在这种文化中，人们通常生活在大家庭中，学前儿童通过做家务或者照看年幼的弟妹等方式促进家庭的良好运转。

# 第五节　学前儿童攻击性行为的发展

## 一、攻击性行为的概念

攻击性行为又称“侵犯性行为”，不同的理论流派在给攻击性行为下定义上存在着一些分歧。被广泛接受的一种定义认为，攻击性行为是任何对生物体有意的伤害的行为，且被伤害者会力图避免这种行为。这一定义是按照行为者的意图而非行为的后果来界定攻击性行为的，因而那些意外伤害或者是参与者没有伤害意图且乐在其中的混战打闹游戏则不纳入攻击性行为之列。攻击性泛指违背、破坏、触犯、损坏等行为的性质，但攻击性行为未必是反社会性的。学前儿童的许多攻击性行为并非对对方有明确的敌意，而是为了其他目的而对他人造成伤害。

## 二、学前儿童攻击性行为的发展阶段

以 2 岁为界，学前儿童攻击性行为的发展可分为两大阶段。

### (一)2 岁前学前儿童的攻击性行为

从经验上来看,婴儿期的学前儿童就已经有生气和愤怒的表达了,并击打别人,然而并不能确定他们有攻击的意图。不过,这种情境在 1 岁左右就会发生改变。这一时期与正在出现的个体对自己财产、自己活动的控制以及同伴交流这些兴趣相符。根据马琳·卡普兰的研究结果,当一个婴儿期的学前儿童抓住了另一个婴儿也想要的玩具时,这两个婴儿之间的态度会非常强硬。6 个月大的学前儿童看起来并不会受到来自同伴的抢夺他们的物品、侵占他们的空间的烦扰。12 个月大的学前儿童,总是不管其他的玩具,而去制服拿着玩具的学前儿童,以便控制他们手中的玩具。很明显,这些学前儿童的行为可以称为工具性的攻击行为,因为他们有了明确的攻击意图。对 12～18 个月的学前儿童来说,接近一半的同伴互动中包含冲突。

与 1 岁相比,2 岁学前儿童因玩具产生的冲突数量有增无减,但在有些情况下(尤其是玩具资源不足时),他们已经能够较多地采用协商和共享而非攻击的方式解决冲突。

### (二)2 岁后学前儿童的攻击性行为

随着年龄的增长,学前儿童之间的冲突行为呈现下降趋势,到 2 岁半,学前儿童与同伴之间的冲突行为只有最初的 20%。根据佛罗伦萨·古德伊纳夫(1931 年)关于学前儿童攻击性行为发展的研究,结果显示,没有具体对象的发怒在 2～3 岁之间的学前儿童出现得越来越少,他们已经开始在玩伴妨碍或攻击自己的时候,运用躯体行为(打或踢)进行反击,此时学前儿童很少会出现发脾气的现象。但是,身体攻击会在 3～5 岁之间逐渐下降,取而代之的是嘲笑、说坏话、诽谤、起外号以及其他形式的语言攻击。此外,当学龄前儿童提高的延后享乐能力帮助他们避免去抢夺别人的东西时,工具性攻击就不经常发生了。相比之下,敌意性的、带有个人倾向的爆发增加了。总而言之,2 岁后学前儿童已经学会了用友好的方式解决大多数争端,身体攻击和语言攻击的总体发生率有所下降。但是,这一时期敌意性攻击却有轻微上升的趋势。

## 三、学前儿童攻击性行为的种类

依据的标准不同,学前儿童攻击性行为可划分为多个类型。

### (一)根据攻击的目的不同划分

根据攻击的目的不同,可以把学前儿童的攻击性行为分为工具性攻击和敌意性攻击。

工具性攻击是指学前儿童为了获得某个物品所做出的抢夺、推搡等动作。这类攻击本身指向于一个主要的目标或某一物品的获取,而不是针对特定的人。

敌意性攻击则是以人为指向目的,其目的在于打击、伤害他人。

对于学前儿童来说,主要是一些以获取物品为目的的工具性行为,但也免不了一些敌意性攻击的愤怒反应。

上述的这种分类方式是由哈图所提出的。有学者进一步提出,针对敌意性攻击又包括两种形式:一类为公开性攻击,其主要通过身体伤害或威胁来伤害别人;一类为关系性攻击,其主要以损坏另一个人的同伴关系来伤害别人,如社会性排他以及散布谣言等。

(二)根据攻击产生的原因划分

根据攻击产生的原因,心理学家道奇又提出了将攻击行为分为反应性攻击与主动性攻击的观点。

反应性攻击行为主要表现为愤怒或发脾气,失去控制,属于一种应激的、本能的反应。

主动性攻击行为表现为物品的获得,欺侮或控制同伴。

这一分类方式不仅对与儿童攻击行为相联系的情绪唤醒状况进行了综合考虑,同时也强调了攻击行为的诱因。

## 四、攻击性行为发展的理论

解释攻击性行为的理论很多,具有代表性的理论归结起来主要有:本能论、挫折—攻击理论、社会学习理论、社会信息加工理论。

(一)本能论

本能论的代表人物是弗洛伊德和洛伦茨。本能论强调攻击是人的本能,具有先天性。

弗洛伊德早期理论认为人的一切活动来源于性本能,攻击是被压抑的性冲动的发泄,是力比多的释放,是天生的、本能的。他说,人类不是希望被爱的友好的动物,相反,他们具有很强的攻击本能。弗洛伊德在其后期阶段,渐渐把攻击性看作为死亡的本能。弗洛伊德认为社会不可能完全挫败攻击性冲动,而只能将它们的表现朝更加可以接受的方向引导。为了发泄人的本能的冲动,人类采取一切社会许可的方式,如竞技、争论、冒险等。

洛伦茨根据他对动物行为的观察,认为攻击是人和动物的一种本能,其在获得所需要的资源(如配偶或事物)时能够很好地起作用。人和动物攻击的驱动力来自有机体内部,而与外界刺激无关。随着个体攻击的能量在有机体内不断积累,他必须借助于适当的外部刺激周期性地进行释放,如体育、冒险、负重等消耗体力的活动,以代替攻击、侵犯、战争等破坏性的发泄途径。与弗洛伊德不同的是,洛伦茨不认为攻击指向毁灭,认为是具有生物保护意义的生的本能的体现。

现代的一些研究揭示了攻击性的确具有一定的先天倾向。但本能论是很难进行评价的,人身上是否具有攻击本能,很难证实或证伪。本能理论过分强调本能因素在动物和人类攻击中的作用,对学习因素重视不够。另外,本能论无法解释个体之间的差异和文化差异。

(二)挫折—攻击理论

20 世纪 30 年代,多拉德等人曾提出过一种关于攻击性行为的理论,称为“挫折—攻击假说”。这个理论认为攻击行为不是来源于攻击本能,而是由挫折所致。后来,随着大量资料的积累,人们越来越感到最初的挫折—攻击观点过于简单,无法合理解释许多同挫折和攻击有关的现象——许多人受挫后没有发生攻击性行为。为了解释这个现象,梅厄斯等人调整他们的立场,提出了挫折有时导致一种间接表达的攻击,或者将攻击迁移到一个新的目标上,或者采用间接的方式进行攻击,或者升华。换句话说,挫折总是要导致攻击,但不一定用明显的方式。

这个理论模型如图 11-3。

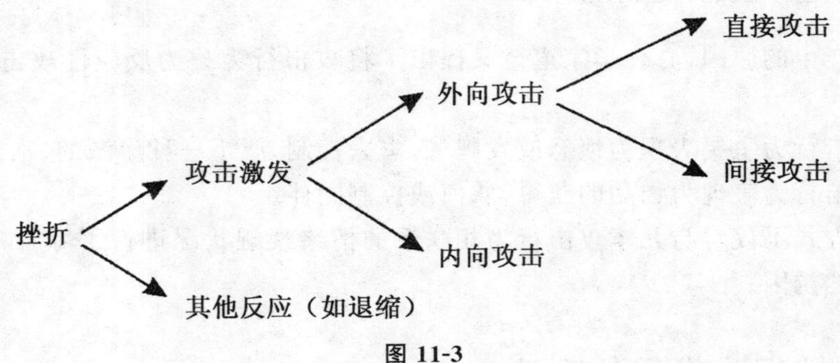


**图 11-3**

19 世纪 60 年代，贝科维茨在原来的"挫折—攻击假说"基础上提出了新的经修正的模型。贝科维茨认为：挫折并不直接导致攻击，它只为攻击性行为的实际发生创造了一种唤醒状态或准备状态。攻击性行为的实际发生还需要一定的外部引发线索。贝科维茨对多拉德"挫折—攻击假说"进行修正，引入了情绪唤醒这一中介变量，这在一定程度上克服了多拉德完全把中介过程排除在外的致命缺陷。

(三)社会学习理论

社会学习理论的主要代表人物为班杜拉。他既不同意攻击行为是由先天本能决定的，也不同意"挫折—攻击假说"，而认为学前儿童的攻击是一种习得的社会行为，是通过社会化和文化适应以及观察学习的结果。社会学习理论预言，当学前儿童第一次展示被称为攻击性的行为时便获得了强化，成人给予一定的赞扬或默许。学前儿童观看暴力电视节目和游戏中攻击无生命的玩具等，都使学前儿童从中学习了如何进行攻击。

班杜拉还认为，榜样对人们的行为能施加强大的影响。他说，人们不仅通过自己的行为直接获得奖赏进行学习，而且通过观看他人获得奖赏而进行间接学习，并指出，学前儿童很容易模仿他人的攻击性行为。

班杜拉提出的社会学习理论有一定的合理性和影响，他强调环境的影响和个体的作用，这对人类尤其是学前儿童控制和矫正攻击性行为提供了理论支持，具有很大的现实意义。但是以班杜拉为代表的模仿论只能部分地解释他们之间的相关，而且许多攻击性行为并非完全由模仿得来。

(四)社会信息加工理论

社会信息加工理论代表人物为道奇，该理论以信息加工模式为基础解释个体的行为，因此提出了攻击行为的社会信息加工模式。该模式认为，学前儿童从面临某一社会线索到做出攻击反应的整个信息加工过程包括五个步骤和环节(图 11-4)。

第一步是对输入信息的译码。在这一环节上，学前儿童必须通过感知精确接受来自环境的线索，与此相连的是学前儿童搜索环境中的有关线索并把注意集中到适宜线索上的能力。

第二步为解释过程。在学前儿童知觉了环境中的线索之后，他首先必须把这些信息与他对过去事件的记忆、他的目标任务相整合，然后为这些线索寻找可能的解释。最后把从环境中获取的信息与他的程式化的规则相匹配。

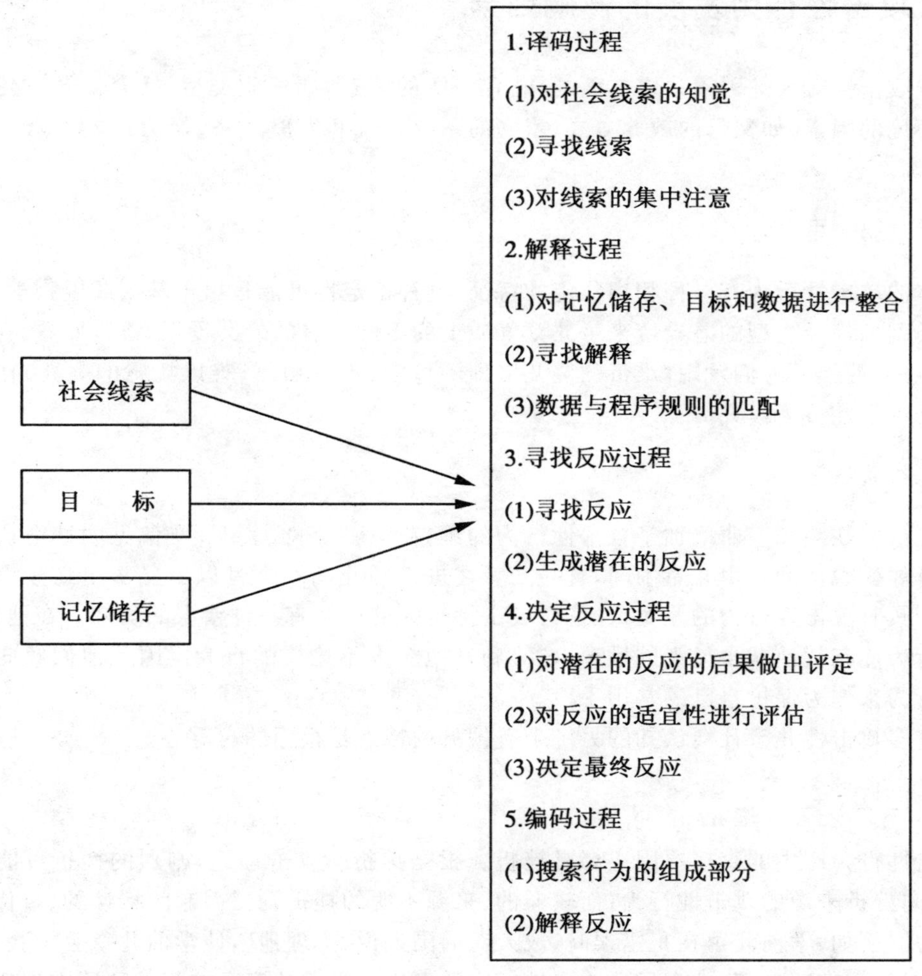


图 11-4

第三、四步是寻找反应、决定反应的过程。在学前儿童对某一情境做出解释之后，他便去寻找可能的行为反应，而行为反应的确定又与学前儿童对规则的运用密切地联系在一起。

第五步是编码过程。在学前儿童对某一情境做出行为反应后，会对自身行为的组成部分进行自认为合理的解释。

根据社会信息加工理论模式，个体在面临一个社会情境时，他在记忆中储存了一些反应模式并有一个程序化的认知加工方向。个体从环境中输入信息依次通过上述五个认知加工阶段而做出反应。如果个体没有按顺序对输入的信息进行加工或在某个加工环节出现偏差，就有可能导致异常行为即攻击性行为的发生。该模型强调了攻击性行为的个体因素包括个体认知风格和个体原有的知识经验，这对于大量的实验研究所得出的攻击性行为与个体的个性、个体的受教育情况和个体早期经验之间的相关有很好的解释作用，而且这种模式也为攻击性行为的矫正提供了方法基础。

## 五、攻击性行为发展的影响因素

影响攻击性行为的因素是多方面的，既有个体的因素，如气质类型、社会认知、挫折等，也有外部环境的因素，如父母的教养方式、家庭的系统环境和家庭经济、暴力性的大众传媒和游戏、文化等。

### (一)气质类型

个体的攻击性行为有一种相当稳定的特征，这种稳定性可能是出于基因或生物学的原因，如气质类型。神经类型的差异带来了儿童气质上的不同。有的爱哭爱闹，难以照看；有的则易于相处，适应性强。人们发现"难带的婴儿"(即不稳定、不可预测、难以抚慰的婴儿)在日后更容易发展攻击性行为模式。

### (二)社会认知

社会认知缺陷和歪曲增加了攻击性行为的维持。相关研究表明，有偏见的社会认知已经出现在身体受虐待的 4 岁儿童中间，这些儿童在进入幼儿园 6 个月以后显示出高频率的攻击性行为。具有攻击性行为的儿童，往往对攻击性行为的后果有一种错误的认知。在他们看来，攻击性行为能有效地减少他人的挑逗、取笑和其他令人不愉快的行为。因此他们倾向于利用攻击性行为来作为保护自己的常用手段。

对许多攻击性儿童社会认知的另一个有偏见的特点是很强的自尊心。

### (三)挫折

攻击性行为产生的直接原因主要是挫折。根据挫折—攻击理论，剧烈的挫折可能激发直接的、指向挫折来源的攻击性行为；而较弱的、来源不明的挫折则只引起间接性的、替代性的攻击性行为。例如，学前儿童在犯错误时，成人对周围人说"不理他"，使学前儿童丢了脸，或戏弄他、经常对他大声嚷嚷等，就会导致攻击性行为的发生。学前儿童受挫折的原因有很多且不明确，因此会产生这种间接性的、替代性的攻击。对于学前儿童来说，家长或教师的不公正是挫折感产生的主要原因之一。因此，教师和家长在处理问题时，要保持公正的态度和方式。

### (四)父母的教养方式

父母的教养态度和教养技巧，对学前儿童攻击性倾向的形成产生重要影响。有研究表明，冷淡和拒绝的父母常常是武力、专断而且喜怒无常的，会体罚学前儿童或者放纵学前儿童表达自己的攻击性的冲动，这样的父母，其子女很可能发展成充满敌意和攻击性的个体。惩罚对于非攻击型的学前儿童能抑制攻击性，但对于攻击型的学前儿童则不能抑制攻击性，反而会加重攻击性行为。那些具有攻击性而时常受到家长惩罚的学前儿童具有更大的攻击性。在学前儿童出现攻击性行为时，父母或教师不加制止或听之任之，就等于强化了学前儿童的侵犯行为。有时候关注(惩罚、批评)是消极的，也会起到强化的作用，而用不理会学前儿童的攻击行为和鼓励相互合作的方式，可使三四岁学前儿童的攻击行为有所减少。因此，父母对待学前儿童的态度、方式对学前儿童攻击性行为的形成具有直接的影响。家庭对学前儿童过分溺爱,对儿童行为放任不管,都会导致学前儿童较高的攻击性行为发生率。

#### (五)家庭的系统环境和家庭经济

家庭的情感氛围会影响学前儿童的适应。父母关系紧张、冲突不断,学前儿童通常会有情绪障碍和品行问题,包括攻击性行为。高攻击性儿童似乎生活在反常的家庭环境中,其家庭氛围对攻击性的形成有不可忽视的作用。与多数家庭中成员之间的相互支持和关爱不同,高攻击性儿童通常生活在争吵不断的家庭氛围中,家庭成员之间不愿意相互交流,即便发生交流,也往往是采用嘲笑、威胁或其他激进的方式。

来自低收入家庭的父母比中产阶级的父母更倾向于靠体罚来压制儿童的攻击和反抗行为,在采取这些压制措施时,实际上他们反而为儿童的攻击行为提供了榜样。低社会经济阶层的父母也更倾向于采用攻击的方式解决冲突,并且会在儿童受到同伴侵犯时鼓励他们以强制性的方式做出反应,这些都可能促进高攻击性儿童敌意归因偏见的发展。

#### (六)暴力性的大众传媒和游戏

学前儿童接触的主要传媒是电影和电视,尤其是电视的普及,学前儿童每天用于看电视的时间很多,电视中的暴力场面,无疑为学前儿童提供了攻击样板,使学前儿童不知不觉模仿,学习了攻击性行为。班杜拉的社会学习理论认为,通过观看电影或电视上的暴力行为,即使是年幼的学前儿童也会习得攻击他人的种种方式。约瑟夫森的研究结果也表明,大众媒体中的暴力情节,与那些攻击倾向较弱的人相比,更多地助长本来就有强烈攻击倾向的人的攻击性行为。而且与没有接触大众媒体中暴力或攻击情节的被试相比,接触到暴力节目或攻击情节的被试表现出更高程度的攻击性行为。

#### (七)文化

个体的攻击性行为,在一定程度上受到其所处的文化或亚文化的影响。跨文化研究和人种志的研究一致表明,某些社会和亚文化群体会比另外一些社会和亚文化群体更具有暴力倾向和攻击性。例如,巴布亚新几内亚的阿拉佩什人、锡金国的雷布查人以及中非的俾格米人都使用武器狩猎,但他们却很少表现出对人的攻击性行为。当这些爱好和平的社会群体遭受外族侵犯时,其成员就会撤退到外人难以接近的地区而不是进行抵抗和反击。

### 六、正确对待攻击性行为,促进学前儿童社会化发展

教师和家长要对学前儿童的攻击性行为进行正确合理的引导,促进学前儿童社会化发展。

#### (一)帮助学前儿童处理人际关系问题,允许学前儿童合理宣泄

有攻击性行为的学前儿童往往面对的是被同伴回避、拒绝,被成人训斥的氛围。教师和家长对他们应该给予更多的关注、鼓励、理解和信任。同时帮助学前儿童学习正确解决问题的方法。在此基础上,也要注意培养他们的移情能力,可以通过角色扮演游戏,让学前儿童换位思

考被攻击者的角色感受。教师和家长应允许学前儿童采取合理的方式进行心理宣泄，来取代攻击行为，这样有利于学前儿童把平常不良情绪通过“破坏性”游戏释放出来，从而维持心理平衡。另外，教师和家长还要针对不同情况的学前儿童组织不同的游戏来满足他们。

（二）培养学前儿童坚强的意志力

培养学前儿童的意志力是指养成学前儿童自我控制的能力，让他们逐渐能够抗拒诱惑，有效地克服自发性攻击行为。培养学前儿童的耐挫心理、勇敢自信、善于克制的心理，帮助化解冲突，克服那些反应性攻击行为。同时也要与提高学前儿童的道德认识水平相结合，培养学前儿童勇敢、坚强的意志力。

（三）有效运用惩罚手段

首先，惩罚要及时，使学前儿童的攻击行为能得到迅速的反馈，在惩罚时应向学前儿童讲清楚错在那里，应怎么去做。

其次，惩罚要针对具体的行为，要适度，要就事论事。

（四）为学前儿童创设一个尽量避免冲突的空间

各活动区域应稍有间隔，防止学前儿童因空间过分拥挤，引起无意的碰撞造成冲突和摩擦。例如，玩具数量要充足，以减少学前儿童彼此争抢玩具的矛盾冲突。要注意消除学前儿童的情绪障碍，培养他们积极的情感。

（五）帮助学前儿童调节攻击性行为

若攻击行为是由学前儿童性格上骄纵习惯所引起的，教师首先应取得父母的配合，并要求父母对其子女不要过分溺爱、偏袒、纵容，而要让学前儿童学会尊重他人。针对那些管教方式过于简单粗暴的家长，教师要指导他们尊重学前儿童，并注意为子女树立榜样。教师注意互助、互爱与尊重他人的良好班级风气的培养，同时为学前儿童提供积极参照团体，降低攻击行为儿童的社会舆论基础，从而使得学前儿童的攻击行为得到普遍的抵制与消极强化。此外，教师要注意为那些自尊心极易受侵害与挫折的学前儿童进行及时的疏导，并通过合理的渠道来宣泄他们的积郁，从而使之恢复心理平衡。

# 第十二章　学前儿童心理健康教育

学前儿童正处于其心理成长发展的关键时期，然而，由于这个年龄段的儿童在心理上还很不成熟，自我调节和控制水平还比较低，自我意识也只是处在萌芽状态，因而很容易受到环境等方面的不良因素的影响而形成不健康的心理。从客观角度来说，学前儿童的心理健康与否，将会对他们的认识、情感、个性、道德和社会适应性等的发展产生极其深刻的、有时甚至是难以逆转的影响。①

本章主要对学前儿童心理健康的相关内容进行详细的论述，进而对学前儿童心理健康教育进行较为深入的理论探究。

## 第一节　学前儿童心理健康教育概述

学前儿童心理健康教育是素质教育的重要组成部分，其不仅要为学前儿童在未来小学阶段的学习、生活做好准备，更要为他们一生的发展、成才在心理和人格素质方面打好基础。本节内容主要对学前儿童心理健康教育的相关知识进行简要阐述。

### 一、学前儿童心理健康的内涵

#### (一)学前儿童心理健康的含义

在现代人的生活中，心理健康日益成为不可分割的一个重要组成部分，它是诸多心理因素在良好态势下运作的综合体现。通常来说，心理健康的个体在面对内部和外部环境变化时，能持续地保持积极的心态，能对变化了的环境做出良好的适应，并发挥自身的潜能。在当前的学术界，对于心理健康的概念并没有形成一致的观点，但有几种心理健康的概念获得了很多人的认可。

在1946年召开的第三届国际心理卫生大会上，是这样对心理健康进行定义的：心理健康是指在身体、智能以及情感上能保持同他人的心理不相矛盾，并将个人心境发展成为最佳的状态。

美国著名心理学家英格利希认为，心理健康是指一种稳定的心理状态，个体在环境发生变

① 郑春玲：《学前儿童心理健康教育》，北京：中央广播电视大学出版社，2012年，第5页。

化的情况下能够做出良好的反应，具有积极的生活态度，并且能够充分发挥自身的潜能。这不仅是免于心理疾病的突出表现，这更是一种积极的、丰富的心理状态。

美国学者坎布斯认为，心理健康、人格健全的人应当有以下四种特质：一是积极的自我观念；二是恰当地认同他人；三是面对和接受现实；四是主观经验丰富，可供随时取用。

《简明不列颠百科全书》对心理健康的定义是：心理健康主要是个体心理在自身以及外界环境不断变化之中，表现出的最佳的功能态度，这是一种更利于个体身心发展的心理表现，并非绝对完美的状态。

《心理学大辞典》中认为判断心理是否健康，可从以下四种方式入手。

第一，心理健康首先是一种健康的状况，因此把有无心理疾病作为最重要的判断标准。

第二，心理健康的人具有较强的适应能力，因此正常的心理是一个不断发展进步的过程，心理健康的人能不断学习有效的技巧应付紧张状态，能够较好地适应自身以及外界环境改变带来的不适感。

第三，心理健康是个体的身心处于一种理想的状态，主要适用于评价行为，而并非描述行为。

第四，心理健康从整体上来说是一种平均状态。主要是从统计学角度分析，处于正常和异常之间的程度变化，分布于中间范围的属于心理正常，即心理健康。

我国学者伍新春在其《心理健康教育》一书中，对心理健康的定义是：心理健康是指个体在适应环境的过程中，生理、心理和社会性方面达到协调一致，保持良好的心理功能状态。在我国，这一定义获得了很多学者的认可。

对上述关于心理健康的概念进行综合分析，我们可以进一步得出学前儿童心理健康的概念，即学前儿童保持持续、正常的发展状态。对于学前儿童而言，其身体组织的大小、功能、效能绝大多数处于增长阶段，但是，由于学前儿童个体的遗传素质、环境条件都是各不相同的，因此，无论在身体的形态还是机体的功能方面都存在个体差异，即使在同性别、同年龄的群体中，每个学前儿童的身心发育速度、体型特点、达到成熟的时间等也都是各不相同的。由此可见，只要学前儿童生长、发育经历的过程符合人类个体的成长规律，只要学前儿童个体的发展幅度并未远离群体儿童的发展水平，就可以视其为健康。同时，拥有生命健康权是每一个学前儿童的权利，而维护学前儿童的生命安全、身体健康则是法律赋予我们每一位成人的义务和责任。①

### （二）学前儿童心理健康的标准

学前儿童心理健康的标准，具体来说有以下几个。

#### 1. 动作发展正常

动作是伴随个体一生的行为，同时动作能够反映出学前儿童生长发育的进程以及存在的问题，而且对学前儿童心理发展起着一定的制约作用。瑞士著名的儿童心理学家皮亚杰认为，动作是儿童智力的起源，而且个体脑的形态及功能的生长发育与动作的发展有着密切的关联

① 刘文：《幼儿心理健康教育》，北京：中国轻工业出版社，2008 年，第 11 页。

性。因此，学前儿童的心理是否健康，可以从其躯体的大动作以及手指等方面细小的动作的发展水平看出。

### 2. 认知活动积极

认知是人们获得知识或应用知识的过程，是人脑反映客观事物的特性和练习，并且揭露事物对人的作用和意义的心理活动。一个人与周围环境取得平衡和协调的基本心理条件就是有正常的认知水平。

学前儿童面对外界的环境充满了好奇心，并有着极强的认知欲。在他们的成长过程中，正常的认知能力是其了解周围环境并与环境达到平衡协调状态的最基本心理条件。因此，认知能力是学前儿童进行学习与生活的重要基础。也就是说，学前儿童只有具备一定的认知能力，对世界有一个充分的认知，才能形成一种极强的环境适应能力，进而形成稳定的心理情绪。此外，学前儿童的认知发展水平是因人而异的，每个人的认知能力以及认知水平各不相同，但差别通常不会太大。如果某个学前儿童的认知水平明显比同龄的学前儿童要低，且不在正常的范围内，那么该学前儿童的认知能力是低下的，心理也是有问题的。

学前儿童的积极认知活动，具体来说表现为两个方面：一方面是知识领域的发展，如数、时间、空间、运动等使儿童在不同领域的认知得到发展；另一方面是各种认知心理能力的发展，如感知能力、注意能力、记忆能力和思维能力等的发展。

### 3. 语言运用符合语境

语言是进行思维和交流的重要载体，能够将一个人的心理状况表现出来。对于学前儿童来说，其获得语言是有明显的阶段性和规律性的，具体如下。

(1)学前儿童在 1 岁到 1 岁半期间，开始学会对语言进行理解。

(2)学前儿童在 1 岁半到 3 岁期间，语言会获得积极发展。

(3)学前儿童在 3 岁末时，已经完成了从感知语言到说出语言的过渡。

(4)学前儿童在 4 岁以上时，一般能将本民族的全部语言都掌握住。

学前儿童在成长的过程中，语言的发展如果与上述规律差异较大，且在运用语言时与语言环境不相吻合，就要对其进行高度关注。在极端情况下，语言运用和语言环境的不符是自闭症的一个表现。因此，语言运用符合语境是学前儿童心理健康的一个重要标准。

### 4. 情绪积极稳定

情绪是人对客观事物态度的体验。据相关研究表明，积极稳定的情绪状态是个体中枢神经系统协调性的重要表现，同时也说明了个体的身心处于一种良好的平衡状态。通常来说，学前儿童自我控制能力较差，情绪易变且具有很大的冲动性，做事不懂得考虑后果。但随着年龄的不断增长，自我调节能力不断加强，情绪的稳定性也获得相应的提高，并开始学习合理地疏导自己消极的情绪。也就是说，学前儿童在面对消极情绪时，能够通过内心情绪的自我调适进行疏导，进而摆脱坏情绪对其心理的干扰。如果某个学前儿童经常表现出消极的情绪状态，那么其心理健康可能会受到威胁。

5. 性格良好

性格又可称为“个性”或“人格”，主要体现在对自己、对别人、对事物的态度以及言行举止上。从个体发展历程来看，性格是每个人个性中最核心、最本质的表现，它从个体对客观现实的稳定态度和习惯化了的行为方式中表现出来。从心理学角度来看，心理健康的学前儿童的性格特点一般是热情、勇敢、乐观、自信、积极、主动、独立性较强、慷慨大方等，而心理不健康的学前儿童的性格特点通常是自卑、被动、胆怯、孤僻、依赖、吝啬等。因此，性格良好也是学前儿童心理健康的一个重要衡量标准。

6. 喜欢游戏活动

学前儿童由于身体和心理的各种技能尚未发育成熟，因而最符合其年龄特征和心理发展的活动形式就是游戏。同时，游戏也是学前儿童最需要且特有的一种形式。通常而言，健康的学前儿童每天都在积极关注游戏，自发地、快乐地进行游戏，而且大部分的时间都花费在游戏上。同时，健康的学前儿童的游戏充满了趣味性、想象性和创造性。正是通过游戏，学前儿童进行着积极的探索、学习、体验，自由地表达自己的内心需求。因此，学前儿童是否喜欢游戏，并能快乐地进行游戏，是衡量其心理是否健康的一个重要标准。

7. 人际关系融洽

学前儿童之间的交往活动是一种全新的人际关系的体现，它既是维持学前儿童心理健康的重要条件，也是学前儿童获得心理健康的必要途径。学前儿童人际交往的技能虽然总体来说较差，但心理健康的学前儿童喜欢和人交往，乐于和小伙伴们玩游戏，并具有合作精神，他们对自己充满信心，并悦纳他人。而心理不健康的学前儿童，往往由于自卑、胆怯而选择远离甚至攻击同伴，其人际关系往往是不和谐的，同时其会因受到同伴的冷落变得更加孤僻。因此，人际关系融洽也是衡量学前儿童心理健康水平的一个重要标准。

8. 自我意识良好

自我意识是学前儿童在成长过程中逐渐形成的对自我的认知，它在形成学前儿童性格的过程中起着重要的作用，并通过学前儿童对自我以及外在环境稳定的态度和习惯化的行为方式体现出来。心理健康的学前儿童一般在发展过程中能够形成自我评价、自我控制等能力，对自身有一个准确的评价及定位。因此，在衡量学前儿童的心理是否健康时，不能忽略自我意识良好这一重要的标准。

9. 行为协调统一

心理健康的学前儿童的心理活动和行为方式是协调一致的，其行为通常表现为既不过敏，又不迟钝，面对新的刺激情境能做出合理的反应，具有与大多数同龄儿童基本相符的行为特征。相反，心理不健康的学前儿童，注意力不能集中，兴趣时常转移，思维混乱，行为经常前后矛盾，自我控制和自我调节能力差。

10. 能适应不断变化的环境

人总是在特定的环境中生活的，但人生活其中的环境是不断发生变化的。一个心理健康的人往往能够积极对自己的心理和行为方式进行调整，以主动适应环境的变化；一个人的心理若是不健康的，在面对新的环境时就无法积极有效地调整自己的心理和行为方式。学前儿童也是如此，有的学前儿童在面临新环境时，能够较快地对自己的内心感受进行调节，对自己的行为方式进行调整，从而在新环境中表现平静；也有一些学前儿童在新环境里会哭喊吵闹，表现出退缩、焦虑、恐惧等消极情绪和行为，甚至导致身心性疾病。因此，能否适应不断变化的环境，也是衡量学前儿童心理是否健康的一个重要标准。

(三)学前儿童心理健康标准的运用

在运用学前儿童心理健康标准对学前儿童的心理健康状况进行判断时，要特别注意以下两个方面。

1. 心理健康标准只是一种理想尺度

在实际的生活中，完全符合心理健康标准的学前儿童并不多。这主要由于人的心理健康标准与生理健康标准一样，只是一个最佳的、理想化的状态，因此更多的只是作为个体心理发展过程中努力的方向，而与其完全相符的人并不多。作为学前教育工作者，应该对学前儿童的心理健康水平有一个明确的认识，根据学前儿童的具体情况具体分析，并且要帮助学前儿童为达到这个理想标准而努力，从而塑造学前儿童健康的心理和健全的人格，进而使他们充分发挥其潜能。

2. 心理不健康与有不健康的心理不能等同

一般而言，心理不健康是指一种持续的、稳定的不良状态，而偶尔出现一些不健康的心理和行为是正常现象，并不能和心理不健康等同，更不能断定已患上心理疾病。因此，对学前儿童心理健康的判断绝不能简单地根据一时一事，而要通过对其进行较长时间的观察并要注意结合具体的情境。

3. 心理健康是一个动态发展的过程

学前儿童的心理状况会随着其自身的成长、经验的积累和环境的改变而发生变化。因此，心理健康是一个动态发展的过程，每一次对学前儿童心理状况的判断都只能反映其在某阶段的心理健康状态，而不能将其整体的心理健康状态都反映出来。

4. 心理健康与否没有绝对的界限

客观来说，心理健康与不健康之间并没有一个绝对的界限。心理健康与心理疾病之间往往有一个相对广阔的过渡带。大多数学前儿童的心理健康程度处于中间地带。在通常情况下，学前儿童的心理健康与否主要表现为程度上的差异。

### (四)学前儿童心理健康的重要性

健康的心理状态对于学前儿童的发展具有非常重要的意义,具体来说表现在以下两个方面。

1. 有助于学前儿童的健康成长

学前儿童的心理是不够成熟的,进行自我调节的能力也比较差,很容易被外界环境所影响,而学前时期又是一个人形成人格、发展心理的重要时期,对人一生的发展都有着至关重要的影响。因此,在学前时期,一旦在心理发展方面出现异常,便会对一个人的健康成长带来不可估量的消极影响。

2. 有助于社会的进一步发展

当今社会对人的基本要求是,既要有良好的身体体质、智能素质,又要有健康的心理。而且,身心健康且和谐发展的人,越来越被社会所认可和需要,但是,健康的心理不是一朝一夕就形成的,而是会经过一个长期的过程,且必须要从小即学前时期进行培养。因此,只有积极促使学前儿童形成健康的心理,才能使其更好地与社会的发展需要相适应,继而成长为社会所需要的合格人才。

## 二、学前儿童心理健康教育的意义

积极开展学前儿童心理健康教育对提高学前儿童的心理素质有着极为重要的意义。这具体表现为以下几个方面。

### (一)有利于促进学前儿童的全面发展

学前儿童心理健康教育主要是针对学前儿童进行的一项活动,因而其对学前儿童所产生的意义是最为主要的。学前儿童心理健康教育者通过采取教育、训练、咨询、辅导等多种方式、方法开发学前儿童的潜能,能够最大限度地促进学前儿童观察力、记忆力、思维力、注意力、创造力、想象力、适应力、承受力、自制力等的发展;能够帮助学前儿童形成积极而稳定的情绪、高尚的情感、正确的动机、顽强的意志、积极而乐观的心态等非智力心理品质。由此可以看出,学前儿童心理健康教育有利于促进学前儿童的全面发展。

### (二)有利于提高家长的教育素养

家长在学前教育中占据着非常重要的地位。要想取得良好的心理健康教育效果,就必须在学前儿童心理健康教育实施的过程中,使学前教育机构与家长紧密配合起来。在配合的过程中,家长往往不仅能够获得丰富的心理学知识,提高自己的心理素质,还能够掌握科学的心理教育方法,改变自己的教养方式。从这个角度来看,学前儿童心理健康教育对于提高学前儿童家长的教育素养也有着十分重要的意义。

### (三)有利于促进学前教育事业的发展

学前儿童心理健康教育对学前教育事业的重要意义主要表现在以下两个方面。

第一，学前儿童心理健康教育能够提高学前教师的综合素质。学前儿童心理健康教育主要表现为一种实践活动，在学前教育活动中，学前教师要不断地学习、深造，使自己的心理学知识和教育理论得到拓展和深化。这就无形中提高了自身的心理素质和教育能力。一大批具有高素质和能力的学前教师必然有助于学前教育事业的发展。

第二，学前儿童心理健康教育能够促进德育的发展。心理健康教育是将德育的社会化要求内化为个体内在素质的重要手段。在学前儿童心理健康教育活动中，心理健康教育内容与德育内容是融为一体的，开展心理健康教育，必然能够促进德育工作的科学有效开展。

## 三、学前儿童心理健康教育的目标

### （一）学前儿童心理健康教育的总目标

学前儿童心理健康教育的总目标是培养学前儿童良好的情绪、行为方式、性格、习惯和社会适应能力，对学前儿童的行为偏异、心理障碍、心理疾病等现象进行早期预防和矫治，使学前儿童的智能、情感、性格、习惯、行为方式与周围的环境平衡协调，从而获得健康的心理素质。

### （二）学前儿童心理健康教育的分类目标

从学前儿童发展的角度来看，学前儿童心理健康教育也可以从认知、性格、情绪、适应能力、自我意识、交往能力等方面确定目标。

第一，认知目标。学前儿童能够关心周围世界的各种事物和现象，有较好的观察、注意、记忆、想象、概括和分析能力。

第二，性格目标。学前儿童性格积极、乐观、开朗。

第三，情绪目标。学前儿童能经常保持稳定的情绪和愉快的心情，并能够用自己的方式宣泄和调整自己的情绪。

第四，适应能力目标。学前儿童乐意寻求新的生活体验，有良好的适应新环境的能力和一定的生活自理能力，面对困难能主动想办法解决。

第五，自我意识目标。学前儿童对自己的身体和自己的行动有较好的认识；随着年龄的增长，有较强的自我体验如自信心、自尊感、委屈感与羞愧感等；具备一定的坚持力和自制力。

第六，交往能力目标。学前儿童学会一定的社会交往技能，能与父母、教师和同伴交流自己的感受和想法；知道分享与合作，懂得同情、关心和帮助他人。

## 四、学前儿童心理健康教育的基本要求

### （一）注重优化教育环境

在学前儿童心理健康教育实践中，教育者要注重优化教育环境，利用环境中的一切资源，有效地促进学前儿童的发展。这里所说的环境是一个全方位的概念，它既包括儿童生活的物理环境，也包括直接影响儿童心理发展的精神环境，还包括社会大环境。具体来说，要优化学

前儿童的教育环境，应该做到以下几方面。

### 1. 创设良好的物理环境

物理环境是促进学前儿童身心全面发展的最基本保障，主要包括房屋建筑、设施设备、活动场地、教学器材、活动材料、环境布置、空间布局、绿化等。对于学前儿童的心理健康来说，物理环境中的声、光、空气、活动空间是主要的影响因素。

第一，噪音不仅会损害学前儿童的主观听觉，还会使中枢神经的调节功能紊乱，导致全身性机能失调，如肠胃功能紊乱、心跳加快、血压波动，产生慢性疲劳和情绪烦躁等。

第二，房间内的光线太弱，光照不足，阴暗潮湿，会使学前儿童的情绪低沉、压抑，影响他们的心理健康。

第三，空气质量的好坏对学前儿童心理健康的影响也是巨大的。污染严重的空气中有一氧化碳、二氧化硫、二氧化氮和飘尘等有害物质。学前儿童吸入一定数量的这些物质，会使身心健康受到严重危害。

第四，学前教育机构中的活动室人员密度过高，很有可能会增加学前儿童的攻击性行为。此外，拥挤的活动空间也会使学前儿童失去参与活动的兴趣。

鉴于上述这些危害，学前教育者一定要为学前儿童创设一个良好的物理环境。

### 2. 创设良好的精神环境

精神环境是指学前教育机构内对学前儿童发展产生影响的一切精神因素的总和，主要包括家庭结构、家庭氛围、父母的养育方式和态度以及家长自身的文化素养，教育机构内的风气、教师的教育观念与行为、人际关系以及文化氛围等。宽松、愉快的生活气氛和充满关爱的精神环境，能使学前儿童经常处于积极的情绪情感状态，能使学前儿童感到安全和愉快，产生亲切感，易于接受教育影响。因此，一定要创设良好的精神环境。具体来说，创设良好的精神环境需要做到以下几方面。

第一，家长一定要努力提升自身的教育方式和态度，改变不良的家庭氛围，给学前儿童一个温暖、轻松的家庭环境。

第二，学前教育机构要构建良好的风气、文化氛围，使学前儿童受到潜移默化的影响；要构建良好的人际关系。从某种程度上来说，决定学前儿童精神环境质量的主要因素就是学前教育机构内的人际关系。这里的人际关系主要包括教师与学前儿童之间的关系，学前儿童与学前儿童之间的关系，教师与家长之间的关系以及教师与教师之间的关系等。积极健康、轻松愉快、尊重信任的人际关系将会给学前儿童的心理产生潜移默化、不可估量的影响。因此，教师要站在学前儿童的角度，体察他们内心的需要，努力创设和谐的班级环境和平等的人际关系。

第三，学前教育教师要不断改进自己的教育观念和行为，不仅应对学前儿童施以良好的教育，也应对家长施以一定的指导，使家长正确地教育孩子，从而促使家园共同配合，形成教育合力。

### 3. 净化社会大环境

教育者要净化社会大环境，避免不良文化对学前儿童心理发展的危害，具体来说应该做到以下几方面。

第一，要加强对文化市场的监管，这是净化社会环境的根本保证。

第二，要坚决查处传播淫秽、色情、暴力等各类未成年人读物与视听产品。

第三，要清理、整顿文化娱乐场所，净化幼儿园周边的文化环境，以保护学前儿童的身心健康，为他们的健康成长营造良好的文化环境。

### （二）整合学前教育机构、家庭和社会的教育影响

学前儿童的认知发展还不成熟，缺乏明辨是非的能力，容易受到周围成人的影响，对周围成人的言行举止尤为注意。教师、家长或周围其他成人不恰当的言行举止，对学前儿童无疑具有消极的影响。因此，学前儿童心理健康教育需要有效整合学前教育机构、家庭和社会的教育影响，使各方面的力量保持一致、形成合力，促使学前儿童的心理健康发展。如果各方面的影响相互冲突，会大大削弱正面教育的力量，甚至使学前儿童养成某些不良的心理品质，增加心理健康教育的难度。

### （三）构建完善的学前儿童心理档案

在学前儿童心理健康教育过程中，学前儿童心理健康档案的建立是一项非常重要的事情。一般来说，学前儿童心理健康档案的构建需要按以下步骤进行。

第一，确定学前儿童心理健康档案的内容。学前儿童心理健康档案的内容主要包括学前儿童的基本情况和基本心理状况和特点。学前儿童的基本情况主要包括个人信息、生理状况、家庭环境、家庭经济生活情况、对个人生活有影响的重大社会生活事件等；学前儿童的基本心理状况和特点主要是通过心理测验所获得，主要包括人格测验的资料、态度测验的资料、社会适应性测验的资料、能力倾向测验的资料、行为问题测验的资料等。

第二，选择适当的测评工具。

第三，针对测评的结果进行解释和说明。

第四，形成档案。档案的形式可以是文本的，也可以是软件式的。

学前儿童心理档案格式有很多种，学前教育机构可根据实际需要自行选择。表 12-1、表 12-2 和表 12-3 是华南师范大学心理学系为某幼儿园设计的心理档案的部分格式，可供参考。

**表 12-1　幼儿基本情况**

| 姓名 | | 性别 | | 出生年月 | | 籍贯 | |
|---|---|---|---|---|---|---|---|
| 民族 | | 是否独生 | | 家中排行 | | 使用语言 | |
| 家庭成员 | 姓名 | 关系 | 年龄 | 文化程度 | 职业 | 与幼儿接触时间 | 使用语言 |
| | | | | | | | |
| | | | | | | | |
| | | | | | | | |
| | | | | | | | |
| | | | | | | | |

续表

| 姓名 | | 性别 | | 出生年月 | | 籍贯 | |
|---|---|---|---|---|---|---|---|
| 民族 | | 是否独生 | | 家中排行 | | 使用语言 | |
| 家庭环境 | 住房面积 | | 孩子是否有单独一间房 | | | | |
| | 住区环境 | | | | | | |
| | 家庭环境 | | | | | | |
| | 家庭经济情况 | | | | | | |
| | 家庭教育方式 | | | | | | |
| | 父亲爱好、特长 | | 母亲爱好、特长 | | | | |
| | 幼儿在家兴趣爱好 | | | | | | |
| | 家庭住址 | | 家庭电话 | | | | |
| 生理状况 | 是否顺产 | | 有何病史 | | | | |
| | 身　高 | | 体　重 | | | | |
| | 大肌肉动作技能 | | | | | | |
| | 小肌肉动作技能 | | | | | | |

**表 12-2　幼儿气质测试**

| | 第一次施测 | | 第二次施测 | |
|---|---|---|---|---|
| 使用量表 | 幼儿气质量表 | | 幼儿气质量表 | |
| 测试时间 | | | | |
| 测试项目 | 项　目 | 评　价 | 项　目 | 评　价 |
| | 活动量 | | 活动量 | |
| | 适应性 | | 适应性 | |
| | 趋避性 | | 趋避性 | |
| | 情绪强度 | | 情绪强度 | |
| | 注意力 | | 注意力 | |
| | 坚持性 | | 坚持性 | |
| 气质状况分析 | 鉴定人： | | 鉴定人： | |
| 教育建议 | | | | |

**表 12-3　幼儿行为问题测试**

<table>
<tr><td></td><td colspan="4">第一次施测</td><td colspan="4">第二次施测</td></tr>
<tr><td>使用量表</td><td colspan="4">拉特儿童行为问卷</td><td colspan="4">拉特儿童行为问卷</td></tr>
<tr><td>测试时间</td><td colspan="4"></td><td colspan="4"></td></tr>
<tr><td rowspan="3">测试结果</td><td></td><td>品行行为分数</td><td>神经症行为分数</td><td>总分</td><td></td><td>品行行为分数</td><td>神经症行为分数</td><td>总分</td></tr>
<tr><td>父母问卷</td><td></td><td></td><td></td><td>父母问卷</td><td></td><td></td><td></td></tr>
<tr><td>教师问卷</td><td></td><td></td><td></td><td>教师问卷</td><td></td><td></td><td></td></tr>
<tr><td>行为问题分析</td><td colspan="4">鉴定人：</td><td colspan="4">鉴定人：</td></tr>
<tr><td>教育建议</td><td colspan="4"></td><td colspan="4"></td></tr>
</table>

(四)提高学前教师的心理素质

就目前来看,学前教育教师由于工作压力大、生活节奏快,容易出现职业倦怠、焦虑等心理问题。为此,学前教育教师应该做到以下几方面。

第一,应当合理排解工作、生活压力,保持自信、乐观、开朗、向上的良好心态。

第二,正确认识、评价自己,保持人格的完整与和谐。

第三,具备良好的社会适应能力、融洽和谐的人际关系、良好的行为习惯。

只有教师的心理处于一个健康积极的状态下,才能给儿童以积极的、正面的影响。

(五)注重将心理健康教育渗透于生活教育

从根本上来说,学前儿童心理健康教育是为了提高儿童学前时期的生活乃至整个生命的质量。因此,应该将学前儿童的心理健康教育渗透于生活教育,在盥洗、清洁、进餐、睡眠、游戏、锻炼等日常生活的每一环节都渗透心理健康教育理念,实施心理健康教育策略。

(六)采用多样化的学前儿童心理健康教育方法

学前儿童心理健康教育中可以采用的方法有很多,教育者应当尽可能地综合采用多种有效方法,增强心理健康的教育效果。总的来说,心理健康教育方法可分为养成教育法和补偿性教育法两类。

1. 养成教育法

养成教育法是指通过实际的教育教学、活动、游戏等方式有机地渗透和融合学前儿童心理健康教育。这一类型的方法会照顾到学前儿童的身心特点，不会过分强调观念的形成。表情牌教育法、榜样示范法、情境教育法以及行为实践法都是典型的养成教育法。

(1)表情牌教育法

表情牌教育法是指成人给学前儿童准备三个不同表情的表情牌，每天都让学前儿童从高兴、沮丧、一般三种表情中选一种，以此来及时了解学前儿童的情绪，并及时进行引导与教育。

(2)榜样示范法

榜样示范法是指通过给学前儿童树立一个榜样的具体形象，让他们进行模仿，使其逐渐养成与榜样一致的行为习惯的方法。这一方法能够很好地培养学前儿童良好的行为习惯。

(3)情境教育法

情境教育法是指让学前儿童在不同的情境中用表演的形式表现出应该做出哪些有效行为和对策的方法。这种方法能够帮助学前儿童认识到在社会中可能会遇到的问题，可以提高学前儿童判断是非和适应社会的能力。

(4)行为实践法

行为实践法是指让学前儿童对已经学过的行为及技能进行反复的练习，在具体实践中加深他们的理解，帮助他们掌握行为与技能的方法。它能够有效帮助学前儿童形成稳定的行为习惯。

2. 补偿性教育法

补偿性教育法针对的主要是已经出现了心理问题的部分学前儿童，对出现心理问题的学前儿童进行心理咨询及治疗。阅读疗法、绘画疗法和行为矫正法等都是常见的补偿性教育法。

(1)阅读疗法

阅读疗法是指为学前儿童创设一个温馨、安全的阅读角，有针对性地为学前儿童提供他们喜欢的图书来达到治疗他们问题行为的目的。

(2)绘画疗法

绘画疗法是指通过让学前儿童绘画并讲述画中的形象来了解学前儿童的内心世界并进行治疗。采用这种教育方法时，教育者要有足够的耐心倾听学前儿童的讲述，也要给予他们充足的绘画时间，让他们尽情宣泄自己的情感。

(3)行为矫正法

行为矫正法在学前儿童心理健康教育中使用得最为广泛。它充分依据学习理论，对学前儿童进行反复训练，以达到矫正不良行为、形成良好行为的目的。例如，教育者通过表扬、奖励等正强化训练来巩固学前儿童的正常行为，通过惩罚等负强化训练来消除学前儿童的不良行为和问题行为。行为矫正法简单易行，非常适宜应用在认知发展水平较低的学前儿童身上。

## 五、学前儿童心理健康教育的内容

学前儿童心理健康教育作为学前教育体系中一个重要的组成部分，其包含的具体内容很多。概括来说，学前儿童心理健康教育的内容主要包括以下几方面。

### (一)自我意识教育

为了健全学前儿童的人格，就必须注重对学前儿童的自我意识教育。有了积极的自我意识，学前儿童才能产生主观幸福感。相关研究表明，幸福感中的积极情绪与易于社交的性格有关。快乐是和高度自尊、正确自我评价、生活上自我控制以及乐观、外倾的性情相关的，抑郁和焦虑产生的消极情绪不是幸福感。学前儿童对自己积极的认识主要来源于成人的尊重、认可和夸奖。自我意识和自信心则往往是在积极的自我认识基础上逐渐形成的。因此，家长和教师要经常以肯定的语气鼓励学前儿童的进步，让学前儿童感觉到自己是有能力的，让他们在和谐、愉快的氛围中感受到自我的尊严和价值。

### （二）习惯养成教育

习惯是指人在一定情况下比较固定的、完成某种动作的自动化的倾向，是一种信念和行为的定势，具有稳定、持久的特点。学前儿童的心理健康与良好的行为习惯有着极为密切的关系。通常来说，对学前儿童实施习惯养成教育主要是指培养他们良好的生活习惯、卫生习惯和行为习惯。例如，培养学前儿童良好的睡眠、饮食、洗漱等习惯；帮助学前儿童养成勤洗手、勤剪指甲、早晚刷牙等个人卫生习惯。

### （三）自主自理教育

自主自理能力的培养应当从一个人的学前时期就开始。学前儿童其实是有“独立”的需要的，教师和家长应当注意通过教育来满足他们的这一需要。在教育活动中，教师和家长应多鼓励学前儿童积极发表自己的意见和想法，鼓励他们独立思考并解决问题，培养他们独立的个性心理品质。在平时的生活管理中，教师和家长应帮助和引导学前儿童勇敢面对困难，并自己想办法克服困难，自己的事情自己做，学会独立地穿衣、吃饭、睡觉等。

### （四）社会交往教育

交往是个人与社会建立联系，提高社会适应能力，培养健全人格的一个重要途径。它对于学前儿童健康心理的培养至关重要。儿童在 1 岁以前就能够对别人微笑或发声，表示友好，后来逐渐能够表现出同情、分享和助人等利他行为。就学前儿童的社会交往来看，其主要与成人和同伴交往，受诸多因素的影响，他们的交往容易出现各种问题，而主要的原因是缺乏一定的社会交往技能。因此，实施社会交往教育是非常必要的。在这种教育活动中，教育者应当重点做好以下几个方面的工作。

第一，引导学前儿童学会移情，即感知他人的情绪情感状态，并设身处地地为他人着想。

第二，让学前儿童学习一些语言或非语言的交往方法，丰富其人际交往策略。

第三，为学前儿童创设交往环境，提供交往机会。交往环境从与同龄学前儿童交往，扩展到与异龄学前儿童交往，再扩展到与其他年龄段的人交往。

第四，帮助学前儿童达成与同伴及相关教育者、周围现实环境的协调和适应。

第五，让学前儿童学会处理与同伴之间的矛盾冲突，学会分享、合作等行为。

### （五）爱心教育

由于爱能够让学前儿童获得安全感、满足感和幸福感，进而促进他们心理的健康成长，因此，学前教育者应当把爱心教育作为学前儿童心理健康教育的基础和基本内容，通过爱心教育来使学前儿童得到爱的满足和学会从爱别人的过程中得到快乐，提高爱的能力和自尊。具体来说，教育者要让学前儿童学会关心、爱护、帮助他人，同时也学会关心、爱护自己。在爱心教育中，家长和教师应该对每个孩子都充满信心，并用轻盈的话语、温和的表情、乐观的情绪对学前儿童进行爱心教育，使其在爱中受到潜移默化的影响。

### (六)情绪教育

学前时期是个体情绪发展的重要阶段。然而，学前儿童的情绪具有易变换、易冲动、易传染、易外露的特点，他们在对自身情绪控制方面还存在着一定的困难，在某些时候不知道该如何表达自己的情绪、情感体验。因此，需要教育者对学前儿童实施情绪教育，以便提高他们的情绪自我调控能力，进而维护他们的心理健康。情绪教育一般应当包括以下内容。

第一，让学前儿童学会正确地认识、理解、评价各种引发情绪、情感反应的情境。

第二，让学前儿童学会用语言和非语言(神态、表情、动作等)的方式表达自己的情绪、情感。

第三，让学前儿童真正认识到，只有提出合理的要求，才能够得到满足，而不合理的要求必定是不会得到满足的。

第四，培养他们调控情绪、情感的能力，如适时转移注意力、合理宣泄情绪的能力。

### (七)性教育

性教育实际上也是一种知识教育、人格教育。它关系到学前儿童身心的健康发展，也关系到家庭和社会的安定。学前儿童性教育的内容主要是培养他们正确的性别同一性和恰当的性别角色，让他们正确地了解有关性的问题，消除对性的神秘感。

第一，学前儿童对性器官的关注和好奇是很正常的一件事，家长和教师应当引导他们正确认识自己的身体，让他们明白性器官与眼睛、鼻子、嘴巴、手、脚等一样，都是身体的一部分。

第二，在组织学前儿童活动或为学前儿童洗澡时，家长和教师要考虑其性别特征，让他们对自我性别角色有一定的认知。

第三，当学前儿童向家长和教师提问一些关于“性”的问题时，家长和教师不应当避讳，更不应训斥制止，而是根据孩子的理解简略真实地回答，满足他们的求知欲。

## 六、学前儿童心理健康教育的特点

与其他类型的心理健康教育比较，学前儿童心理健康教育具有个性化、阶段性、整合性的特点。其具体表现如下。

### (一)个性化

在学前儿童心理健康教育实践活动中，应该根据学前儿童的个性特点进行教育。如果说阶段性的原则是针对学前儿童发展规律的共性，那么个性化原则就是注重学前儿童心理健康教育的人本化实施。[①] 由于每个学前儿童的家庭背景、成长经历都是各不相同的，因而其个性特点也是千差万别的。作为一名现代社会中的学前教育教师，不但要熟悉学前儿童共同的年龄特点，还要了解他们之间的个性差异。然后，进一步针对学前儿童的不同个性而采取不同的方法，真正做到因材施教。例如，对于一些性格内向的学前儿童，就不应该采取当众批评的方法，因为这样往往会使他们的自尊心受到极大的打击，正确的做法是对学前儿童进行侧面提醒，私下交流，这样的效果往往较好。除此之外，每个孩子的能力有所不同，有的擅长音乐，有的擅长舞蹈，还有的语言表达能力极强，等等。学前教师要善于把握学前儿童之间的能力差异，尊重他们的性格，根据他们的表现特点进行教育，促使每一个学前儿童都能在原有基础上得到发展。

（二）阶段性

不同年龄段的学前儿童具有不同的身心发展特点。例如，学前初期的儿童思维主要是直觉行动性的思维，即在动作中思考，其思维活动往往随着动作的停止而停止。学前晚期的儿童则主要是具体形象性的思维，并伴有一些简单的抽象逻辑思维。学前儿童心理健康教育面对的是众多不同的孩子，而不同年龄的孩子具有不同的身心发展特点。在这种情况下，面对不同的对象，学前儿童心理健康教育不仅要达到的目标不相同，而且运用的教育方法也不一样，具体做法要因人而异。在具体的学前教育实践活动中，同样是交往训练，对于不同年龄段的学前儿童，其心理健康教育的内容也会有不同的侧重。例如，对于小班的儿童，可以帮助他们体验与同伴共同游戏的乐趣；对于中班的儿童，可以让他们讨论与同伴交往的策略，学习化解同伴间矛盾的方法；对于大班的儿童，则可以培养他们与同伴协商合作、共同解决困难的能力。由此可见，学前儿童心理健康教育要讲究科学，需要运用心理学、教育学的原理，遵循学前儿童心理发展的阶段性特点和规律，唯有如此，才能取得较好的教育效果。

（三）整合性

客观来说，学前儿童心理健康教育必须充分整合幼儿园与家庭的力量，如果条件允许，最好能同时对社区的力量进行合理的整合。只有通过这样的方式，架起幼儿园教育与家庭教育的桥梁，才能更好地坚持学前儿童心理健康教育的一致性，使家庭成员之间、幼儿园与家庭之间、教师与家长之间对学前儿童的心理健康教育的要求、教养态度、教育方法一致，形成家园整合的强大合力，使学前儿童心理健康教育产生最大的效益。只有家园同步教育，综合利用各种教育资源，才能共同为学前儿童的心理发展创造更好的条件。

学前儿童心理健康教育的整合性还表现为其具有融合性的特征，这主要是指学前儿童的心理健康教育与各种活动相融合，其具体表现在四个方面：其一，教学活动与心理健康教育相融合；其二，游戏活动与心理健康教育相融合；其三，体能活动与感觉统合训练相融合；其四，日常生活与心理健康教育相融合。

从整体上来说，维护和提高学前儿童的心理健康水平，提高学前儿童的整体心理素质，就

---

① 郑春玲：《学前儿童心理健康教育》，北京：中央广播电视大学出版社，2012 年，第 6 页。

要做好以下几个方面的统筹工作。既要注重专门的心理健康教育活动，又要将教育活动渗透到生活的方方面面；既要注重物质环境的创设，又要关注人文环境的建设；既要面向全体，又要关注少数个体；既要幼儿园高度重视，又要家庭、社会的关注、参与。只有经过各方面的共同努力，学前儿童心理健康教育才有可能取得理想的效果。

## 七、学前儿童心理健康教育的原则

### （一）发展性原则

学前儿童心理健康教育的发展性原则是指教育者要以发展的眼光来看待学前儿童，以儿童个体的发展为重点，最大限度地发展学前儿童的潜能。这一原则能够充分体现心理健康教育的发展功能。贯彻这一原则，需要教育者重点注意以下几个方面。

第一，对于学前儿童身上出现的各种心理问题，不要大惊小怪，怨天尤人，而是要尊重、接纳和理解，积极地给予引导和帮助。如果给予适当的教育和帮助，学前儿童中出现的问题是可能解决的。因为他们身上出现的各种心理问题，是他们成长中的问题，是他们发展过程中出现的问题。

第二，采用发展的、变化的观点来看待学前儿童，要相信学前儿童自我成长的意愿和潜力，对他们的未来持乐观态度。同时，树立全面发展的观点，不但要关心学前儿童知识与能力的发展，同时也要关注学前儿童人格整体素质的全面提高。

第三，在学前儿童心理健康教育工作中，必须要明确发展是心理健康教育的出发点和归宿，并在此基础上将预防与发展结合起来，通过预防学前儿童在情感、认知、行为或能力等方面出现的问题，来促进他们的良好发展。

### （二）人本化原则

人本化原则是指在学前儿童心理健康教育中，教育者要充分尊重学前儿童的主体地位，尊重每个学前儿童独特的人格特点，并调动学前儿童参与心理健康教育活动的积极性和主动性。贯彻这一原则，教育者要注意以下几个方面。

第一，在心理健康教育过程中要以学前儿童为出发点与归宿；尽可能地提供和创造条件，使学前儿童成为心理健康教育工作的主体。

第二，了解每个学前儿童的气质特点。气质是人在心理活动动力方面表现出来的特有的、具有一定稳定性的特征。它是人格发展的基础，是个体与生俱来的差异特征，只有真正了解每个学前儿童的气质特点，才能够充分尊重他们的个体差异。

第三，了解学前儿童的心理年龄特征。儿童在学前时期有其特定阶段的特点，而且有规律可循。例如，两三岁的儿童非常爱发脾气，因为这是他们人生的第一个“反抗期”。如果过了这段时间，学前儿童仍然频繁地发脾气，那可能就是心理问题了。只有教育者对学前儿童的心理年龄特征有充分的了解，才能理性地看待学前儿童，并尊重他们，给予他们有针对性的指导。

### （三）全体性原则

全体性原则是指学前儿童心理健康教育工作要面向所有学前儿童。贯彻这一原则，需要相关人员注意做到以下几个方面。

第一,任何一个儿童都有健康的权利,都应当得到生命的尊重。因此,心理健康教育要面向全体儿童,要一视同仁地对待所有的学前儿童,尽可能地设计适合所有学前儿童的心理健康教育,让所有学前儿童都参与其中。

第二,在对学前儿童进行心理健康教育时,既要综合考虑到全体学前儿童共同的发展规律和普遍存在的问题,又要考虑不同儿童存在的差异,具体问题具体对待,通过有效的教育方法使每个学前儿童的心理健康水平在原有基础上得到提高。

第三,在以往的很长一段时间里,心理健康教育仅仅局限于心理治疗上,针对的是有心理问题的人。所以其覆盖面小,很难发挥真正的作用。而在新的时期,教育者一定要重新看待心理健康教育。学前儿童心理健康教育不应只面对有心理问题的学前儿童,而是要面向全体学前儿童,提高其整体的心理健康水平。

#### (四)保密性原则

保密性原则是指在对学前儿童进行心理健康教育的过程中,教师和家长及相关的教育者对学前儿童的心理问题等情况应该予以保密。贯彻这一原则,需要相关人员重点做到以下两个方面。

第一,在学前儿童心理健康教育过程中,教师和家长切忌在学前儿童面前议论其心理问题以及一些明显的缺陷,以免对其造成伤害。同时,教师和家长也有责任、有义务对所有涉及学前儿童心理健康隐私的相关信息做好保密工作。客观来说,公开议论学前儿童的问题是教育者的失职,也是对学前儿童人格的极大不尊重。

第二,在对学前儿童进行心理健康教育时,教师必须尊重与保护他们的人格,尊重他们的合理要求,还要积极与学前儿童建立起相互信任的心理基础,使之大胆讲出自己的心里话。

#### (五)活动性原则

学前儿童的心理发展往往是通过各种各样的活动实现的,因此,学前儿童心理健康教育也应通过活动来开展,这就是学前儿童心理健康教育的活动性原则。贯彻这一原则,需要相关人员重点做到以下几个方面。

第一,在开展丰富多样的活动时,教师和家长要注意适时给予学前儿童以指导。当教育者抓住时机,耐心地指导学前儿童,使其顺利参与活动时,学前儿童就会对成功充满信心,个性也就能够得到充分的体现。

第二,把游戏作为学前儿童心理健康教育的主导活动。游戏是儿童的天性,是儿童的生活。它不仅能够给学前儿童带来快乐,而且还对学前儿童的发展具有重要的教育价值。尤其是在创造性游戏中,学前儿童能够最充分地表达自己、认识自己、实现自我价值和潜能。这对培养其良好的心理素质有着非常重要的意义。

第三,自发活动与设计活动相结合。自发活动主要是指学前儿童根据自己的兴趣和水平,自主、自愿发起或参与的活动。学前儿童参与这种活动的积极性、主动性高,非常有利于其注意力、思维能力、想象力等智力因素和社会适应能力的发展。因此,它是学前儿童心理健康教育的重要途径。但如何预防学前儿童容易出现的心理问题,或怎样针对存在的问题给予引导和干预,仅依靠自发活动是无法解决的,需要教育者根据学前儿童的年龄特点和实际情况,有计划、有目的地设计一些生动、活泼的心理健康教育活动。这种专门设计的活动具有较强的针对性,能使学前儿童在教者有心,学者无意的教育情境中发展健康心理。

(六)协同工作原则

学前儿童心理健康教育具有很强的渗透性和联结性,因而我们不能将其作为孤立的工作形式来进行,要将其与学前教育机构的各项教育、教学工作进行有机的结合,要将其与家庭教育、社会教育充分结合,实现相互之间的协同发展。贯彻这一原则,需要相关人员重点做到以下几个方面。

第一,应以学前教育为基础,加强与家庭、社区的联系,充分利用家庭和社会资源,使学前儿童心理健康教育形成多方参与的局面,进行团队合作,更好地发挥各自的积极作用。

第二,具有专业水准的心理健康教育教师要与其他教师相互配合,取长补短,共同承担学前儿童心理健康教育的任务。

第三,学前儿童心理健康教育应做到充分地渗透。这主要应该做到:学前儿童心理健康教育要渗透于学前儿童一日生活的各个环节之中,在自然环境中提高他们的心理素质;心理健康教育要渗透到各种学前教育活动之中,与语言教育、科学教育、社会教育和艺术教育等内容有机整合,使心理健康教育的要求与德、智、体、美的教育要求结合起来;心理健康教育要渗透于学前教育机构的各项管理之中,以管理促发展。

(七)个性化与社会化相协调原则

个性化与社会化相协调原则,是指在学前儿童心理健康教育过程中,教育者既要重视学前儿童的社会化,培养社会发展所需的共同性的心理特征,又不能忽视学前儿童的个性化,抹杀他们的个性特征。贯彻这一原则,需要相关人员重点做到以下两个方面。

第一,注重学前儿童的社会化。社会性是人的一个重要属性。人和社会始终是紧密联系在一起的。因此,个体都会通过社会化来掌握社会中的一切行为规范、价值观念等。在学前儿童心理健康教育中,教育者必须有意识地通过各种活动来实现学前儿童的社会化。

第二,注重学前儿童的个性发展。在当今这个多样化的社会中,具有独特个性的人往往是受到人们的重视的。因此,学前教育工作者在心理健康教育中还应充分尊重学前儿童的主体地位,尊重每个孩子独特的人格特点。这需要教育者对每个学前儿童的性格、气质等特点有相当的了解。只有真正了解了学前儿童的性格、气质等特点,才能够充分尊重他们的个体差异,避免对他们进行不合理的横向比较,或者是按照成人的期望去教育他们。

## 第二节　学前儿童心理健康教育课程研究

学前儿童心理健康教育课程是培养学前儿童良好心理素质最重要、最直接的形式,也是学前教育工作的一个重要途径,具有系统性、连续性和目的明确性等特点。本节内容主要从学前儿童心理健康教育课程的设计与评估的角度出发,对学前儿童心理健康教育课程进行系统的论述。

## 一、学前儿童心理健康教育课程设计的核心内容

设计一个完整的学前儿童心理健康教育课程，应该包含确立课程教学目标、设置教学内容、选择教学方法，呈现课程设计思路这几个核心内容。

### （一）确立课程教学目标

确立学前儿童心理健康教育课程的目标，实际上就是要把培养个体的心理素质或心理特征具体地定下来。学前儿童的心理特征有很多，不可能培养所有的心理特征，必须是有针对性地、有选择性地加以培养。确立学前儿童心理健康教育课程的目标应要以学前儿童教育的总目标和学前儿童心理发展水平为依据，以维护和促进学前儿童心理健康。培养、提高学前儿童良好的心理品质和心理素质，使学前儿童学会适应、学会自理、学会关心、学会合作、学会交往、学会求知、学会创造，这应该成为学前儿童心理健康教育课程的总体目标。

在进行学前儿童心理健康教育课程的教学前，应该对学前儿童进行心理测试，测量他们的智力、气质、态度、性格等，并在此基础上给每一位学前儿童建立心理档案。例如，通过测试，发现学前儿童的理解能力、创造力、挫折容忍力、责任感比较薄弱，学习兴趣与合作精神也相对缺乏。据此，在遵循心理健康教育课程总目标的前提下，可以为学前儿童心理健康教育课程确立具体目标，如图 12-1 所示。

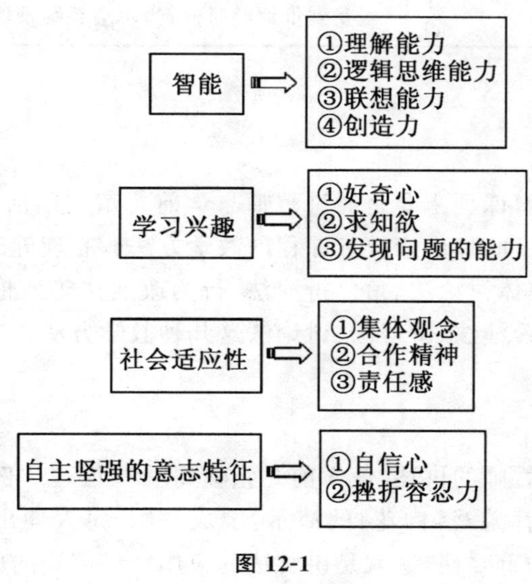


**图 12-1**

### （二）设置教学内容

以上述那个已经确立好的学前儿童心理健康教育课程目标（图 12-1）为例，针对 5～6 岁儿童的心理特点和知识水平，可设置“理解能力训练”“概念的形成”“创造力培养”等教学内容，具体如表 12-4 所示。

表 12-4 教学内容的设置

| 目标项目 | 设置的教学内容 |
| --- | --- |
| 理解能力训练 | 说说它的含义 |
| 概念的形成 | 什么是火;什么是水 |
| 创造力培养 | 废弃毛巾的妙用 |
| 好奇心的激发与培养 | 气球真好玩 |
| 兴趣的培养与发展 | 我喜欢…… |
| 解决问题能力训练 | 我该如何做 |
| 合作意识的培养 | 拔河比赛 |
| 合作性训练 | 手帕制造厂;一起完成拼图 |
| 责任感意识的培养 | 游戏结束后收拾场地和玩具 |
| 责任感训练 | 自己穿衣服;损坏玩具后的补救方法…… |
| 自信心的提高 | 寻找自己的优点 |
| 体验挫折 | 在周末评比中没有得到红花或没有受到教师的称赞时…… |
| 应付挫折 | 当受到批评的时候;当不会系鞋带的时候 |

(三)选择教学方法

学前儿童心理健康教育课程主要是通过教师与学前儿童共同活动来进行的,这些共同活动的方式可看成是学前儿童心理健康教育课程的教学方法。心理健康教育课程的教学方法有很多,如认知法、操作法、集体讨论法、角色扮演法、行为改变法等。根据学前儿童的身心发展特点,可采取讲解法、角色扮演法、游戏法、讨论法这几种教学方法。

1. 讲解法

这种方法主要是通过教师的讲述,使学前儿童懂得一些道理。例如,在“合作性训练”中,通过三四个学前儿童做体育游戏《钩花》的演示:围成一圈,每人伸出右脚,互相钩叠成花,之后,教师向他们讲解合作的重要性,这就是讲解法的应用。讲解法的应用形式还有讲故事。利用学前儿童喜欢听故事的心理,教师讲述一些与心理健康教育有关的趣味故事。例如,“创造力培养”可以讲述“司马光砸缸”的故事;“解决问题能力训练”可以讲述“曹冲称象”的故事;“责任感意识的培养”可以讲述“一个和尚挑水喝,二个和尚抬水喝,三个和尚没水喝”的故事;“体验挫折”可以讲爱迪生发明电灯的故事。

2. 角色扮演法

角色扮演法是一种通过学前儿童模仿某一种行为或替代某一种行为，从而影响心理过程的方法。它是以学前儿童为中心，实现教学互动的一种提高学前儿童参与积极性的教学方法。角色扮演法类似游戏，通过表演找出学前儿童的心理或行为问题，进而起到提高自我认识、减轻或消除心理问题、提高心理素质的作用。由于角色扮演法具有生动活泼的特点，不但能发展学前儿童的心理素质，而且能提高其多方面的能力，因此其使用频率较高。

3. 游戏法

对学前儿童进行心理健康教育，游戏法是最主要的方法之一，因为游戏是学前儿童最喜爱的活动。

根据学前儿童的认知发展水平，学前儿童游戏发展阶段可分为练习性游戏、象征性游戏(皮亚杰)。练习性游戏只是为了获得愉快的体验而重复某种动作。象征性游戏则是学前儿童的典型游戏，对学前儿童产生极其重要的影响。学前儿童通过扮演游戏中的某种角色或用玩具代替某种物品进行游戏，把自己的愿望和对现实生活的理解反映到游戏中。例如，一个学前儿童围着围裙，用沙土代替食物，模仿妈妈的样子炒菜做饭。象征性游戏，或者自我模仿和模仿他人，或者物模仿物、人模仿人，或者加入情节进行象征性的组合。

根据学前儿童的社会性水平，学前儿童游戏发展有六个水平：偶然的行为、旁观游戏、单独游戏、平行游戏、联合游戏、合作游戏。

美国迈阿密大学的 D. Bergen 等人综合学前儿童的认知和社会性水平，划分了 15 种学前儿童游戏类型，并给予了明确的操作定义和游戏举例，如表 12-5 所示。

**表 12-5　15 种游戏类型举例①**

| 游戏类型 | 游戏举例 |
|---|---|
| 1. 旁观—实践 | 观看学前儿童玩滑梯 |
| 2. 旁观—象征 | 观看另一个学前儿童给木偶“喂”面包 |
| 3. 旁观—规则 | 观看教师和学前儿童在玩“手拉手围成圈唱歌”的游戏 |
| 4. 个体—实践 | 独自踮着脚尖在楼梯跑来跑去 |
| 5. 个体—象征 | 让玩具动物“走路”和“说话” |
| 6. 个体—规则 | 按照特别的次序把玩具排成一排，并按照一定的规则移动玩具 |
| 7. 平行—实践 | 在别的学前儿童旁边画画，但互不相干，没有沟通和交流 |
| 8. 平行—象征 | 在屋内摆桌子，给布偶“喂”食物，而同时别的学前儿童也在使用布偶玩具 |

① 刘文：《幼儿心理健康教育》，北京：中国轻工业出版社，2008 年，第 13 页。

续表

| 游戏类型 | 游戏举例 |
|---|---|
| 9. 平行—规则 | 和别的学前儿童一起奔跑，但并不是与他们进行赛跑 |
| 10. 联系—实践 | 和另一个学前儿童在枕头上打滚 |
| 11. 联系—象征 | 与另一个学前儿童一起用积木“造”谷仓，给他递工具、材料，提建议 |
| 12. 联系—规则 | 与另一个学前儿童一起玩“轮换”的游戏，比如用车拉人 |
| 13. 合作—实践 | 与另一个学前儿童相互传球玩耍 |
| 14. 合作—象征 | 参加“过家家”角色游戏，当“爸爸”“妈妈” “爷爷”“奶奶” |
| 15. 合作—规则 | 和别的学前儿童参加捉人游戏、捉迷藏游戏 |

实际上，游戏还可分为竞赛性游戏和非竞赛性游戏；也可分为角色游戏、表演游戏、结构游戏、音乐游戏、智力游戏等。不同种类的游戏，对学前儿童起到不同的心理健康教育作用。例如，学前儿童参加竞赛性游戏可以培养其竞争意识和合作精神；而参加非竞赛性游戏可以减轻学前儿童的紧张或焦虑，从而体验到轻松愉快。

4. 讨论法

讨论不是个体的，它需要与他人进行交流和沟通。因此，在学前儿童心理健康教育课程里，运用讨论法可以沟通教师和学前儿童、学前儿童之间的思想和感情，激发学前儿童的参与热情，加深学前儿童的认识。例如，脑力激荡法通过集体的思考和讨论，使各种思想观念相互碰撞、激荡，从而发生连锁反应，由此产生了更多的全新的意见或想法。脑力激荡法通常应用于创造力训练、解决问题能力训练等课程之中。在运用脑力激荡法时，严禁批评参与者，从而让学前儿童能够自由畅想，想得越多，效果越容易达到，还可以改组、组合别人的想法。讨论法的运用，可以在全班进行，也可以在小组里进行。

在学前儿童心理健康教育课程的设计中，要综合应用各种教学方法，以取得最佳效果。

(四)呈现课程设计思路

在学前儿童心理健康教育课程的设计中，可采用主题系列单元的形式进行设计。首先，确立几个主题。其次，根据某一个主题设计不同的单元，循序渐进。仍以前面那个已经确立好学前儿童心理健康教育课程目标(图 12-1)为例，根据确立好的目标设计几个主题：提高思维能力，激发学习兴趣，培养合作性和责任感，发展自我意识。在每一个主题下设计三四个单元。例如，在“培养合作性和责任感”这个主题中，可以设计四个单元：“折箭”的故事、手帕制造厂、哪种做法是对的、损坏玩具之后，这四个单元从意识、行为方面培养学前儿童的合作性与责任感。一周完成一个单元的教学，同一周的其他活动也都围绕该单元而展开，从而把学前儿童心理健康教育课程内容渗透到其他各科教学与游戏当中。

在设计一个单元的过程中，要明确单元的教学目标，考虑单元教学课时、教学场地、教学活动方式和程序，做好相关的准备工作。其中，主要部分是该单元的教学活动步骤。例如，在合作性训练中，准备多块厚纸板，一面是动物图形，另一面是学前儿童熟悉的儿歌名称，再把每块厚纸板分割成四小块。然后安排以下几个环节：第一，打散分割的纸板，让每个学前儿童任取一块。第二，学前儿童寻找三个伙伴，以拼凑成完整的动物图形。第三，找到目标伙伴后，四个学前儿童一起牵手绕圈，同时唱纸板图形背面的儿歌。第四，所有学前儿童归位，围成圈儿，讨论自己寻找目标伙伴过程、找到目标伙伴后的心情。第五，教师作小结：只有友好合作，才能拼成漂亮的图形。

## 二、学前儿童心理健康教育课程的评估

通过评估，可以解答学前儿童心理健康教育课程是否有效以及有效程度等方面的问题。评估有统一认定的标准，采用系统、科学、客观的方法，收集学前儿童心理健康教育课程实施的相关资料和数据，对其进行价值判断，从而更好地进行改进，做出正确的决策。评估其实就是对学前儿童心理健康教育施行情况的好坏、成败进行价值上的判断。一个完整的学前儿童心理健康教育的教学过程必须包括评估这个方面。以下就评估的原则、类型及评估过程展开分析。

### （一）学前儿童心理健康教育课程评估的原则

由于学前儿童心理健康教育活动评估的范围比较广，内容也很多，各有侧重点，因此很有必要确定相关评估原则，以规范具体的评估活动，体现公平、公正、合理。

#### 1. 符合性原则

学前儿童心理健康教育课程评估应符合预先确立的目标。这个目标既是学前儿童心理健康教育课程活动设计的目标，也应该是其评估的基准。同时，学前儿童心理健康教育课程评估的方式方法也应该以目标为依据。目标的性质不同，评估方式和方法也应该有所不同。

#### 2. 适应性原则

学前儿童心理健康教育课程评估要适应学前儿童的心理特点。无论是评估的内容和方法，还是评估的过程，都要适应学前儿童的心理特点；否则，评估的资料和结论的有效性就会大打折扣，甚至是无效的。学前儿童心理健康教育课程强调面向单位全体的学前儿童，培养学前儿童全面平衡的心理素质。因此，按名次排列比较的评估方式是不提倡的，而应该重视运用诊断性评估和发展性评估。通过诊断性评估和发展性评估，可以找出学前儿童、教师及课程教学中存在的问题，不足和优点，找出对策，改正错误，弥补缺陷，发展优势。

#### 3. 科学性原则

学前儿童心理健康教育课程评估的工具与方法必须要科学、客观。学前儿童心理健康教育课程的评估工作要以原先的工作计划为依据，拟定科学的评估方案，设定客观的评估标准，采用有效的评估工具与方法，设计明确可行的评估步骤，确保评估结果的客观性、准

确性、有效性,减少个人主观臆测。为此,评估人员要注意方式方法的多样性,评估人员本身的多重性。

(1)方式方法的多样性

评估人员要注意使用多种多样的方式方法进行评估。在评估过程中,既要注意加强现场观察,又要注意查阅书面资料与记录,还要注意与评估对象进行面谈,同时采用口试与笔试、心理测验等方式方法。只有采用多样的方式方法,所采集到的数据才能更全面,起到互相印证的作用,最终获得可信的评估结论。

(2)评估人员的多重性

评估人员应该是多重性的。除教师外,学前儿童自己、同伴和家长,都应成为评估人员,以全面获取学前儿童有关方面的信息资料,从而更加有针对性地调整教学方法和手段。尤其需要注意的是,应鼓励学前儿童进行自我评估,以增强其自我驱动能力、自我监督能力、自我调节能力。

4. 综合性原则

学前儿童心理健康教育课程评估应该是综合性的,不是单方面的评估,而应包括多方面的内容,既包括认知目标、情感态度目标,也应该包括行为技能目标。教师和家长要想全面了解学前儿童的情况,了解其个性心理特点,有哪些不足与长处,就要采取有针对性的、有效的教育方法、措施,促进学前儿童健康发展。这一切都应该以获得全面、完整的评估资料为前提。完整的评估资料应该包括三大部分内容:学前儿童的一般情况、教育成果资料、评估意见反馈资料,具体如表 12-6 所示。

**表 12-6　完整的评估资料内容**

| 项目 | 相关表述 |
|---|---|
| 学前儿童的一般情况 | (1)学前儿童本人的情况,包括生理状况、成长状况、学习情况、品行状况等<br>(2)家庭成员情况,包括文化程度情况、职业状况、与学前儿童接触的情况等<br>(3)家庭环境情况,包括地区环境、家庭经济环境、家庭教育方式、双亲的爱好特长、学前儿童在家的兴趣爱好等 |
| 教育成果资料 | 学前儿童长期的追踪材料,学前儿童心理测验结果,与家长谈话记录,对学前儿童的观察记录,心理健康教育课程施行前后变化情况等 |
| 评估意见和反馈资料 | 评估意见和反馈资料主要反映的是教师、家长与学前儿童对心理健康教育活动的看法 |

(二)学前儿童心理健康教育课程评估的类型

一般而言,教育评估分为起始、过程、总结三种类型。因此,学前儿童心理健康教育课程评估也就相应地分为起始评估、过程评估、总结评估,它们既相互联系又相互区别。

1. 起始评估

所谓起始评估，就是指在学前儿童心理健康教育课程教学活动开始前进行的评价。起始评估的主要任务是评价学前儿童进入新的教学活动前所具有的前提条件，如学前儿童的能力、学前儿童的个性特点、学前儿童的心理或行为问题的类型，以及学前儿童的优缺点。起始评估的目的是把握学前儿童的不同学习准备状态，定性和定量地评估其能力、兴趣、性格和心理问题，然后制定相应的教学策略和教学方法。对起始评估所得的资料要做好整理、分析工作，并要保存好。因为它可以为课程设计提供参考，还可以作为评价课程教学效果的依据。学前儿童心理健康教育课程开始时和结束时的情况可以互相比较，从而对课程教学的有效性进行评判。

起始评估的方法有许多，如查阅以往对学前儿童的记录、查看学前儿童本人的心理档案、参考教师对学前儿童的评价，还可以采用各种心理测验的方法，对学前儿童心理特点和心理行为问题进行调查。

2. 过程评估

过程评估是在学前儿童心理健康教育与课程教学进行过程中实施的评价。过程评估的目的是收集有关学前儿童与教育教学活动的信息，从而适时、有针对性地调整心理健康教育课程教学的方式方法。过程评估通常涉及相关的过程评估量表，比较具有代表性的如课堂气氛记录表（表 12-7）。

**表 12-7　课堂气氛记录表（学前儿童用表）①**

| 成员行为 \ 成员编号 | | 1 | 2 | 3 | 4 | 5 | 6 | 7 | 8 | 9 | 10 | 总计 | 检讨与建议 |
|---|---|---|---|---|---|---|---|---|---|---|---|---|---|
| 抗拒行为 | 1. 独裁敌对 | | | | | | | | | | | | |
| | 2. 沉默退缩 | | | | | | | | | | | | |
| | 3. 缺席 | | | | | | | | | | | | |
| | 4. 自以为是、自大 | | | | | | | | | | | | |
| | 5. 吵闹、不守秩序 | | | | | | | | | | | | |
| | 6. 开玩笑 | | | | | | | | | | | | |
| | 7. 管家婆 | | | | | | | | | | | | |
| 操纵行为 | 8. 爱讲些无关话 | | | | | | | | | | | | |
| | 9. 成为指责批评目标 | | | | | | | | | | | | |
| | 10. 依赖、屈从别人 | | | | | | | | | | | | |
| | 11. 批评、语言攻击 | | | | | | | | | | | | |

① 郑雪等：《幼儿心理健康教育》，广州：暨南大学出版社，2006 年，第 8 页。

续表

| 成员行为 \ 成员编号 | | 1 | 2 | 3 | 4 | 5 | 6 | 7 | 8 | 9 | 10 | 总计 | 检讨与建议 |
|---|---|---|---|---|---|---|---|---|---|---|---|---|---|
| 协助行为 | 12. 倾听 | | | | | | | | | | | | |
| | 13. 遵照指示活动 | | | | | | | | | | | | |
| | 14. 领导 | | | | | | | | | | | | |
| | 15. 自我开放 | | | | | | | | | | | | |
| 情绪行为 | 16. 守密 | | | | | | | | | | | | |
| | 17. 发泄否定行为 | | | | | | | | | | | | |
| | 18. 肢体攻击 | | | | | | | | | | | | |
| | 19. 哭泣 | | | | | | | | | | | | |
| | 20. 情绪激动 | | | | | | | | | | | | |
| 检讨与建议 | | | | | | | | | | | | | |

说明：第一，在姓名栏上填写所有学前儿童的姓名。第二，观察每一个学前儿童每项行为出现的次数，在格子上画记，并计出总数。第三，在"检讨与建议"栏写下总评、注意事项与处理方法，供下次活动参考。

3. 总结评估

总结评估是在学前儿童心理健康教育课程教学活动结束时的结果评定，包括评估学前儿童心理健康教育课程教学活动的有效性，评估学前儿童的进步。这两个方面是相互联系的，学前儿童心理健康教育课程教学活动有效与否，要通过学前儿童的进步与否来体现。当然，二者的着眼点或侧重点也有不一样的地方，前者着眼于教师及其教学活动，强调对课程教学活动效果及优缺点的评估，而后者着眼于学前儿童及其学习活动，强调对学前儿童进步程度与存在问题的了解、评估。

(三)学前儿童心理健康教育课程的评估过程

学前儿童心理健康教育课程的评估过程应该包括图 12-2 标示的几个环节。

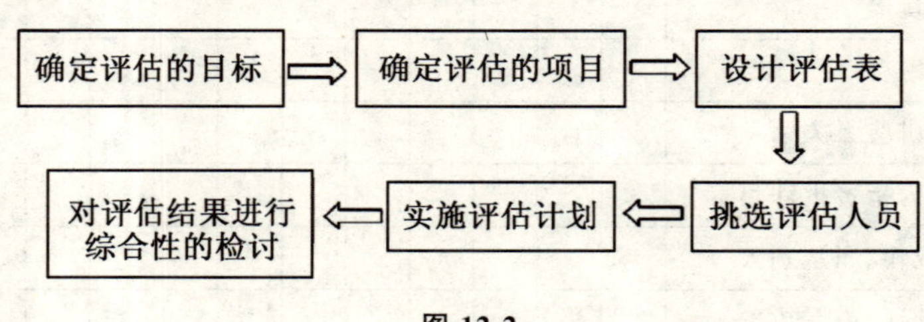


图 12-2

第一，确定评估的目标。实施学前儿童心理健康教育课程评估之前，应确定评估的目标，其相关方法与程序依目标而定。

第二，确定评估的项目。评估项目包括多个方面，如学前儿童心理健康教育课程教学工作的组织与运作、工作计划、师资、经费与设备、资料与档案、心理健康教育课程教学活动的实施情况等。

第三，设计评估表。确定了评估项目，可据此设计评估量表。评估量表的设计要求使用方便、准确可靠，表内的评价项目及内容应该是明确具体的。

第四，挑选评估人员。评估人员不但要有一定的专业知识，而且要有相关的心理健康教育工作经验，并且具有公正、求实的科学精神。

第五，实施评估计划。经过了前面四个环节，一切准备就绪，接着就是要按照计划展开评估活动，开始收集相关的信息资料。

第六，对评估结果进行综合性的检讨，同时要写出一份相应的评估报告。

经过以上六个环节后，评估工作基本终结。最后的收尾工作就是要用好评估资料，应用评估资料来判断学前儿童心理健康教育课程教学活动所取得的成效，鼓励进步，推动后进，发现问题并提出解决方案。

## 第三节　学前儿童心理健康教育实践中的问题及解决途径

### 一、学前儿童心理健康教育实践中的问题

心理健康在学前儿童的成长中具有重要的作用。随着生产力水平的不断发展，人们的物质生活水平日益提高，对心理健康的需求越来越明显。人们也越来越认识到心理健康教育要从娃娃抓起。基于此，国家教育部在颁布的一系列学前教育相关文件和《幼儿园教育指导纲要（试行）》中，都对学前儿童心理健康教育提出了一定的目标、内容与实施策略。但就目前的情况来看，我国学前儿童心理健康教育还不完善，无论是在观念和理论知识上，还是在具体的实施过程中，都存在一系列的问题。在当前阶段下，我国学前儿童心理健康教育实践中存在的问题主要体现在以下几方面。

#### （一）对学前儿童心理健康教育重要性的认识不够

目前，人们虽然对学前儿童心理健康教育的重要性有所认识，但程度远远不够。在很多幼儿园开展的健康教育活动中，身体保健活动多，心理健康教育活动少，心理健康教育被重视程度较低。如果教育者的心理健康教育观念只停留在认识层面，不转化为具体的心理健康教育的行为，那么，学前儿童心理健康教育终将难以顺利实施，也难以向前发展。

#### （二）缺乏关于学前儿童心理健康教育的科学理论体系

目前，我国学前儿童心理健康教育的理论研究更多的是停留在对表面现象的认识上，实质性的认识还很欠缺。在我国的学前教育实践工作中，各种形式的学前儿童心理健康教育机构用于指导学前儿童的文章和书籍大多比较凌乱，不能自成体系。有一部分学前教育机构虽然

引进了国外一些先进的理论和经验,但由于整合不够而不能体现其应有的价值。因此,构建关于学前儿童心理健康教育的一个科学的理论体系非常重要。

(三)学前儿童心理健康教育者的专业知识和技能更新缓慢

当前,我国从事学前儿童心理健康教育工作的主要是学前教师。在传统的学前儿童师范教育体系中,由于知识的更新没有及时跟上现实生活中形势的发展需要,所以就导致了许多学前儿童教师所掌握的专业知识和技能很难适应学前儿童心理健康教育的挑战和发展的需要的情况。在学前儿童教育工作中,学前教师常常对学前儿童心理问题产生的原因及如何有效地矫治,缺乏理性思考和更有效的方法。因此,要想真正实施好学前儿童心理健康教育,促进学前儿童的心理健康,学前儿童心理健康教育教师必须及时更新自己有关心理健康教育的专业知识和技能。

(四)家长对学前儿童心理健康教育的方式不恰当

家庭教育在整个学前教育体系中是不可分割的一部分。在传统的家庭观念中,家长主要负责孩子的吃、穿、住、行,孩子的身体健康等,而不关心孩子的心理是否健康。在这种观念下,家长的教育方式也相对落后。他们重视健康知识的灌输,而轻视良好行为习惯的培养;重视饮食营养的摄入,轻视心理安全需要的满足。通过不正确的教育方式培养出来的孩子往往没有责任心,缺乏好的行为规范,心理上也非常容易出问题。

(五)教师对待不同学前儿童心理健康教育的程度有所差别

通过一定的观察可以发现,我国很多学前教育机构中的教师对本班发展好的学前儿童常常在各种活动中给予更多的机会,而对班级中发展相对滞后的部分学前儿童则很少关注。这种情况必然会影响这些发展相对滞后的学前儿童的自信心,使他们产生不健康的心理。

(六)学前教育者对学前儿童的情绪教育力度不够

在当前的学前儿童心理健康教育中,学前教育者往往容易忽视学前儿童的情绪问题。情绪是人对客观事物态度的体验,在人的心理活动中的重要作用,是其他心理过程所不能代替的。因此,学前教育者应时刻注意学前儿童的情绪状态,当其出现痛苦、恐惧、愤怒等反应时,一定要了解原因,给予特别的关照,并利用一定的方法调节其情绪。

(七)学前教育者对学前儿童的人际关系教育比较欠缺

学前期是学前儿童人际交往发展的关键期。因此,在这一时期,要加强对学前儿童的人际关系教育。然而就目前的情况来看,很多学前教育者在这方面的教育还比较欠缺。例如,有些学前教师在处理与学前儿童之间的关系时,常常是自上而下的,总是专制地强迫学前儿童接受自己的一些想法,使得学前儿童产生不安全感和不信任感,甚至产生敌对情绪。为此,学前教育者一定要加强自身素质的提高,努力重视对学前儿童人际关系的教育,教他们一些交往技能,或是引导其他学前儿童主动与内向的同伴交往,否则这些内向的学前儿童很容易产生心理障碍。

## 二、学前儿童心理健康教育问题的应对策略

对于学前儿童心理健康教育中存在的问题，可以通过以下几种策略进行应对。

### （一）开展丰富多彩的活动

在学前教育实践中，学前教育机构的各类丰富多样的活动都是实施心理健康教育的重要途径。例如，游戏是学前儿童合群性的养成、独立性的培养的较好手段，很多幼儿园都比较重视游戏的创设与组织。有的幼儿园除了有丰富的游戏活动，还定期开展亲子游戏、春游、学前儿童体操、韵律操比赛、参观、运动会、文艺演出等活动，它们都蕴含了心理健康教育的内容，不仅可以有效地拓宽学前儿童活动的范围和领域，还能极大地丰富和充实学前儿童的生活，使学前儿童通过活动获得心理的健康发展。

### （二）在一日常规生活中全面渗透心理健康教育内容

学前儿童的一日常规生活往往蕴含着心理健康教育方方面面的教育因素，既有兴趣、情感成分，又有意志、个性成分；既有智育因素，也有德育因素。教育者应当科学、合理地安排和组织好学前儿童的一日常规生活，对学前儿童的日常生活进行常规指导和训练，以此实施对学前儿童的心理健康教育。

### （三）对学前儿童进行随机教育

这里的随机教育就是指根据临时出现的意想不到的突发事件进行有针对性的、有效的心理健康教育。这种捕捉稍纵即逝的潜在教育因素进行有效指导的方式，往往有着出人意料的教育效果，能切实培养和巩固学前儿童良好的个性和心理品质。例如，在绘画教育活动中，有的学前儿童因不会画而哭，有的干脆把笔一扔不画了。遇到这种情况，教师就应抓住机会，进行随机教育，使孩子知道遇到困难，要积极想办法，哭是没有用的，并组织孩子们进行讨论，寻找解决困难的办法。这样非常有利于锻炼学前儿童克服困难、完成任务的意志品质，非常有利于孩子自信心的建立。

### （四）开展专门的心理健康教育活动

专门的心理健康教育活动往往会根据儿童在学前期的生理和心理上的个体差异，有针对性地进行教育。开展专门的心理健康教育活动，教师可从以下两个方面进行。

第一，有目的、有计划地开展专门的心理健康教育主题活动或具体的心理健康教育活动，促进学前儿童心理健康水平的发展。

第二，有针对性地对有不良心理问题的学前儿童进行个别辅导和系列的行为矫正，必要的时候进行心理咨询。

### （五）重视家园合作

家园达成共识，协调教育方法，统一教育要求，是促进学前儿童心理健康发展的一个重要

保证。具体来说,学前儿童心理健康教育的家园合作可通过以下几个途径进行。

1. 家长参与幼儿园的心理健康教育活动

这要求家长积极主动地参加幼儿园开展的与学前儿童家庭心理健康教育相关的一切活动。作为家长,要充分利用幼儿园开展家庭心理健康教育活动的机会,与幼儿园教师进行沟通和交流,与其他的家长进行交流、相互协作,进而提高自身的心理健康教育素质,以更好地对孩子的心理进行引导。

2. 电话访谈

电话访谈是家长积极主动参与幼儿园心理健康教育工作的一种较为方便快捷的途径。它也是目前采用的最普遍高效的一种家园合作的方式。家长可以通过电话及时地向教师咨询教育子女的心理困惑、交流学生心理健康教育的心得体会,还可向教师了解幼儿园的心理健康教育活动、了解孩子在幼儿园的具体表现情况,从而更有针对性地促进学前儿童身心的健康发展。

3. 家访

家访是教师进一步了解学前儿童心理健康状况的重要方式,同时也是家长了解学前儿童在园信息的重要手段。家访的核心是家长和教师间的良好沟通。家长和教师的沟通应当以对孩子的理解为前提,要正确评价孩子,要根据孩子的具体情况给出具有针对性的意见。有经验的优秀教师在家访中通常不会对家长进行直白的说教。说教会使家长处于一种无能、无知的尴尬境地,其最终的结果除了彰显了教师的优越感外,只能进一步损伤家长的自尊心,引起家长的不满、焦虑。因此,幼儿园教师应该在家访中试着找出家长对某些事情的内心看法,试探家长内心的解决办法,尽可能地避免告诉家长要怎么做,或不要怎么做。总而言之,在家访过程中,教师要学会聆听家长的想法。

4. 浏览家园合作网站

家长要积极主动地去浏览幼儿园开设的家园合作网站,尽可能多地了解与学前儿童心理健康教育相关的内容,了解家园合作的相关政策法规,查阅与学前儿童心理健康教育相关的教育资料和教育案例。同时,家长也要利用家园合作网站与幼儿园教师进行咨询、沟通和联络等。

(六)重视心理咨询与辅导

与一般的心理咨询与辅导不同,学前儿童的心理咨询与辅导主要是根据学前儿童心理发展的特点与规律,由受过专业训练的教育者运用心理学的理论和技术,以活动为基本方式,通过设计和组织,让学前儿童进行角色扮演,引发学前儿童的主观体验和感受,从而对他们的心理状态产生积极的影响,达到改善其心理健康水平的一种方法。面对现代社会中越来越多的学前儿童出现的心理问题,心理咨询与辅导是很有必要的。

心理咨询与辅导一般用于遇到心理困惑或有强烈心理冲突与矛盾的学前儿童或有不良行

为与心理障碍的学前儿童。当然，也可以面向全体学前儿童，开展小组或团体心理咨询和辅导。从根本上来说，学前儿童心理咨询与辅导是建立在教育者与学前儿童良好的人际关系基础上的，其实质是一种疗育的过程，是需要教育者、心理专家、家长的协同介入，以致使学前儿童产生某种合理的转变、促使其健康成长的过程。学前儿童要在专业的教师指导下开展活动，积极矫正学前儿童的心理健康问题，促使他们的心理健康地发展。

# 第十三章　学前儿童常见的心理问题与矫治

学前儿童常见的心理问题主要是指学前儿童的不正常行为。要想维护学前儿童的心理健康,就必须首先了解学前儿童常见的心理卫生问题及其矫治的方法。本章内容主要对常见的学前儿童的习惯行为问题和特殊行为问题及其这些问题的矫治措施进行专门的分析与探讨。

## 第一节　学前儿童的习惯行为问题与矫治

学前儿童在成长的过程中会养成一些习惯行为,有些习惯行为会在一定程度上影响学前儿童的心理健康,成为习惯行为问题,这些习惯行为问题通过一定的措施是可以矫治的。本节内容主要对学前儿童主要的习惯行为问题与矫治进行研究。

### 一、吮吸手指、咬指甲问题

(一)吮吸手指

吮吸手指是学前儿童反复自主或不自主地吮吸自己手指的行为。根据弗洛伊德的心理发展理论,0～1岁的婴儿处于口唇期,吮吸手指能够满足其口欲,有利于其性心理的发展,也有利于调节自己的情绪。所以说,此时学前儿童的吮吸是正常的生理反射。一般来说,吸吮手指的行为一般开始于3～4个月的婴儿,18个月时达到高峰,2岁以后吸吮手指的行为将逐渐消失。但如果学前儿童在整个学前儿童期一直出现将手指放在口中吮吸的习惯性行为,就属于一种心理问题。

1. 吮吸手指的原因

学前儿童吸吮手指行为通常在父母离开、疲劳、沮丧、饥饿、想睡觉时发生,尤其在身体不舒服时,这种行为会加剧。从根本上来说,学前儿童出现吮吸手指行为的原因主要有以下几点。

(1)生理因素。由于学前儿童口唇期的依存欲望未能得到满足,因此口唇欲望很强,导致经常吮吸手指。

(2)心理紧张焦虑。家庭不和、父母离开、受到成人批评和训斥等会导致学前儿童心情焦虑,情绪过度紧张,从而引起吮吸手指行为。

(3)环境与教育因素。如果在对学前儿童进行喂养的过程中,喂养不当,没让其吃饱或者没有玩具满足其自娱自乐的需要，都会使学前儿童以吮吸手指的方式来抑制饥饿或满足吮吸的需要。另外，如果学前儿童长时期缺乏父母的爱抚和关心，也会因为爱的缺失而养成吮吸手指的习惯。

#### 2. 吮吸手指行为的矫治措施

(1)采取正确的教养方式，尽量让学前儿童吃饱并满足其吮吸的需要和欲望；给学前儿童更多的关注和爱，多与其交流感情、进行肌肤接触，只有使学前儿童在心理上获得了安全感和满足感，才能抑制其吮吸手指的不良习性。

(2)注意调节学前儿童的情绪，给他创造一个充满乐趣的环境，消除引起其心理紧张的各种因素，使其处于一种轻松的心理状态之下。

(3)转移注意力。尽可能地在学前儿童吮吸手指时把他的注意力转移到新玩具、有意义的游戏或其他活动中去，逐渐纠正其不良习惯。教师和家长都要耐心地解释吮吸手指的不良后果，切勿打骂、恐吓或嘲笑学前儿童，更不要采取强制制止的办法，否则适得其反。

(4)一些较大的学前儿童具有顽固性吸吮手指行为，这时，可采用行为矫正法。这种治疗方法主要是通过一些正强化物来逐渐治疗。在矫治前，要选择一些按由弱到强的顺序排列的正强化物。以下是具体的治疗过程。

在治疗开始时，教师可用亲切的口吻向学前儿童解释吮吸手指的坏处，让其明白这是一种不好的行为。然后，告诉他："如果你不吮吸手指，老师会奖励给你一样东西。"这样，每当学前儿童立即停止吮吸手指的行为或吮吸次数明显减少时，教师就立即给予奖励，并告诉他，这一奖励是因为他努力改正吮吸手指行为有了进步。

接下来，当学前儿童吮吸手指行为有明显改善时，教师要不失时机地对他提出更高一层的要求，并配置更强的正强化物。当学前儿童达到这一要求时，老师就奖励他更好的东西。

当学前儿童的吮吸行为有明显改善时，教师便可减少强化次数，逐步以社会性强化物代替具体强化物，使学前儿童逐渐脱离强化程序，比较顺利地进入自然状态，彻底消除吮吸手指行为。

### (二)咬指甲

咬指甲是学前儿童反复出现自主或不自主地啃咬指甲的行为。严重者还会变为啃咬脚趾甲。咬指甲行为多见于3岁以上学前儿童，随着年龄的增加发生率是呈下降趋势的。

咬指甲一般与吮吸手指并存，但两者是有区别的。学前儿童在吮吸手指时，一般显得较从容，不慌不忙；而咬指甲时，动作明显较快，并且似乎有些神经质和具有攻击性。

学前儿童咬指甲的程度轻重不一，大多数学前儿童啃咬到指甲顶端凹凸不平，不能覆盖指端，极少修剪指甲，严重者可将指甲或指甲周围的皮肤咬出血，可合并感染，如甲床炎、甲沟炎，有的甚至引起整个指甲脱落或手指端变形。

#### 1. 咬指甲的原因

学前儿童咬指甲是较常见的行为问题，一般发生在情绪紧张或者抑郁的情况下。当学前儿童情感不能充分表达出来时，或者精神焦虑、过度紧张、家庭不和睦、心情矛盾冲突、适应困难时，就会产生咬指甲的行为。

2. 咬指甲行为的矫治措施

(1)日常生活中要加强学前儿童卫生习惯的培养与训练。经常检查，发现学前儿童指甲长长了，就要及时修剪。家长及教师都应该给学前儿童讲一些卫生常识，告诉其指甲里有很多脏东西，常咬指甲会把细菌和虫卵吃进肚子里，会生肠炎或肠道寄生虫病。

(2)学前儿童出现咬指甲行为时，不要批评和责怪他们，也不要过于关注这种咬指甲的行为。要进行耐心的说服教育，以谈话方式，进一步了解其咬指甲的原因，对症下药。

(3)找出学前儿童情绪困扰、焦虑的原因，对症来缓解其压力，然后慢慢减轻或消除其啃咬指甲的不良行为。

(4)通过理解学前儿童的心理状态及周边环境，引导他把注意力转向玩具、游戏和学习活动，让其多参加各种有趣的活动。

(5)鼓励强化学前儿童的良好行为。只要学前儿童不咬指甲，就加以鼓励和表扬，时间可由短逐步变长，直至学前儿童的咬指甲行为完全消退。另外，由于学前儿童容易模仿别人，因此，成人应注意防止学前儿童与喜欢咬指甲的学前儿童接触。

## 二、睡眠问题

睡眠状况是个体健康情况的一个重要指标。不同的个体有不同的睡眠时间(数量)与熟睡程度(质量)。一般而言，在 1 岁时，大约 90％的婴儿能每晚无间隔地睡眠 5 小时以上；5 岁时，学前儿童全天要睡 11～12 个小时。对于学前儿童的心理发展而言，充足的睡眠时间和良好的睡眠质量是非常重要的。但是，一些学前儿童经常会因各种原因而出现入睡晚、夜惊、梦游、梦魇等现象，这就是所谓的睡眠问题。下面主要分析论述一下学前儿童睡眠问题中的夜惊及梦游。

### (一)夜惊

夜惊是学前学前儿童在睡眠中突然出现的短暂性惊恐反应。4 至 6 岁的学前儿童极易发生此现象，并且一般男孩多于女孩。

有夜惊现象的儿童一般会在入睡一段时间后，突然坐起，或尖叫或哭喊，或瞪目直视或双眼紧闭，极为惊慌和恐惧；有时还会非常激动地自言自语。另外，夜惊发作时一般还伴有心率加快，呼吸急促，瞳孔扩大，全身出汗等明显的自主神经症状。当大人对其呼唤或安慰时，他又对周围事物毫无反应，很难唤醒，发作持续 3 至 5 分钟后仍能平静入睡，次日一般不能回忆起发作经过。严重者一夜能发作几次。

1. 夜惊的原因

(1)学前儿童出现某些疾病时会引起夜惊。比如，有的学前儿童患有鼻咽部疾病，导致睡眠时呼吸不畅引起夜惊；有的学前儿童因患有肠道寄生虫病，导致肛门瘙痒而引起夜惊等。

(2)家庭不和、学前儿童与父母分离、家中亲人去世、受到成人的严厉责备、睡前看了较为紧张或恐怖的电视，或目睹了悲惨的意外事故等，会使学前儿童焦虑、不安、心理压力大，从而导致其出现夜惊现象。

(3)学前儿童具有不良的睡眠习惯。例如，学前儿童在睡眠时将手压在胸口上等也会引起夜惊。

#### 2. 夜惊的矫治措施

(1)针对疾病因素，家长要及时治疗学前儿童的有关疾病，如鼻咽部疾病和蛲虫病等。

(2)应避免学前儿童睡前过度兴奋或惊恐，消除其紧张不安的情绪。特别对于一些性格上比较胆怯的学前儿童，更应该给予更多的关照，亲切耐心地对待学前儿童，稳定他的情绪。

(3)逐步培养学前儿童良好的睡眠习惯，按时就寝，保证有规律的作息。家长和教师应注意动静交替、有张有弛，在白天不使学前儿童运动量过大；在睡前不让学前儿童吃得过饱；睡时注意学前儿童的睡姿等。

(4)当学前儿童发生夜惊现象时，要防止意外发生，通过抚摸或轻轻地说话等方式帮助学前儿童重新入睡；严重的患儿，可在短期内服用小剂量安定。

### (二)梦游

梦游就是指人在睡眠中无意识地走动或做出其他无意识的行为的症状。一般发生在前半夜，这在五六岁的学前儿童群体中比较多见，也是男多于女。

学前儿童的梦游现象主要表现为：学前儿童在睡眠中突然起床，意识不清，在周边走动或做些穿衣、开门、搬动杂物等简单或复杂的动作，表情茫然呆滞，神志迷惘，喃喃自语，大人一般难以唤醒。持续几分钟后又上床入睡或睡于他处，醒后对夜间行为多不能回忆。

#### 1. 梦游的原因

(1)遗传因素。50%以上梦游的学前儿童都有家族遗传史。

(2)生理因素。学前儿童大脑皮层发育远未成熟，大脑抑制功能不完善。因此，学前儿童容易发生梦游。不过，这随着年龄的增长会逐渐减少。

(3)情绪紧张、焦虑。一些学前儿童在白天过于兴奋、紧张、不安，不良情绪得不到缓解或身体活动量太大时，夜晚就容易引起梦游。

(4)父母的教养方式。很多时候，父母过于严厉，就会增加学前儿童的心理负担，学前儿童就很容易以“梦游”的方式来宣泄，达到心理平衡。

#### 2. 梦游的矫治措施

(1)查明原因，排除机体因素。若属功能性的，多数会随着年龄的增长而自行消失，不必进行特殊的治疗。

(2)注意调节学前儿童睡前的情绪。安排好他的生活，避免白天过度疲劳和长期的睡眠不足。另外，父母的教养态度要一致，不在睡前训斥学前儿童，排解不良情绪。

(3)积极培养学前儿童活泼开朗的性格。父母要多与学前儿童沟通，尽量引导学前儿童将心里的事说出来，不要郁积于心。

(4)当学前儿童的梦游症发作时,注意加强保护工作,在其可能活动的范围内尽量清除障碍物,特别注意在睡前将窗、门等上锁,各种危险品要经常检查和清除。此外,不应在学前儿童面前谈论梦游一事。

## 三、进食问题

学前儿童常见的进食问题有厌食、偏食、贪食等。进食问题严重影响着学前儿童的生长发育,因此,成人必须对其重视起来。以下主要对厌食和偏食进行相应的分析。

### (一)厌食

厌食主要是指学前儿童拒绝吃某一种食物,或挑吃自己喜欢的食物,或对任何食物都不感兴趣。这对父母来说是一件非常头疼的事。学前儿童厌食所伴随的症状主要有呕吐、腹泻、食欲不振、便秘、腹胀、腹痛和便血等。厌食的学前儿童往往面黄肌瘦、皮肤干燥、精神萎靡不振。此现象多见于1～6岁的学前儿童。

#### 1. 厌食的原因

(1)生理疾病。当学前儿童患有肝炎、贫血甚至感冒发烧等疾病,往往会出现食欲减退,厌食的症状;另外,学前儿童体内缺乏锌、维生素B等营养素的时候,也会发生厌食症状。

(2)喂养方式不当。父母如果经常强迫学前儿童吃饭,会给学前儿童造成负担,更加不愿进食;学前儿童在进餐前活动过度,也会导致其没有食欲。

(3)学前儿童的消化系统尚未发育成熟,对一些较粗硬或需细嚼慢咽的食物没有兴趣,而对吃糖果及零食极为喜欢,尤其是膨化食品,这会影响其胃口,使得他们对正餐不感兴趣,导致厌食。

(4)不良的进餐环境导致学前儿童情绪不快,从而影响食欲,导致厌食。例如,有的父母喜欢在进餐时间教训子女,有的父母过于重视餐桌礼仪,这都会影响进餐气氛,使学前儿童带着不快乐情绪进餐,从而影响了食欲。

(5)现代社会中,父母都有自己的工作,学前儿童一般由老人照顾,老人十分宠爱学前儿童,会对学前儿童的厌食情况进行一味的迁就,长期便会加重学前儿童的进食障碍。

#### 2. 厌食的矫治措施

(1)建立合理的膳食制度,培养学前儿童良好的饮食习惯。父母或幼儿园厨师应注意烹调技巧,尽可能地使食物色香味俱全。最好把少量的学前儿童不爱吃的食物搭配其他食物一起烹调,使学前儿童不知不觉地吃进去。平时也要训练学前儿童节制零食。比如,不买太多零食回家;规定饭前一小时不吃零食;不吃零食进行其他奖励等。

(2)无论在家里还是在幼儿园都尽可能地营造和保持进食时轻松愉快的环境,以增进学前儿童的食欲。倘若学前儿童不想吃饭,切忌强迫。父母不要过分关注学前儿童吃饭问题,也不要刻意规定学前儿童吃多少或强迫他们吃不愿意吃的食物,应当让学前儿童感到进食是一件快乐的事。

(3)适当增加学前儿童的活动量。活动能够促进学前儿童的新陈代谢,加快对食物的消化吸收,使学前儿童有饥饿感,从而减轻厌食行为。

### (二)偏食

偏食是指学前儿童在饮食上出现的明显的偏好现象。这也是一种不良的习惯,会使营养失去平衡,影响学前儿童的正常发育和健康。

#### 1. 偏食的原因

(1)当学前儿童换牙或生病时,会影响其食欲,使其只偏好吃某些食物。

(2)成人过分迁就学前儿童的喜好,只要是其喜欢吃的,就一味满足他,时间一长,就养成了学前儿童的偏食习惯。

(3)当父母本身就有偏食的习惯,并一直没有改正时,学前儿童就会模仿父母,逐渐形成偏食。

(4)一些学前儿童对某些食物(如海鲜等)会有过敏反应,这也会导致偏食。

#### 2. 偏食的矫治措施

(1)对学前儿童爱吃的食物要加以控制,不能过分迁就学前儿童,如果控制住其爱吃的食物就能够避免他过早地填饱肚子而失去吃其他东西的兴趣。

(2)注意烹调方法,以增强学前儿童的食欲,矫正其偏食习惯。在烹调时,可暗暗把学前儿童不喜欢吃的食物放在他最喜欢吃的食物中,由少到多,使他渐渐地习惯吃。

(3)多讲一些营养学的知识给学前儿童听,通过改变学前儿童对一些食物的偏见和认知偏差,来达到纠正偏食的目的。

(4)运用榜样示范法来纠正学前儿童的偏食。在家里,家长切忌在学前儿童面前流露出自己对食物的偏好,同时,也要积极地改正自己的偏食习惯,给学前儿童树立好的榜样。在幼儿园,教师可以通过表扬不偏食的学前儿童,让偏食的学前儿童进行观察和模仿,使其受到潜移默化的影响。

(5)运用正强化法。一旦学前儿童出现不偏食的良好行为,便及时给予肯定、鼓励和表扬。

## 四、遗尿问题

在不同年龄段,学前儿童对大小便的控制方面存在较大的差异。一般而言,1～2岁的学前儿童尚不能控制大小便;2～3岁学前儿童中约有80%以上可以主动控制大小便,但对夜间尿的控制较差;4～5岁学前儿童中约有80%以上可以控制夜尿。4岁以上绝大多数学前儿童已经可以控制大便,5岁以后能控制夜尿。如果在5岁以后学前儿童依然不能有效地控制自己的大小便,则将出现遗尿问题。因此,遗尿就是指学前儿童在5岁以后仍不能控制自己排尿,白天或夜间睡眠中不自主排尿的现象。

(一)遗尿的原因

(1)遗传因素。约有70%的患儿有阳性家族史。在双生子的研究中,也有相当高的同病率。据此,一些学者认为,控制排尿的神经机制是否成熟可能受遗传因素影响。

(2)疾病因素。当学前儿童患有膀胱炎、糖尿病,或神经系统发育不全等,都会产生遗尿症。

(3)心理和环境因素。一般,当学前儿童受到惊吓、精神紧张、焦虑、抑郁、多动、好发脾气时,就很容易产生遗尿现象。在学前儿童早期,如果突然遭遇重大生活变故,如父母离异或伤亡、分离、入园、搬迁等,常会使学前儿童因为惊恐而破坏了正在建立的或刚刚建立起来的自控排尿能力而导致遗尿。其实,遗尿本身也是一种精神紧张的刺激,它反过来又会加重遗尿现象。

(4)梦境影响。很多时候,学前儿童会因为梦见上厕所而真的开始小便。

(5)训练不当。如果父母对学前儿童排尿习惯的训练过早或训练方案过于粗暴,就很有可能造成自我排尿控制的紊乱。研究表明,最适合的排尿训练时间是在1～2岁期间。如果过早训练,由于此时学前儿童在认知和语言发育方面尚未成熟,难以承受复杂的自控排尿训练,反而可能造成不当后果。

(二)遗尿的矫治措施

1. 培养良好的排尿习惯

排尿是一种条件反射,建立良好的条件反射,就需要良好的刺激,反复学习、巩固强化。因此,成人要十分注意学前儿童良好排尿习惯的培养。

首先,在学前儿童晚餐后,要适当控制其饮水量,上床前排尿。

其次,在学前儿童习惯尿床前半小时,应将其唤醒,使其在清醒状态下排尿。

最后,应对好的排尿行为给予及时的奖励和表扬,不责备、不讥笑学前儿童偶尔出现的尿床行为,一定要维护学前儿童的自尊心。

2. 消除学前儿童的心理因素

首先,要主动寻找学前儿童可能存在的心理矛盾及可能导致遗尿的精神因素,并努力及时地解除这些因素,同时,要给予学前儿童充分的理解、信任、关心和爱护。

其次,要防止周围的人给学前儿童施加压力,减轻其因为遗尿而产生的自卑感和羞耻感,耐心地鼓励和训练学前儿童正常的排尿能力和习惯。

3. 进行适当的行为治疗

(1)警铃—褥垫治疗

这种治疗方法具体的治疗过程为:将患儿安置在一个特别的褥垫上睡觉。在这个褥垫上,安装有一个与蜂鸣器相联接的电路,但在褥垫中央这个电路被纸片隔开,使蜂鸣器无法接通。一旦患儿开始遗尿,纸片受潮,就会使电路恢复通路,蜂鸣器便开始振响。铃声促使患儿及时起床排尿,帮助其形成按时控制膀胱反射的合理行为。这样多次练习后,患儿就会形成一定的反射行为，即使没有警铃提醒，也能够按时排尿。对于这项治疗方法，后来又有一些学者进行了一定的改进，只要有一滴尿排出即做出反应，这直接影响了患儿的下意识活动，使得训练效果更好。

在进行警铃—褥垫治疗时，需要注意以下几点。

①在临睡前，患儿需要进餐的话，应尽量吃含水分多的食物或流质，以便在夜里能使警铃充分发挥作用。

②家长和学前儿童对夜里可能会出现的警铃声要有所准备。每晚睡前要仔细检查有关装置。

③在睡觉时，患儿可脱去睡裤或内裤，以便警铃能在最短时间内作出反应。

④一旦警铃响起，家长应即刻指导学前儿童起床排尿，此时学前儿童应是完全清醒的。

⑤在学前儿童排完尿回到床上前，家长应重新更换褥垫，以便继续发挥作用。

⑥家长对患儿取得的进步，要及时给予鼓励和奖赏，偶尔出现反复，不要斥责和惩罚。按照正常情况，绝大多数学前儿童在 4～8 周的治疗时间后，就会彻底消除遗尿症状。

(2)膀胱张力控制训练

通常情况下，有遗尿行为的学前儿童每天排尿次数一般比正常学前儿童要多，但每次的排尿量却少于正常学前儿童。针对这种情况，可以通过训练增加患儿膀胱尿量和减少排尿次数来进行治疗干预。具体治疗过程为：先测量学前儿童的膀胱容量，然后采取行为塑造的策略进行训练，让患儿尽量保持膀胱的张力，逐渐减少排尿次数和增加排尿量。训练从白天活动开始，逐步扩展到对夜晚行为的控制。

在训练过程中，成人要鼓励患儿尽量放松自己，只要喜欢即可无限制地饮水。当学前儿童想要排尿时，要求他们“忍住”，等到 5 分钟以后才让他们上厕所。这样，随着患儿的适应，治疗者要逐步延长他们忍耐的时间，直到患儿能忍受 30～45 分钟为止。一般情况下，绝大多数患儿能够在 3 周甚至更短的时间里学会这种控制行为。

治疗者或父母应注意的是，当患儿出现控制行为时，要及时给予表扬或其他形式的强化，并记录学前儿童控制排尿时间及排尿量方面的变化情况，如表 13-1 所示。

**表 13-1 一般儿童学习排尿控制的顺序表**

| 年龄 | 排尿控制内容 |
|---|---|
| 4 周 | 婴儿在睡眠中排尿时，多半哭闹一阵，有时会有一点朦胧醒来状 |
| 16 周 | 每天排尿次数开始减少，而每次排尿量却有所增加 |
| 28 周 | 给婴儿每换一次尿布，可能已有多次排尿，但干燥尿布的最长时间已经可以维持 1～2 小时 |
| 40 周 | 午睡醒来或乘小推车上街回来，可能还保持着尿布干燥。母亲把孩子放在尿盆上，可能会偶尔获得“成功” |
| 1 岁 | 午睡后保持干燥，时常对湿尿布感到不能忍受了，并哭闹着直到更换了干净尿布后才能安静下来 |
| 15 个月 | 开始愿意坐在便盆上，并且高兴的时候也会乖乖地排尿。但有时候也会反抗，即当你把他放在尿盆上，他反而忍住小便，刚把他抱起来，他却又立刻撒起尿来了。尽管如此，不排尿的时间距离可以拉长到 2～3 小时 |

续表

| 年龄 | 排尿控制内容 |
| --- | --- |
| 16 个月 | 问他要不要小便，他可能点点头表示“要”或说出“不要”，有时候也会以“嘘嘘”来表示要小便。对于溺出来的小便，可能会表示害羞，或把溺湿的裤子拉出来给你看 |
| 21 个月 | 一般排尿前会报告，对于成功地尿在尿盆里会感到高兴。但排尿次数增加，也会常常尿湿裤子 |
| 2 岁 | 有较好的控制排尿能力，对坐盆已经不加抵抗，常常会主动表达他要坐盆的需要，或走到尿盆前拉下自己的裤子。如果夜里被抱起坐一次尿盆，一般一夜之间都不会尿湿。不过，这样做有时可能会影响学前儿童的睡眠 |
| 2 岁半 | 闭尿的时间拉长，可能长达 5 小时之久 |
| 3 岁 | 已经会按时坐盆，很少尿在裤子上；可能整夜都不排尿，或会自动醒来，要求大人把他抱起去撒尿 |
| 4 岁 | 有按一定时间排尿的习惯 |
| 5 岁 | 已会自己排尿，但有时候需要人提醒一声。白天几乎不尿裤子；夜里也只是偶尔发生意外，夜里如果要排尿时，基本上会自动醒来，并向父母报告 |
| 6 岁 | 能自己负责，在必要时可以十分紧促地赶去上厕所，很少有意外。如果需要的话，夜里也能自行去上厕所 |

## 五、习惯性阴部摩擦问题

习惯性阴部摩擦，是指学前儿童经常或反复用手或其他物件摩擦自己外生殖器的行为。该行为一般在学前儿童入睡前或刚醒时进行，持续数分钟，有时会引起面色潮红、眼神凝视或不自然等现象。大多数学前儿童在其生长发育过程中都出现过或轻或重的这类行为，通常男孩多于女孩。1 岁左右的学前儿童在换尿布时就会探索自己的生殖器；3 岁左右的学前儿童已经注意到性别的不同，对异性不同于自己的生殖器会感到好奇；到了 4 岁，学前儿童想上厕所时可能会摸着自己的生殖器，年龄再大些，学前儿童会出现玩弄自己的生殖器的现象。例如，双腿交叉上下摩擦，或将东西塞到两腿间摩擦，或两腿骑跨于某些东西上摩擦等。

习惯性阴部摩擦行为经常被人们认为是不道德、伤身体的行为，家长和学前儿童对此都难以启齿。其实不然，家长及教师应当有一个正确的态度，以免学前儿童向着更严重的方向发展，从而影响到身心健康发展。

### (一)习惯性阴部摩擦的原因

(1)生理疾病。学前儿童生殖器局部不洁或患有疾病，如肛周湿疹、会阴部炎症、寄生虫病等，这些躯体疾病会造成学前儿童局部的痒感，于是通过自行抓搔或摩擦止痒。

(2)心理紧张。当学前儿童因某种原因处于精神紧张、情绪不安的状态下时，便会以抚弄自己的生殖器官的方式安慰自己，以此消除紧张情绪。有的学前儿童因寂寞而玩弄外生殖器，或大人逗玩小儿生殖器，使学前儿童逐渐养成习惯动作，这种情况多见于男孩。

(3)受传统文化道德观念的影响，许多家长认为习惯性阴部摩擦是丑陋的，也是不道德的行为，所以用打骂、羞辱等方式粗暴制止，有的甚至恐吓学前儿童，这更增加了学前儿童对此行为的罪恶感、神秘感，反而会加重这种不良习惯。

(4)学前儿童在自由活动和游戏时，无意中接触到生殖器，从而体会到了与接触身体其他部位不同的快感。于是，当无聊时就会以此行为作为安慰。

(5)学前儿童穿的衣服过紧(尤其是内裤)，从而不断摩擦和刺激生殖器官，长此以往，养成了学前儿童主动摩擦的习惯。

### (二)习惯性阴部摩擦行为的矫治措施

#### 1. 正确指导并培养学前儿童良好的卫生习惯

首先，家长应经常给学前儿童清洗外阴，保持外阴部位的清洁和干燥。

其次，给学前儿童穿较为宽松的裤子，并注意其透气性等。

再次，在学前儿童睡觉时，让学前儿童保持正确的睡眠姿势，并让其穿上较长的上衣，避免学前儿童不自觉地用手直接触及生殖器官。

最后，经常注意学前儿童的外阴部位是否有异常或疾病，如果有，应该及时地加以治疗。

#### 2. 消除学前儿童的紧张心理

紧张、焦虑心理是造成学前儿童出现习惯性阴部摩擦的一个常见因素。因此，成人应时刻注意满足学前儿童的心理需要，给学前儿童足够的爱抚和关心，消除学前儿童的紧张心理。另外，要尊重学前儿童的人格，从小培养其自尊自爱，形成良好的行为方式。

#### 3. 对学前儿童进行适宜的性教育

对学前儿童进行一定的性教育，是干预阴部摩擦的治本措施。所以，家长和教师应当自然、科学地解答学前儿童提出的性问题；当学前儿童抚弄性器官时，成人不可对其过于关注或进行训斥，如此反而会强化学前儿童的阴部摩擦行为；尽量采取转移学前儿童注意力的方式，如给他讲故事、跟他玩有趣的游戏等，让学前儿童放弃这种行为。

## 六、口吃问题

口吃，是指在说话时不由自主地在字音或字句上，表现出不正确的停顿、延长和重复的现象。学前期是儿童口吃现象发生的高峰阶段。当患有口吃时，学前儿童往往表现出以下症状。

首先是发音障碍，即常常在某个字、词上表现出停顿、拖音、重复等现象，说话不流畅，肌肉紧张。其次是伴随动作，学前儿童发生口吃的时候，为了摆脱发音不流畅的困境，常出现摇头、瞪眼、歪嘴、跺脚、拍腿等动作。最后还反映出明显的心理异常，口吃的学前儿童往往比较自卑、胆小、怯懦、少言寡语、孤独、易激动、易兴奋、睡眠障碍等，情绪极为不稳定。

### (一)口吃的原因

(1)遗传因素。研究发现，父母亲如果都是口吃，他们的孩子有60%可能患口吃。

(2)生理疾病。当学前儿童头部受伤，或是脑部感染，或是患有百日咳、麻疹、猩红热等传染病时，也容易发生口吃，时间长了有可能成为习惯。另外，先天性神经质也是口吃的诱发因素之一。

(3)心理过度紧张和焦虑。心理上的紧张是引起口吃的重要因素，当发生突然的精神刺激、环境的改变、精神紧张过度等时，就会使学前儿童结结巴巴说不出话来。另外，口吃本身就会使学前儿童产生心理压力，从而更为紧张,这更加重了口吃行为。

(4)错误模仿。学前儿童天性喜欢模仿,在其最初学习语言的过程中,会有意无意地模仿周围人的语言。一旦发现周围的人有口吃现象,就会出于好奇和好玩的心理,模仿他人,久而久之,就会形成口吃。

(5)成人的教养方式不当。如果在学前儿童发音不准或说话不流利的时候,成人过分的指责也会给学前儿童造成心理压力,从而导致口吃现象。

(6)强制改正左利手的习惯。当左利手被迫改为使用右手时,学前儿童大脑两半球对语言的控制会出现矛盾与混乱,因而使言语中枢受到干扰而出现口吃。

### (二)口吃的矫治措施

#### 1. 了解学前儿童的生理状况,对症下药

了解患儿的有关病史、精神及躯体状态,客观地分析一切可能的原因。关心、安抚、鼓励他们,指导他们建立自信,循序渐进地克服不良行为,从而达到矫正目的。

#### 2. 消除引起学前儿童紧张的因素

首先,成人和学前儿童说话时要正确示范,应用平静、柔和的语言与学前儿童说话,要教给学前儿童正确的说话方法,引导学前儿童不着急,慢慢地说。

其次,面对学前儿童说话时不流畅的现象,成人不应指责或过于纠正,而是要尽可能地避免学前儿童因口吃而遭到周围人的嘲笑或模仿。一旦家长和教师以过于严厉的方式来对待学前儿童的口吃,过分关注和纠正其口吃,就会增加学前儿童的紧张、焦虑,不仅达不到矫正的效果,而且起了强化作用。

再次,教师和家长不要对学前儿童提出不切实际的要求和期望,要多给予关心和温暖,为他们创造轻松愉快的环境和同伴及成人对话、交流,缓解甚至消除其对口吃的焦虑、紧张和恐惧。

最后,要以表扬和鼓励为主,帮助学前儿童树立自信心,让学前儿童相信自己的发音器官完全正常,以消除因口吃而致的苦恼、急躁等不良情绪,并注意培养学前儿童的意志力,持之以恒地矫正口吃。

#### 3. 家园合作,共同营造愉悦、轻松的气氛

生活气氛过于紧张会加重学前儿童的害怕心理,导致口吃行为加重。成人要为其创设一个轻松的环境,不要关注学前儿童的口吃,尽量淡化口吃意识,引导其在自然状态下改掉口吃毛病。家长更应注意正面引导,多让学前儿童听、讲故事,为学前儿童创造语言发育的条件,以起到潜移默化的影响。

#### 4. 进行必要的语言训练

为了加强学前儿童的语言表达能力,家长和幼儿园教师都应当积极为学前儿童创造说话的机会。可以通过诸如发音练习、说话练习、朗读练习等训练学前儿童的言语表达;也可以采取集体游戏的方式加以训练,使其在愉悦的氛围中练习说话;还可以借助音乐与节律进行训练。不管使用哪种方式,都要注意分散学前儿童对口吃的注意力。

#### 5. 进行有效的心理适应性训练

引导学前儿童在自然环境和其他程度不同的恐惧情形下练习讲话,通过循序渐进的训练,让患儿亲身体验在各种情境中讲话都并不可怕,而且也能忍受他人对其口吃做出的各种反应。这将有利于矫正口吃行为。

## 第二节　学前儿童的特殊行为问题与矫治

学前儿童在发展的过程中，会产生一些特殊的行为问题，如恐惧症、多动症、好斗等，若不对这些行为加以引导或矫治，则不利于学前儿童今后的发展。对此，我们在这里将主要介绍一些矫治学前儿童特殊行为问题的方法。

### 一、恐惧症的矫治

学前儿童会由于对某些事物或现象存在恐惧心理，从而产生回避或者退缩行为，此即恐惧症。恐惧症持续的时间较长，不易随环境、年龄的变化而消失，而且一般性的劝慰、说服、解释不能产生明显的效果，因此对学前儿童的正常生活和学习造成了严重影响。

在学前儿童群体中，恐惧症主要可以分为以下几种情况。

第一，动物恐惧症。这里所说的动物包括实际生活中的动物，也包括虚拟、想象中的动物。例如，儿童怕猫、蛇等现实生活中的事物，也怕想象中的东西。这种害怕的心理很明显，甚至达到了精神失常的地步。

第二，社会恐惧症。例如，怕去幼儿园，怕与教师进行交流，怕与父母分离、怕生人、怕当众说话、怕和其他小朋友一起玩等。

第三，对自然事物和现象的恐怖，如怕黑、怕闪电雷鸣、怕登高等。

正常学前儿童在发育过程中对某些事物或多或少会产生恐惧，在不同年龄阶段恐惧的内容不尽相同，如学龄前儿童害怕动物，但随着年龄的增长这一恐惧会自行消失，一般不对学前儿童的行为产生严重影响。只有当恐惧影响其日常正常活动时，才能诊断其为恐惧症。根据相关理论研究，诊断学前儿童恐惧症时主要要注意以下几方面的内容。

第一，持续出现或反复出现对某些情境或事物的恐怖，其内容与发育有关，但其程度过强，从而影响学前儿童正常生活秩序。

第二，对与以上内容无关的情况，不出现明显的焦虑、恐惧。

第三，病程持续时间至少要达到三个月。

只有具备上述三方面的条件，才可考虑分析为学前儿童恐惧症。

恐惧症在学前儿童群体中并不常见，其发生往往与特定的发育阶段有关，而且男女发病概率相仿，症状是患儿对某些客观事物或某些特殊的情景表现出异常强烈的恐怖情绪。患儿明知不用害怕，但无法控制从而使自己出现异常行为，严重时患儿整天沉湎于恐怖情绪中，从而对自己的身心造成极大的伤害。恐惧对象可以是狗、猫、老鼠等具体实物，也可以是鬼怪等虚幻的事物，还可以是怕与父母分离等情感方面的事情。一般家庭生活中存在的不良的教育方式、态度等，是造成学前儿童产生恐惧症的主要原因。

随年龄的不断增长，学前儿童的恐怖焦虑情绪可逐渐好转，给予治疗常可加快恢复。而且一般学前儿童恐惧症愈后效果十分明显。心理治疗是治疗学前儿童恐惧症的主要方法，一般来说主要有以下方法。

#### （一）系统脱敏治疗

系统脱敏是指将个体置于一个引发其产生恐怖的事件或情境中（但是在程度上要轻一些），让其在这种情境中学会主动地去对抗焦虑，从而让个体最终能够平静地面对这一恐怖事件或情境。在这个过程中，有步骤和逐渐地接近恐怖性（回避性）刺激物是系统脱敏的关键。学前儿童在接近恐怖的过程中，通过自身的认知活动，即让他想象令其感到恐怖的具体情境，或通过让学前儿童假扮成一个他所熟悉的英雄人物去面对那些令他恐怖的情境；当然，在实际生活中也可以运用脱敏治疗。

系统脱敏包括以下几方面的内容。

### 1. 进行放松训练

将学前儿童置于一个非常舒适的位置，如安静的治疗室内，让学前儿童去除束缚身体的物品（如手表、鞋等）之后，睡在躺椅上。在放松训练开始之前，治疗者应该向学前儿童解释清楚在深度放松时是什么状态或要做些什么，如果治疗者面对的是一个从未体验过“放松”或不知道轻松是怎么一回事的学前儿童时，需要耐心地向其进行细致的解释，在他们愿意接受这项治疗后，才能开始训练工作。接下来就可以按以下内容来进行练习。在实际操作中指导语可以根据不同学前儿童的年龄特点而作适当的调整。完成全部的练习大约需要 20～25 分钟，每个步骤大约需要 6～10 秒，动作与动作间隔 10～15 秒左右。详细步骤如下所述。

第一，深呼吸，然后憋住气（约 10 秒钟），然后慢慢呼气。

第二，将双手举起，大约与肩同高，保持正常呼吸，然后将双手放下。

第三，现在将双肩收紧，再收紧，感到双肩紧张。开始数数，当数到三的时候放松双肩。

第四，再次举起双手，并且尽量张开每个手指头；放下双手，并保持放松。

第五，举起双手，在身体的两边摆动双手，然后放松双手。

第六，再次举起双手，然后再放松。

第七，举起双手，然后让双肩和双手的肌肉收紧。保持正常呼吸，然后放松双手。（在这个过程中要注意体会温暖和松弛的感觉）

第八，现在将双手放在身体的两侧，收紧肌肉，均匀呼吸，放松双手。

第九，现在将双肩向后躬起并保持这个姿势，注意继续让双肩保持放松。

第十，向前弯曲双肩并保持，注意让双肩保持放松，呼吸正常，然后放松，用心体验肌肉紧张到松弛的感觉。

十一，现在将头转向右边并让颈部的肌肉紧张，然后放松颈部肌肉，恢复颈部的正常位置。

十二，将头转向左边，按照第十一步的方式再做一遍。

十三，将头微微向后收紧压向椅背并持续一段时间后，将头恢复自然状态，放松。

十四，这次尽量把头向下靠近你的胸部，保持。放松头部，并让头恢复自然状态。

十五，尽量张开嘴巴，张到最大时放松。

十六，现在闭紧双唇然后放松。

十七，将舌头用力顶住上颌，保持一段时间后放松，恢复舌头的自然状态。

十八，现在将舌头用力压住下颌，保持，然后放松，恢复舌头的自然状态。

十九，让自己尽量松弛地躺好，清空头脑中的一切杂念。

二十，注意控制自我言语，用轻柔的歌声表达自己的情绪，之后放松，从而感觉到越来越放松。

二十一，用中等强度的音调唱歌，然后放松。

二十二，用低强度的音调唱歌，注意音调要显得放松，然后放松（注意嘴唇的放松）。

二十三，用力闭紧眼睛，并有一种紧张感，保持正常呼吸，之后放松，从而减轻痛苦的体验或感觉。

二十四，让眼睛放松并让嘴巴微微张开，保持放松状态。

二十五，尽量张开眼睛，持续一段时间后放松。

二十六，现在用力皱紧前额，持续一段时间后放松。

二十七，做一次深呼吸，憋住气，然后放松。

二十八，深深地呼气，放松，体验再次呼吸的舒畅感觉。

二十九，想象有一个重物牵引着肌肉，使自己感到软弱无力和放松……自然下沉臂膀和身体。

三十，把腹部肌肉收紧，持续一定时间后放松。

三十一，注意体会自己就像一个拳击运动员一样，收紧你的肌肉，并让腹部保持紧张。放松，体验到肌肉越来越松弛。

三十二，用力收紧臀部，持续一段时间后放松。

三十三，放松上身肌肉，并将尚未放松的身体肌肉依次放松。首先是面部肌肉，然后是喉部的肌肉、颈部肌肉以及双肩双臂和手指(不同身体部位放松的时间间隔为3～5秒)……让任何一个感到紧张的部分放松，使自己全身心放松。

三十四，保持这种放松，抬起双腿(45°角左右)，放松。

三十五，将脚向上翘起，让脚趾指向自己身体这一侧。用力收紧，然后放松。

三十六，向相反的方向收紧脚部，然后放松。

三十七，放松，将脚趾用力收拢，持续一段时间后放松，然后保持安静(30秒左右)。

三十八，完成放松训练。现在从脚部开始右下至上感受身体的放松，看看是否每一块肌肉都已经充分放松了，首先感受脚趾、脚，然后是腿、臂部、腹部、双肩、颈部、双眼以及前额。现在所有这些部分都必须放松下来，静躺约10秒钟，感受放松，注意那种温暖松弛的感觉，尽量将这种感觉保持1～2分钟，然后开始数数，当数到五的时候，睁开眼睛并感受到安宁。

治疗者在最初开始进行治疗的时候，可能需要动手帮助较小的学前儿童学习每个步骤，直至其自己能够独立完成每个动作。在进行动作训练的过程中，治疗者还需要注意观察学前儿童，看他们是否确实理解了指导语的含义。实际治疗时，治疗者可能需要反复多次的解释才能让学前儿童理解全部的语义；对那些小一点的学前儿童，我们可以首先帮助他们的父母学会放松练习，然后再教孩子。此外，我们还可以借助想象来帮助学前儿童进行练习。比如，治疗者先帮助学前儿童放松腭部的肌肉，让学前儿童想象自己是一只懒洋洋的狮子打哈欠，从而让学前儿童了解该动作的含义。

在放松训练过程中，无论你如何鼓励，有些学前儿童始终不能放松或者无法理解你的指导语。也有少数的学前儿童拒绝放松，你越是让他做放松的动作他越紧张。为了解决这种学前儿童在学习放松上的困难问题，可以运用生物反馈训练中的紧张—松弛技术，在放松训练中，让学前儿童闭紧双眼，持续一段时间。通过这种方法，能够让学前儿童体会紧张从而达到放松局部肌肉的目的。为此，可以让一些特殊的学前儿童拧压各种玩具由此造成手臂部位的肌肉紧张，从而达到局部放松的效果。此外，让学前儿童吹气球可以帮助他们练习正确的呼吸，从而使对学前儿童的动作训练更为有效。

### 2. 划分焦虑等级

治疗者在进行放松练习的同时，还需要与学前儿童或其父母进行协商，取得他们的同意之后，着手和学前儿童的父母讨论有关焦虑等级的问题。注意这项工作必须是在学前儿童自觉自愿的情况下进行的，千万不能勉强。

建立焦虑等级的一般步骤如下。第一步，发给学前儿童(若是还不会读写的学前儿童，要同时发给他们的父母)10张标有序号的卡片，并按照每张卡片的要求写(说)出个人在不同场合和不同等级上的恐怖情境，特别是那些令他们不安、焦虑和紧张明显加剧的刺激情境，尽量作出细致的描述。每张卡片上面的序号必须用10的倍数表示(即10、20、30……100)，卡片的序号代表着恐怖的等级。例如，10代表最轻等级恐怖的事件，100表示最恐怖的事件。

让学前儿童进行描述的过程中，不要让学前儿童将不同的恐怖事件放在一起加以排列，比如，不能将怕黑、怕狗等恐怖的事件进行排序，治疗者要让学前儿童明白这种等级是针对他们的某一个问题来设定的，如怕学校，学前儿童在不同的情况下会表现出对于学校的不同害怕程度，以害怕学校为中心事件。通常情况下，我们为了让学前儿童更容易地列出等级，让其首先列出最恐怖的事件等级，然后慢慢引导其找出中间等级。在接近最高水平的几个等级上，经常是在最后的两三张卡片中，我们要在重复大部分的内容的基础上进行小步骤的改变，从而引导儿童进入想象之中。

最终建立起来的等级一般要有20～30个项目，对于某些特殊的恐怖可以做适当的处理。有些恐怖（害怕独自在家、害怕入游泳池）比较简单，可以不用列举很多项目；另一些恐怖（害怕考试、学校、上公共厕所等）的内容特别复杂，可以视情况增加项目。

恐怖事件等级建立之后，治疗者还要建立一个恐怖等级为0的情境。这需要和学前儿童讨论一件他感到非常放松的情境，从而将这个情境定义为0等级。例如，临睡觉之前，躺在床上读一本好看的小人书；观看少儿电视节目；讲童话故事；在游泳池里戏水；独自一人骑小自行车在外面玩；玩电脑游戏；听喜欢的歌曲等。

3. 进行系统脱敏

治疗者在实际进行系统脱敏之前，需要确保被治疗对象已经做好了充分的放松练习，并且能根据我们的指令做出适当的放松，然后从最低等级的恐怖事件开始进行脱敏，然后逐步过渡到高一等级的恐怖事件脱敏直至最高等级恐怖事件脱敏。

当学前儿童进入放松状态3到5分钟之后开始进行第一次脱敏训练。为了确信学前儿童已经进入了适当的放松状态，可以事先告诉学前儿童当感到充分放松以后用轻微的手势或某个特殊动作示意，但学前儿童示意的动作幅度不能过大。

当学前儿童示意之后，治疗者便可以让他去体验最初几个等级的恐怖事件中的情境，并对这些情景进行想象，要求想象得越具体生动越好，并适当提醒其“你正在身临其境”。如果学前儿童能够想象逼真而且不感到有明显的焦虑，便可以抬起右手指示意，此时治疗者可以让学前儿童想象0等级上的事件进行放松，然后重复上述活动。

每个等级可以重复体验3～4次，第一次呈现时间应该不超过5秒钟，之后可以逐步增加体验的时间。恐怖事件等级的呈现应该是按照逐渐上升的顺序进行的，从最少焦虑的事件开始（10～15秒钟）。通常情况下，每次训练呈现3～4个事件，大约持续15～20分钟的时间，并且期间要有一定的放松时间。

图13-1是系统脱敏的示意图，治疗者需要经常检查患儿的脱敏进度，并由此判断进一步治疗的进程。其中示意放松和想象清晰都是为了取得反馈：治疗者可以事先与患儿商量好一种示意方法，如让学前儿童抬起右手食指便表示肯定，不抬手指表示否定，由此判断是否进入下一个步骤。另外，维持想象时间的方法可以有两种：一种是让患儿维持一个大约在20～30秒左右时段的固定想象；另一种是允许患儿自己决定想象时间的长度，直至学前儿童觉得想象进程无法继续下去为止。

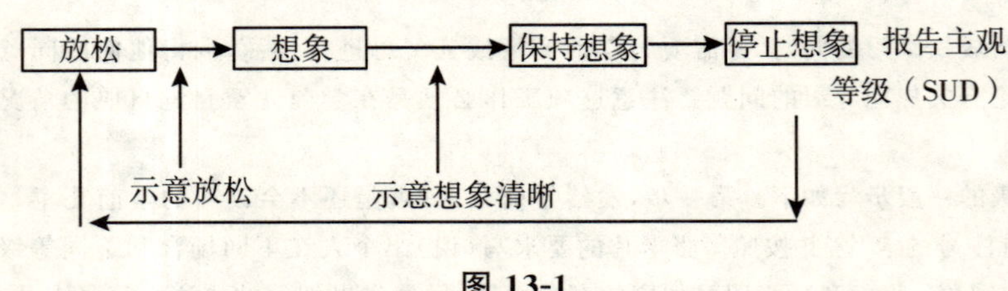


图 13-1

通过一定的循环往复，让学前儿童将每一个事件逐渐呈现出来。当学前儿童能够连续三次成功地面对这一事件时，可以进行下一阶段的脱敏治疗了。但是，如果学前儿童连续两次失败（即显示焦虑），治疗者则需要重新回到前一个等级进行体验。如果再次失败，则需要重新呈现前一个等级的事件，以唤起学前儿童对令他感到困难的问题的合理感。

### (二)条件性管理治疗

对刺激和行为反应之间的联接进行研究，并将研究的有益结果用以进行有关的行为治疗即为条件性管理治疗方法。治疗学前儿童恐惧症常用的条件性管理方法有如下几种。

#### 1. 进行积极的强化

在某一情境中，当个体作出某个行为之后，随即出现的行为或事物会导致个体增加从事这个行为的机会，从而使个体实现了积极强化。因此，在这里积极强化物十分重要，它对行为的发生以及增加行为发生的概率有直接影响，在恐惧症治疗中，强化物可以被定义为那些能够促使学前儿童更多发生趋向于接近恐怖刺激的行为的材料。

积极强化可以配合其他行为治疗技术来降低学前儿童的各种恐怖或其相关的行为，也可以进行单独使用。例如 Leitenberg 和 Callahan 便采用积极强化技术成功地降低了儿童对于黑暗的恐怖。他们将 14 名儿童分为两组，每组 4 个男孩和 3 个女孩，并将一个组作为实验组，另一组作为对照组。其中实验组的平均年龄为 6 岁，对照组为 5 岁 4 个月。通过对两组儿童分别进行前测和后测，从而判断儿童的症状水平。实验开始后，让实验组接受“强化练习”，让儿童报告他们待在黑暗房间中的确切时间，并给予赞许奖赏，在这一过程中可以给予适当的指导；让儿童进一步重复上述每一步骤直至适应。实验结果表明，接受强化练习的儿童待在黑暗房间中的时间要长于未进行强化练习的儿童。

#### 2. 积极强化的变式

在运用积极强化方法的过程中，还可以结合一些其他的条件性管理程序来降低儿童的恐怖。比如，在运用积极强化方法的过程中，可以结合一些塑造以及减少不良行为的社会后果等内容。1970 年美国曾经有过一例相关的研究报告，AyUonh 和他的同事们采用这种变化了的积极强化方法，有效地使一名 8 岁女孩摆脱了学校恐惧症。他们首先为这个儿童作了深入的行为分析，并据此建立了一个 5 阶段治疗计划。

第一阶段，刺激和塑造儿童参与学校的行为。每天由一名助手陪同儿童去学校，陪同这个儿童上课，在下课时这名助手还向她的同学们散发糖果，鼓励其他儿童与该儿童一起回家。由此这名女孩下午在学校的时间逐渐延长，并且需要助手陪同的时间逐渐减少。一周以后，这名女孩已经能够独自和她的同学们在一起了，但是这一现象持续的时间并不长。

第二阶段，进行启发。当要求这名女孩去上学的同时，她的父母也出门上班去，从而避免儿童因为逃学在家而获得父母的社会性奖赏。

第三阶段，以家庭为基础对儿童进行契约管理，并对于儿童到学校去的行为施行代币管理，同时配合重复第一阶段的塑造(但陪同者不再是自己的助手，而是儿童的母亲)。这时儿童在大人的带领下开始重新上学，此时的上学行为不是自觉进行的。

第四阶段，母亲开始每天到学校去见孩子，并对孩子和同伴分发糖果或其他礼物。同时继续进行前面的家庭契约管理和代币管理的操作，以此鼓励儿童自觉参与学校活动。

第五阶段，开始让母亲从去学校见孩子的行为中逐渐地撤离出来，逐渐弱化以致最后取消家庭积极强化计划。此时儿童参与学校活动的自觉意愿并没有因此而受到影响，而且在随后的几个月中能够一直保持下去。

#### 3. 进行行为塑造

进行行为塑造是指治疗者在进行行为塑造时，告诉每个儿童具体的行为步骤，并通过这每一个步骤来最终实现他所期望达到的目标。

1978 年 Aui Selli 曾经采用逐渐暴露和塑造的方法治疗了一位害怕乘坐校车的 7 岁男孩，具体治疗方法如下。起初，治疗者安排这个男孩和他的母亲一道坐在停在校园里的校车上，从而让儿童获得一定的安全感，同时他母亲也不断地强化他的这种行为；然后由他的母亲陪同他一道乘坐校车去学校。及至儿童适应了由母亲陪伴乘坐校车以后，开始由治疗者代替儿童的母亲陪同他乘车去学校，最后让儿童独自乘车去上学。

4. 进行刺激隐退

如果一个患有恐惧症的儿童并不会在每时每刻都表现出恐惧症状，在某些情境下并不出现恐惧症状或表现得不明显，这时便可以考虑使用刺激隐退法。此方法的策略在于帮助儿童学会把那些比较不恐怖的面对情境的方法，转换到那些不能很好面对的情境中去，通过不断增加儿童面对那些不能很好面对的情境的成功几率，从而逐渐使其恐怖和焦虑隐退或者最终消失。

5. 进行阻断

有些儿童会因为某种恐怖行为的后果影响而逐渐增加其恐怖情绪，因为他们在作出反应时受到了不适当的强化。例如，当一个儿童被狗吓了以后，其父母立刻不让狗再接近他或者不断地安慰他，这会使得这个儿童更加不敢去接近狗。事实上，如果这个儿童在发生了恐怖行为之后没有继续受到这种不适当强化，则有可能不会发生该恐怖行为。

阻断法的治疗策略在于，通过去除那些紧随儿童的某种回避反应而出现的强化来进行治疗。在进行治疗前或治疗的过程中，治疗者必须能够识别出那些强化了儿童恐怖反应的后果、实践以及相应的情境，包括后果或事件的具体内容及其发生的精确时间；这些后果（事件）对于诱发儿童与恐怖相关的行为的影响分别有多大；治疗者操作这些事件的有效程度，是否能够避免再次发生。正如上述例子中，儿童恐怖行为发生后最常见的一种后果就是其父母的关注，父母的过分关注是助长该儿童恐怖行为的主要因素。

通常阻断法可以和针对适当的和不恐怖行为的积极强化结合使用。例如，一个患有较明显的幼儿园恐惧症的 6 岁独生子，一年多以来每天早上其父母都要花费近一个小时的口舌，连哄带骗，让他勉强答应去上幼儿园。在这一过程中，父母每天早晨的"哄、骗"，实际上为儿童拒绝上幼儿园提供了一个不适当的强化。为此我们可以进行如下治疗。

第一步，要求父母坚持让孩子上幼儿园，对于孩子的哭闹采取"装聋作哑，置之不理"的办法，以实现对增强其恐怖行为的阻断；对于孩子作出的任何一点与幼儿园活动相适应的行为，立即进行言语上的表扬和鼓励；密切关注儿童，尽可能及时阻断所有其他与幼儿园有关的回避行为。

第二步，儿童进入幼儿园之后可能会继续哭闹，并且班上老师要花很多时间处理这个行为。为此要同他的老师和班上小朋友商量，当这个儿童哭闹的时候，老师和其他小朋友尽量不要理睬他，并且坚持要他留在班上。

第三步，治疗者直接会见这个儿童，并对其进行直接辅导治疗。对于这个儿童所作出的各种接近幼儿园的行为，从口头上给予鼓励，巩固和强化其接近幼儿园的信念；通过忽视或不与之讨论的方式，消除儿童的不适当行为；引导儿童表达在之前治疗中自己的有关想法或遇到的问题。

经过一段时间的治疗，这个儿童成功克服了幼儿园恐惧症，愿意去幼儿园。

阻断法还可以运用到其他情况的治疗中。例如，一个 4 岁女孩在半年里拒绝咀嚼食物，靠吃流质维持生命。原因在于她在半年前因为扁桃腺发炎住院治疗，在住院治疗期间医生曾经给她打了许多针并曾暗示她多吃流质。出院后，她仍然存在着害怕医生的心理，开始拒绝咀嚼食物。为此治疗者为她制定了一个咨询治疗计划，包括和儿童害怕的医生见面，及时强化她表现出来的和医生合作的行为。同时，要求她的父母停止关注她不吃东西的行为。在咨询中，通过采取塑造和积极强化的方法，刺激儿童形成合理的进食行为，并鼓励父母继续使用这一方法巩固儿童的合理行为。大约五次咨询治疗后，这个女孩已经能够基本正常进食。再经过两次巩固治疗，这名女孩完全恢复，没有再复发。

### （三）通过榜样示范治疗

通过学习榜样，观察一个人可以引起另一个人行为的改变。榜样学习包含了通过观察学习榜样和实践模仿榜样的示范行为这两个必要的组成部分。在使用该方法过程中，需要有一个榜样存在，如父母、教师、同伴以及书本或影视节目中的某些明星人物等；需要有一个观察者，如让一个患有恐惧症的儿童注意观察榜样去示范做一些他过去所不敢做的行为。

#### 1. 榜样示范的实施

这种观察与示范行为要求的场合需要具备两个条件。其一，必须要发生在观察者比较熟悉的场合；其二，该场合确实能让该儿童感到害怕。例如，某个儿童害怕没有拴上链子的大狗，那我们在治疗中就不应用一只小狗来代替大狗。

在进行积极行为的示范情境中，必须让观察者看到榜样在那个令他感到恐怖的情境中所经历的积极或安全的后果，这是一个非常重要的因素。例如，在上述例子中，需要让观察者意识到大狗其实十分友好。

依照班杜拉的理论，榜样学习可以分为现实榜样学习和符号榜样学习两种。事实上，班杜拉的榜样学习也是一个榜样示范和患者参与的综合治疗方法。另外，班杜拉等人还对进行模仿学习中的四个要素进行了描述。

第一，治疗者必须确信儿童能够参与到这种示范情境中，该示范情境能够引起观察者的注意，即使当他们路过这种场合的时候也能驻足观看榜样，并获得示范者所要传达的信息。

第二，观察者应该能够把他们对于示范情境的学习保持下来。

第三，观察者能够主动复制出他所观察的榜样示范行为。

第四，在必要的时候，观察者可能产生执行这些行为的动机。

用于治疗儿童恐惧症的示范可以是通过电影进行示范，也可以是一些其他的形式，比如，让患儿阅读与儿童恐怖相关主题的故事、诗歌等。

榜样的示范操作方式有两种情况。一是以“适应情境”的方式示范给儿童，当榜样接近恐怖情境时，开始的操作水平应该是观察者能胜任的，然后逐渐将操作水平提升到一个新的高度；二是以“驾驭情境”的方式进行示范，始终向观察者展示一种对恐怖情境胜任自如的方式。

#### 2. 注意事项

榜样学习在操作中，需要注意以下几个方面。

第一，让患者逐渐地、小步骤地接近恐怖情境，在每一次接近之前，先由榜样进行示范。

第二，在进行榜样学习过程中通过拍肩膀、击掌等为患者提供身体接触强化。

第三，及时用语言强化儿童的合理行为，同时精确指出他们的合理行为，使其自我意识得到不断强化。

第四，对恐怖情境或事物进行语言描述。

第五，医患之间的关系应该十分融洽。

### （四）运用认知—行为治疗

认知—行为治疗就是与患者一道来评价已经扭曲的认知过程和行为，并在这一过程中找出新的治疗歪曲认知、行为和情感过程的学习策略。认知—行为治疗主要依据一定的假设来建立自己的理论，这些假设包括：认知治疗过程与人类的一般学习过程相似；人的活动包括了认知、情感、行为，思维、情感和行为具有内在联系；期待、自我陈述、归因等各种认知活动在了解和预测人们的心理病理状况以及寻求治疗机遇过程中发挥了重要作用；认知和行为相辅相成，认知来源于行为操作，又可以转换为各种行为样式。

认知—行为治疗可分为多种亚类型，其中可用于儿童恐怖治疗的亚类型主要有以下几种。

1. 自我控制治疗法

使用这种治疗方法，治疗者可以教会个体成为他日常行为的驾驭者，并能够形成良好的预见能力，以此作出合理行为。该治疗的重点是帮助儿童发展合理的思考技巧，令他们在遇到恐怖情境时能够采取正确的态度和方式。自我控制疗法包括多种通过个人的认知过程来实施的治疗方法，其中，治疗者能够扮演"鼓动者和激励者"来帮助儿童转变观念为一项基本的要素。例如，让恐怖黑暗的儿童听到"我是一个勇敢的孩子，我不在乎黑暗""黑暗是一个很有趣的地方，在黑暗中有很多好玩的事情"等陈述，从而引导儿童对黑暗有一个新的认识，并逐渐不再害怕黑暗。

在进行治疗的过程中，儿童对于改变自己行为的动机和意愿发挥着重要作用，动机和愿望越是强烈，应用自我控制治疗取得的效果就越好。为此，动机和意愿应该引起治疗者的重视。自我控制治疗在策略上已经成为进行自我指导训练、合理情绪治疗的基础。

2. 自我指导训练治疗

运用这一方法进行治疗的过程中，治疗者和患者一起练习生成一套自我陈述的策略和形成自我效能体验，让患者在遇到恐怖情境时能够运用所学的自我言语。治疗者首先为患者进行示范，患者在学习的过程中逐渐独立地去实施认知策略，如"我的问题是什么""我的计划是什么""我在应用我的计划吗""我过去是怎么做的"等。一般自我指导训练包括以下几个步骤。

第一，一个成人榜样在作示范操作的同时大声地说出自己的行为，从而实现认知和行为两方面的示范。

第二，儿童在成人榜样的言语指导下操作同样的行为，通过外部指令完成动作。

第三，儿童一边操作行为一边自己大声地说出来，即通过外显的自我指令完成相应动作。

第四，儿童沉默地或在非言语的自我指导下进行操作，即通过隐蔽的自我指导完成动作。

3. 合理情绪治疗

合理情绪治疗的基本目的是教会人们识别和改变那些导致他们产生错误行为的不合理信念，进而能用更合理的方式去对待自己。例如，一个学生对考试存在较大的恐惧，并且拒绝参加考试，那么可以将他与另一位对考试没有焦虑的学生进行比较，从而得出两者在有关考试信念方面的差异。恐惧考试的学生想："我不能胜任考试，我不如别人，我肯定会在考试中失败的。"而无考试恐惧感的学生想："别人都能做到的，我也能做到。我只要尽自己最大的努力，就会考好。"很明显，前一个学生存在不合理信念，而后一个学生的想法为合理信念。合理的信念可以引导人们作出合适的情绪或行为反应，而长期持有不合理的信念就会存在不合理情绪状态。

通过合理情绪治疗，患者认识到自己的哪些信念是不合逻辑的，并能够区分合理和不合理信念；认识到自己对自己的情绪和行为问题负有安全责任，努力用合理的、正确的信念替代不合理的、错误的信念。

## 二、多动症的治疗

多动症又叫脑损伤综合征，较为普遍接受的名称为注意缺陷与多动障碍（attention-deficit hyperactivity disorders，简称 ADHD），这是学前儿童群体中常见的一种以注意力缺陷和活动过度为主要特征的行为障碍综合征，一般可以分为机质性多动症（此类不常见，故不作阐述）和气质多动症。其症状一般在 7 岁前表现出来，典型年龄为3岁，8～10岁为发病的高峰期，男孩多于女孩。

多动症的表现主要有：活动过多、注意力涣散、冲动任性、不良行为、学习困难、言语过多等。多动症的病因与多种因素有关，主要有以下方面：遗传因素、铅中毒、食物过敏、教育失当、放射作用等。

多动症的基本表现是逐渐获得的注意缺陷、冲动和活动过度，并在不同程度上表现出以下特征。

第一，符合以下症状中八项或更多条件，并且持续时间在六个月以上：经常手足无措或坐卧不宁（在青少年中，可能仅限于个体对于这种不安的报告）；在需要静坐的场合难于静坐；容易被外部干扰所吸引；难于及时把注意转移到团体活动的状态；经常冒冒失失、不经思索地回答问题；经常难于跟随他人的指令（不是由于对抗或理解障碍所致），如不能做简单的家务；难于在需要保持注意的时候或在游戏中保持注意；经常一件事情没有做完便又转移到另一件事情上去了；难于安静地玩耍；经常说个没完；经常干扰别人，如突然闯进其他儿童正在进行的游戏中；经常显得心不在焉；经常把在学校或在家中必须用的物品（如玩具、铅笔、书本等）遗忘掉；经常不顾后果做一些危险的活动，如不看四周便直冲上街道。

第二，发病年龄在7岁以前。

第三，不属于其他与发展有关的精神障碍。

但是，在诊断过程中，要严格区分多动与好动（表13-2）。

**表13-2　多动与好动的区别**

| 多动儿童 | 好动儿童 |
| --- | --- |
| 1. 活动杂乱、无目的<br>2. 在各种活动中都表现出多动、注意力不集中<br>3. 多动不分场合，一些举动难为人们所理解<br>4. 不能专注某一项活动，没有什么活动内容能使他们安静下来投入进去 | 1. 活动有时盲目，有时有序<br>2. 只在某一个活动或某一个场合下有多动表现<br>3. 即使特别淘气，其举动也不离奇，能为人们所理解<br>4. 对感兴趣的活动如玩玩具、看儿童动画片等能安静地玩很久或看完电视 |

针对儿童的多动症，我们可以采取以下几种治疗方法。

### （一）进行药物治疗

对于多动症影响到其生活或其他人生活的患者，最常用和最传统的方法为药物疗法。由于这一治疗方法存在着一定的副作用，因此需要在医生的指导下谨慎用药。根据相关研究理论，从长期影响来看，药物疗法并没有明显改善症状，并且用药的合理性也难以得到确保。对此我们可以根据1981年Barkley提供的一套参考指南对药物治疗进行参考。

第一，了解儿童身心发育是否得当，在没有进行充分的身体和心理检查之前，不能盲目地出具处方。

第二，知道儿童的年龄，对于4岁以下的儿童来说，药物发挥的作用不大，而且有很大的副作用，为此4岁以下儿童不建议使用这一治疗方法。

第三，了解儿童是否已经使用过其他的一些治疗方法，若儿童是刚刚开始接受治疗，可以使用针对父母或儿童的一些心理训练方法；只有儿童的问题相当严重并且实施系统的心理训练不能发挥作用时，才考虑这一治疗方法。

第四，了解儿童的问题的严重程度如何，如果一个儿童的问题已经足以严重到无法采用其他干预方法时可采用此方法；一旦行为问题得到控制便应该考虑减少药物剂量，并适当增加其他治疗方法。

第五，患儿的家庭是否能承担得起医药费用？许多生活条件比较差的家庭难以长期维持接受药物治疗。

第六，患儿的父母对药物治疗是否有足够的知识，是否存在滥用药物的情形。

第七，患儿父母对药物治疗作何感想，对使用药物存在恐惧的父母，不宜对其儿童不使用药物治疗。

第八,家中其他亲人是否有滥用药物的现象,此时提供药物治疗具有较高的危险性。

第九,患儿曾否有过任何痉挛、思维障碍或其他精神障碍史,如果存在这一情况,也不适合用这一治疗方法。

第十,了解患儿对于药物治疗是否表现出高度的焦虑、恐惧等排斥症状,若在治疗中存在这种消极情绪也会干扰药物的疗效。

第十一,治疗者为患者制定的详细治疗方案是否经过充分的考虑。

第十二,患儿对采用药物治疗的感觉如何,在使用药物治疗中要经常了解一些曾经用过药的患儿对药物使用的感受,以便进行合理指导或调整。

### (二)实施行为管理

在行为矫正法中,采用一些适合儿童的认识活动来改善儿童的注意力,并安排设计好的训练程序,减少儿童的过多活动和不良行为,下面简单列举几种方法。

#### 1. 实施代币管制训练

第一,选择目标行为,可以是行为的结果,也可以是具体行为。例如,可以是在规定的时间内完成一定数量的数学题,也可以是能迅速地按照老师的指令行动等。

第二,选择用于作为次级强化的代币(筹码)工具,如纸牌、自制的小卡片、小红花等,较小的儿童可以用有形的筹码,较大的儿童则可以用符号筹码。四五岁以下的儿童不宜选择运用代币管制的方法。

第三,教师和儿童(在有些情况下,也可邀请家长参与)共同商讨建立一组应该而且能做到的合理行为内容,并以此作为交换的依据。

第四,教师根据儿童的行为发放筹码,至少每天要和儿童交换一次筹码,兑现奖赏,并随时对不当行为给予惩罚。

需要对进展进行定期(至少每个月)评估,以此作出调整,添加或删除项目。

#### 2. 进行契约管理

这种方法要求与具有不良行为的儿童“签订”契约,从而达到控制其行为的目的。下面是行为契约的样本。

我,×××同意达到以下行为要求。

(1)在老师讲话时,注意力集中。

(2)在参加集体活动的过程中,始终保持安静。

(3)不和其他小朋友打架、谩骂等,不大声喊叫。

如果我在一天中成功地做到了以上行为,我可以自己决定得到以下项目中的任一项。

(1)可以随便看电视。

(2)挑选喜欢的零食。

如果我在一周中成功做到了以上行为,我将可以买一本卡通书。

如果我不能做到这些我所承诺的行为,我将会丧失以下资格。

(1)参加小朋友的游戏。

(2)自由活动。

我同意尽自己最大的努力完成上述要求。

×××(儿童自己的名字)<br>年　月　日

通常年龄较小的儿童行为强化的施加频率比较短，可以每天检查一次契约执行情况，并对其进行相应的强化；相对年长的儿童可适当延长契约检查的时间。另外，在进行契约管理时应注意以下几点：一是注意年龄问题，增强儿童对语言的理解；二是及时兑现契约；三是奖赏内容须是儿童自己确定而且喜爱的。

3. 实施惩罚策略

这种方法包括忽视（这是一种有效的社交性惩罚方法）、取消特权、为自己的行为反应支付代价（如在代币管制中交出筹码）及限制自由活动时间等。注意，这里所讨论的惩罚，不包括对儿童的肉体伤害和精神摧残。此外，这种方法必须满足以下基本条件：第一，一经采用惩罚策略，要迅速实施，而且要有足够的时间长度被用来限制儿童的自由。第二，时间限制的长短以及限制什么时间都要由教师来决定（注意：在这个问题上不可以与学生商量）。

教师在采用惩罚策略时还需考虑两个问题：其一是必须征得家长的同意后才可以实施（最好也签订一个契约），通常大部分的家长是愿意配合的；其二是必须保证在不伤害儿童的自尊心的前提下进行，否则容易使儿童受到伤害或导致某些儿童为维护自己的自尊而直接采取对抗和过激的方法，使局面变得不可收拾。此外，特别要注意无论在什么情况下，都不可以单独实施惩罚，而必须与奖赏配合进行，即一旦出现不适当行为的时候，即刻给予惩罚；而一旦出现好的行为时，则要随即给予奖赏。

4. 与家庭配合进行条件管理

老师对儿童在幼儿园的某一时段的行为进行评估时，可以将评估结果通知家长。家长根据评估结果，对儿童的行为进行相应的强化。这种训练可以有效地配合和支持儿童在幼儿园中的行为训练计划，并使治疗的效果得到大大提高。但这种方法对年龄小的儿童，尤其是 6 岁前的儿童则不会有明显的效果。

## 三、攻击性行为的治疗

攻击性行为是指个体对他人进行言语或身体的攻击。在日常生活中许多小朋友有不同程度的攻击行为，一般男孩比女孩更明显。儿童出现攻击性行为的原因有遗传因素、心理因素、教育因素、模仿因素、饮食行为因素等，通常儿童的攻击性行为有如下特征。

第一，言语较多，喜欢与人争执，并争强好胜。遇事一定要占据有利地位或形势，并时常讲一些攻击性的语言。

第二，情绪不稳定，任性执拗；脾气暴躁，喜欢生气，乱发脾气，稍不如意就会产生过激的行为表现，如哭闹、叫喊、扔东西或以头撞墙等；有的可能表现出一种屏气发作，即大声嚎哭之后，呼吸短暂停止，从而可能发生发绀和痉挛等现象。

第三，经常向同伴发起身体攻击，喜欢惹是生非，欺负其他弱势小朋友，抢夺其他小朋友的玩具、打断其他小朋友的游戏等。

学前儿童的攻击性行为不仅会影响周围其他学前儿童的生活和学习，还会对其今后的发展造成一定的影响，如人际关系紧张、社会适应困难、对子女教育方式不当等。同时，还会引起一系列的社会问题，如增加犯罪率等。有资料表明，70%的暴力少年犯在学前儿童时期就存在着攻击倾向，为此对学前儿童攻击性行为进行矫治十分必要。治疗的方法如下。

### (一)操作学习

#### 1. 奖赏

奖赏通常包含了予以称赞、积极关注、给予特权以及实际的强化等内容。这方面应用最多的是代币管制技术。例如，1976 年 Hristol 报告了对一个 8 岁的有习惯性好斗行为的二年级男孩进行代币管制训练的过程。

训练前，治疗者与老师、父母及他本人签了一份同意参加治疗的协约。每天早晨送给患儿一张小笑脸的卡片。从早晨起床到晚上临睡觉前这段时间内，只要患儿没有出现攻击行为，老师和父母便在卡片的相应栏目中填写内容，早中晚各一次；老师的签字可以作为儿童获得奖赏的凭据。实验者发现，患儿攻击性行为明显减少并逐渐消失，并且在此后的 7 个月随访中，该儿童没有再出现过攻击性行为。

在使用这项技术时，要注意以下几点。

首先，在治疗前，必须对靶行为(需要去除的攻击行为和需要增进的适当的社会行为)加以精确的定义和测量。在对行为的基础发生频率(治疗前行为发生的频率)进行评估后，进行强化训练。至于强化物的选择，主要是根据不同儿童的喜好进行相应的选择，如问卷、询问或观察等。

其次，在实际治疗开展后，如果连续几天强化不能导致儿童的靶行为发生改变，则需要对强化物进行适当的调整。一定要在儿童出现合理行为后及时地给予强化，这样才能使奖赏的效果最大化。当这种合理反应得到巩固后，便逐渐减少强化(奖赏)的频率，以维持行为；不断调整强化物，逐步让儿童转向现实中的自然强化物。

#### 2. 惩罚

惩罚可以被用来阻止和消除各种反社会行为，并伴随奖赏一同使用。在治疗时，常以取消患儿的奖赏为代价来实施惩罚。

第一，暂停法。即治疗者在某一时间内取消患儿获得奖赏的活动内容。患儿接受暂停的过程中，必须严格控制情境，使其认识到无法通过其他途径获得奖赏。同时，还必须有足够的时间让患儿受到惩罚，但时间不能过长。

第二，反应代价法。通过使患儿失去得到奖赏的机会来实施。常用的策略是当患儿做出适当的社会行为时，便获得代币酬赏；若做出攻击性或其他无礼行为时，便交出一定的代币。

第三，矫枉过正法。一是还原，主要是要求患儿恢复那些由于不良行为而造成的破坏状态；二是积极尝试，让患儿在某一情境中反复练习各种适当的行为。

### (二)进行社交技能训练

通过社交技能训练，帮助患儿发展与环境之间的合理互动，从而获取适当的资源并能适当地满足他人的需要。其训练策略包括提供指令、治疗者的示范、由患儿进行练习、矫正反馈等。

在进行这种训练时，经常需要在多个不同的人际关系情境中施行，包括与父母、老师和同伴之间的互动。在这些情境中，治疗者和患儿通过角色扮演的方法去实际演练适当的社交行为。

在运用这种训练方法时，治疗者首先要明确告诉患儿能够为什么行为、应该为什么行为（作出指令，如“与别人交往中采取积极主动的姿态是十分重要的”“与别人说话时要看着别人”）等，治疗者可以亲自进行行为示范，让患儿感受到适当的行为的具体状况，并依照榜样进行模仿或学习。治疗者和患儿根据这种实际演练的行为反馈，决定进一步的练习。

当治疗者发出的指令与患儿的理解和执行出现偏差的时候，需要进行信息反馈。在训练中，一旦患儿出现合理的行为，治疗者便即刻进行社交强化，予以鼓励和奖赏。当这种行为得到巩固之后，试着让患儿将其运用到实际生活中。

（三）实施父母行为管理训练

通过进行父母行为管理训练，帮助父母掌握一些可帮助儿童的专门技能，避免陷于一种过激的家庭教育方式。

在治疗前，治疗者要与母亲讨论儿童的行为，以及可减少儿童攻击行为的抚养方式，指导母亲系统观察儿童和父亲之间的互动情况，从而让母亲学会用不同方式对待儿童，协调儿童与其父亲之间的关系。可以将整个治疗训练分成几个不同的阶段，将上一阶段出现的问题应用到下一个阶段的训练中去，注意分析父母双方对儿童的影响差异。

在治疗初期，可让儿童在某一时间内完成一些简单的家务劳动，以此激发儿童的行为。对儿童在家中发生的攻击性行为，一般可采取暂停法予以处罚，即让儿童独自站在客厅一段时间。如果儿童能在被处罚前立即去客厅站着，可以减少处罚时间。治疗一段时间以后，可以对儿童进行一些与学校有关的强化以配合父母行为管理训练。

# 参考文献

[1]洪秀敏.儿童发展理论与应用[M].北京:北京师范大学出版社,2015.
[2]王慧珊,何守森.儿童心理行为发展与评估[M].北京:人民卫生出版社,2014.
[3]刘金花,邓赐平.儿童发展心理学[M].上海:华东师范大学出版社,2013.
[4]刘慕霞,刘吉祥.学前儿童发展心理学[M].长沙:湖南大学出版社,2013.
[5]刘文.幼儿心理健康教育[M].北京:中国轻工业出版社,2013.
[6]陈帼眉,冯晓霞,庞丽娟.学前儿童发展心理学[M].北京:北京师范大学出版社,2012.
[7]吴荔红.学前儿童发展心理学[M].福州:福建人民出版社,2010.
[8]郑春玲.学前儿童心理健康教育[M].北京:中央广播电视大学出版社,2012.
[9]罗家英.学前儿童发展心理学[M].北京:科学出版社,2007.
[10]傅宏.学前儿童心理健康[M].南京:南京师范大学出版社,2002.
[11]伍新春.心理健康教育[M].北京:北京师范大学出版社,2010.
[12]王保林,窦广采.幼儿心理学[M].郑州:郑州大学出版社,2007.
[13]方富熹,方格,林佩芬.幼儿认知发展与教育[M].北京:北京师范大学出版社,2003.
[14]陈帼眉.学前心理学[M].北京:人民教育出版社,2003.
[15]丁祖荫.幼儿心理学[M].北京:人民教育出版社,1986.
[16]方富熹,方格.儿童发展心理学[M].北京:人民教育出版社,2005.
[17]龚维义,刘新民.发展心理学[M].北京:北京科学技术出版社,2004.
[18]李丹.儿童发展心理学[M].上海:华东师范大学出版社,1987.
[19]桑标.当代儿童发展心理学[M].上海:上海教育出版社,2003.
[20]沈德立,白学军.实验儿童心理学[M].合肥:安徽教育出版社,2004.
[21]汪乃铭,钱峰.学前心理学[M].上海:复旦大学出版社,2005.
[22]王惠萍,孙宏伟.儿童发展心理学[M].北京:科学出版社,2010.
[23]李幼穗.儿童社会性发展及其培养[M].上海:华东师范大学出版社,2004.
[24]林崇德.发展心理学[M].杭州:浙江教育出版社,2002.
[25]孟昭兰.婴儿心理学[M].北京:北京大学出版社,1997.
[26]莫雷,李惠健,李利.婴幼儿书面语言机能发展研究[M].广州:暨南大学出版社,2005.
[27]潘庆戎,白丽辉.幼儿心理学[M].南京:河海大学出版社,2005.
[28]王振宇.学前儿童发展心理学[M].北京:人民教育出版社,2004.
[29]许政援,沈家鲜,吕静等.儿童发展心理学[M].长春:吉林教育出版社,1987.
[30]杨丽珠,吴文菊.幼儿社会性发展与教育[M].大连:辽宁师范大学出版社,2000.
[31]周兢,余珍有.幼儿园语言教育[M].北京:人民教育出版社,2004.

[32]周念丽，张春霞.学前儿童发展心理学[M].上海：华东师范大学出版社，1999.

[33]张明红.学前儿童语言教育(修订版)[M].上海：华东师范大学出版社，2006.

[34]张文新.儿童社会性发展[M].北京：北京师范大学出版社，1999.

[35]张向葵，刘秀丽.发展心理学[M].上海：华东师范大学出版社，2002.

[36]赵寄石，楼必生.学前儿童语言教育(第二版)[M].北京：人民教育出版社，2003.

[37]陈会昌，孙铃，张云运等.儿童4岁到7岁社交退缩行为的适应意义[J].心理科学，2005(5).

[38]陈英和，崔艳丽，王雨晴.幼儿心理理论与情绪理解发展及关系的研究[J].心理科学，2005(28).

[39]侯瑞鹤，俞国良.儿童对情绪表达规则的认知发展[J].心理科学进展，2004(3).

[40]纪红艳.论同伴关系对儿童社会化的影响[J].教育科学论坛，2005(9).

[41]袁宗金.儿童情绪管理的意义与策略[J].国外中小学教育，2005(1).

[42]姜英杰，李勇.情绪疗法：矫正儿童行为的新视角[J].东北师范大学学报，2006(3).

[43]李臻.培养幼儿情绪自我调控能力初探[J].学前教育研究，2003(5).

[44]缪秋莎.论幼儿心理健康教育六大发展趋势[J].湖南师范大学教育科学学报，2004(3).